Python 3.x 機器學習基礎與應用特訓教材

林英志　編　著

財團法人中華民國電腦技能基金會　總策劃

全華圖書股份有限公司　印行

商標聲明

- CSF、TQC、TQC+和 ITE 是財團法人中華民國電腦技能基金會的註冊商標。
- Python 是 Python Software Foundation 的註冊商標。
- 本書所提及的所有其他商業名稱，分別屬各公司所擁有之商標或註冊商標。

智慧財產權聲明

本基金會已竭盡全力來確保書籍內載之資訊的準確性和完善性。如果您發現任何錯誤或遺漏，請透過電子郵件 master@mail.csf.org.tw 向本會反應，對此，我們深表感謝。

範例程式（請下載並搭配本書使用）

http://www.chwa.com.tw/mis/7xPu2202125014332/YSDfSFYmPO202125.rar

延伸練習：CSF 雲端練功坊

提供「人工智慧：機器學習 Python 3」認證之學習輔具，可至雲端練功坊購買線上題庫練功包。
立即註冊體驗練功 Go！（https://cloud.csf.org.tw）

作者序

近幾年間，大數據、機器學習、人工智慧等字眼已經是家喻戶曉，在各應用領域遍地開花，更有許多在不知不覺中已融入我們的生活。事實上，這三者間並非獨立，簡而言之，若把大數據當成食材，則機器學習可視為食譜，而人工智慧即為烹調後的佳餚。有了食材與食譜，也需要有稱手的廚具，正所謂「工欲善其事，必先利其器」，而這裡的廚具指的就是程式語言。在琳瑯滿目的程式語言中，Python 除了開源、免費、跨平台等特色外，更有許多辛勤耕耘的先進貢獻各種套件，開拓出一條條通往眾多應用領域的道路。因此，本書以 Python 為工具實作常見的機器學習模型，並將焦點放在如何妥善地運用模型與解讀結果。

本書是筆者擷取課程教材的一部分，再擴充編撰而成。如書名所示，內容聚焦在介紹機器學習的基礎知識的同時，也以實際數據動手嘗試，培養實務應用的技能。這中間也融入筆者在教與學、實務過程所得的經驗與技巧，並點出實作上容易犯錯的地方。同時，書中範例以.ipynb 的形式提供下載，可搭配內容一邊動手操作，以加深學習印象與提升興趣。而在每章最後的綜合範例與習題，解題步驟皆以程序化的方式呈現，不論是在教導與學習上皆能作為解題思維的樣板。

由於是側重在基礎與實務應用，因此書中盡量以視覺化圖表呈現模型的特性並進行比較，這些大多仰賴 scikit-learn 提供程式碼，望能以此讓讀者更直觀地了解機器學習模型的特色。本書適用有 Python 程式撰寫經驗，且用過 numpy、pandas、matplotlib 等套件的讀者，若能有機率統計、線性代數、微積分的基礎更佳，而設定的目標是達到機器學習的入門程度。儘管本書對模型的理論著墨不多，仍鼓勵有興趣的讀者繼續深入探討，定能發掘出更多奧妙之處。

在本書撰寫的過程中受到許多啟發，不管是來自諸位先進的文章、書籍或是網路資源皆帶給筆者莫大助益，能從簡潔且直觀的角度來詮釋模型，正如「寫中學、學中寫」。同時，也感謝編輯團隊對教材編輯、排版樣式等提供許多意見回饋，而家人的鼓勵與支持更是讓筆者無後顧之憂，非常感謝。

機器學習相關議題包含甚廣，本書也只是初窺門徑，難以面面俱到，有遺漏或錯誤之處也歡迎大家協助指教與討論。

林英彥

2021 年 1 月

基金會序

機器學習是實現人工智慧的一個途徑，而它已經開始改變了整個科技產業，隨著行動雲端、物聯網等新穎科技，持續對科技產業帶來破壞式創新。而面對未來快速變化的社會，欲解決複雜問題，必須運算思維結合工程的務實與效率及數理方面的抽象邏輯思考。然而 Python 程式語言，簡潔易讀的特性，正是非常適合來建構機器學習，機器學習可從資料中自動分析獲得規律，並利用規律對未知資料進行預測與分類，而在生活日益科技化與自動化的時代，如何讓機器能更精準、更有效率且更有智慧地替人們工作是相當重要的課題，本書亦將帶領我們更接近實現人工智慧實際表現最好的方法。

有鑑於此，本會為提供學習者更完整的軟體設計領域教材，特別聘請逢甲大學-林英志副教授著手策畫並完成本教材「Python3.x 機器學習基礎與應用特訓教材」之編著。作者在 AI 領域有豐富的教學經驗，將帶領您由零學起，掌握人工智慧-機器學習實務應用技術，並將「人工智慧：機器學習 Python 3」認證之三大類別「監督式學習基礎與應用」、「非監督式學習基礎與應用」、「機器學習應用」的技能規範融入當中，採循序漸進的方式，完整的編寫在七個章節中，由淺入深建立您運用機器學習解決問題的基本概念，您只要按照本書之引導，按部就班的演練，定能將其化成心法與實戰技能，融會貫通並運用得淋漓盡致。

建議讀者在經過一段時間的學習之後，報考並取得 TQC+ 軟體設計領域「人工智慧：機器學習 Python 3」認證，為自己開創更多職場機會。在激烈的職場競爭中，成功的秘訣在於個人專業能力及對工作的責任感，擁有機器學習技術由資料中學習建立模型，進行分類、預測以解決問題，逐步邁向人工智慧實用學習技術，提高自我洞察力、反應力，可保障您在專業及就業上的競爭力，並在就業市場上搶得先機。

財團法人中華民國電腦技能基金會

董事長 杜全昌

CONTENTS

目錄

Chapter 0　Python 與機器學習

Chapter 1　數據前處理

Chapter 2 監督式學習：迴歸

Chapter 3 監督式學習：分類

Chapter 4 模型擬合、評估與超參數調校

Chapter 5 非監督式學習：降維與分群

Chapter 6　集成學習

Chapter 7　機器學習應用

附錄

CHAPTER

0

Python 與機器學習

Python 與機器學習

在全球政商名人、教育界與非政府組織（NGO）積極鼓吹下，寫程式蔚為風潮，已是多個國家基礎教育的重要環節。然而，維基百科（Wikipedia）列出高達七百多種知名的程式語言（包括當前使用與以前使用過），著實讓人眼花撩亂。若要問到哪個程式語言最好？從客觀角度來看或許這個問題永遠不會有答案，畢竟青菜蘿蔔各有所好，能在群雄割據下存活一段時間的程式語言，自然有其粉絲與生存之道。因此，比較可行的方式是根據自己興趣或當下需求，從琳瑯滿目的程式語言中找到相對合適的選擇，而若是還沒有頭緒，也許通用型（general-purpose）程式語言是個選項。本書以 Python 程式語言作為實作工具，除了它是個通用語言外，更由於它免費且開源、語法簡潔、有許多官方與第三方開發的套件等優點而受到全球開發人員的青睞。

另一方面，機器學習（machine learning）話題持續發燒，不僅是現在進行式，更積極重塑著你我未來的生活。簡單來說，機器學習是指從既有資料或過往經驗中，透過自動分析獲得規律，再以規律對未知狀況進行預測。因此，機器學習是實現人工智慧（Artificial Intelligence、AI）的一種方式，也是數據科學（data science）的分析技術之一，都是在協助電腦從現有資料中進行學習，以便預測未來的行為與趨勢。至今已發展出琳瑯滿目的機器學習演算法，而透過 Python 豐富的套件與資源則能輕易地實作出這些演算法，正如同站在巨人肩膀上眺望，得以一覽機器學習的美景。

0-1 Python 發展與編寫環境

Python 程式語言是在 1989 年 12 月由吉多· 范羅蘇姆（Guido van Rossum）所創建，是一種直譯式、通用型且支援物件導向的程式語言。范羅蘇姆在荷蘭出生，1982 年從阿姆斯特丹大學取得數學和計算機科學碩士學位，據說當初是為了打發聖誕節的空閒時間而編寫一個以 ABC 語言作基礎的腳本語言，並以電視劇《蒙提·派森的飛行馬戲團》（Monty Python's Flying Circus）為該語言命名。隨後更開放讓世界各地的開發者都可以參與 Python 的建設，並於 1991 年推出第一個 Python 編譯器後，越來越受到全球開發人員的關注與喜愛，在學術及教育領域也掀起一股風潮。

0-1-1 Python 使用調查

Python 2.0 於 2000 年 10 月發布，而另一個分支 Python 3.0 於 2008 年 12 月發布，有趣的是 3.0 在設計時沒有考慮向下相容，除了當時不可避免地引發許多論戰外，也造成開發者在挑選上的各種糾結。然而，隨著 Python 軟體基金會於 2020 年 1 月正式終止對 2.7 版本的支援，也就是說往後將不再對 Python 2.7 進行安全更新、修補臭蟲或執行其它改善，Python 用戶得以專注在 3.x 版本的開發及應用。

有許多具公信力的單位調查程式語言的熱門程度、開發者傾向、薪資等各個層面，透過這些排行榜不僅能了解目前的趨勢，檢驗自身的程式設計技能是否與時俱進，也能在學習或開發新系統時作為選擇的依據。常見的有：

- TIOBE：每月公布一次榜單，排名基於全世界的工程師、課程、第三方廠商，其中也包括流行的搜尋引擎以及技術社群統計後得到的結果。反應的是程式語言的熱門程度，而非該語言的開發難易度或優劣。圖 0-1-1 展示的是 2021 年 1 月的排行榜，可看出 Python 居第三，且去年同期也是同樣名次。而 Java 蟬聯多年的老大地位，在近期遭到 C 語言的逆襲，據官方推測應是大量被用在開發醫療器材的 C/C++，受到新冠肺炎（COVID-19）疫情影響，帶動這些語言的需求。值得一提的是 R 語言的排名跟去年同期相比也一口氣上升了九名，應該也與疫情脫不了關係。

Jan 2021	Jan 2020	Change	Programming Language	Ratings	Change
1	2	^	C	17.38%	+1.61%
2	1	v	Java	11.96%	-4.93%
3	3		Python	11.72%	+2.01%
4	4		C++	7.56%	+1.99%
5	5		C#	3.95%	-1.40%
6	6		Visual Basic	3.84%	-1.44%
7	7		JavaScript	2.20%	-0.25%
8	8		PHP	1.99%	-0.41%
9	18	^^	R	1.90%	+1.10%
10	23	^^	Groovy	1.84%	+1.23%

參考來源：https://www.tiobe.com/tiobe-index/

圖 0-1-1 2021 年 1 月 TIOBE 排行榜前十名

- PYPL（PopularitY of Programming Language）：這個指標反映的是近一年透過 Google 搜尋該語言教學的頻率，原始數據由 Google 趨勢而來，同樣是每月更新一次，且可針對部分地區挑選數個語言做視覺化比較。圖 0-1-2 的調查中，Python 由 2018 年 5 月已蟬聯第一名至今，且與第二名 Java 間的差距越拉越大。

Worldwide, Feb 2021 compared to a year ago:

Rank	Change	Language	Share	Trend
1		Python	30.06 %	+0.3 %
2		Java	16.88 %	-1.7 %
3		JavaScript	8.43 %	+0.4 %
4		C#	6.69 %	-0.6 %
5	↑	C/C++	6.5 %	+0.5 %
6	↓	PHP	6.19 %	-0.1 %
7		R	3.82 %	+0.0 %
8		Objective-C	3.66 %	+1.2 %
9		Swift	2.05 %	-0.3 %
10		TypeScript	1.87 %	+0.0 %

參考來源：http://pypl.github.io/PYPL.html

圖 0-1-2 2021 年 2 月 PYPL 排行榜前十名

- Stack Overflow 年度開發者調查：開發者社群 Stack Overflow 每年針對全球開發者進行許多程式語言相關的調查，因為參與調查的人數多且分布區域廣，因此相當受到重視。而這份調查主要反映出開發人員對於程式語言的喜愛程度，與前兩個呈現的熱門程度不同。2020 的年度報告針對全球近 6.5 萬名開發人員進行調查，內容包羅萬象，例如最多開發者使用的程式語言、開發人員的薪資、超時工作等。

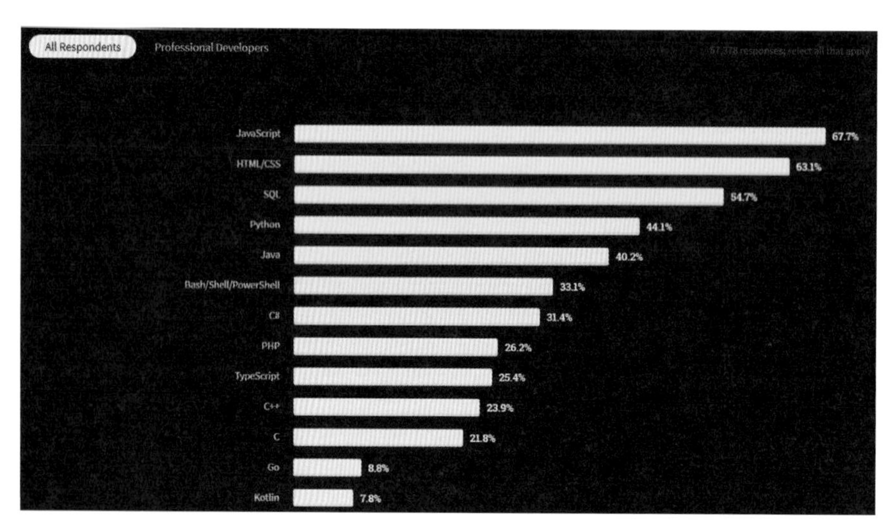

參考來源：https://insights.stackoverflow.com/survey

圖 0-1-3 Stack Overflow 於 2020 年度報告中呈現的程式語言熱門程度

- HackerRank：世界知名招聘平臺想了解市場對開發人員技能需求的狀況，在 2020 的年度報告針對各地區超過 11 萬名開發人員與招聘經理進行線上調查，結果顯示 JavaScript 仍是全球最流行的語言，其次是 Python，但亞太地區對 Java 的需求量仍然很大（圖 0-1-4）。

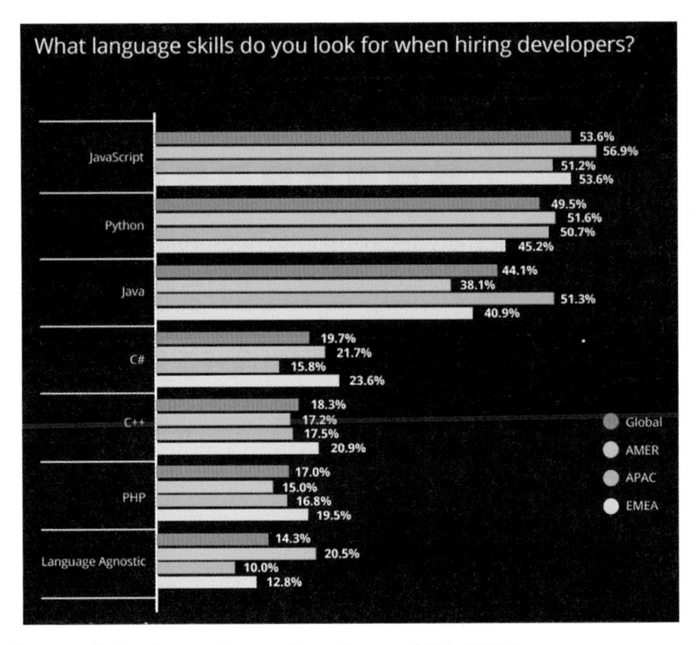

參考來源：https://research.hackerrank.com/developer-skills/2020

圖 0-1-4 HackerRank 於 2020 年度報告中列舉了招聘經理偏愛的程式語言排名

- IEEE Spectrum：這個排名囊括用於支援電子電機工程之硬體和軟體應用的所有程式語言，主要根據 IEEE、各知名社交網站、程式碼代管平台等 8 個來源量化成 11 種測量指標，並分四種應用情境（網頁、企業、行動裝置及嵌入式）進行評選。這份排名自 2017 年起，Python 就一直蟬聯龍頭寶座，且在 IEEE 的加權評分機制下，Python 也已經連三年都得到 100 分。

0-1-2 整合式開發環境

由於編寫程式需透過撰寫、編譯／直譯、除錯、執行等過程，早期負責這幾個過程的軟體都各自獨立，操作上並不方便，因此目前多數的高階程式語言採用整合式開發環境進行統整。所謂整合式開發環境（Integrated Develop Environment、IDE）

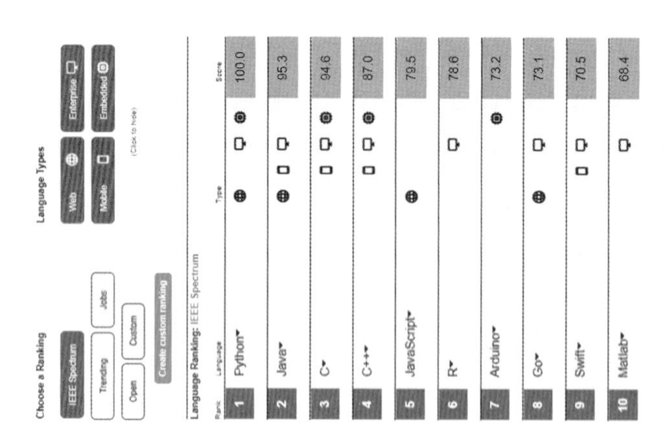

參考來源：https://spectrum.ieee.org/static/interactive-the-top-programming-languages-2020

圖 0-1-5 IEEE Spectrum 於 2020 年呈現的互動式程式語言排名

是輔助程式設計人員開發軟體的工具軟體，通常會統整程式碼編輯器、編譯／直譯器、除錯輔助、圖形化介面等功能在一起。由於各種編寫工具都能透過同一個軟體操作畫面取得，彷彿置身於一個開發環境中，所以稱為 IDE。

一個好的 IDE 能輔助整個程式撰寫流程更加順暢與便利，而一個程式語言要能廣泛流行就不能缺少好上手的 IDE。Python 官網中列舉三十餘種 Python IDE，除了大多是開源且免費使用外，也能滿足各種開發平台。其實透過官網直接安裝完 Python 後，就有一個內建但相當陽春的 IDLE 編輯器可撰寫及執行 Python 程式，難以滿足多數使用者的需求。

IDEs with introspection-based code completion and integrated debugger

Name	Platform	Updated	Notes
Thonny	Windows, Linux, Mac OS X, more	2020	For teaching/learning programming. Focused on program runtime visualization. Provides stepping both in statements and expressions, no-hassle variables view, separate mode for explaining references etc.
Komodo	Windows/Linux/Mac OS X	2017	Multi-language IDE with support for Python 2.x and Python 3. Available as Komodo IDE (commercial).
LiClipse	Linux/Mac OS X/Windows	2018	Commercial Eclipse-based IDE which provides a standalone bundling PyDev, Workspace Mechanic, Eclipse Color Theme, StartExplorer and AnyEdit, along with lightweigth support for other languages, and other usability enhancements (such as multi-caret-edition).
NetBeans	Linux, Mac, Solaris, Windows	2016	Python/Jython support in NetBeans -- Open source, allows Python and Jython Editing, code-completion, debugger, refactoring, templates, syntax analysis, etc.; see http://wiki.netbeans.org/Python. Note: the Python plugin as a community-supported project, and may trail behind. Currently it works for 8.1, does not appear to be available for 8.2
PyCharm	Linux/Mac OS X/Windows	2018	Community is a free open-source IDE with a smart Python editor providing quick code navigation, code completion, refactoring, unit testing and debugger. Commercial Professional edition fully supports Web development with Django, Flask, Mako and Web2Py and allows to develop remotely. JetBrains offers free PyCharm professional licenses for open-source projects under certain conditions https://www.jetbrains.com/buy/opensource/, also for Student/Educational use.
Python for VS Code	Linux/Mac OS X/Windows	2018	Free open-source extension for Visual Studio Code (now maintained by Microsoft). Supports syntax highlighting, debugging, code completion, code navigation, unit testing, refactoring, with support for Django, multi threaded, local and remote debugging.

參考來源：https://wiki.python.org/moin/IntegratedDevelopmentEnvironments

圖 0-1-6 Python 官網列舉的部分 IDE

在眾多 Python IDE 中，Visual Studio Code（簡稱為 VS Code）可說是全球眾多開發者中最青睞的 IDE（圖 0-1-7），這是由微軟開發的一個跨平台、免費開源且短小精悍的 IDE，在安裝 Python 擴充功能後即可編寫 Python 程式。

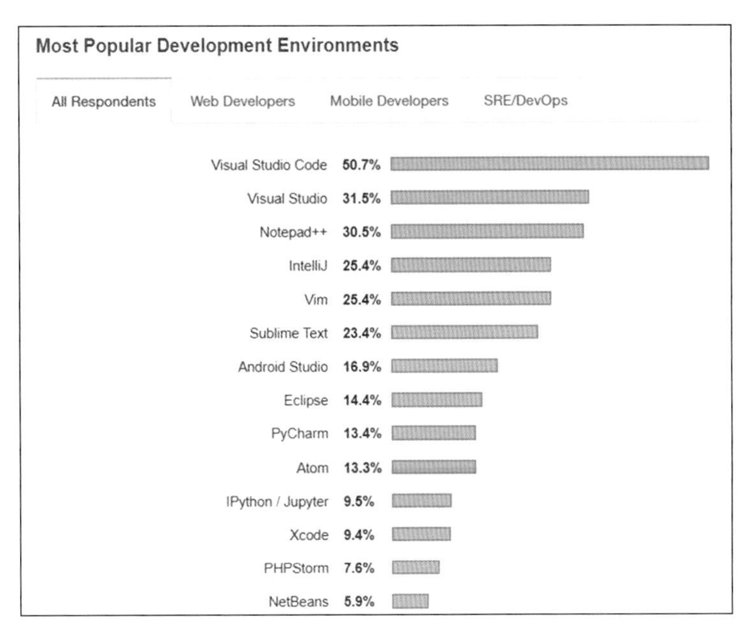

參考來源：https://insights.stackoverflow.com/survey/2019

圖 0-1-7 Stack Overflow 於 2019 年度報告中對開發環境的排名

雖然 VS Code 受到大多數開發人員的喜愛，可是用在教學上至少有兩個不便之處，一是在安裝後的編輯器設定稍嫌繁瑣，二是需手動一個個安裝 Python 常用套件。權衡之下，本書以 Anaconda 作為 IDE，其特點如下：

- 免費開源且跨平台。
- 同時支援 Python 2.x 及 3.x，且可自由切換。
- 預設已安裝眾多常用的科學、工程、數據分析等 Python 套件。
- 內建單機的 Spyder 編輯器，與網頁式的 Jupyter notebook 編寫環境。

Anaconda 的安裝步驟相當容易，基本上下載後一直點選下一步即可安裝完成，過程中要注意的有：

1. 到 Anaconda 官網的下載頁面，依據作業系統類型挑選合適的版本（圖 0-1-8）。

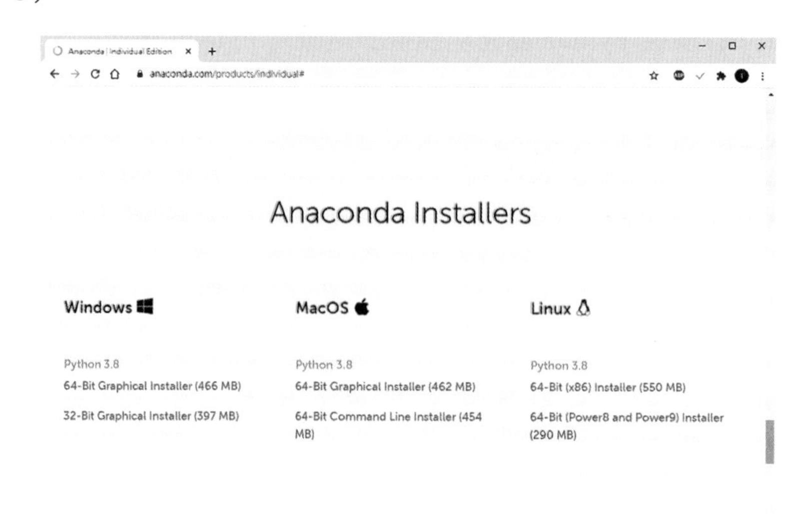

參考來源：https://www.anaconda.com/products/individual

圖 0-1-8 Anaconda 官網的下載頁面

下載前還要特別注意的是 Python 的版本，官網頁面提供的是最新 Python 版本的下載連結。若有需求想安裝較舊一點的 Python 版本（例如考慮到穩定性、與其他套件的相容性等），則可以參考官網的 Release notes 找到對應的 Anaconda 安裝版本，再到官網下載（圖 0-1-9）。

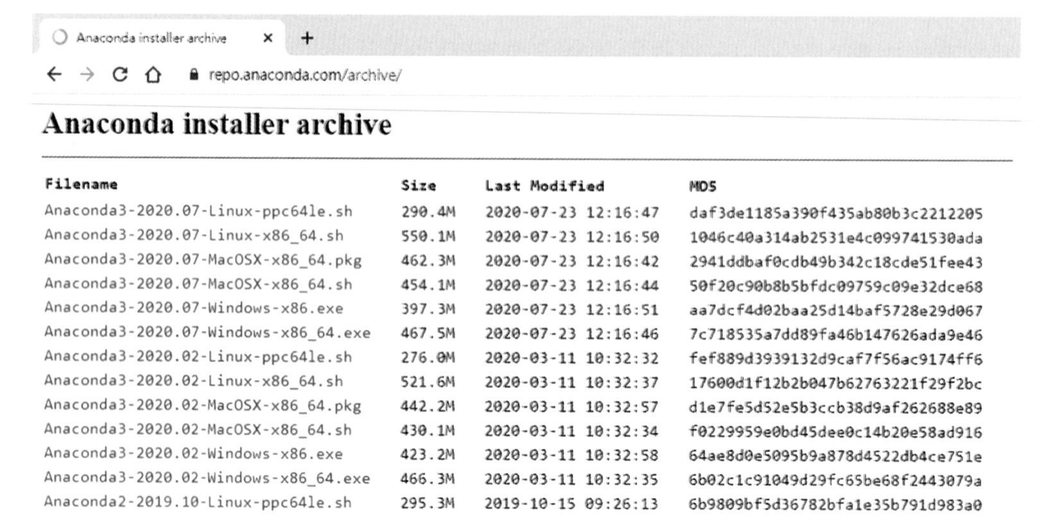

Anaconda installer archive

Filename	Size	Last Modified	MD5
Anaconda3-2020.07-Linux-ppc64le.sh	290.4M	2020-07-23 12:16:47	daf3de1185a390f435ab80b3c2212205
Anaconda3-2020.07-Linux-x86_64.sh	550.1M	2020-07-23 12:16:50	1046c40a314ab2531e4c099741530ada
Anaconda3-2020.07-MacOSX-x86_64.pkg	462.3M	2020-07-23 12:16:42	2941ddbaf0cdb49b342c18cde51fee43
Anaconda3-2020.07-MacOSX-x86_64.sh	454.1M	2020-07-23 12:16:44	50f20c90b8b5bfdc09759c09e32dce68
Anaconda3-2020.07-Windows-x86.exe	397.3M	2020-07-23 12:16:51	aa7dcf4d02baa25d14baf5728e29d067
Anaconda3-2020.07-Windows-x86_64.exe	467.5M	2020-07-23 12:16:46	7c718535a7dd89fa46b147626ada9e46
Anaconda3-2020.02-Linux-ppc64le.sh	276.0M	2020-03-11 10:32:32	fef889d3939132d9caf7f56ac9174ff6
Anaconda3-2020.02-Linux-x86_64.sh	521.6M	2020-03-11 10:32:37	17600d1f12b2b047b62763221f29f2bc
Anaconda3-2020.02-MacOSX-x86_64.pkg	442.2M	2020-03-11 10:32:57	d1e7fe5d52e5b3ccb38d9af262688e89
Anaconda3-2020.02-MacOSX-x86_64.sh	430.1M	2020-03-11 10:32:34	f0229959e0bd45dee0c14b20e58ad916
Anaconda3-2020.02-Windows-x86.exe	423.2M	2020-03-11 10:32:58	64ae8d0e5095b9a878d4522db4ce751e
Anaconda3-2020.02-Windows-x86_64.exe	466.3M	2020-03-11 10:32:35	6b02c1c91049d29fc65be68f2443079a
Anaconda2-2019.10-Linux-ppc64le.sh	295.3M	2019-10-15 09:26:13	6b9809bf5d36782bfa1e35b791d983a0

參考來源：https://repo.anaconda.com/archive/

圖 0-1-9 Anaconda 其他版本的下載頁面（Anaconda3-2020.02 會安裝 Python3.7.6）

2. 依官網「https://docs.anaconda.com/anaconda/install/」指示即可完成安裝步驟，若安裝系統為 Windows，安裝完成後可點擊 Windows 選單並找打開 Anaconda3 資料夾（圖 0-1-10），可看到一些程式的連結，其中較常使用的是 Anaconda Prompt、Jupyter Notebook 以及 Spyder。

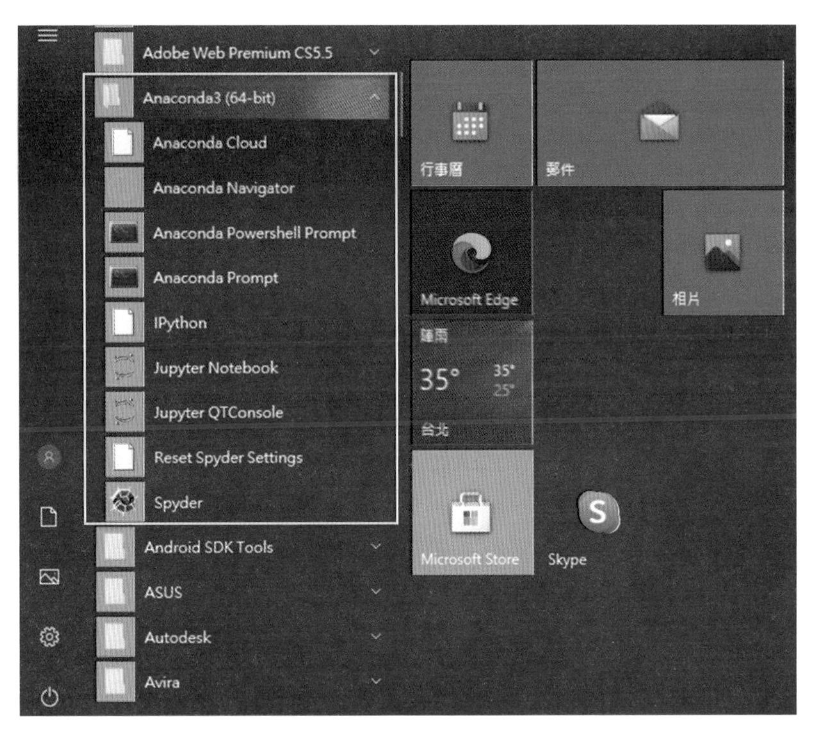

圖 0-1-10 在 Windows 下安裝完成 Anaconda 後的操作項目

Python 編寫環境可以點擊圖 0-1-9 的項目來啟動，包括單機環境的 Spyder，對新手來說是一個好用且容易上手的 Python IDE，所存檔案的附檔名為.py；而網頁式編輯環境 Jupyter Notebook 則整合圖文說明、程式碼、執行結果於一身，也是本書各章節範例使用的編寫環境，所存檔案的附檔名為.ipynb。此外，安裝完成後也可以透過圖 0-1-11 中的 Anaconda Navigator 安裝 VS Code 試用看看。

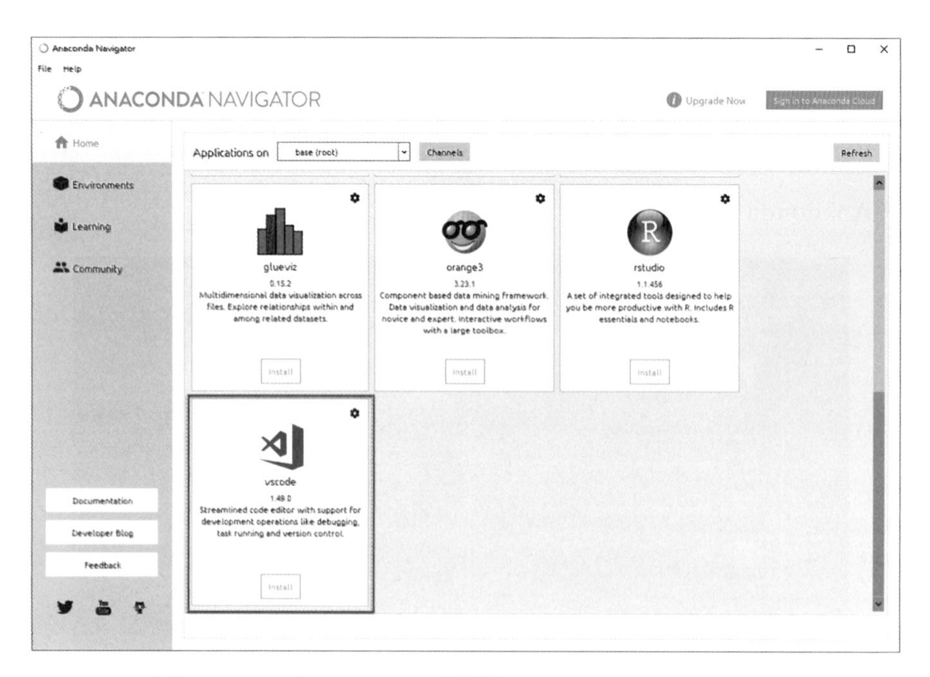

圖 0-1-11　在 Windows 下的 Anaconda Navigator

0-2 機器學習

在生活日益科技化與自動化的時代，如何讓機器能更精準、更有效率且更有智慧地替人們工作是相當重要的課題。例如對生產零組件的工廠而言，初期產量不多時能由品管人員逐一檢驗以確保良率，可是當產線增加或產能擴充時，人工檢驗不僅曠時費日、不敷成本，也難以達到全面檢測的需求。此時，透過機器協助監控加工過程的各項參數變化或者進行自動化檢驗，能節省人力成本並提升工作效率，而實現這個情境的方式之一是透過機器學習。

從早期的統計學習（statistical learning）、預測性建模（predictive modelling）逐步演變到今日的機器學習，雖然有些差異，但不外乎都是想從已知數據中擷取出知識與模式，以便預測未來的變化。發展迄今，機器學習已是一門跨學科的領域，透過機率統計對付不確定性，利用數學建模與追求目標函數的最佳化，再藉由資訊科技實現整個自動化流程。事實上，近幾年機器學習的相關應用早已滲透到人們的日常生活中，從個人的各種商品（如書籍、文章、餐點等）推薦、信用分析、電腦防毒等，延伸到學校的招生分析、電子郵件服務公司的郵件篩選與分類、車載系統的路況判讀等，有許多先進廠商與分析核心中都含有機器學習的演算法。

根據學習方式的不同，機器學習可粗分為三種類型：監督式學習（supervised learning）、非監督式學習（unsupervised learning）以及強化學習（reinforcement learning)。在說明這三個類型之前，我們先來看一些關於數據的基本術語。圖 0-2-1 是之後章節的範例中常常會看到的寶可夢數據集，是從數據建模與分析競賽平台 Kaggle 上取得 csv 檔案並修改成中文名字。在圖 0-2-1 中的每列數據為一隻寶可夢的樣本(sample)，每行則是寶可夢的一個特徵(feature)或稱為屬性(attribute)。

特徵

樣本

Number	Name	Type1	Type2	HP	Attack	Defense	SpecialAtk	SpecialDef	Speed	Generation	Legendary
1	妙蛙種子	Grass	Poison	45	49	49	65	65	45	1	FALSE
2	妙蛙草	Grass	Poison	60	62	63	80	80	60	1	FALSE
3	妙蛙花	Grass	Poison	80	82	83	100	100	80	1	FALSE
3	妙蛙花Mega	Grass	Poison	80	100	123	122	120	80	1	FALSE
4	小火龍	Fire	NA	39	52	43	60	50	65	1	FALSE
5	火恐龍	Fire	NA	58	64	58	80	65	80	1	FALSE
6	噴火龍	Fire	Flying	78	84	78	109	85	100	1	FALSE
6	噴火龍MegaX	Fire	Dragon	78	130	111	130	85	100	1	FALSE
6	噴火龍MegaY	Fire	Flying	78	104	78	159	115	100	1	FALSE
7	傑尼龜	Water	NA	44	48	65	50	64	43	1	FALSE
8	卡咪龜	Water	NA	59	63	80	65	80	58	1	FALSE
9	水箭龜	Water	NA	79	83	100	85	105	78	1	FALSE

參考來源：https://www.kaggle.com/rounakbanik/pokemon

圖 0-2-1 寶可夢數據集

這份數據集總共有 894 個樣本以及 12 個特徵，每個特徵的說明如下：

- Number：寶可夢編號（編號可能重複）
- Name：寶可夢名字
- Type1：寶可夢的第一屬性（共 18 種）
- Type2：寶可夢的第二屬性（有些寶可夢擁有雙屬性）
- HP、Attack、Defense、SpecialAtk、SpecialDef、Speed：依序為寶可夢的血量、攻擊力、防禦力、特殊攻擊力、特殊防禦力以及速度
- Generation：寶可夢的世代（共 7 種）
- Legendary：是否為神獸

假設有一個新特徵為寶可夢的數值強度（Individual Value，IV）且我們手邊也有數據集內所有寶可夢的 IV 值，則對於未出現在數據集內的寶可夢預測其 IV 值即為迴歸問題（regression problem），此時 IV 值的特徵也稱為目標項（target）；假若目標項為寶可夢的對戰勝率是否超過五成，則對未知寶可夢進行其對戰勝率是否超過五成的預測即為分類問題（classification problem），此時目標項也稱之為標籤（label）。接著來看機器學習的三種類型：

1. 監督式學習：利用已標記目標項的數據建構出模型，而這個模型能對從未見過的樣本預測其目標項，所謂的監督指的是樣本有標記目標項，且依目標項的不同可分為迴歸與分類問題。換個比喻是給予特定類型的題庫與答案讓學生練習，在練習過程中學習到解題的要訣，在面對同類型但未見過的題目時能得到答案。

2. 非監督式學習：面對的是沒標記目標項的數據樣本，模型建立的目的在於根據使用者需求探索數據結構，進而發現有用的資訊。以學生學習方式而言，就像是個考科的題庫但沒有答案，在練習過程中能釐清各種題型與考法。

3. 強化學習：藉由與環境互動產生的獎勵（reward）信號來改善模型效能，驅使模型朝既定目標前進。以下棋為例，模型根據棋盤狀態以及之前落子的順序來決定下一步移動行為（action），過程中以吃掉對方棋子為正面獎勵而被吃掉為負面獎勵。在初始一無所知時可用嘗試錯誤法（try and error）來移動，且為了佈局而在下一步移動可以吃掉對手棋子（即時反饋）但卻不吃掉（延遲反饋），強化學習是基於一連串行為的反饋與獎勵進行學習。

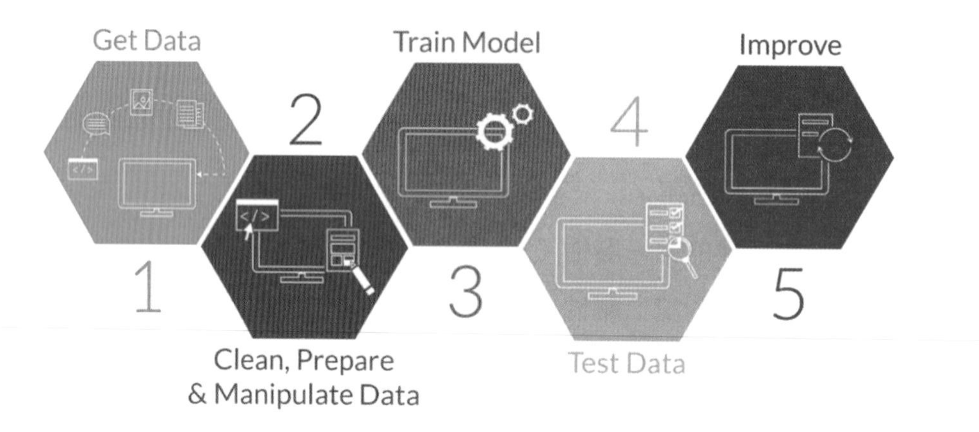

參考來源：https://www.wipo.int/edocs/mdocs/globalinfra/en/wipo_ip_itai_ge_18/wipo_ip_itai_ge_18_p5.pdf

圖 0-2-2 **機器學習的流程**

一個機器學習的任務可透過圖 0-2-2 的五個基本步驟來實現：

1. 收集數據：明確定義問題並收集相關數據是進行機器學習的第一步，而數據的完整性對模型的預測效能有關鍵性的影響。一般來說要收集到足夠多的數據才能順利進行後續分析，因此這個步驟往往會耗費最多時間。

2. 數據前處理：真實世界的數據通常是雜亂無章，可能有不一致、遺漏值、雜訊等狀況，收集完數據後可透過探索性分析（Exploratory Data Analysis，

EDA）初步瀏覽數據的樣態與分布，針對需求進行數據清理（data clean）將數據整理成特定的格式，也可透過特徵工程（feature engineering）抽取、轉換或產生重要特徵，以利於接下來的模型建立。

3. 訓練模型與調校：這個步驟通常會先將整個數據集分成訓練與測試集兩部分，再依照問題的類型挑選一個或數個機器學習候選模型擬合訓練數據，藉由擬合過程學習模型參數以建構出最終模型。再者，大部分機器學習模型都有需要使用者預先設定的超參數（hyperparameter），這也需要調校後才能有效發揮模型潛力。

4. 測試模型：待模型建立好後，接著是利用前一步驟所切割出來的測試集，依效能量測指標進行測試，以評估模型擬合結果的優劣，同時也能從數個候選模型中挑選相對合適的模型。

5. 改善效能：這裡主要是透過不斷重複地觀察與調整前兩個步驟的過程來進行改善，必要時也可再進行數據清理及特徵工程以取得更多有利於數據規律的特徵。

0-3 機器學習使用 Python

Python 最為人津津樂道的特色之一是有龐大的官方與第三方套件，涉及的功能包羅萬象，除可大幅縮短開發時間、提升程式碼品質外，也能作為學習程式撰寫的範本。而對於機器學習五個基本步驟所對應的程式撰寫工作，Python 更是支援了許多函式庫與範例程式，有助於縮短開發時間，快速建立模型的雛形。

0-3-1 安裝 Python 套件

儘管我們選用的 Anaconda 預設安裝了數百個常用套件，仍不可避免要使用沒有預先安裝的套件，此時可先執行圖 0-1-9 的 Anaconda Prompt 打開命令列視窗，再透過套件管理工具 pip 或 conda 進行安裝，需注意部分套件會指定僅能由 pip 或 conda 才能安裝。下表是常用功能的對應指令：

功能	pip 指令	conda 指令
列出所有套件（圖 0-3-1）	pip list	conda list
查詢特定套件（圖 0-3-2）	pip show 套件名稱	
安裝套件（圖 0-3-3）	pip install 套件名稱	conda install 套件名稱
更新套件（圖 0-3-4）	pip install -U 套件名稱	conda update 套件名稱
移除套件（圖 0-3-5）	pip uninstall 套件名稱	conda remove 套件名稱

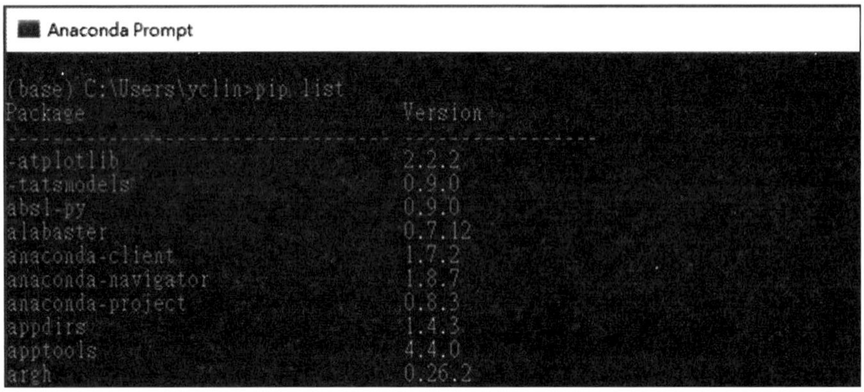

```
Anaconda Prompt
(base) C:\Users\yclin>pip list
Package                        Version
------------------------------ ----------------
-atplotlib                     2.2.2
-tatsmodels                    0.9.0
absl-py                        0.9.0
alabaster                      0.7.12
anaconda-client                1.7.2
anaconda-navigator             1.8.7
anaconda-project               0.8.3
appdirs                        1.4.3
apptools                       4.4.0
argh                           0.26.2
```

圖 0-3-1　依字母順序顯示已安裝的套件名稱與版本

有時會發生 pip 或 conda 找不到安裝套件的情況，此時可先到 Python 套件官網 PyPI（Python Package Index，網址為 https://pypi.org/）搜尋並下載欲安裝的套件檔案，切換到檔案所在目錄後再以 pip 進行安裝。

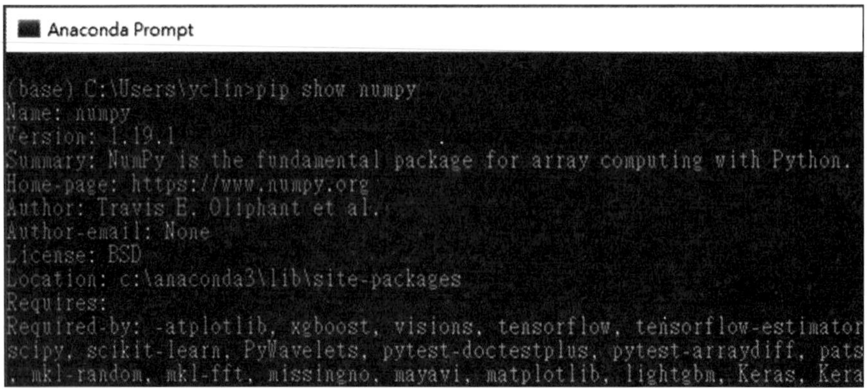

```
Anaconda Prompt
(base) C:\Users\yclin>pip show numpy
Name: numpy
Version: 1.19.1
Summary: NumPy is the fundamental package for array computing with Python.
Home-page: https://www.numpy.org
Author: Travis E. Oliphant et al.
Author-email: None
License: BSD
Location: c:\anaconda3\lib\site-packages
Requires:
Required-by: -atplotlib, xgboost, visions, tensorflow, tensorflow-estimator
scipy, scikit-learn, PyWavelets, pytest-doctestplus, pytest-arraydiff, pats
, mkl-random, mkl-fft, missingno, mayavi, matplotlib, lightgbm, Keras, Kera
```

圖 0-3-2　查詢 numpy 套件的資訊

```
Anaconda Prompt
(base) C:\Users\yclin>pip install numpy
Collecting numpy
  Downloading numpy-1.19.2-cp36-cp36m-win_amd64.whl (12.9 MB)
     |████████████████████████████████| 12.9 MB 6.4 MB/s
Installing collected packages: numpy
Successfully installed numpy-1.19.2
```

圖 0-3-3 安裝 numpy 套件（預設安裝最新版本）

```
Anaconda Prompt
(base) C:\Users\yclin>pip install -U matplotlib
Collecting matplotlib
  Downloading matplotlib-3.3.1-1-cp36-cp36m-win_amd64.whl (8.8 MB)
     |████████████████████████████████| 8.8 MB 1.7 MB/s
Requirement already satisfied, skipping upgrade: kiwisolver>=1.0.1 in c:\anaconda3\lib\s
Requirement already satisfied, skipping upgrade: cycler>=0.10 in c:\anaconda3\lib\site-
Requirement already satisfied, skipping upgrade: numpy>=1.15 in c:\anaconda3\lib\site-pa
Requirement already satisfied, skipping upgrade: pillow>=6.2.0 in c:\anaconda3\lib\site-
Collecting certifi>=2020.06.20
```

圖 0-3-4 更新 matplotlib 套件

```
Anaconda Prompt
(base) C:\Users\yclin>pip uninstall numpy
Found existing installation: numpy 1.19.1
Uninstalling numpy-1.19.1:
  Would remove:
    c:\anaconda3\lib\site-packages\numpy-1.19.1.dist-info\*
    c:\anaconda3\lib\site-packages\numpy\*
    c:\anaconda3\scripts\f2py.exe
Proceed (y/n)? y
  Successfully uninstalled numpy-1.19.1
```

圖 0-3-5 移除 numpy 套件

注意執行更新與移除套件需要系統管理員權限，此時只要以系統管理員身分開啟 Anaconda Prompt 程式，再進行更新與移除指令即可。

0-3-2 常用機器學習套件

無論是機器學習還是數據科學，都需要繁瑣的數據前處理工序後才能進一步分析。Python 在這方面支援許多套件與函式庫，能大大降低撰寫程式的複雜度，底下簡單介紹幾個機器學習常用套件，而詳細的使用方法將留待之後的章節再一一介紹。

- NumPy：主要支援多維陣列（array）與矩陣運算，核心以優化過的 C 語言撰寫而成，除了能快速操作多維陣列外，也具備平行處理的能力。Python 許多重量級套件（例如 Pandas、SciPy、Scikit-learn 等）皆以 numpy 為基礎打造而成。原始碼代管平台 GitHub 於 2019 年 1 月公布在平台上的機器學習專案中，有高達七成使用 numpy（圖 0-3-6）。

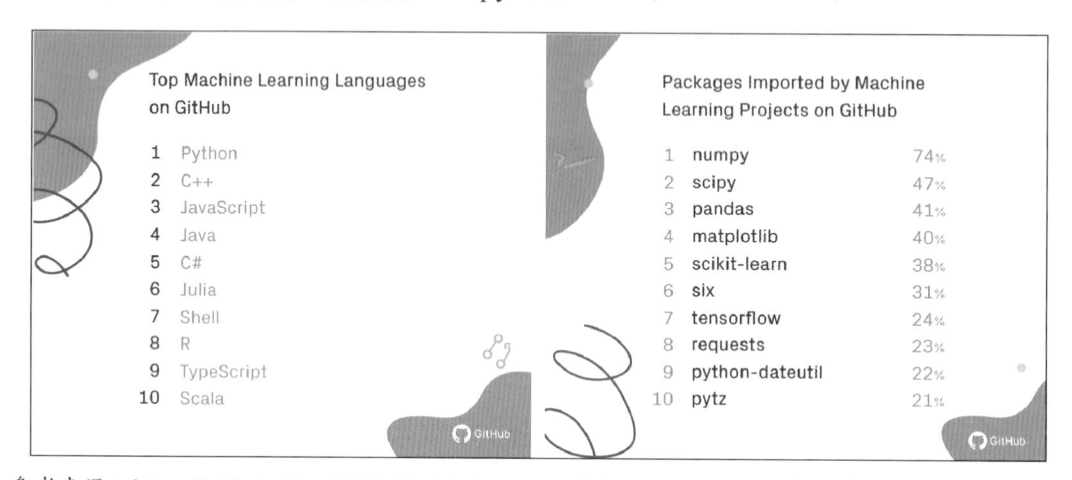

參考來源：https://github.blog/2019-01-24-the-state-of-the-octoverse-machine-learning/

圖 0-3-6 GitHub 於 2019 年 1 月調查平台上機器學習專案的狀況

- SciPy：包含許多科學計算函式庫，也能求解線性方程組、積分、最佳化、訊號處理等運算，功能類似 MATLAB。
- Pandas：主要用來操作一維（series）與二維（dataframe）數據表格，不僅提供大量數據處理與操作功能，還能進行簡單的繪圖。
- Matplotlib：Python 進行靜態視覺化的基礎套件，支援包含折線圖、長條圖、散點圖等許多常見的圖形繪製，能讓使用者輕鬆地將數據圖形化。許多進階的視覺化套件以 Matplotlib 為基礎而開發，常見有同為靜態視覺化的 Seaborn、互動式圖表的 Bokeh、Plotly 等（圖 0-3-7），使作圖更簡單且更有特色。此外，Matplotlib 最初是模仿 MATLAB 圖形命令而設計。
- Statsmodels：提供迴歸分析、變異數分析、時間序列、假設檢定等功能，雖然簡便性不如專業統計軟體，但優點是能結合 Python 其他套件，提升工作效率。

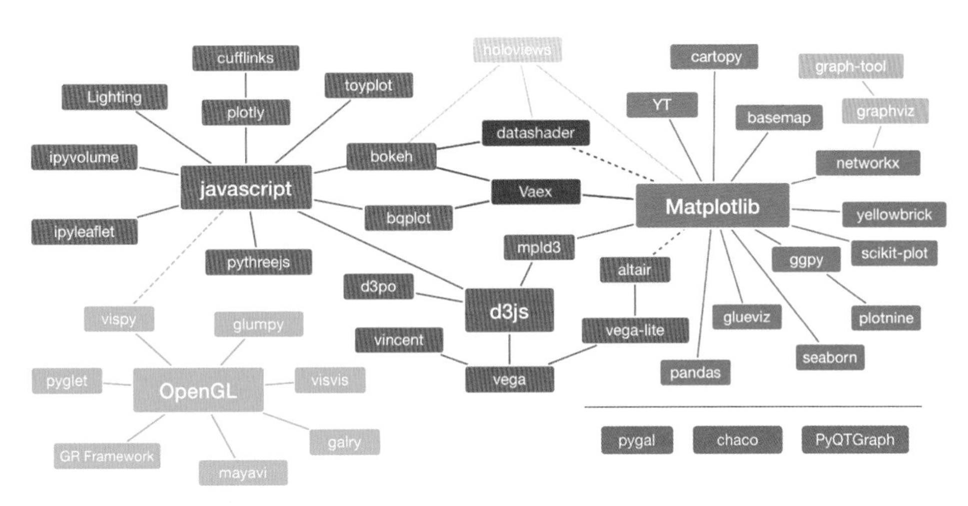

參考來源：https://pyviz.org/overviews/index.html

圖 0-3-7 Python 視覺化套件關聯圖

- Scikit-learn：簡稱為 sklearn（因為在使用前需 import sklearn），除了涵蓋幾乎所有主流的機器學習演算法外，也內建許多知名的數據集可供練習。Sklearn 官網也進一步將功能分為六大塊：分類（classification）、迴歸（regression）、分群（clustering）、降維（dimensionality reduction）、模型選擇（model selection）以及前處理（preprocessing），更貼心提供機器學習演算法的地圖（圖 0-3-8），作為執行機器學習任務的參考。

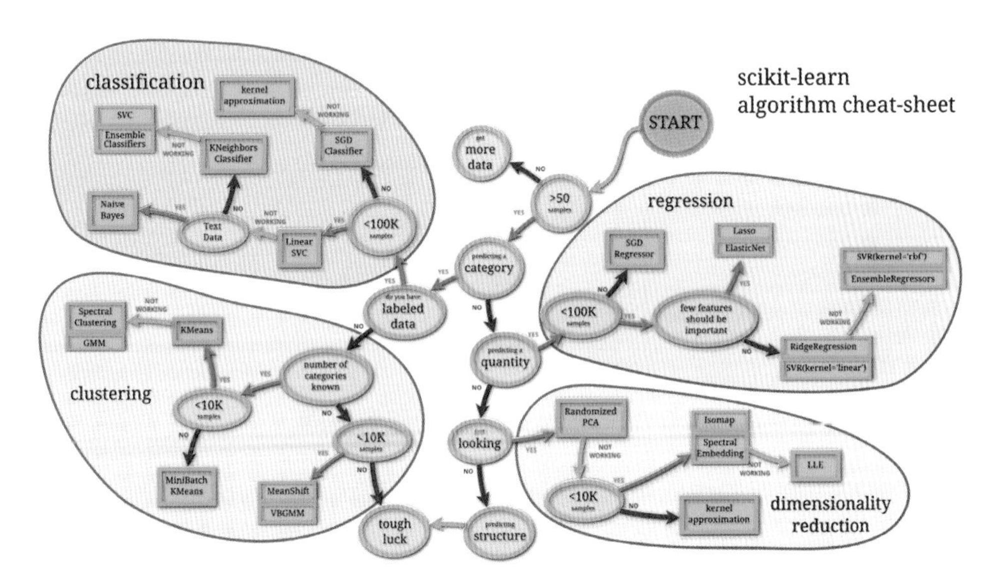

參考來源：https://scikit-learn.org/stable/tutorial/machine_learning_map/index.html

圖 0-3-8 Scikit-learn 提供的機器學習地圖

- JupyterLab：Jupyter 起源於 Ipython Notebook，是 Python 進行程式碼與執行結果展示、視覺化、教學上很好用的工具。安裝 Anaconda 環境時預設會一併安裝 Jupyter Notebook，而 JupyterLab 是 Jupyter 專案的新一代網頁式使用者介面，整合性更強更靈活且更容易擴充套件，同時也支援上百種語言。因為兩者的操作幾乎一樣，已經熟悉 Jupyter Notebook 可以無痛轉移到 JupyterLab。

以下是從安裝到使用 JupyterLab 的簡單程序：

1. 先透過指令 `pip install jupyterlab` 進行安裝。
2. 啟動方式是先開啟 Anaconda Prompt 程式，再輸入 `jupyter lab` 指令啟動。此時會先啟動一個本機伺服器，接著會自動開啟預設瀏覽器並連結到伺服器並顯示 JupyterLab 介面（圖 0-3-9）。

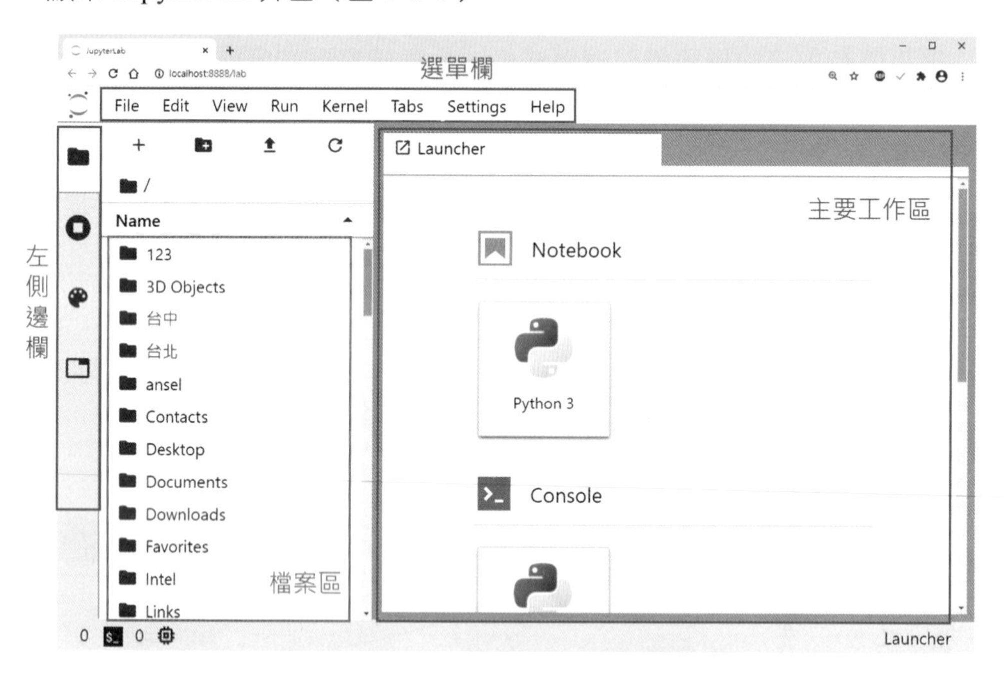

圖 0-3-9 JupyterLab 的啟動畫面

3. 若要建立一個新的編輯檔，可點選主要工作區內的「Python 3 圖示」；若要開啟舊檔案（.ipynb 格式），可在檔案區內找到檔案後點擊兩下即可開啟。此外，在檔案區內的檔案上點擊滑鼠右鍵可開啟處理選單，如圖 0-3-10。
4. Jupyter Notobook/Lab 編寫程式碼是在所謂的 Cell 中（圖 0-3-10 中的小區塊），每個 Cell 可以單獨執行且執行結果會直接顯示在該 Cell 下面，下表則列出常用來管理 Cell 的快速鍵。

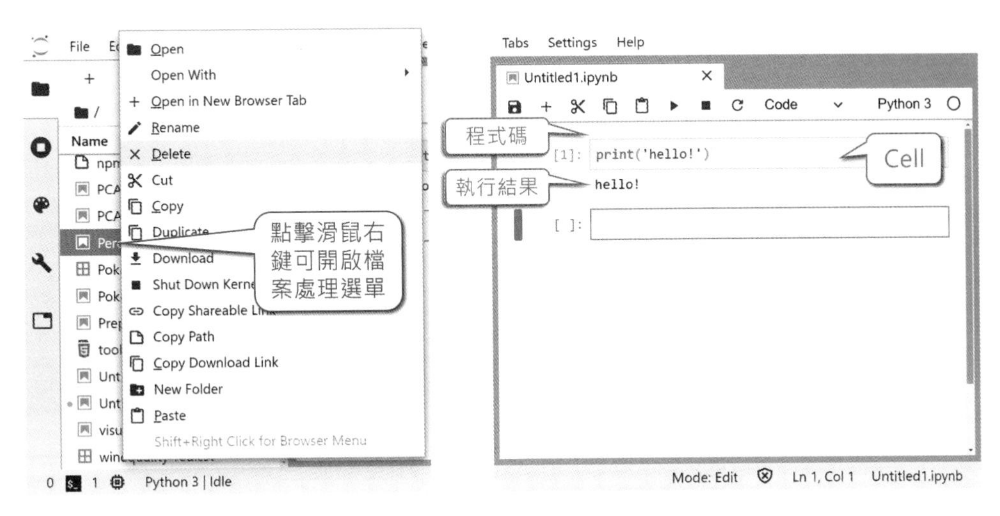

圖 0-3-10 JupyterLab 的檔案處理選單與 cell

常用快速鍵	說明
Ctrl + Enter	執行目前 Cell
Ctrl + Shift + Enter	執行目前 Cell 並往後新增一個 Cell
Enter	進入特定 Cell（也可用滑鼠點擊該 Cell）
Esc	退出目前 Cell（也可用滑鼠點擊目前 Cell 以外的地方）
dd	當不在 Cell 編輯狀態時，連按 dd 可移除該 Cell

5. Markdown 是一個輕量化標記語言，可進行文字排版、顯示圖片、數學公式等，增加閱讀的便利性，詳細使用方式可參考「https://markdown.tw/」。Cell 除了可編寫程式外，也可切換到 markdown 狀態進行輸入。先將 Cell 的狀態變更到 markdown，再依據其語法輸入文字後執行，而在圖 0-3-11 中右圖為執行結果，可以發現輸入的文字已經過簡單排版。

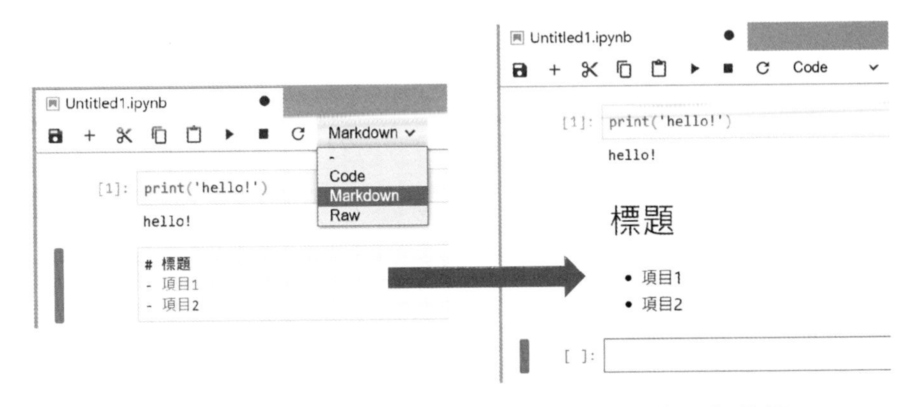

圖 0-3-11 切換到 markdown 狀態並進行輸入與執行

6. 可依使用習慣將 JupyterLab 介面修改為暗色系（圖 0-3-12）。

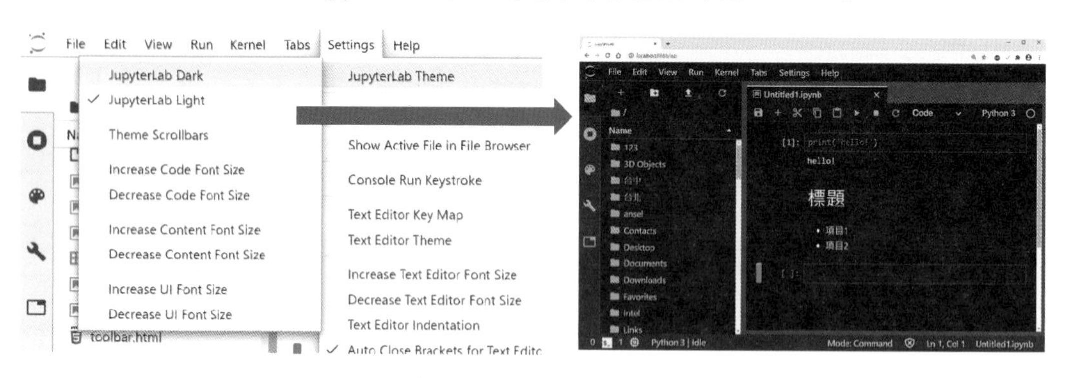

圖 0-3-12 修改 JupyterLab 介面為暗色系

7. 可直接在 JupyterLab 介面的左側邊欄搜尋並安裝需要的套件，方法是先啟動延伸管理功能，再進行搜尋與安裝，如圖 0-3-13 所示。幾個常見好用的外掛套件包括 github 程式碼搜尋與使用、Latex 數學符號與公式編輯、HTML 網頁呈現、Plotly 互動式圖表、drawio 流程圖繪製、sql 連接資料庫等，更多外掛套件可參考「https://github.com/mauhai/awesome-jupyterlab」。

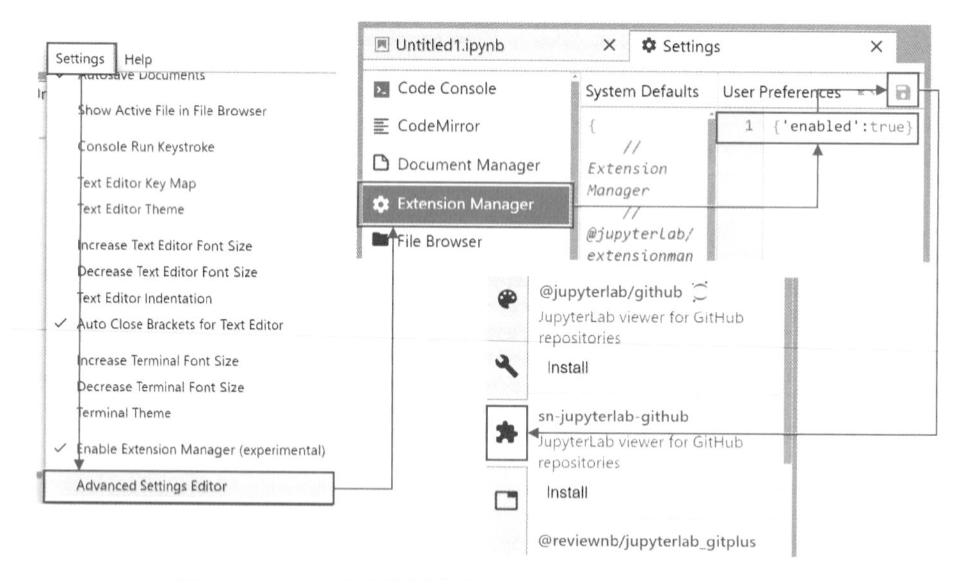

圖 0-3-13 在左側邊欄啟動搜尋與安裝套見的功能

8. Jupyter Notobook/Lab 原始檔的副檔名為.ipynb，編輯完成後可匯出做進一步使用。匯出的步驟為先點擊選單欄的 File，再選擇 Download as，最後則是挑選要匯出的檔案格式即可。而要離開 JupyterLab 時也是點擊 File 內的 Shut Down 先關掉伺服器，接著就能關掉網頁以及 Anaconda Prompt 程式。

0-4 基礎數學與 Python 實作

前面提到機器學習已是一門綜合數學、機率統計與資訊等學科的跨域應用，因此學習更多數學、機率統計等理論知識，對於提升機器學習功力有莫大的助益。就算是多了解一些基礎數學知識，對於實作與應用都會有所幫助。由於基礎理論學科是許多系所的必修科目，再加上本書著重於應用，因此本小節把焦點放在如何透過 Python 連結以往所學過的基礎數學知識，尤其是一些在往後的機器學習實作上要注意的小地方。

0-4-1 向量與矩陣

純量（scalar）、向量（vector）與矩陣（matrix）常在線性代數裡面提到，其中純量指的是一般的數字 a，有大小之分（例如 $1 > 0$、$0.9 < 2.1$、$5 = 5$），能進行算術運算；向量是在某個有限維度空間內的點，有大小也有方向，長度為 n 的向量 $\vec{a}$ 可表示為 $\vec{a}=(a_1,a_2,\cdots,a_n)$，其中每個元素 a_i 皆為純量，運算方式有向量加（減）法、向量乘法、向量內積（inner product）等，且向量也能和純量相乘；再者，由 m 列（row）n 行（column）元素所構成的矩陣 $A_{m\times n}$，基本運算包括矩陣加（減）法，相乘與轉置（transpose）等，下面是一個 2×3 矩陣的範例：

$$A_{2\times3}=\begin{bmatrix}A_{11} & A_{12} & A_{13}\\ A_{21} & A_{22} & A_{23}\end{bmatrix}=\begin{bmatrix}1 & 2 & 3\\ 4 & 5 & 6\end{bmatrix}$$

以實作的觀點來看，純量可用一般數值變數來表示，向量用一維陣列代表，至於矩陣則是用二維陣列。由於陣列並非 Python 內建的資料結構，一般常透過 numpy 來實作，底下是範例程式：

範例程式 ex0-4-1.ipynb

```
[1]:  1  # 向量也可以用串列來實作
      2  A = [1, 2, 3]
      3  B = [4, 5, 6]
      4
      5  def 向量相加(a, b):
      6      return [a_i+b_i for a_i, b_i in zip(a, b)]
      7
      8  def 向量內積(a, b):
      9      return sum(a_i*b_i for a_i, b_i in zip(a, b))
     10
```

```
11 print(向量相加(A, B))
12 print(向量內積(A, B))
```

[1]:
```
[5, 7, 9]
32
```

[2]:
```
1  # 向量建議用 numpy 的陣列來實作
2  import numpy as np
3
4  A = np.array([1, 2, 3])
5  B = np.array([4, 5, 6])
6  print('向量相加：', A+B)
7  print('純量、向量相乘：', 3*A)
8  print('向量相乘：', A*B)
9  print('向量內積：', np.dot(A, B))
10 print('向量長度：', np.linalg.norm(A))
```

[2]:
```
向量相加： [5 7 9]
純量、向量相乘： [3 6 9]
向量相乘： [ 4 10 18]
向量內積： 32
向量長度： 3.7416573867739413
```

Numpy 提供的多維度陣列 ndarray，有三個主要屬性：維度（ndim）、形狀（shape）、數值型態（dtype）（預設的整數型態是 int32，浮點數為 float64）

[3]:
```
1 arr = np.array([1, 2, 3, 4, 5, 6])
2 print(arr.ndim)
3 print(arr.shape) # 常用
4 print(arr.dtype)
```

[3]:
```
1
(6,)
int32
```

[4]:
```
1 # 兩種改變陣列的形狀與維度的方法
2 arr.shape = 2, 3
3 print(arr)
4 arr1 = arr.reshape(3, 2)
5 print(arr1)
```

[4]:
```
[[1 2 3]
 [4 5 6]]
[[1 2]
```

```
[3 4]
[5 6]]
```

事實上，numpy 有矩陣的資料結構，但官網「NumPy for Matlab users」建議採用 ndarray，原因有：
是 numpy 的標準資料結構，且許多 numpy 函式回傳的是 ndarray 而非 matrix
能進行元素的運算，與線性代數運算時使用的運算符號有明顯區隔

[5]:
```python
matrix = np.mat([[1, 2, 3], [4, 5, 6]])
matrix
```

[5]:
```
matrix([[1, 2, 3],
        [4, 5, 6]])
```

[6]:
```python
# 矩陣相乘
A = np.array([[1, 2, 3], [4, 5, 6]])
B = np.array([[1, 0, 0], [0, 1, 1], [1, 0, 1]])
print(np.dot(A, B))      # 矩陣相乘
print(A.transpose())     # 矩陣轉置，也可用 A.T
print(np.linalg.inv(B)) # 反矩陣
```

[6]:
```
[[ 4  2  5]
 [10  5 11]]
[[1 4]
 [2 5]
 [3 6]]
[[ 1.  0.  0.]
 [ 1.  1. -1.]
 [-1.  0.  1.]]
```

[7]:
```python
# 注意 1：若矩陣為不可逆(singular)將沒有反矩陣，建議改用
try:
    inv = np.linalg.inv(B)
except np.linalg.LinAlgError:
    print('不可逆矩陣')
```

[8]:
```python
# 注意 2：轉置對一維陣列沒用
arr = np.array([1, 2, 3]) # 一維陣列
print(arr.transpose())
arr = np.array([[1, 2, 3]]) # 二維陣列
print(arr.transpose())
```

```
[8]:  [1 2 3]
      [[1]
       [2]
       [3]]

[9]:  1  # 攤平矩陣
      2  A = np.array([[1, 2, 3], [4, 5, 6]])
      3  A.flatten()  # 得到一維陣列

[9]:  array([1, 2, 3, 4, 5, 6])

[10]: 1  # 得到二維陣列 1×6 (常用)，-1 代表自動使用所需的最大值
      2  A.reshape(1, -1)

[10]: array([[1, 2, 3, 4, 5, 6]])

[11]: 1  # 找最大最小值、平均值、變異數、標準差
      2  print(np.min(A))
      3  print(np.max(A))
      4  print(np.mean(A))
      5  print(np.var(A))
      6  print(np.std(A))

[11]: 1
      6
      3.5
      2.9166666666666665
      1.707825127659933
```

0-4-2 敘述統計

自古以來，人們對於不可預知的事總是充滿好奇，並在好奇心驅使下想要了解與掌握更多的不確定性（uncertainty）。不確定性的來源有兩種，一是真實世界的隨機特性，二是對於真實世界的估計或預測衍生的不準確性，而機率與統計正是為了描述或對付不確定而發展出來的學科領域。同時，由於機器學習是從過去的數據中抽絲剝繭找到潛在的模式或傾向，並對未來進行預測，在這過程中不可避免地要面對不確定性問題，因此需要應用機率與統計的方法來協助。

底下的範例先利用 pandas 套件讀取之前提到的寶可夢數據，再透過敘述性統計（descriptive statistics）描繪或總結這份數據的基本統計觀察量。

範例程式 **ex0-4-2.ipynb**

[1]:
```
1  import numpy as np
2  import pandas as pd
3  import matplotlib.pyplot as plt
4  plt.style.use('fivethirtyeight')
5
6  df = pd.read_csv("pokemon_894_12.csv", header=0)
7  df.head()
```

[1]:

	Number	Name	Type1	Type2	HP	Attack	Defense	SpecialAtk	SpecialDef	Speed	Generation	Legendary
0	1	妙蛙種子	Grass	Poison	45	49	49	65	65	45	1	False
1	2	妙蛙草	Grass	Poison	60	62	63	80	80	60	1	False
2	3	妙蛙花	Grass	Poison	80	82	83	100	100	80	1	False
3	3	妙蛙花Mega	Grass	Poison	80	100	123	122	120	80	1	False
4	4	小火龍	Fire	NaN	39	52	43	60	50	65	1	False

[2]:
```
1  df.info()   # 可看出 Type2 特徵有遺漏值
```

[2]:
```
<class 'pandas.core.frame.DataFrame'>
RangeIndex: 894 entries, 0 to 893
Data columns (total 12 columns):
 #   Column      Non-Null Count  Dtype
---  ------      --------------  -----
 0   Number      894 non-null    int64
 1   Name        894 non-null    object
 2   Type1       894 non-null    object
 3   Type2       473 non-null    object
 4   HP          894 non-null    int64
 5   Attack      894 non-null    int64
 6   Defense     894 non-null    int64
 7   SpecialAtk  894 non-null    int64
 8   SpecialDef  894 non-null    int64
 9   Speed       894 non-null    int64
 10  Generation  894 non-null    int64
 11  Legendary   894 non-null    bool
dtypes: bool(1), int64(8), object(3)
memory usage: 77.8+ KB
```

[3]:
```
1  df.loc[:, 'HP':'SpecialDef'].describe()
```

[3]:

	HP	Attack	Defense	SpecialAtk	SpecialDef
count	894.000000	894.000000	894.000000	894.000000	894.000000
mean	69.469799	79.848993	74.420582	73.428412	72.401566
std	25.670988	32.691003	31.323902	33.110134	27.963359
min	1.000000	5.000000	5.000000	10.000000	20.000000
25%	50.000000	55.000000	50.000000	50.000000	50.000000
50%	66.000000	75.000000	70.000000	65.000000	70.000000
75%	80.000000	100.000000	90.000000	95.000000	90.000000
max	255.000000	190.000000	230.000000	194.000000	230.000000

[4]:

```
1  # 計算平均值
2  print('HP平均值：', df['HP'].mean())
```

[4]:

```
HP 平均值： 69.46979865771812
```

[5]:

```
1  # 計算中位數
2  print('HP中位數：', df['HP'].median())
```

[5]:

```
HP 中位數： 66.0
```

[6]:

```
1  # 計算眾數
2  print('HP眾數：', df['HP'].mode())
```

[6]:

```
HP 眾數： 0    60
dtype: int64
```

上述例子中，HP 的眾數是 60。最前面顯示的 0 是索引值，當有多個眾數時會逐一顯示，索引值會以流水號遞增。

[7]:

```
1  # 計算最大值，最小值與全距(range)
2  print('HP最大值：', df['HP'].max())
3  print('HP最小值：', df['HP'].min())
4  print('HP全距：', df['HP'].max()-df['HP'].min())
```

[7]:

```
HP 最大值： 255
HP 最小值： 1
HP 全距： 254
```

```
[8]:  1  # 計算四分位數
      2  print('HP第1四分位數：', df['HP'].quantile(q=.25))
      3  print('HP第3四分位數：', df['HP'].quantile(q=.75))
      4  # 也可透過 describe() 取出四分位數
      5  print('HP第3四分位數：', df['HP'].describe()[6])
```

```
[8]:  HP 第 1 四分位數： 50.0
      HP 第 3 四分位數： 80.0
      HP 第 3 四分位數： 80.0
```

```
[9]:  1  # 計算變異數、標準差
      2  print('HP變異數：', df['HP'].var())
      3  print('HP標準差：', df['HP'].std())
```

```
[9]:  HP 變異數： 658.9996467679268
      HP 標準差： 25.670988426001966
```

從數據中感覺寶可夢的 HP 與 Defense 有相反的關係，例如：幸運蛋（HP = 255、Def = 10）與壺壺（HP = 20、Def = 230），因此想進一步驗證看看。首先，考慮觀察兩個變數（特徵）的共變異數（covariance），這用來衡量兩個變數分別偏離各自平均值的程度，公式如下：

$$\mathrm{cov}(x,y)=\frac{1}{n-1}\sum_{i=1}^{n}(x_i-\mu_x)(y_i-\mu_y)$$

其中 x 與 y 是要觀察的兩個變數，$\mathrm{cov}(x,y)$是兩變數的共變異數，n 是樣本數，μ_x與 μ_y則分別是兩個變數的平均值。由於共變異數在實務使用上有兩個缺點：一是單位不明，二是較大共變異數的意義也不明，因此較常使用相關係數（correlation coefficient）來衡量兩變數間的關係。兩個變數 x 與 y 的相關係數ρ_{xy}計算方式為：

$$\rho_{xy}=\frac{\mathrm{cov}(x,y)}{\sigma_x\sigma_y}$$

這裡的σ_x與σ_y分別是兩個變數的標準差。相關係數沒有單位且其值介於-1 到 1 之間，能用來度量兩個變數間的線性相依程度，分正負兩種相關，而一般來說相關係數絕對值介於 0.1 到 0.3 之間為弱相關，0.3 到 0.5 之間為中度相關，超過 0.5 則能視為強相關。透過 numpy 的協助能輕易計算共變數與相關係數值，底下範例程式計算出寶可夢 HP 與 Defense 的相關係數為 0.239，令人意外的是弱正相關。

[10]:
```
1 print('Covariance matrix:')
2 print(np.cov(df['HP'], df['Defense']))
3 print('Correlation coefficients:')
4 print(np.corrcoef(df['HP'], df['Defense']))
```

[10]:
```
Covariance matrix:
[[658.99964677 191.94216764]
 [191.94216764 981.18685476]]
Correlation coefficients:
[[1.         0.23869974]
 [0.23869974 1.        ]]
```

[11]:
```
1  import matplotlib.pyplot as plt
2  plt.style.use('fivethirtyeight')
3  import seaborn as sns
4
5  cmap = sns.color_palette("muted", n_colors=7)
6  sns.scatterplot(x='HP', y='Defense',
7                  data=df, hue='Generation',
8                  style='Generation', palette=cmap)
9
10 circle = plt.Circle((150, 120), 5,color='b', fill=False)
11 ax = plt.gca()
12 ax.add_artist(circle)
```

[11]:

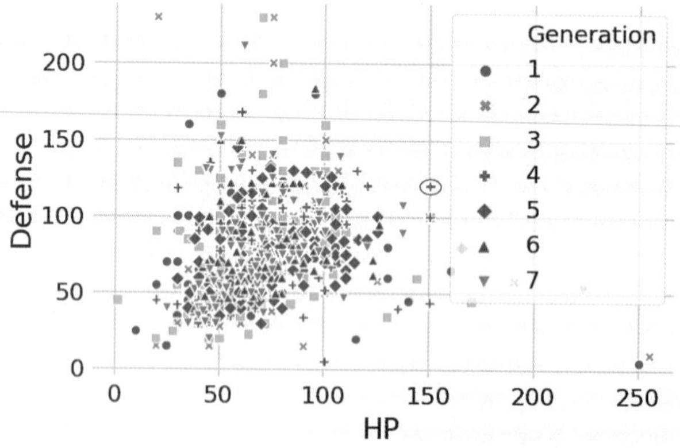

上圖第一到七代所有寶可夢 HP 對 Defense 的散點圖，可看出隱隱然有正相關的傾向。順帶一提，圖中藍色圈圈是兩者兼具的寶可夢神獸「騎拉帝納」。其實透過 seaborn 套件的協助能輕易地觀察任兩個變數間的相關性，例如底下顯示的相關係數熱度圖。

[12]:

```
corr = df.loc[:, 'HP':'SpecialDef'].corr()
ax = sns.heatmap(
    corr, vmin=-1, vmax=1, center=0,
    cmap=sns.diverging_palette(20, 220, n=200),
    square=True, annot = True
)
ax.set_xticklabels(
    ax.get_xticklabels(),
    rotation=45,
    horizontalalignment='right'
);
```

[12]:

	HP	Attack	Defense	SpecialAtk	SpecialDef
HP	1	0.43	0.24	0.37	0.36
Attack	0.43	1	0.44	0.39	0.26
Defense	0.24	0.44	1	0.22	0.53
SpecialAtk	0.37	0.39	0.22	1	0.5
SpecialDef	0.36	0.26	0.53	0.5	1

[13]:

```
# 直方圖
plt.hist(df['HP'])
plt.xlabel('HP')
plt.ylabel('count');
```

[13]:

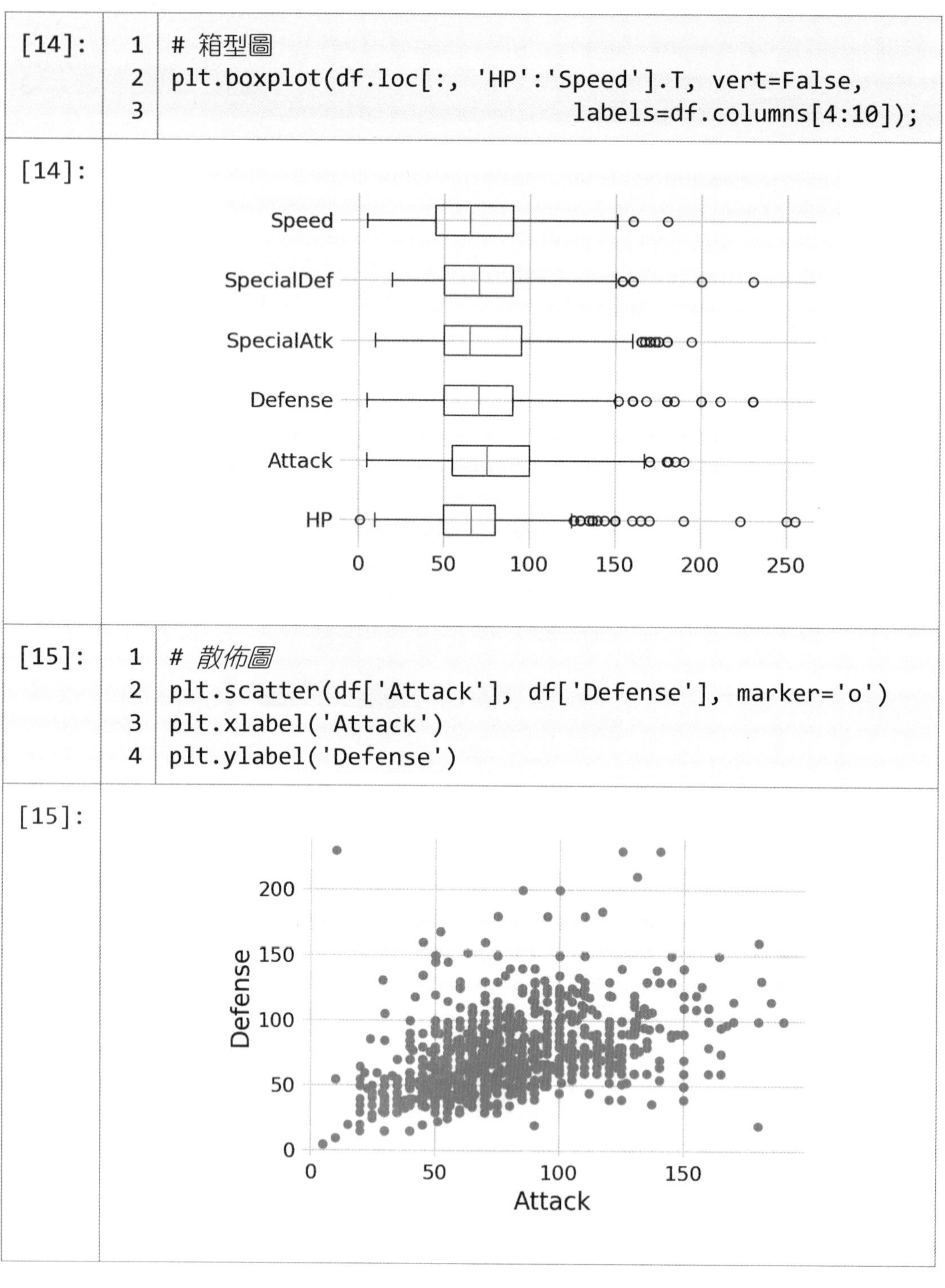

```
[14]:
1  # 箱型圖
2  plt.boxplot(df.loc[:, 'HP':'Speed'].T, vert=False,
3                          labels=df.columns[4:10]);
```



```
[15]:
1  # 散佈圖
2  plt.scatter(df['Attack'], df['Defense'], marker='o')
3  plt.xlabel('Attack')
4  plt.ylabel('Defense')
```


透過 seaborn 的變數配對圖（pair plot）能輕易地同時觀看多個數值變數的直方圖與散佈圖，例如底下範例一次顯示五個變數間的關係圖，且在左下角的散佈圖上標示核密度估計（kernel density estimation）結果，這是在機率論中用來估計未知的密度函數，屬於非參數檢驗方法之一。

```
[16]: 1 g = sns.pairplot(df.loc[:, 'HP':'SpecialDef'])
      2 g.map_lower(sns.kdeplot, levels=4, color=".2")
```

[16]:

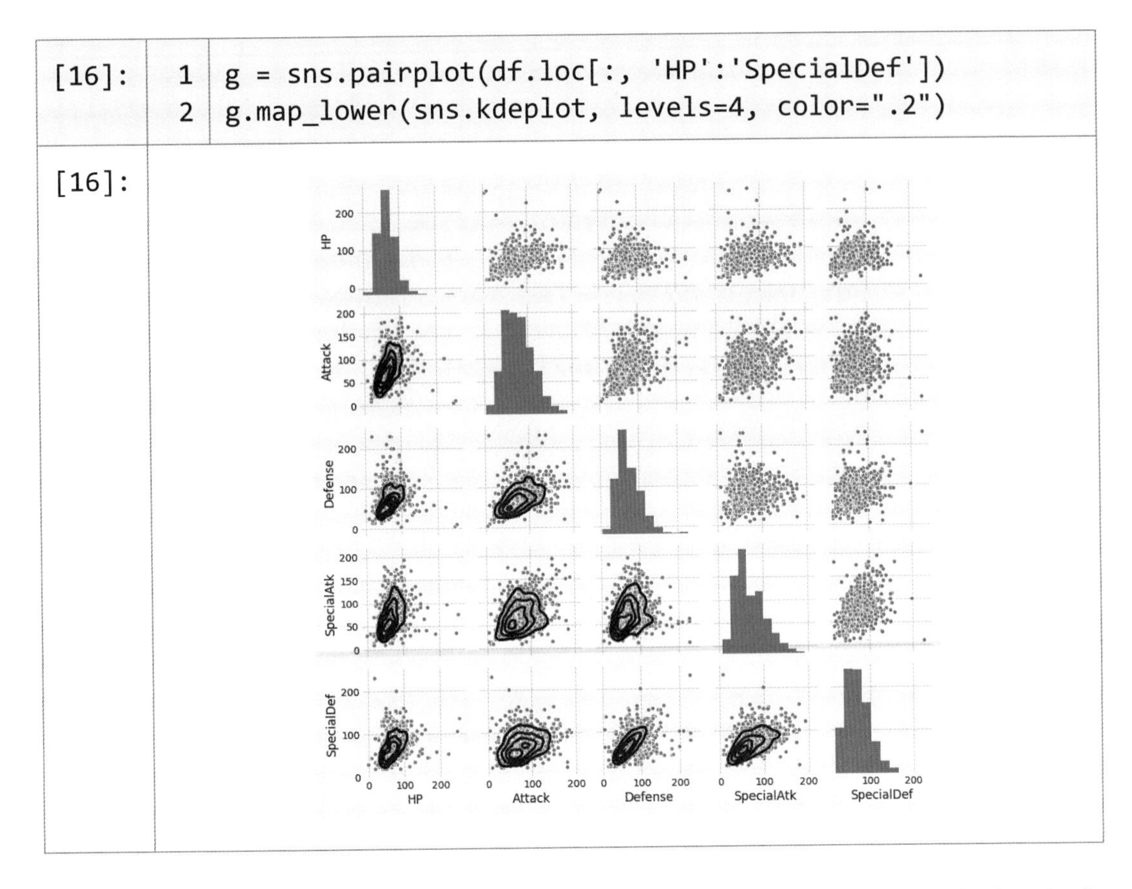

當我們探討兩個變數是否具有相關性時，常會進行分組研究，可是有可能在分組中佔優勢的一方，合併之後反而比較不利，這個現象稱為「辛普森悖論」（Simpson's paradox）。1951 年英國統計學家 Edward H. Simpson 正式描述此現象，之後便以他的名字來命名，底下以兩個屬性的寶可夢來觀察這個悖論。

```
[17]: 1 df_new = pd.DataFrame(columns=['屬性', '數量',
      2                                 '平均防禦力'])
      3 lst_type1 = ['Bug', 'Electric']
      4 poke = df[df['Type1'] == lst_type1[0]]
      5 df_new.loc[0] = [type1_1,len(poke), poke.Defense.mean()]
      6 poke = df[df['Type1'] == lst_type1[1]]
      7 df_new.loc[1] = [type1_2,len(poke), poke.Defense.mean()]
      8 df_new.head()
```

[17]:

	屬性	數量	平均防禦力
0	Bug	78	71.358974
1	Electric	49	66.959184

[18]:
```
1  df_new = pd.DataFrame(columns=['屬性', '單/雙屬性',
2                                 '數量', '平均防禦力'])
3
4  for i, x in enumerate(lst_type1):
5      poke = df[(df['Type1']==x) &
6                (pd.isnull(df['Type2']))]
7      df_new.loc[2*i] = [x, '單', len(poke),
8                          poke.Defense.mean()]
9      poke = df[(df['Type1']==x) &
10               (pd.notnull(df['Type2']))]
11     df_new.loc[2*i+1] = [x, '雙', len(poke),
12                           poke.Defense.mean()]
13
14 df_new
```

[18]:

	屬性	單/雙屬性	數量	平均防禦力
0	Bug	單	18	54.833333
1	Bug	雙	60	76.316667
2	Electric	單	29	56.517241
3	Electric	雙	20	82.100000

以蟲與電系寶可夢為例，由上面的範例中可看到其數量分別為 78 與 49，且蟲系的平均防禦力明顯高於電系，以此可能得到蟲系的防守能力優於電系的結論。然而，若將寶可夢是否為雙屬性納入考量，則能發現不管是看單還是雙屬性，蟲系的平均防禦力都要低於電系。

0-4-3 機率

母體（population）是一特定事件（event）所有可能發生結果的集合，而隨機變數（random variable）則是一個不確定性事件結果的數值函數。簡單來說，隨機變數是隨機實驗的數值結果，例如：擲硬幣有正、反兩種結果，用隨機變數 X 來表示，則擲出正面，X 的取值可設定為 1；若擲出反面，那麼 X 的取值可設定為 2。又譬如從班上學生中隨機挑出一位，這也是一個隨機實驗，而學生的身高、體重、微積分成績等都可用來描述學生的各種特質，皆為隨機變數。隨機變數常以大寫的英文字母表示，而它的觀察值則以對應的小寫字母表示，即 $X = x$，通常會把這個形式解釋為隨機變數 X 取值 x。

隨機變數根據取值的可能結果，可分為離散型（discrete）與連續型（continuous）兩種，其中前者的取值結果為可數，或者能一一列舉；而後者的取值結果在一定區間內有無窮多個，為不可數。例如：擲硬幣結果與某一學期新生人數皆為離散型隨機變數，而身高、體重、學期成績等一般視為連續型隨機變數。另一方面，機率（probability）是用來代表不確定的一種度量，其值介於 0 與 1 之間，機率的大小可判斷不確定性的高低，可使用 $P(X = x)$來表示隨機變數 X 取值為 x 的機率。例如：擲兩次硬幣且正面出現的次數為隨機變數 X，可以得到 $X = \{0, 1, 2\}$且各可能值發生的機率為 $Pr(X = 0) = 0.25 = Pr(X = 2)$、$Pr(X = 1) = 0.5$，此即為 X 的機率分佈（probability distribution）或簡稱為分佈。

兩個事件 A 與 B，如果 A 事件的發生與否會影響 B 事件的發生（或相反），則稱 A 與 B 為相依（dependent）事件，否則為獨立（independent）事件。以投擲硬幣兩次為例，考慮三個事件為 A：第一次為正面、B：第二次為正面、C：兩次都反面，則 $P(A) = 0.5 = P(B)$且 $P(C) = 0.25$。如果兩個事件共同發生的機率正好等於各別事件發生機率的乘積，則為獨立事件。因為 $P(A \cap B) = P(A)P(B)$，故 A 與 B 為獨立事件，而 $P(A \cap C) = 0$ 且 $P(A)P(C) = 0.125$，所以 A 與 C 為相依事件。

若 A 事件發生的機率不為零，則在 A 事件發生的條件下，B 事件發生的機率稱為條件機率（conditional probability）：

$$P(B \mid A) = \frac{P(A \cap B)}{P(A)} \Rightarrow P(A \cap B) = P(B \mid A)P(A)$$

假設生兩個小孩且小孩的性別為獨立事件，每個小孩是男生或女生的機率一樣。已知第一個小孩是女生，則兩個小孩都是女生的機率為 1/2；若已知至少有一個是女生，則兩個都是女生的機率為 1/3。

機率分佈依隨機變數的類型也可分為離散型與連續型，其細節（如數學公式、期望值、變異數等）請參考相關書籍或文獻，這裡只簡單介紹常見的分佈與 Python 實作。首先是均勻分佈（uniform distribution），這是指所有事件的發生機率都一樣，比如投擲一個公正的六面骰子，繪製每一點的發生機率如下。

範例程式 ex0-4-3.ipynb

```
[19]:  1  # 均勻分佈(e.g. 擲骰子)
       2  size = 1000
       3  dice = np.random.choice(range(1, 7), size=size,
       4                          replace=True, p=[1/6]*6)
```

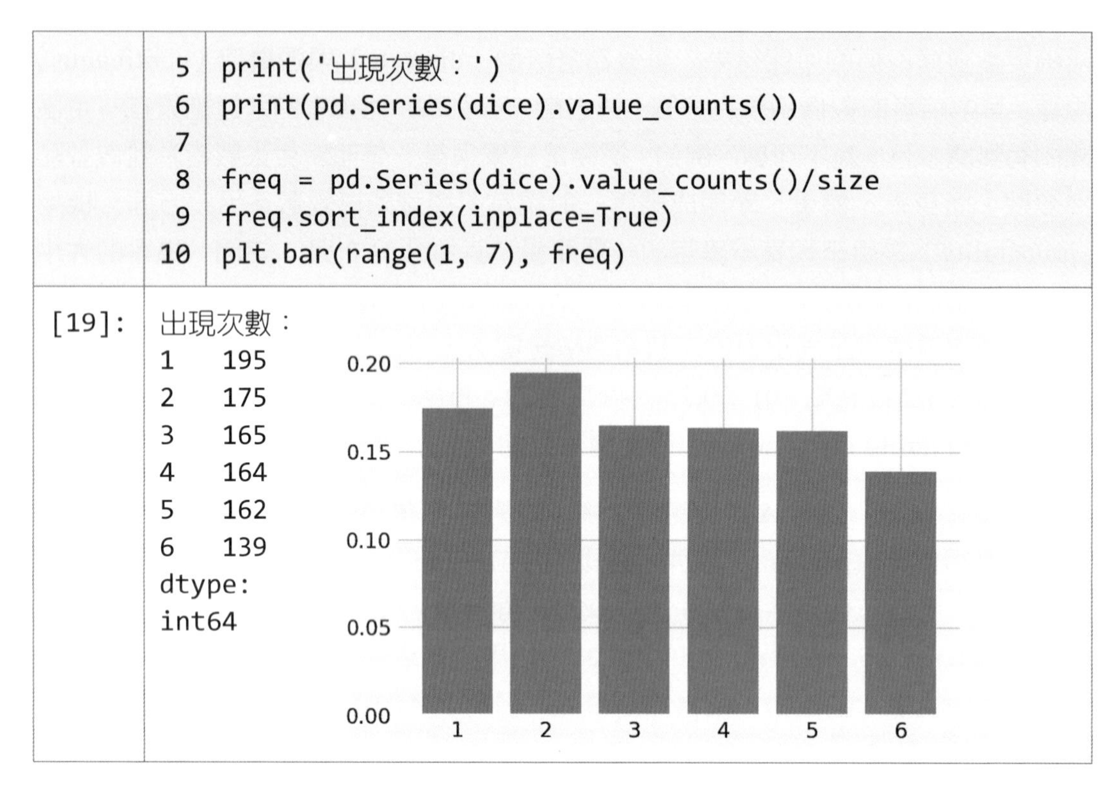

```
5   print('出現次數：')
6   print(pd.Series(dice).value_counts())
7
8   freq = pd.Series(dice).value_counts()/size
9   freq.sort_index(inplace=True)
10  plt.bar(range(1, 7), freq)
```

```
[19]: 出現次數：
1    195
2    175
3    165
4    164
5    162
6    139
dtype:
int64
```


二項分佈(Binomial distribution)是相當常見的離散型機率分佈，二項分佈以伯努利試驗(Bernoulli trial)為基礎，考慮的是 n 個獨立的是/非試驗中成功次數的機率分佈，其中每次試驗的成功機率為 p。例如投擲一個公正的硬幣 n 次，則正面出現次數的機率分佈即為二項分佈。由此可知，兩個參數 n 與 p 可決定二項分佈的樣貌，底下的範例顯示在三個 n 與 p 組合下的二項分佈，要注意的是雖然以折線圖表示，但其實只有在整數的 X 才是有意義的取值。

```
[20]:
1   import scipy.stats as stats
2
3   k = np.arange(40)
4   params = [[20, 0.5], [20, 0.7], [40, 0.5]]
5   style = ['o-b', 'd-r', 's-g']
6
7   for i, param in enumerate(params):
8       plt.plot(k, stats.binom(param[0], param[1]).pmf(k),
9            style[i],
10           label='n={}, p={}'.format(param[0], param[1]))
11
12  plt.title('Binomial distribition')
13  plt.legend()
14  plt.xlabel('X')
```

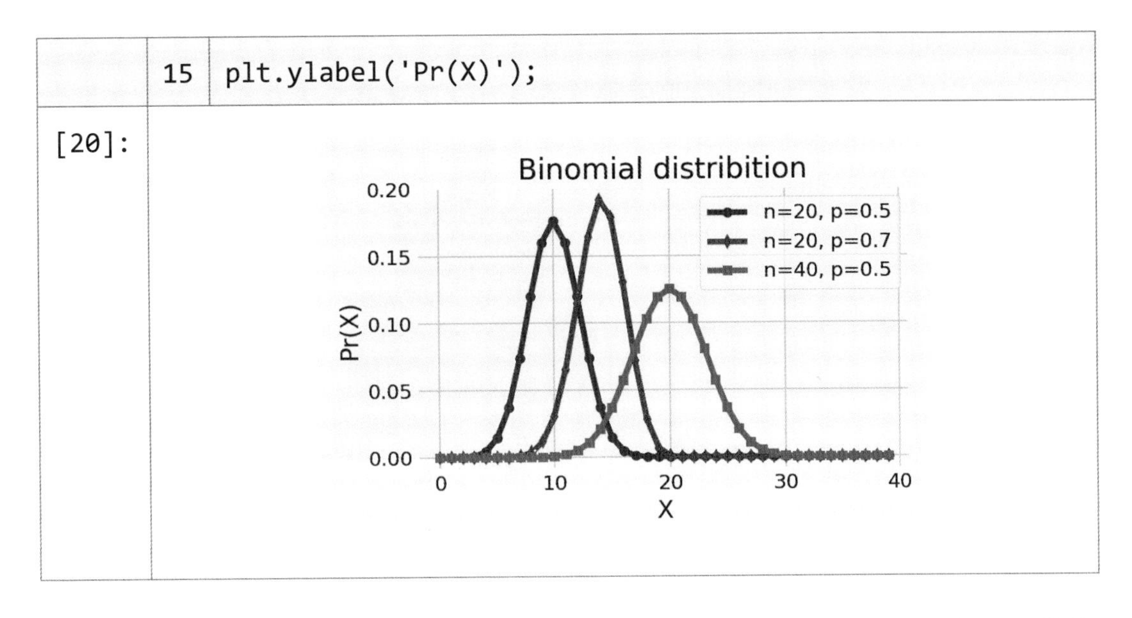

```
15  plt.ylabel('Pr(X)');
```

[20]:

連續型機率分佈最重要也最常見的當屬常態分佈（normal distribution），又稱為高斯分佈（Gaussian distribution），這是由於中央極限定理（下一節介紹）以及生活周遭有各式各樣具代表性的現象所致。常態分佈呈現出鐘形曲線，其樣貌由平均值 μ 與標準差 σ 兩個參數來決定，如底下範例程式：

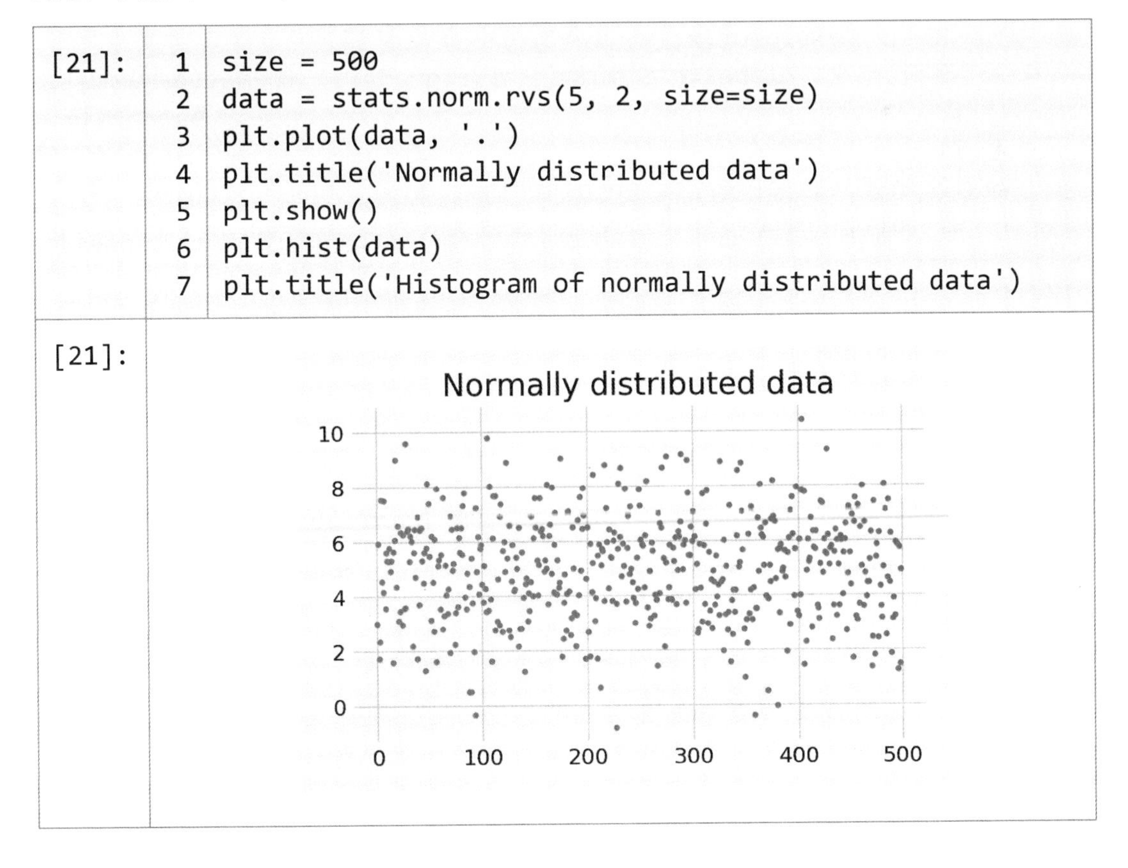

```
[21]:  1  size = 500
       2  data = stats.norm.rvs(5, 2, size=size)
       3  plt.plot(data, '.')
       4  plt.title('Normally distributed data')
       5  plt.show()
       6  plt.hist(data)
       7  plt.title('Histogram of normally distributed data')
```

[21]:

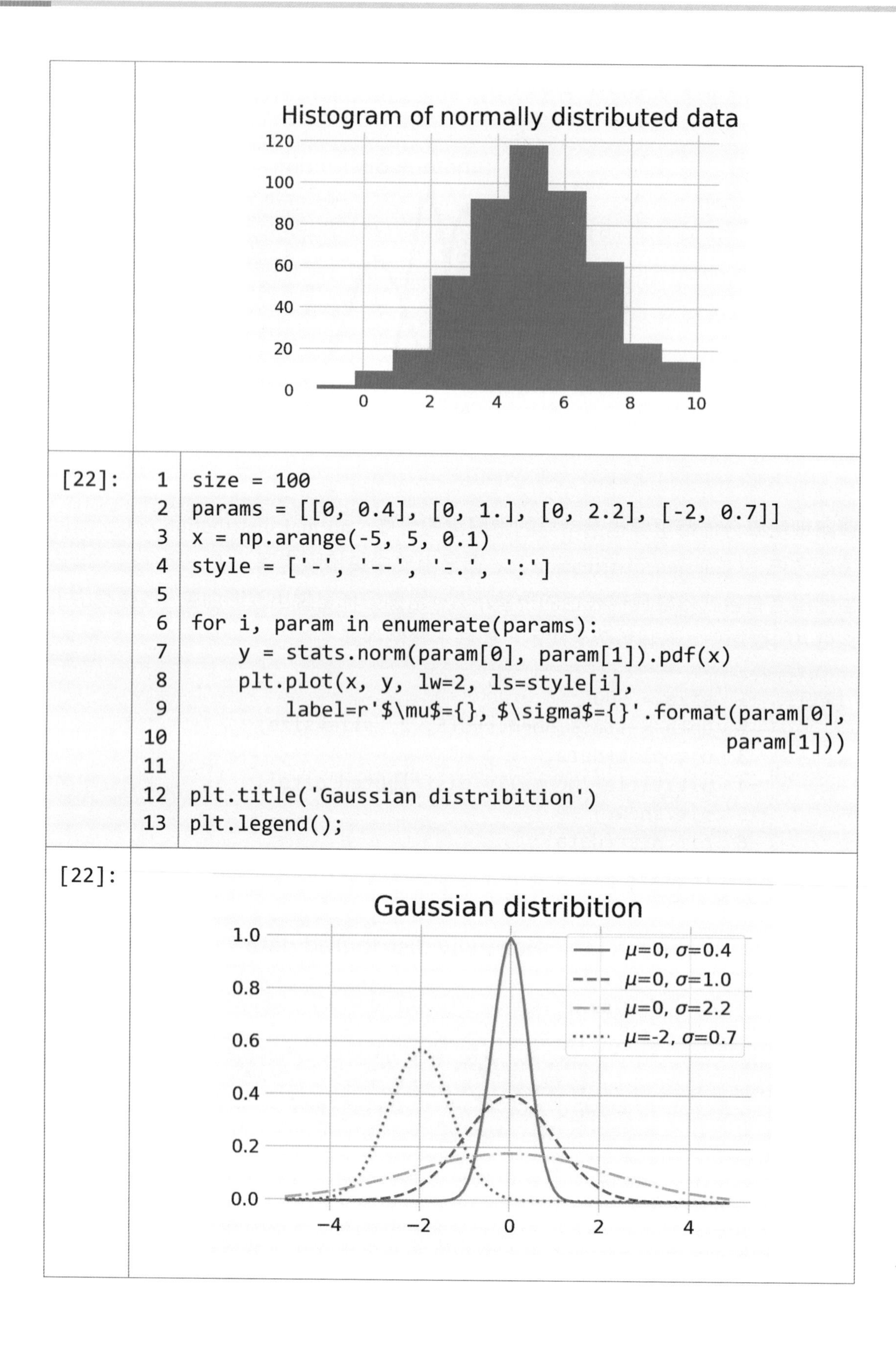


```
1  size = 100
2  params = [[0, 0.4], [0, 1.], [0, 2.2], [-2, 0.7]]
3  x = np.arange(-5, 5, 0.1)
4  style = ['-', '--', '-.', ':']
5
6  for i, param in enumerate(params):
7      y = stats.norm(param[0], param[1]).pdf(x)
8      plt.plot(x, y, lw=2, ls=style[i],
9          label=r'$\mu$={}, $\sigma$={}'.format(param[0],
10                                              param[1]))
11
12 plt.title('Gaussian distribition')
13 plt.legend();
```

以上是針對一個隨機變數的情形，當考慮到有許多事件是同時發生且相互關聯時（例如不戴口罩與疫情嚴重度、酒後開車與車禍等），就需要二元或多元隨機變數（bivariate or multivariate random variable）。以下範例顯示二元常態分佈圖：

[23]:

```
from scipy.stats import multivariate_normal
from mpl_toolkits.mplot3d import Axes3D
from matplotlib import cm
# 產生資料
x, y = np.mgrid[10:100:2, 10:100:2]
pos = np.empty(x.shape + (2,))
pos[:, :, 0], pos[:, :, 1] = x, y
# 設定 x, y 的平均分別為 50, 50
# 共變異矩陣則為 [[100,0], [0,100]]
rv = multivariate_normal([50,50], [[100,0], [0,100]])

# 二元常態分佈的機率密度函數
z = rv.pdf(pos)
fig = plt.figure(dpi=100)
ax = fig.gca(projection='3d')
surf = ax.plot_surface(x, y, z, cmap=cm.RdBu)

fig.colorbar(surf, shrink=0.5, aspect=5)
ax.set_xlabel('x')
ax.set_ylabel('y')
ax.set_zlabel('f(x, y)')
ax.ticklabel_format(style='sci', axis='z',
                                      scilimits=(0,0))
plt.tight_layout()
```

[23]:

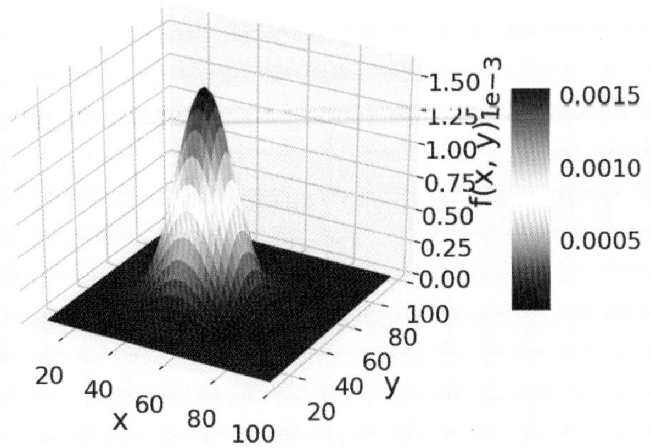

關於常態分佈還有一些值得注意的事情，當一組數據或事件有近似於常態分佈的現象時，會有以下特色：

1. 平均值、眾數，以及中位數同一數值。
2. 約 68.27%數值分佈在距離平均值左右 1 個標準差之內的範圍，約 95.45%分佈在距離平均值 2 個標準差之內，約 99.73%在距離平均值 3 個標準差之內，以及約 99.99%距離平均值 4 個標準差之內（圖 0-4-1）。
3. 函數曲線的反曲點（inflection point）為離平均數 1 個標準差距離的位置。

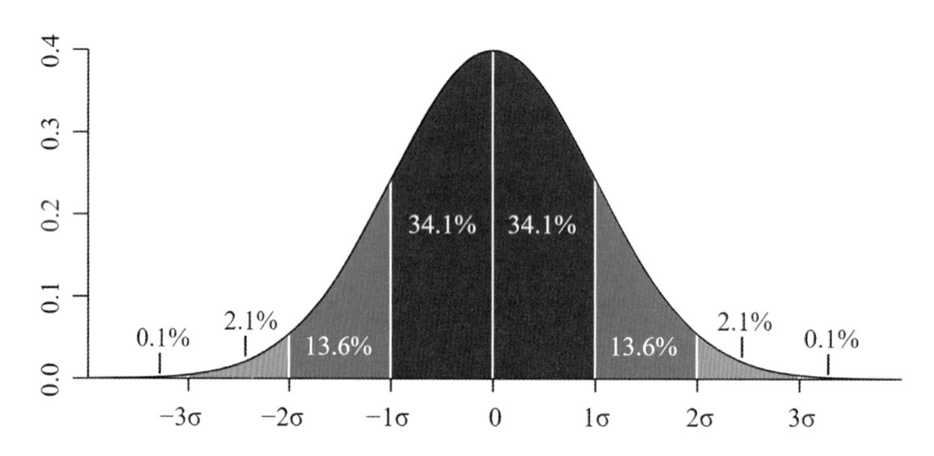

參考來源：https://en.wikipedia.org/wiki/Normal_distribution

圖 0-4-1 常態分佈的鐘形曲線與數據分佈狀況

若隨機變數 X 服從一個平均值μ、標準差為σ的常態分佈，記為$X \sim N(\mu, \sigma^2)$，其中μ是位置參數，決定了分佈的位置，而σ為尺度參數，決定分佈的幅度。任一個常態分佈可透過標準化，轉換成標準常態分佈（Z 分佈），即$\mu = 0$且$\sigma = 1$的常態分佈，轉換公式與範例程式如下：

$$Z = \frac{X - \mu}{\sigma} \sim N(0, 1)$$

[24]:
```
1  # 常態分佈
2  plt.figure(figsize=(8, 5))
3  plt.subplot(1, 2, 1)
4  plt.hist(data)
5  plt.title('Normal distribution')
6  
7  # 標準常態分佈
8  plt.subplot(1, 2, 2)
```

```
 9  data_std = (data-data.mean())/data.std()
10  plt.hist(data_std)
11  plt.title('Standard normal distribution');
```

[24]:

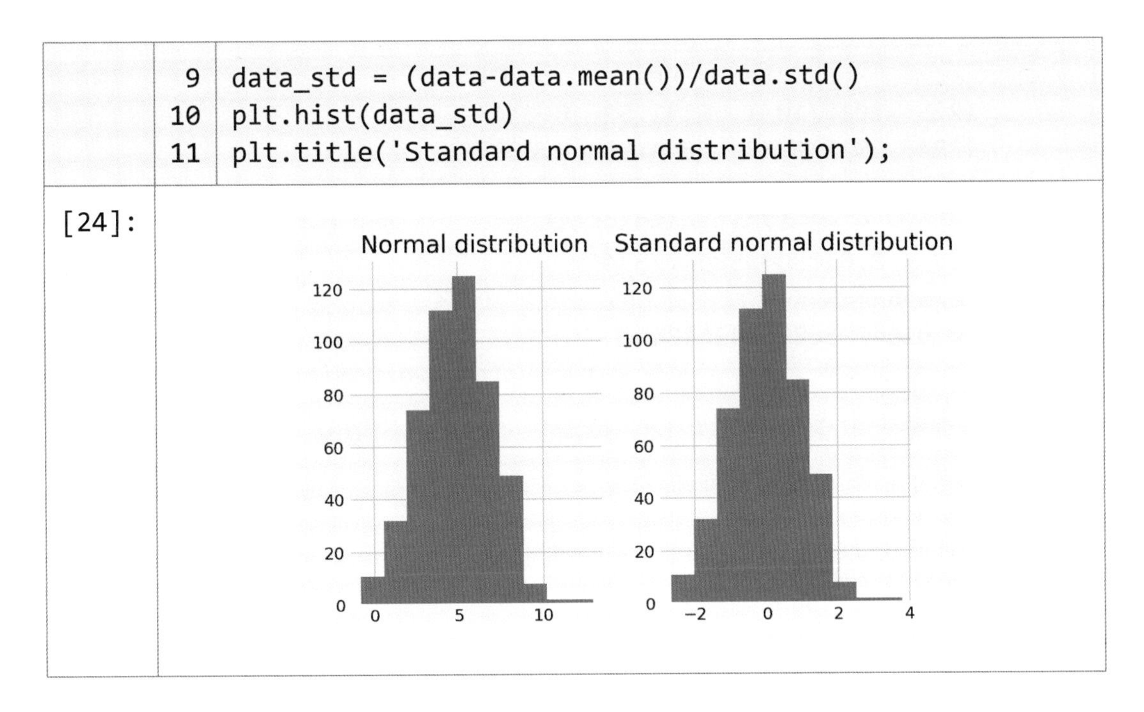

這裡來看常態分佈的一個簡單應用，所謂的風險價值（value ar risk、VaR）是指在一個機率水準α下，某個金融資產組合在未來特定一段時間內的最大可能損失，可表達為 $P(X_t < VaR) = \alpha$，其中隨機變數 X_t 為金融資產組合在持有期間 t 內的損失。假設台灣 50 指數（TW50）的日收益序列服從常態分佈，底下範例程式計算當機率水準為 5%時，TW50 在 2015.9 ~ 2020.9 交易期間的 VaR。

```
[25]:  1  tw50 = pd.read_csv('tw50.csv')
       2  print(tw50.head(2))
       3  print(tw50.tail(2))
       4  print('==============')
       5
       6  ret = tw50['ROI']
       7  ret_mean = ret.mean()
       8  ret_std = ret.std()
       9  print('Mean =', ret_mean)
      10  print('Std =', ret_std)
      11  print('==============')
      12
      13  # 查詢累積密度值為 0.05 的分位數
      14  print(stats.norm.ppf(0.05, ret_mean, ret_std))
```

```
[25]:        Date      Price     ROI
       0  2020/9/28  10005.28  0.0198
       1  2020/9/25   9810.80  0.0002
```

```
            Date     Price     ROI
1223  2015/10/1  6131.52  0.0143
1224  2015/9/30  6044.95  0.0083
==============
Mean = 0.00047012244897959163
Std = 0.010304558547753459
==============
-0.016479368052426484
```

上述程式計算得到 VaR 約為-0.0165，換言之，有 95%的機率，日收益率的損失不會超過 1.65%，可說是相當穩定。

0-4-4 統計推論

在前面的敘述統計裡，我們學到妥善利用幾個統計數字的綜合敘述，已經足以描繪出一個群體的輪廓，而本節的統計推論（statistical inference）則是希望透過部分樣本數據來推論母體。由於母體可能隨時在改變，且抽樣（sampling）又容易有偏誤，因此很難做到完全正確的統計推論。比方說，過去在選舉前，各家民調公司常常將國內裝有市內電話的家庭當成母體進行抽樣。這個做法在過去是接觸選民最簡單的途徑，可是隨著手機的普及與工作型態的改變，透過市話能接觸到的以年長者或婦女為主。因此就容易產生抽樣偏誤，導致後續的統計推論也會有偏誤的情況。

大數法則（Law of Large Numbers）及中央極限定理（Central Limit Theorem）是機率論中兩個極重要的結果，兩者雖然都是在 17 世紀末至 18 世紀初提出來，但現今的用途相當廣泛，且中央極限定理更是統計推論的基石。Jakob Bernoulli 的大數法則是說隨機產生的樣本越多，其平均就越接近期望值（即母體的平均）。圖 0-4-2 藉由投擲與紀錄一個六面骰子的過程來展示大數法則，可以看到在投擲次數較小時，投擲結果的均值變化較大，但隨著投擲次數越來越多，所有結果的均值趨近 3.5（亦即骰子點數的期望值）。

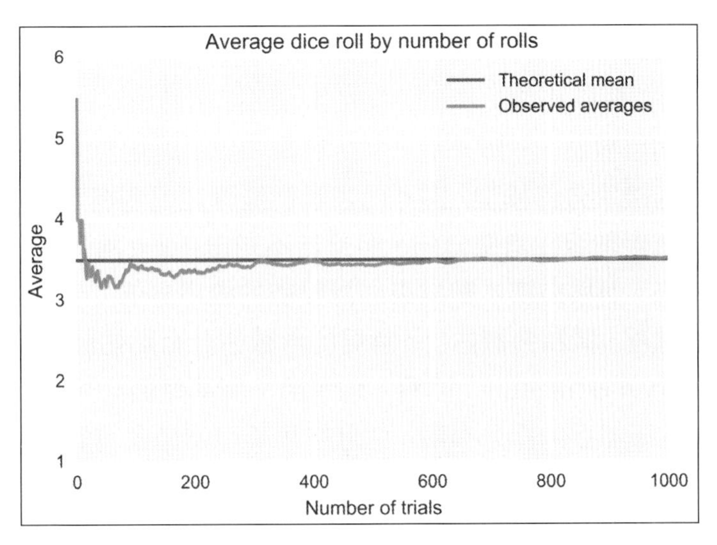

參考來源：https://en.wikipedia.org/wiki/Law_of_large_numbers

圖 0-4-2 以投擲一個六面骰的過程來展示大數法則

中央極限定理是機率論與統計學中最重要且常用的結果之一，其敘述簡單來說是只要抽樣的樣本數量夠大的時候，則樣本平均數的抽樣分佈會趨近於常態分佈。接著要透過寶可夢數據集來呈現中央極限定理，首先將數據內的 HP、Attack、...、Speed 等特徵合併為一行，共有 5,364（= 894 × 6）筆樣本，並繪製其直方圖（圖 0-4-3 左上）。接著進行三回合抽樣，每回合反覆抽樣 1,000 次，且三個回合有不同的樣本數 N = 10、100、1000，圖 0-4-3 分別繪製其長條圖，不難發現隨著 N 逐漸增大，越接近常態分佈的鐘形曲線且越密集。

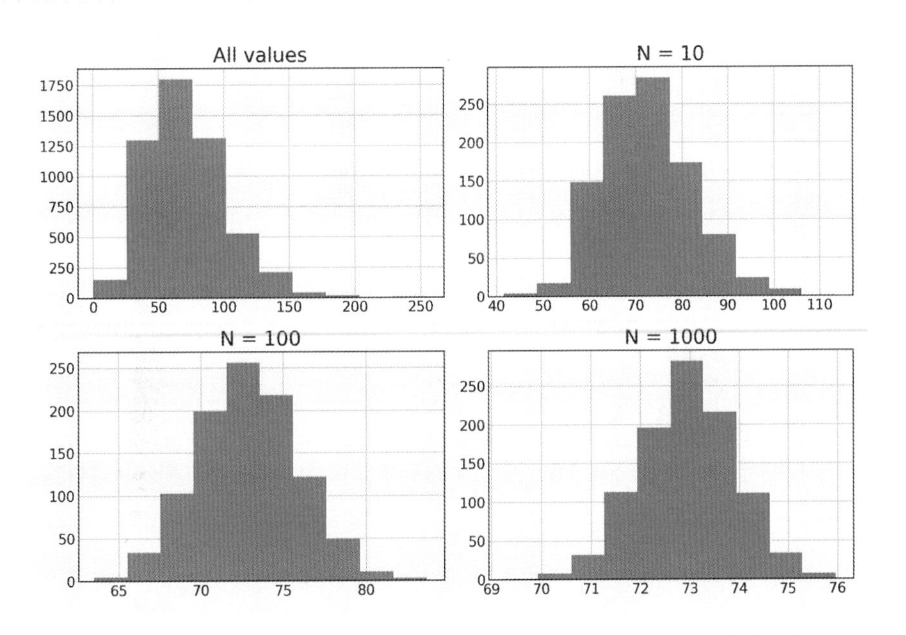

圖 0-4-3 從寶可夢能力值中抽取 N 個樣本來展示中央極限定理

統計推論包含參數估計（parameter estimation）與假設檢定（hypothesis testing）兩類，參數估計的主要任務在於猜測參數的取值，而假設檢定則著重在檢驗參數的取值是否等於某個目標值。一般來說，利用專業知識、經驗或適當的統計方法，可以推論某些變數的機率分佈模型，這不代表我們能確定這個機率分佈的參數。例如我們知道一個隨機變數服從常態分佈，可是若不知道μ與σ兩個參數，仍然無法得知確切的機率分佈。而根據樣本數據來估計變數的機率分佈（或者說母體分佈）所包含未知參數的過程，稱為參數估計。常見的參數估計有點估計（point estimation）與區間估計（interval estimation）兩種，前者用一個具體值來估計母體的一個未知參數，因為樣本數據捕捉的訊息有限，估計結果不可避免會有偏差；後者利用兩個數值構成的區間來估計一個未知參數，並指明此區間能包含這個參數的可靠程度。比方說在估算某班級學期成績時，點估計給出平均成績為 70，區間估計則可能給出平均成績為 65 到 75 之間，且這個區間能包含母體平均值的機率為 95%

點估計常以樣本指標的實際值作為母體未知參數的估計值，如以樣本平均值或中位數來估計母體平均值。點估計的好壞與選擇的樣本指標是否有良好性質以及母體分佈有關，可藉由評量估計值的無偏性（unbias）、有效性（efficiency）與一致性（consistency）來做判斷。此外，區間估計用一個區間範圍來估計參數的取值，得到的結果為信賴區間（confidence interval），且這個區間的可信賴程度稱為信心水準（confidence level），一般用$1-\alpha$表示。α的大小根據實際問題與需求而定，經常取 1%、5%或 10%。信賴區間可以表示為$P(\theta_1 \le \theta \le \theta_2) = 1-\alpha$，其中$[\theta_1, \theta_2]$為參數$\theta$信心水準為$1-\alpha$的信賴區間。

信心水準的統計意義是用同樣方法重複多次取樣並進行區間估計後，所得到的信賴區間中包含真實值的比例。假設母體真實值為 100，進行三次抽樣得到的信賴區間分別為[90, 100]、[95, 115]、[105, 125]，則得到信心水準為 66.66%。Python 可透過 scipy 進行區間估計，底下範例以對一個物品秤重十次的結果來估算物品真正重量的信賴區間。

範例程式 ex0-4-4.ipynb

```
[26]:  1  # 對一個物品秤重十次得到的結果
       2  物品 = [10.1, 10, 9.8, 10.5, 9.7, 10.1, 9.9, 10.2, 10.3,
       3                                                    9.9]
       4
       5  # 進行區間估計
       6  # np.mean(物品) -> 樣本均值
```

```
 7  # stats.sem(物品) -> 樣本均值的標準誤(Standard Error)
 8  # 樣本均值服從 t 分佈，用標準誤來表示樣本均值的標準差
 9  # 自由度為 len(物品)-1，信心水準為 95%
10  conf_in = stats.t.interval(alpha = 0.95,
11                             df=len(物品)-1,
12                             loc=np.mean(物品),
13                             scale=stats.sem(物品))
14  print('信賴區間 =', conf_in)
```

```
[26]: 信賴區間 = (9.877224892797548, 10.222775107202454)
```

當想透過統計的方法來協助我們進行推論時，會先針對結果提出假設並期待能利用現有樣本來加以驗證，此即為假設檢定。為了說明假設檢定與分佈函數之間的關係，先來看一個簡單的例子。寶可夢數據集的平均 HP 為 69.47，標準差為 25.67，捕捉到一隻 HP 為 45 的寶可夢，如何得知他與普通寶可夢的 HP 是否有所不同？用假設檢定的形式將問題重新闡述為：假設該寶可夢來自普通寶可夢的群體，而根據這隻寶可夢的 HP，我們能保留或者應該拒絕這個假設。為了回答這個問題，我們的處理步驟如下：

- 假設描述普通寶可夢 HP 特徵符合 $\mu = 69.47$ 且 $\sigma = 25.67$ 的常態分佈。
- 計算欲檢查 HP 值的累積密度函數（Cumulative Distribution Function、CDF）值為 0.17，換言之，一隻普通寶可夢的 HP 比平均 HP 低至少 24.47 的機率是 17%。
- 由於是常態分佈，普通寶可夢的 HP 比平均 HP 重至少 24.47 的機率也是 17%。
- 如果該寶可夢算是普通，則他的 HP 偏離平均 HP 至少 24.47 的機率為 34%（$= 2 \times 17\%$）。由於這並不顯著，所以我們沒有足夠證據拒絕當初的假設，因此可認為捕捉到一隻普通的寶可夢。

假設檢定一般有兩個隱含的原則，一是小機率事件在一次實驗中幾乎不會發生，因此若在我們的假設下發生了小機率事件，可認為是假設錯誤；另一個是先說我們的假設是正確，再依此檢查觀測到的是否為小機率事件。若發生小機率事件則能否定假設，不是的話就無法否定。將上述步驟以假設檢定的程序敘述如下：

1. 設立虛無假設（null hypothesis）與對立假設（alternative hypothesis）：虛無假設（以 H_0 表示）是要驗證是否為正確的假設，而對立假設（以 H_1 表示）是虛無假設的否定，為兩者間有差異的假設。以上例而言，若用 HP*代表捕捉到寶可夢的 HP，則 H_0 可設定為 $\mu = HP^*$，相對的 H_1 為 $\mu \neq HP^*$（此為雙

尾檢定，單尾檢定可設定 H_0: $\mu \geq HP*$、H_1: $\mu < HP*$）。接著，在 H_0 為真的情況下，求出樣本數據出現的機率，看捕捉到的寶可夢是否為小機率事件。

2. 選擇檢定統計量（test statistic）：由樣本所算出來的一個值，用來決定是否接受或拒絕 H_0，需依不同參數的假設檢定，使用不同的檢定統計量。這裡因為母體變異數已知，所以使用常態分佈的 Z 統計量。

3. 選擇顯著水準（level of significance）並制定決策法則：決策法則用以瞭解何時拒絕（reject）或不拒絕 H_0，而介於拒絕與否間的界線稱為臨界值，是根據顯著水準並利用機率分佈計算而得。也就是說，如果先前的 H_0 正確，但採用統計方法計算後卻可說它幾乎不會發生（例如 $\mu = HP*$ 的機率不到 α= 5%），此時可拒絕 H_0 並接受 H_1。常見的顯著水準 α 有 5%或 1%。

4. 比較樣本統計量與臨界值：以檢定統計量為臨界值的顯著水準 α 稱之為 p 值（p-value），在以 H_0 為正確的前提下，p 值越低越可解釋為發生了小機率事件，即計算得到 H_0 不正確的統計量。以上例而言，p 值為 1.99。

5. 做出結論：若 p 值小於 α，則拒絕虛無假設 H_0 並接受 H_1；反之，則不能拒絕 H_0。由於上例中計算得到的 p 值大於 α，故不拒絕 H_0，也就是說捕捉到的寶可夢 HP 與普通寶可夢無顯著差異（non-significant difference）。

然而，除非用普查而非透過統計方法，否則無從得知事實。儘管設定顯著水準為 1%，也有可能在虛無假設正確的情況下拒絕了它，這稱為第一型錯誤（Type I Error），其機率以 α 表示；而若虛無假設錯誤但不拒絕它，則為第二型錯誤（Type II Error），其機率以 β 表示，如下表所示，其中不犯第二型錯誤的機率 $1-\beta$ 又稱為檢定力（power）。

	H_0 為真	H_0 有錯
不拒絕 H_0	正確	第二型錯誤
拒絕 H_0	第一型錯誤	正確

在假設檢定中，第一型與第二型錯誤都難以避免，且往往無法同時降低兩種錯誤的發生機率。權衡之下，我們選擇控制 α，使得 P(拒絕 H_0| H_0 為真) $\leq \alpha$，換言之，我們是計算在 H_0 正確的前提下，和當前樣本一樣極端或更極端情況出現的條件機率，而這個機率也稱為 p 值。對於 p 值與 α 的比較，可以採取臨界值檢定法（critical value approach）與顯著性檢定法（p-value approach）兩種檢定法。兩種方法相似，

都是先建構一個用於檢定的統計量，差別在於顯著性檢定法直接根據 H_0 與統計量的機率分佈求出 p 值，再與 α 做比較，進而判斷是否為小機率事件。

雖然以 p 值做為拒絕 H_0 與否的依據相當方便，在使用上仍須留意第一型與第二型錯誤的情況。此外，也要留意所謂的 P-hacking，這是指在統計分析數據時採用不同方法不斷嘗試計算直到 p 值顯著為止，這很容易產生假陽性（false positive），導致實驗的不可重複性。底下範例是藉由投擲一個公正硬幣得到的結果來檢定該硬幣是否公正，可以看到在 100 回合且每回合 1,000 次投擲中，共有 7 回合的結果顯示硬幣並非公正。

[27]:
```
# 欲透過投擲結果檢定一個公正的硬幣是否公正
import random as rd
import math

def 進行實驗():
    # 擲一個公正硬幣 1,000 次，True->正面，False->反面
    return [rd.random() < 0.5 for _ in range(1000)]

# 實驗進行 100 回合
實驗 = [進行實驗() for _ in range(100)]

p_val = 0.05
拒絕H0次數 = 0
for trial in 實驗:
    num_heads = len([x for x in trial if x])
    p_hat = num_heads/1000

    mu = p_hat
    sigma = math.sqrt(p_hat*(1-p_hat)/1000)
    # 進行雙尾檢定
    interval = normal_two_sided_bounds(1-p_val, mu,
                                       sigma)
    if not (interval[0] < 0.5 < interval[1]):
        拒絕H0次數 += 1

print('拒絕H_0次數 =', 拒絕H0次數)
```

[27]:
```
拒絕 H_0 次數 = 7
```

回到之前查看兩個變數的相關性，依變數的類型（數值型或類別型）最常見的是皮爾森（Person）相關係數，其他常見的還有斯皮爾曼（Spearman）與肯德爾（Kendall）相關係數，也能使用卡方獨立性（independence）與同質性（homogeneity）檢定、獨立樣本 t 檢定或者變異數分析的 F 值。下表依變數的類型列舉衡量相關性的做法，並以範例進行實作，詳細說明可參考 chapter 1 的第 5 節。

變數類型	衡量相關性的做法
數值型 vs 數值型	皮爾森相關係數
類別型 vs 類別型 （名目尺度）	卡方獨立性與同質性檢定 費雪（Fisher）的精確檢定
類別型 vs 類別型 （順序尺度）	斯皮爾曼等級相關係數 肯德爾等級相關係數
數值型 vs 類別型	獨立樣本 t 檢定 變異數分析 F 值

底下是範例程式的展示：

[28]:
```
1   # 卡方獨立性檢定
2   # 看水與一般屬性的寶可夢，其單/雙屬性數量是否有差別
3   # H0:兩者沒差異
4   df_new = pd.DataFrame(columns=['Water', 'Normal'],
5                         index=['單', '雙'])
6   df_new.loc['單', :] = [df[(df['Type1']=='Water') &
7                  (pd.isnull(df['Type2']))].Number.count(),
8                         df[(df['Type1']=='Normal') &
9                  (pd.isnull(df['Type2']))].Number.count()]
10  df_new.loc['雙', :] = [df[(df['Type1']=='Water') &
11                (pd.notnull(df['Type2']))].Number.count(),
12                        df[(df['Type1']=='Normal') &
13                (pd.notnull(df['Type2']))].Number.count()]
14  df_new
```

[28]:

	Water	Normal
單	65	66
雙	57	44

[29]:
```
1 chi2, p_val = stats.chisquare(f_obs=[65, 66],
2                               f_exp=[57, 44])
3 print(chi2)  # 卡方統計量
4 print(p_val) # p值
```

[29]:
```
12.12280701754386
0.0004980887123686391
```

以顯著水準為 0.01 來看，p值遠小於顯著水準，因此可以拒絕H0，亦即水與一般屬性寶可夢的單/雙屬性數量有非常顯著的差異。

[30]:
```
1 # 看世代與單/雙屬性是否有差別
2 # H0:兩者沒差異
3 gens = df['Generation'].unique()
4 df_new = pd.DataFrame(columns=gens, index=['單', '雙'])
5
6 for i in ['單', '雙']:
7     lst = []
8     for x in gens:
9         if i == '單':
10            lst.append(df[(df['Generation']==x) &
11             (pd.isnull(df['Type2']))].Number.count())
12        else:
13            lst.append(df[(df['Generation']==x) &
14            (pd.notnull(df['Type2']))].Number.count())
15
16    df_new.loc[i, :] = lst
17 df_new
```

[30]:

	1	2	3	4	5	6	7
單	88	51	78	54	83	32	35
雙	78	55	82	67	82	50	59

[31]:
```
1 T = np.array(df_new)
2 chi2, p, dof, ex = stats.chi2_contingency(T,
3                                           correction=False)
4 print(chi2) # 卡方統計量
5 print(dof)  # 自由度
6 print(p)    # p值
```

[31]:

```
9.341984532800193
6
0.1552388323484806
```

p值>顯著水準(0.01)，因此不拒絕H0，亦即寶可夢世代與單/雙屬性無顯著差異。

[32]:

```
1  # 想了解 Poison 與 Ground屬性寶可夢的平均 Speed 是否不同？
2  # 獨立 t-test 的前提假設:
3  #       資料為常態分佈或接近常態分佈，且變異數相同
4  import seaborn as sns
5  
6  fea = 'Speed'
7  one = np.array(df[df['Type1'] == 'Poison'][fea])
8  two = np.array(df[df['Type1'] == 'Ground'][fea])
9  data = {'class':['one']*len(one)+['two']*len(two),
10             'type':np.append(one, two)}
11 df_new = pd.DataFrame(data)
12 sns.boxplot(x='class', y='type', data=df_new);
```

[32]:

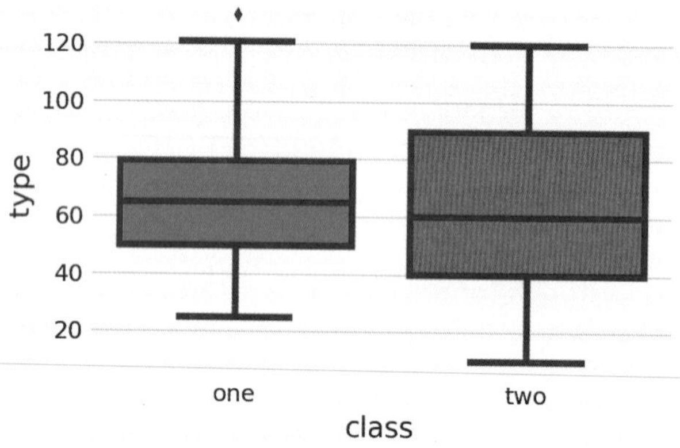

[33]:

```
1  # 檢查資料是否為常態分布 (H0:資料為常態分佈)
2  # 由於樣本數小於 50，故採用 Shapiro-Wilk test
3  p_val = stats.shapiro(one)[1]
4  print('p_value:', p_val)
5  if p_val < .05:
6      print('拒絕H0，Poison 屬性寶可夢非常態分佈')
7  else:
8      print('不拒絕H0，Ground 屬性寶可夢為常態分佈')
9  
10 p_val = stats.shapiro(two)[1]
11 print('p_value:', p_val)
```

```
12  if p_val < .05:
13      print('拒絕H0，Poison 屬性寶可夢非常態分佈')
14  else:
15      print('不拒絕H0，Ground 屬性寶可夢為常態分佈')
```

[33]:
```
p_value: 0.15207724273204803
不拒絕 H0，Ground 屬性寶可夢為常態分佈
p_value: 0.14700447022914886
不拒絕 H0，Ground 屬性寶可夢為常態分佈
```

[34]:
```
1  # 檢查資料是否為相同變異數 (H0:相同變異數)
2  # 採用 Levene's test
3  p_val = stats.levene(one, two, center='mean')[1]
4  print('p_value:', p_val)
5  if p_val < .05:
6      print('拒絕H0，不同變異數')
7  else:
8      print('不拒絕H0，相同變異數')
```

[34]:
```
p_value: 0.2715227383615329
不拒絕 H0，相同變異數
```

[35]:
```
1  # 計算兩組獨立樣本變異數相同 t-test
2  p_val = stats.ttest_ind(one, two, equal_var=True)[1]
3  print('p_value:', p_val)
4  if p_val < .05:
5      print('拒絕H0，不同平均值')
6  else:
7      print('不拒絕H0，相同平均值')
8
```

[35]:
```
p_value: 0.5726416638984138
不拒絕 H0，相同平均值
```

由以上檢定結果可以認為 Poison 與 Ground 屬性的寶可夢具有相同平均 Speed 值。

0-5 小結

本章從熱門的程式語言 Python 與潮流的機器學習切入，先調查 Python 在全球的使用狀況以及安裝整合式開發環境，再介紹全球各產業趨勢的機器學習。而在全球開發人員的努力貢獻下，透過 Python 許多官方與第三方套件的協助，能輕易地實作機器學習方法，兩者相當契合。

要把機器學習方法用的恰如其分，讓功力更加爐火純青，除了提升實作能力外，基礎的理論知識更是不可或缺。因此，本章也以實作的角度介紹基礎的線性代數、機率、敘述統計以及統計推論。然而，這些單元的範疇相當廣泛，本書無法面面俱到，有興趣的讀者可參考其他相關書籍，搭配本章介紹的實作更可事半功倍。

接著下一章將要開始數據的前處理程序，這是在建立機器學習模型前非常重要的工作，其處理的好與壞皆會大大影響模型的預測效能。

綜合範例

綜合範例

讀取寶可夢數據集「Pokemon_894_12.csv」，並進行下列分析程序：

1. 針對 HP、Attack、…、Speed 欄位，繪製箱形圖。
2. 針對 Attack 與 Defense 欄位繪製散點圖，並找出「攻防一體」（位於圖形右上角）的寶可夢。
3. 計算 Type1 = Fire 寶可夢的 HP 平均值。
4. 找出 Type 1 所有屬性寶可夢 HP 平均的最高、最低值。
5. 選出 Attack 最高的前五名寶可夢。
6. 選出 Attack、Defense 同時為前 20 名的寶可夢。

Chapter 0 習題

1. 解線性聯立方程組最直觀的解法是利用代數的方法，慢慢利用等式的相加減求解（例如高斯消去法）。然而，面對龐大的方程組時，用代數求解會很辛苦，因此底下改用線性代數的方式求解下列聯立方程組。

$$\begin{cases} 2x+3y-4z+w=15 \\ x-2y+3z-2w=-3 \\ 3x+5y+z-w=20 \\ 4x+y-z+w=5 \end{cases}$$

(a). 寫出係數矩陣 A。

(b). 寫出常數矩陣 B。

(c). 找出係數矩陣的反矩陣 A^{-1}。

(d). 將 A^{-1} 與 B 相乘，即可得到解答（$x = A^{-1}B$）。

» 套件名稱

反矩陣：`numpy.linalg.inv()`

2. 讀取寶可夢數據集 Pokemon_894_12.csv，針對「平均防禦力」尋找 18 種 Type1 中，兩兩組合是否有辛普森悖論的情況。

CHAPTER

1

數據前處理

數據前處理

當我們談論到數據時，常常會聯想到一些有著大量行與列的數據集，而這僅是可能的情況之一，數據能以很多種不同型態存在，比如結構化表格、影像、聲音、影片等。然而，電腦只懂 0 與 1，無法了解這些數據的型態與內涵，所以直接把純文字或影像數據一股腦全丟進電腦並期待機器學習模型能找出隱藏的模式或規律，找出隱藏的模式或規律，似乎有些不切實際。雖然現在有些自動化工具宣稱能自動處理數據、建模分析以及視覺化呈現，但還是無法將未經人為清理過的原始數據（raw data）直接匯入電腦進行處理。事實上，收集數據時容易因為對環境、流程、人為等因素的控制或處理不當而導致不合理數據（如年齡為-30）、不可能的數據組合（如性別：男、懷孕：是）、遺漏值（missing value）等數據異常狀況。此時若沒有經過清理就直接建模分析，容易得到偏差的結果，正所謂「Garbage in, garbage out」。

數據前處理（data preprocessing）目的在於將原始數據轉換或編碼成乾淨、格式整齊且可由電腦解析的數據，如此數據的代表性特徵才比較容易被學習演算法捕捉到。數據品質的優劣大大影響學習模型的效能，有道是「巧婦難為無米之炊」，即使是套用很威或泛化性很高的機器學習模型（巧婦），面對雜亂無章的數據（米）也只能雙手一攤、無能為力。在整個機器學習流程中，雖然學術界總是以模型為主要研究與討論的對象，但業界在實際進行時有大半的時間都在對數據進行前處理，因此數據前處理的重要性可見一般。本章將介紹在數據前處理階段重要的概念與步驟，並透過範例加以比較與說明。

在取得數據、了解各欄位特徵的意義並釐清分析目標後，首先是 1-1 節要區分特徵的數據類型，如此才能採用相對應的前處理手法；而因為各種人為或意外狀況，收集到的數據難免有所遺漏，1-2 節即介紹處理與填補遺漏值的方法；接著，1-3 節將數據集切割成訓練、驗證與測試集，並透過交叉驗證方式更可靠地反應模型的真實效能；因為離群值容易造成模型效能的低落，其偵測與處理的技巧將在 1-4 節介紹，同時也探討如何判斷新觀察值是否屬於訓練集的數據分布；最後則介紹在許多數據特徵中，針對欲分析的目標項挑選重要特徵的常見作法。

1-1 數據類型

區分數據類型往往是前處理中首要且重要的步驟，一般將數據類型簡單分成數值型與類別型，而前者包括區間、比例、數量等離散與連續數據，後者則有名目（nominal）與順序（ordinal）變數的差異。底下將針對不同數據類型介紹其對應的處理策略。

1-1-1 數值型數據

數值型數據（numerical data）在統計學也稱為定量數據（quantitative data）是指對某些事物進行的量測（例如：一個人的身高、體重、血壓等）或是計數（例如：及格學生人數、錢包裡的硬幣數等），因此可再細分為離散與連續兩種類型。

- 離散（discrete）數值的可能值能被一一列舉，而被列舉的數值可能是有限個，也可以是無窮多個。例如：投擲硬幣 100 次，正面出現次數是一個介於 0 到 100 之間的正整數，而若是問得到 100 次正面需要投擲硬幣的次數，則可能值為大於或等於 100 的正整數，有無窮多個可能。
- 連續（continuous）數值的可能值無法以單純計數來描述，僅能透過在實數線上以區間的方式呈現。例如：身體質量指數 BMI 計算公式是以體重（kg）除以身高（m）的平方，可能值介於 0 到 200 之間，表示成區間[0, 200]，您的 BMI 值可能是在這個區間內的任何一個實數，因此無法一一計數。然而為了使用與紀錄的便利，常會設定以四捨五入的方式到某個位數的精準度。

在數據前處理中對於數值型數據進行「特徵縮放」（feature scaling）是容易遺忘但又相當重要的一個步驟，雖然沒做特徵縮放對部分機器學習模型（如決策樹、隨機森林）沒有影響，但如果特徵能適當地縮放成相同尺度，不僅能進行特徵間的比較，大部分機器學習模型也能表現的更好。一個簡單的例子是以體重（kg）與身高（m）作為兩個特徵，當用歐式距離計算兩個樣本間距離時將會被體重所支配而忽略身高的影響。

「標準化」（standardization）與「正規化」（normalization）是特徵縮放的兩個常用方法，但這兩個專有名詞常常被混用，因此在進行簡報或瀏覽文章時要特別留意上下文的說明。將特徵標準化指的是把特徵縮放成近似的標準常態分布，也就是平均值為 0、標準差為 1 的高斯分布（Gaussian distribution），每個樣本的特徵都會經過下列公式的轉換：

$$x_{std}^{i} = \frac{x^{i} - \mu}{\sigma}$$

其中 x^i 是樣本 i 的特徵、μ 與 σ 分別是該特徵所有樣本的平均值與標準差、而 x^i_{std} 則是轉換後的結果，代表原始值離該特徵的平均值有幾個標準差，這個值在統計學中也稱為 z 分數（z-score）。標準化是數據前處理中常見用來縮放尺度的方法，除非有其他考量（如希望轉換後的結果大於 0），否則建議預設採用標準化來進行縮放。Scikit-learn 的 preprocessing 模組提供一個縮放器 StandardScaler()實作標準化轉換，範例程式如下：

範例程式 ex1-1-1.ipynb

```
[1]:
1  from sklearn.preprocessing import StandardScaler
2  import numpy as np
3
4  X_train = np.array([[ 1., -1.,  2.],
5                      [ 2.,  0.,  0.],
6                      [ 0.,  1., -1.]])
7  # 建立標準化縮放器並進行擬合
8  scaler = StandardScaler().fit(X_train)
9  scaler.mean_    # 擬合後的平均值
```

```
[1]: array([1.        , 0.        , 0.33333333])
```

```
[2]:
1  X_train_std = scaler.transform(X_train)     # 標準化轉換
2  X_train_std
```

```
[2]: array([[ 0.        , -1.22474487,  1.33630621],
            [ 1.22474487,  0.        , -0.26726124],
            [-1.22474487,  1.22474487, -1.06904497]])
```

```
[3]:
1  print("Mean:", X_train_std.mean())
2  print("Standard deviation:", X_train_std.std())
```

```
[3]: Mean: 4.9343245538895844e-17
     Standard deviation: 1.0
```

```
[4]:
1  X_test = [[-1., 1., 0.]]
2  scaler.transform(X_test)     # 轉換其它數據
```

```
[4]: array([[-2.44948974,  1.22474487, -0.26726124]])
```

另一個標準化的作法是將特徵縮放到給定的區間內（通常是[0, 1]之間），這個作法稱為「最小最大縮放」（min-max scaling），以下列公式進行轉換：

$$x_{mm}^{i} = \frac{x^{i} - x_{\min}}{x_{\max} - x_{\min}}$$

其中 $x_{\min}$ 與 $x_{\max}$ 分別是該特徵所有樣本的最小與最大值、而 $x_{mm}^{i} \in [0, 1]$ 則是轉換後的結果。Scikit-learn 的縮放器 MinMaxScaler()可進行這個縮放，當特徵的分布非常態或是有較小標準差時能有不錯的效果。範例程式如下：

```
[5]:  1  from sklearn.preprocessing import MinMaxScaler
      2
      3  X_train = np.array([[ 1., -1.,  2.],
      4                      [ 2.,  0.,  0.],
      5                      [ 0.,  1., -1.]])
      6  # 建立最小最大縮放器
      7  min_max_scaler = MinMaxScaler()
      8  # 進行擬合後直接轉換
      9  X_train_minmax = min_max_scaler.fit_transform(X_train)
     10  X_train_minmax
```

```
[5]:  array([[0.5       , 0.        , 1.        ],
             [1.        , 0.5       , 0.33333333],
             [0.        , 1.        , 0.        ]])
```

```
[6]:  1  # 縮放區間改為 [1, 10]
      2  X_train_minmax = MinMaxScaler(feature_range=[1,
                          10]).fit_transform(X_train)
      3  X_train_minmax
```

```
[6]:  array([[ 5.5,  1. , 10. ],
             [10. ,  5.5,  4. ],
             [ 1. , 10. ,  1. ]])
```

若數據中有一些離群值（outlier），則上述兩種標準化方法可能無法得到好的縮放結果（將在 1-4 介紹離群值的偵測），此時可使用以分位數範圍來縮放尺度，預設採用四分數為（Interquartile Range、IQR）的第一（25%）與第三（75%）分位數，可用 RobustScaler 進行縮放。範例程式如下：

```
[7]:  1  from sklearn.preprocessing import RobustScaler
      2
      3  X_train = np.array([[ 1., -2.,  2.],
      4                      [ -2.,  1.,  3.],
      5                      [ 4.,  1., -2.]])
```

```
  6  # 建立縮放器
  7  scale = RobustScaler().fit(X_train)
  8  scale.transform(X_train)
```

```
[7]: array([[ 0. , -2. ,  0. ],
            [-1. ,  0. ,  0.4],
            [ 1. ,  0. , -1.6]])
```

許多縮放方法的對象是每個特徵，但其實也能在個別樣本上進行縮放。正規化是縮放各別樣本的特徵，使其具有單位範數（unit norm）性質，亦即特徵縮放後的長度總和為 1。在圖 1-1-1 中，對特徵進行縮放是以行方式（column-wise）進行，而對縮放各別樣本則是以列方式（row-wise）進行。

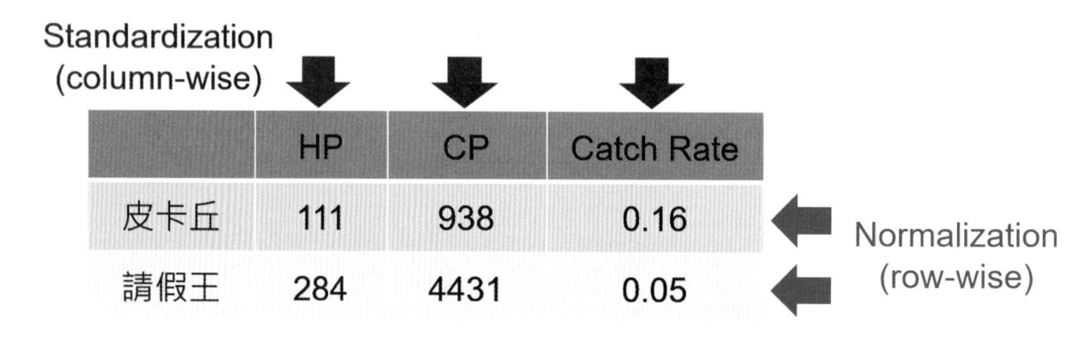

圖 1-1-1　對行與對列進行縮放

針對樣本的縮放方式常用在利用特徵向量的內積來評估兩個樣本距離，例如文本的特徵是一堆詞（word），而在計算兩個文本距離前可先正規化每個文本的特徵；而若要計算圖 1-1-1 中的寶可夢距離，也可先將每隻寶可夢的屬性值正規化，以便於突顯其特色屬性。Scikit-learn 的 Normalizer()提供 3 個範數選項，分別是歐基里德範數（Euclidean norm，通常稱為 L2，此為預設值）、曼哈頓範數(Manhattan norm，稱為 L1)以及最大值。範例程式如下：

```
[8]:  1  from sklearn.preprocessing import Normalizer
      2
      3  X_train = np.array([[ 1., -1.,  2.],
      4                      [ 2.,  0.,  0.],
      5                      [ 0.,  1., -1.]])
      6  # 建立正規化縮放器
      7  norm = Normalizer(norm='l2').fit(X_train)
      8  norm.transform(X_train)
```

```
[8]: array([[ 0.40824829, -0.40824829,  0.81649658],
            [ 1.        ,  0.        ,  0.        ],
            [ 0.        ,  0.70710678, -0.70710678]])
```

```
[9]: 1  # l1 正規化調整樣本特徵值，其總和為 1
     2  norm = Normalizer(norm='l1').fit(X_train)
     3  norm.transform(X_train)
```

```
[9]: array([[ 0.25, -0.25,  0.5 ],
            [ 1.  ,  0.  ,  0.  ],
            [ 0.  ,  0.5 , -0.5 ]])
```

1-1-2 類別型數據

類別型數據代表樣本的屬性，可再細分為「名目特徵」（nominal feature）與「有序特徵」（ordinal feature）。前者如性別、寶可夢屬性等沒有順序關係，而後者則能定義一個順序（order）關係，如名次、衣服大小（XL > L > M）等。類別型數據常用數值來表示，例如：0 代表女性、1 則是男性，實務上類別型數據皆要轉成數值的型態才能交給機器學習模型進行擬合，儘管如此這些數值並沒有數學涵義，不能直接進行算術運算。

對於名目特徵的處理常見是透過「獨熱編碼」（one-hot encoding）與二進位編碼，例如血型有四個值（A、B、AB、O），獨熱編碼會對每個值建立一個新的虛擬特徵（dummy feature），最終轉換成一個四維的稀疏向量（sparse vector），而二進位編碼本質上是利用二進位進行雜湊映射，得到的特徵向量維數比獨熱編碼小，能節省儲存空間。下表是兩個編碼方法的結果：

血型	獨熱編碼	類別 ID	二進位編碼
A	1 0 0 0	0	0 0
B	0 1 0 0	1	0 1
AB	0 0 1 0	2	1 0
O	0 0 0 1	3	1 1

在類別個數較多的情況下，使用獨熱編碼需注意以下問題：

1. 經過獨熱編碼後的特徵向量只有某一個維度為 1，其餘維度均為 0，因此可利用稀疏向量表示法來節省空間。

2. 編碼後的高維度向量容易引發「維度災難」（curse of dimensionality），導致衡量兩點間的距離容易失真，也容易造成模型校能的低落，因此可配合特徵選擇來降低維度。

3. 特徵增加可能引入「多元共線性」（multi-colinearity），而特徵間高度相關會導致難以計算反矩陣，使得個別參數的估計值不穩定，此時可簡單地刪除一個編碼後的特徵行，以降低特徵間的相關性。

在 scikit-learn 中實作獨熱編碼可透過 OneHotEncoder()來進行，預設回傳一個編碼過的稀疏矩陣（sparse matrix），但這個作法在實務上並不方便，因為我們通常會把資料集以 DataFrame 的方式載入，透過 OneHotEncoder()編碼完後得逐個命名新特徵再合併到 DataFrame 內，過程頗繁瑣。另一個便利的作法是使用 pandas 套件的 get_dummies()自動完成編碼、命名並合併到 DataFrame 的程序（自動刪除原編碼欄位）。範例程式如下：

範例程式 ex1-1-2.ipynb

[1]:
```
1  import pandas as pd
2
3  df = pd.DataFrame([['小火龍', 'Fire', '39', 'FALSE'],
4                     ['皮卡丘', 'Electric', '35', 'FALSE'],
5                     ['超夢', 'Psychic', '106', 'TRUE'],
6                     ['噴火龍', 'Fire', '78', 'FALSE']])
7  df.columns = ['Name', 'Type1', 'HP', 'Legendary']
8  df
```

[1]:

	Name	Type1	HP	Legendary
0	小火龍	Fire	39	FALSE
1	皮卡丘	Electric	35	FALSE
2	超夢	Psychic	106	TRUE
3	噴火龍	Fire	78	FALSE

[2]:
```
1  df_encode = pd.get_dummies(df,
2                             columns=['Type1',
3                                      'Legendary'])
4  df_encode
```

[2]:

	Name	HP	Type1_Electric	Type1_Fire	Type1_Psychic	Legendary_FALSE	Legendary_TRUE
0	小火龍	39	0	1	0	1	0
1	皮卡丘	35	1	0	0	1	0
2	超夢	106	0	0	1	0	1
3	噴火龍	78	0	1	0	1	0

雖然這個範例的名目特徵不多，但底下還是實際看如何刪除一個編碼後的特徵行，以降低特徵間的相關性。儘管這裡刪除某些特徵，實際上並沒有遺失資訊，比方說底下移除了 Type1_Electric 特徵，但其實當 Type1_Fire = 0 且 Type1_Psychic = 0 時就表示 Type1_Electric = 1。

[3]:

```
1  df_encode = pd.get_dummies(df,
2                             columns=['Type1',
3                                      'Legendary'],
4                             drop_first=True)
5  df_encode
```

[3]:

	Name	HP	Type1_Fire	Type1_Psychic	Legendary_TRUE
0	小火龍	39	1	0	0
1	皮卡丘	35	0	0	0
2	超夢	106	0	1	1
3	噴火龍	78	1	0	0

二進位編碼可透過 LabelBunarizer 來完成，以下針對 Type1 來編碼：

[4]:

```
1  from sklearn.preprocessing import LabelBinarizer
2  # 建立編碼器並進行擬合
3  lb = LabelBinarizer().fit(df['Type1'])
4  lb.transform(df['Type1'])
```

[4]:

```
array([[0, 1, 0],
       [1, 0, 0],
       [0, 0, 1],
       [0, 1, 0]])
```

此外，若只是要把名目特徵編碼設為介於 0 到 n_classes-1 間的整數值，可用字典來實作，但 scikit-learn 中有個方便的 LabelEncoder()能完成這個工作。要特別提醒的是雖然有許多 scikit-learn API 可用字串來當作目標項的類別標籤，但還是建議轉換為整數值，既能避免一些實作問題，也能藉由減少占用主記憶體空間而提升效能。範例程式如下：

[5]:
```python
from sklearn.preprocessing import LabelEncoder
# 建立編碼器並進行擬合
le = LabelEncoder().fit(df['Type1'])
print(le.transform(df['Type1']))
# 將編碼結果轉回原字串
print(le.inverse_transform([2]))
```

[5]:
```
[1 0 2 1]
['Psychic']
```

至於有序特徵，雖然 scikit-learn 有 OrdinalEncoder()可以處理，但使用上並不直覺，因此可透過字典再加上 map()來實作編碼。範例程式如下：

[6]:
```python
mapping = {'Psychic':0, 'Electric':1, 'Fire':2}
df['Type1'] = df['Type1'].map(mapping)
df
```

[6]:

	Name	Type1	HP	Legendary
0	小火龍	2	39	FALSE
1	皮卡丘	1	35	FALSE
2	超夢	0	106	TRUE
3	噴火龍	2	78	FALSE

若要將編碼後的結果轉回原字串，也可透過字典來完成，範例程式如下：

[7]:
```python
inv_mapping = {val: key for key, val in mapping.items()}
inv_mapping[1]
```

[7]:
```
'Electric'
```

1-2 遺漏值

1-2-1 偵測與刪除遺漏值

處理真實數據時常會遇到數據不完整或數據遺漏的情況，遺漏值除了容易造成分析結果的偏誤外，也難以直接交由機器學習模型來擬合。當利用 pandas 載入數據後，最簡單了解是否有遺漏值的方式是透過 info()顯示的一覽表，範例程式如下：

範例程式 **ex1-2_1-3.ipynb**

```
[1]:  1  import numpy as np
      2  import pandas as pd
      3
      4  df = pd.read_csv('ex1.csv')
      5  df.info()
```

```
[1]:  <class 'pandas.core.frame.DataFrame'>
      RangeIndex: 168 entries, 0 to 167
      Data columns (total 12 columns):
       #   Column      Non-Null Count  Dtype
      ---  ------      --------------  -----
       0   Number      168 non-null    int64
       1   Name        168 non-null    object
       2   Type1       168 non-null    object
       3   Type2       79 non-null     object
       4   HP          166 non-null    float64
       5   Attack      168 non-null    int64
       6   Defense     168 non-null    int64
       7   SpecialAtk  168 non-null    int64
       8   SpecialDef  168 non-null    int64
       9   Speed       168 non-null    int64
       10  Generation  168 non-null    int64
       11  Legendary   168 non-null    bool
      dtypes: bool(1), float64(1), int64(7), object(3)
      memory usage: 14.7+ KB
```

由上述的數據一覽表可知道總共有 12 個特徵和 168 筆樣本，其中在 Type2 與 HP 兩個特徵分別有遺漏值 89 與 2 筆。要注意這個範例的原始數據檔案，遺漏值用字串 NA 與空白來表示，而在程式裡檢查是否為遺漏值可透過 isnull()與 isna()兩個方法，但是要設定某筆數據為遺漏值則要藉由 numpy 套件以 np.nan 的方式處理，如果是時間的遺漏值則是用 pandas 套件的 pd.NaT。

```
[2]: 1 df[df['HP'].isna()]
```

[2]:

	Number	Name	Type1	Type2	HP	Attack	Defense	SpecialAtk	SpecialDef	Speed	Generation	Legendary
166	153	月桂葉	Grass	NaN	NaN	62	80	63	80	60	2	False
167	166	安瓢蟲	Bug	Flying	NaN	35	50	55	110	85	2	False

```
[3]: 1 df.loc[167, 'Type2'] = np.nan
     2 df[df['HP'].isna()]
```

[3]:

	Number	Name	Type1	Type2	HP	Attack	Defense	SpecialAtk	SpecialDef	Speed	Generation	Legendary
166	153	月桂葉	Grass	NaN	NaN	62	80	63	80	60	2	False
167	166	安瓢蟲	Bug	NaN	NaN	35	50	55	110	85	2	False

對付遺漏值最簡單的方式就是刪除有遺漏數據的樣本或特徵，要注意的是當樣本或特徵數過少時，直接刪除的作法容易造成後續模型的效能低落，宜審慎使用。

```
[4]: 1 # 刪除樣本(列)：有 HP 遺漏值
     2 df_drop = df.dropna()    # 刪除所有含 nan 的列
     3 # df_drop = df.dropna(thresh=11) # 刪除非遺漏值小於 11 個
       的列
     4 df_drop.shape
```

```
[4]: (78, 12)
```

```
[5]: 1 # 改用取出符合條件的樣本(列)
     2 df_type2 = df[df['Type2'].notna()]
     3 df_type2.shape
```

```
[5]: (78, 12)
```

1-2-2 填補遺漏值

一般可將遺漏值分為三種類型：

1. 完全隨機遺漏（Missing Completely at Random、MCAR）：數據的遺漏純粹為隨機發生，此時可刪除該筆觀察值或用其他變數推估。
2. 隨機遺漏（Missing at Random、MAR）：數據的遺漏不受自身變數的影響，但會受到其他變數的影響，此時可利用平均數、中位數或眾數等統計量進行填補。

3. 非隨機遺漏（Missing Not at Random、MNAR）：數據的遺漏非由隨機因素產生，可能是受訪者對敏感的問題刻意不答，或是問卷太過冗長而漏答，這種遺漏值的發生原因需要進一步分析，而若某一個特徵有太多遺漏值，也可考慮逕行刪除。

若遺漏值為第一或第二種類型，在有遺漏值的樣本數不多的情況下常常就直接刪除，但若是 MNAR 的遺漏類型且遺漏值本身就是資訊的話，這時刪除遺漏值的樣本就容易在資料集中引入偏差（bias）。除了刪除之外，另一個作法是進行填補，而最簡單的方式則透過 pandas API 填補固定值、往前或往後填補，範例程式如下：

```
[6]: 1 df[df['HP'].isna()]
```

[6]:

	Number	Name	Type1	Type2	HP	Attack	Defense	SpecialAtk	SpecialDef	Speed	Generation	Legendary
166	153	月桂葉	Grass	NaN	NaN	62	80	63	80	60	2	False
167	166	安瓢蟲	Bug	Flying	NaN	35	50	55	110	85	2	False

```
[7]: 1 df.fillna(0).tail(2)      # 填補 0
```

[7]:

	Number	Name	Type1	Type2	HP	Attack	Defense	SpecialAtk	SpecialDef	Speed	Generation	Legendary
166	153	月桂葉	Grass	0	0.0	62	80	63	80	60	2	False
167	166	安瓢蟲	Bug	0	0.0	35	50	55	110	85	2	False

```
[8]: 1 df.fillna(method='ffill').tail(3)    # 往後填補
```

[8]:

	Number	Name	Type1	Type2	HP	Attack	Defense	SpecialAtk	SpecialDef	Speed	Generation	Legendary
165	151	夢幻	Psychic	Fighting	100.0	100	100	100	100	100	1	False
166	153	月桂葉	Grass	Fighting	100.0	62	80	63	80	60	2	False
167	166	安瓢蟲	Bug	Fighting	100.0	35	50	55	110	85	2	False

此外，scikit-learn 也提供方便的填補器 SimpleImputer，能填補平均值、中位數、眾數與常數，可惜沒有和 pandas 的 DataFrame 結合，需自行轉換。範例程式如下：

```
[9]: 1 from sklearn.impute import SimpleImputer
     2 
     3 # 用眾數進行填補，好處是能填補非數值型數據
     4 imp = SimpleImputer(missing_values=np.nan,
     5                     strategy='most_frequent')
     6 data = imp.fit_transform(df)    # 填補後回傳陣列
     7 df_imp = pd.DataFrame(data, columns=df.columns)
```

```
8  df_imp.tail(3)
```

[9]:

	Number	Name	Type1	Type2	HP	Attack	Defense	SpecialAtk	SpecialDef	Speed	Generation	Legendary
165	151	夢幻	Psychic	Flying	100	100	100	100	100	100	1	False
166	153	月桂葉	Grass	Flying	65	62	80	63	80	60	2	False
167	166	安瓢蟲	Bug	Flying	65	35	50	55	110	85	2	False

除了以替代值直接填補遺漏值外，還有一種方式是將含有遺漏值的特徵視為目標項，利用其餘特徵子集進行推算，如此將有許多機器學習方法可供選擇，而其中最普遍的則是「K 最近鄰」（K-Nearest Neighbors、K-NN）。K-NN 是根據 k 個最近鄰居（在給定的距離量測下）觀察值的多數傾向來預測目標值，詳細操作會在 Chapter 3 做說明。KNNImpute()是 scikit-learn 實作 K-NN 的填補法，預設 K = 5 且採用歐式距離（Euclidean distance）作為量測，範例程式如下：

```
[10]:  1  from sklearn.impute import KNNImputer
       2
       3  imp = KNNImputer(n_neighbors=5)
       4  # 取出所有數值型特徵，再進行填補
       5  data = imp.fit_transform(df.loc[:, 'HP':'Speed'])
       6  df_imp = df
       7  df_imp.loc[:, 'HP':'Speed'] = data
       8  df_imp.tail(2)
```

[10]:

	Number	Name	Type1	Type2	HP	Attack	Defense	SpecialAtk	SpecialDef	Speed	Generation	Legendary
166	153	月桂葉	Grass	NaN	68.0	62.0	80.0	63.0	80.0	60.0	2	False
167	166	安瓢蟲	Bug	NaN	61.0	35.0	50.0	55.0	110.0	85.0	2	False

1-3 切割數據集

1-3-1 訓練、驗證與測試集

機器學習的任務是從數據中學習與建構模型，而建構好的模型能對從未看過的新觀察值進行預測。為了要能模擬遇到新觀察值的情況，通常我們不會將收集到的所有數據直接拿來建構學習模型，而是將數據集切割成訓練集（training set）與測試集（testing set），以訓練集建構好模型後再交由測試集評估其效能。雖然訓練集、測試集與未來觀察值之間因各自的分布不同而仍然會有偏差，但實務上是個可行且不難實作的方式，因此廣泛使用在建構與評估機器學習模型。

Scikit-learn 提供 model_selection.train_test_split()進行訓練與測試集的切割，雖然方便但使用時有以下幾點要注意：

1. 切割時的隨機性由設定亂數種子數參數 random_state 來達成，固定這個參數將切割出同樣的訓練與測試集，可作為除錯與重製實驗使用。

2. 設定訓練與測試集比例，一般來說會配置較大比例的數據作為訓練集，以便擬合出較佳的學習模型，因此實務上常見的拆分比例為 70:30、80:20，而對極大的數據集的拆分比例可到 90:10 或甚至 99:1。透過 test_size（或 train_size）可以設定測試集的比例，預設值是 0.25。

3. 以分類問題而言，若訓練與測試集在各個類別的比率皆與整個數據集相近，對於模型的建構與評估都能有較好的效能，這裡是透過指定目標項變數給參數 stratify 來達成。

4. 雖然從數據集切割出訓練集用於建構模型、測試集用以評估模型，一旦評估完成確定使用哪個模型之後，可再用整個數據集擬合出最終模型。

```
[11]:  1  from sklearn.model_selection import train_test_split
       2
       3  X = df_imp.loc[:, 'HP':'Speed']   # 特徵
       4  y = df_imp['Type1']               # 目標類別
       5  # 切割數據集，其中
       6  # X_train, X_test -> 訓練集與其類別標籤(比例=0.8)
       7  # y_train, y_test -> 測試集與其類別標籤(比例=0.2)
       8  X_train, X_test, y_train, y_test = train_test_split(X, y,
       9                                      test_size=0.2,
      10                                      random_state=42,
      11                                      stratify=y)
      12  # 觀看數據集、訓練與測試集的類別比例
      13  df_count = pd.concat([y.value_counts(),
      14                        y_train.value_counts(),
      15                        y_test.value_counts()], axis=1)
      16  df_count.columns = ['y', 'y_train', 'y_test']
      17  df_count.head()
```

[12]:

	y	y_train	y_test
Water	31	25	6.0
Normal	24	19	5.0
Bug	15	12	3.0
Grass	14	11	3.0
Poison	14	11	3.0

為了能在建構模型的過程中以客觀的角度衡量模型當下的學習狀況，並能調整模型參數，常見從訓練集中再切割一部分作為驗證集（validation set），由於驗證集不會被模型學習到，所以在建構模型過程中挑選一組在驗證集上有最佳表現的參數，通常會比單純用訓練集所得到的效能要好。訓練、驗證與測試集之間的關係可以用個簡單例子作說明：把學習模型類比成高中生，則平常上課吸收的知識、資訊就是訓練集，而小考就像是驗證集。從小考中能評估學習狀況的優劣，藉此調整教學或學習方式。至於測試集就是像學測或指考，直接以量化方式評斷學生的學習成效。

就像從整個數據集中切割訓練與測試集一樣，將 train_test_split()直接作用在訓練集上即可切分出驗證集，只是用這個驗證集調校的參數會對切分的方式相當敏感，使用不同樣本得到的差異性相當大。因此，常見的作法是切分數次訓練與驗證子集，逐一計算得到模型評估結果後再取其平均，這也就是下一節要介紹的交叉驗證。

1-3-2 k 次交叉驗證

「交叉驗證」（cross-validation）是比單純使用訓練與測試集來評估效能更穩定的方法，作法是將訓練集均分為 k 等分，k 是使用者給定的值，通常為 5 或 10，而不同的均分方式延伸出不同的交叉驗證方法，其中最基本的是「k 次交叉驗證」(k-fold cross-validation）。以圖 1-3-1 為例，先將數據集切分為訓練與測試集，接著將訓練集均分 3 等份進行 3 次交叉驗證（k = 3），而在每次的交叉驗證都將其中 2 等分視為訓練子集且 1 等分為驗證子集進行訓練與效能驗證，最後每個模型皆會有 3 次驗證的效能表現。圖 1-3-1 中的模型 1 在 3 次交叉驗證分別得到錯誤率為 0.2、0.4 及 0.3，平均錯誤率為 0.3 是 3 個模型中最佳的，因此選擇模型 1 為最終模型。接著再讓模型 1 擬合整個訓練集得到最終的模型參數，最後則是對測試集進行預測與評估。要注意的是在圖 1-3-1 的模型 1、2、3 並非一定是不同模型，也可以是同一個模型但是搭配不同使用者給定的超參數（hyperparameter），從這個角度來看，k 次交叉驗證也可作為參數挑選器來使用，從多組使用者指定的候選參數組合中挑選出效能表現最好的參數組合。

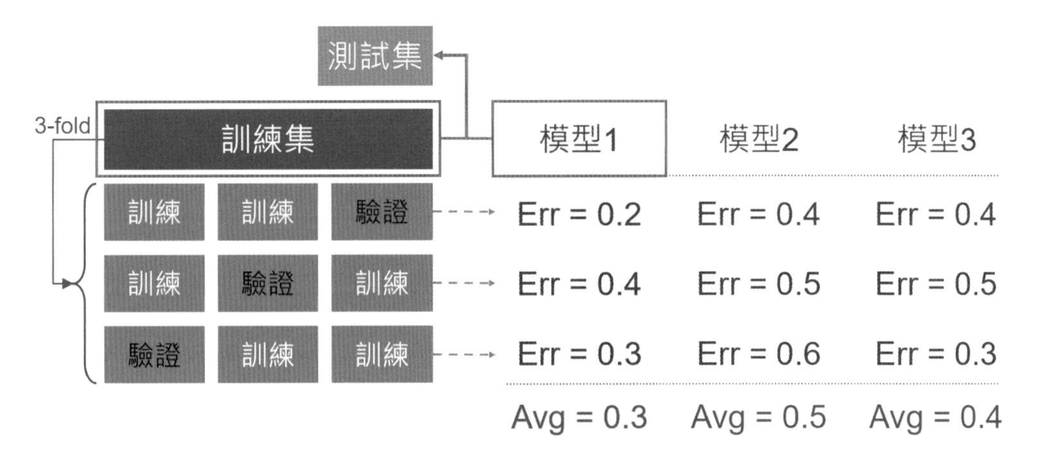

圖 1-3-1 k 折交叉驗證的流程

至於如何均分訓練集，最簡單的作法是將訓練集內的樣本順序打亂後再均分，可透過 sklearn.model_selection.KFold(shuffle=True)來達成；然而，如同期待訓練與測試集在各個類別的比率皆與整個數據集相近一樣，我們也同樣希望訓練與驗證子集的分布相仿，因此延伸出數個均分的作法，其中最常見的是分層 k 次（stratified k-fold），也就是訓練集的各類別會分開抽樣，以確保驗證集不會有偏差，這個作法可由 sklearn.model_selection.StratifiedKFold(shuffle=True)實現。

```
[13]:  1  X = df_imp.loc[:, 'HP':'Speed']
       2  y = df_imp['Legendary']          # 目標改為判斷是否為神獸
       3  X_train, X_test, y_train, y_test = train_test_split(X, y,
       4                                      test_size=0.2,
       5                                      random_state=42,
       6                                      stratify=y)
       7
       8  from sklearn.neighbors import KNeighborsClassifier
       9  from sklearn.model_selection import StratifiedKFold
      10  # 分層 k 次
      11  kfold = StratifiedKFold(n_splits=10, shuffle=True,
      12                        random_state=42).split(X_train,
      13                                               y_train)
      14  score_lst = []  # 紀錄 k 次交叉驗證的正確率
      15
      16  for k, (i_train, i_valid) in enumerate(kfold):
      17      # 初始化 kNN 分類器
      18      knn = KNeighborsClassifier(n_neighbors=2)
      19      knn.fit(X_train.iloc[i_train, :],
      20              y_train.iloc[i_train])
      21      # 以驗證集評估正確率
```

```
22        score = knn.score(X_train.iloc[i_valid, :],
23                          y_train.iloc[i_valid])
24        score_lst.append(score)
25        print('%2d-Fold: Acc=%.3f' % (k+1, score))
26
27    print('\n10-fold CV accuracy = %.3f, std = %.3f' %
28          (np.mean(score_lst), np.std(score_lst)))
```

```
[13]:
 1-Fold: Acc=0.929
 2-Fold: Acc=0.929
 3-Fold: Acc=0.929
 4-Fold: Acc=0.929
 5-Fold: Acc=1.000
 6-Fold: Acc=1.000
 7-Fold: Acc=1.000
 8-Fold: Acc=1.000
 9-Fold: Acc=0.923
10-Fold: Acc=0.923

10-fold CV accuracy = 0.956, std = 0.036
```

上述範例程式清楚表明分層 k 次交叉驗證的做法，由於上述程式碼在 16 ~ 25 行 for 迴圈執行的工作有些繁瑣，且即使是不同的分類器也差異不大，因此 scikit-learn 提供計分器 cross_val_score()以簡潔的方式評估模型。這個計分器還能將不同次的評估分散到多個 CPU 核心進行平行運算，而參數 n_jobs 則決定要用多少核心數進行運算，設定為-1 是使用所有 CPU 核心來進行。範例程式如下：

```
[14]:
1  from sklearn.model_selection import cross_val_score
2
3  knn = KNeighborsClassifier(n_neighbors=2)
4  score_lst = cross_val_score(estimator=knn,
5                              X=X_train, y=y_train,
6                              cv=10, n_jobs=-1)
7  print('10-fold CV accuracy scores\n', score_lst)
8  print('\n10-fold CV accuracy = %.3f, std = %.3f' %
9        (np.mean(score_lst), np.std(score_lst)))
```

```
[14]:
10-fold CV accuracy scores
 [0.92857143 0.92857143 0.92857143 0.92857143 1.         1.
 1.         1.         1.         0.84615385]

10-fold CV accuracy = 0.956, std = 0.050
```

使用 cross_val_score()特別注意參數 cv，這裡我們設定為 10 代表著進行 10 次交叉驗證（預設值為 5），而切分訓練集的方式也可透過這個參數來描述，預設對於分類器來說是採用分層 k 次的均分法，其他則是使用基本的 k 次交叉驗證。

1-4 異常值

有許多實務應用要判斷一個新觀察值是否屬於已知樣本的分布，例如入侵偵測、判斷信用卡交易是否異常等，一般稱為異常偵測（anomaly detection）；而也有許多機器學習方法（如迴歸、決策樹等）對異常值／雜訊（noise）特別敏感，容易造成模型擬合後的效能低落。這裡我們將異常值偵測分成兩種：

- 離群值（outlier）偵測是指找出在訓練集中與其他樣本有相當大差異的觀察值，通常是非監督式（unsupervised）作法（亦即數據無標籤）。
- 新奇值（novelty）偵測是決定一筆新的觀察值是否為離群值，一般為半監督式（semi-supervised）作法（同時使用有與無標籤的數據）。

底下將訓練階段的偵測與處理離群值分開討論，接著再探討如何偵測新奇值。

1-4-1 偵測離群值

目前並沒有最佳的離群值偵測法，可視不同的前提假設與應用場景挑選適合的偵測方式，通常會用幾種偵測法再從中觀察結果。這裡介紹四種偵測法：

1. 橢圓法：假設數據來自一個已知的分布，以此勾勒出數據的外形，若觀察值落在外面即視為離群值。常假設數據的分布為常態，在二維平面上即為橢圓外形。底下的範例程式中建立偵測器時要指定一個參數 contamination（預設值為 0.1），代表離群值占數據的比例。若預期數據內僅有少量離群值，可將這個比例調小一點。

範例程式 ex1-4.ipynb

```
[1]:  1  import pandas as pd
      2  import numpy as np
      3  from sklearn.impute import SimpleImputer
      4
      5  df = pd.read_csv('ex1.csv')
      6
```

```
7   imp = SimpleImputer(missing_values=np.nan,
8                       strategy='most_frequent')
9   data = imp.fit_transform(df)
10  df = pd.DataFrame(data, columns=df.columns)
11  df.head(3)
```

[1]:

	Number	Name	Type1	Type2	HP	Attack	Defense	SpecialAtk	SpecialDef	Speed	Generation	Legendary
0	1	妙蛙種子	Grass	Poison	45	49	49	65	65	45	1	False
1	2	妙蛙草	Grass	Poison	60	62	63	80	80	60	1	False
2	3	妙蛙花	Grass	Poison	80	82	83	100	100	80	1	False

[2]:

```
1   from sklearn.covariance import EllipticEnvelope
2
3   X = df.loc[:, 'HP':'Speed']
4   # 建立偵測器
5   outlier_detect = EllipticEnvelope(contamination=0.01)
6   # 擬合並找出離群值
7   result = outlier_detect.fit_predict(X)
8   # 取出離群值的索引值(離群值標示為 -1)
9   idx = np.where(result == -1)[0]
10  df.take(idx)
```

[2]:

	Number	Name	Type1	Type2	HP	Attack	Defense	SpecialAtk	SpecialDef	Speed	Generation	Legendary
98	91	刺甲貝	Water	Ice	50	95	180	85	45	70	1	False
121	113	吉利蛋	Normal	Flying	250	5	5	35	105	50	1	False

2. 四分位數區間（Interquartile Range、IQR）：IQR 是數據集的第三與第一個四分位數的差，通常將離群值視為比第一個四分位數小 1.5×IQR 或比第三個四分位數大 1.5×IQR 的值。

[3]:

```
1   def outlier_idx(x):
2       q1, q3 = np.percentile(x, [25, 75])
3       IQR = q3 - q1
4       lower_bound = q1 - 1.5*IQR
5       upper_bound = q3 + 1.5*IQR
6       return np.where((x < lower_bound) | (x > upper_bound))
7
8   # 找出 HP 的離群值
9   idx = outlier_idx(df['HP'])[0]
10  df.take(idx)
```

[3]:

	Number	Name	Type1	Type2	HP	Attack	Defense	SpecialAtk	SpecialDef	Speed	Generation	Legendary
45	40	胖可丁	Normal	Fairy	140	70	45	85	50	45	1	False
121	113	吉利蛋	Normal	Flying	250	5	5	35	105	50	1	False
142	131	拉普拉斯	Water	Ice	130	85	80	85	95	60	1	False
145	134	水伊布	Water	Flying	130	65	60	110	95	65	1	False
155	143	卡比獸	Normal	Flying	160	110	65	65	110	30	1	False

3. 孤立森林（isolation forest）：孤立森林適用於連續且高維度數據的異常值檢測，屬於無母數（non-parametric）且非監督式的方法。孤立森林將分布稀疏且離密度高的群體較遠的點視為離群值，簡單來說其作法是隨機挑選一個特徵與數值，用來將數據集一分為二，如次循環下去直到剩下單一數據點為止。直觀上來看，密度高的群體要被切分很多次才結束，而密度低的數據點往往很早就停止，以此辨識離群值（見圖 1-4-1）。此外，由於是隨機切分，容易有差異性過大的問題，因此採用類似隨機森林（chapter 3 會再介紹）的集成學習(ensemble learning)方式來降低變異度。

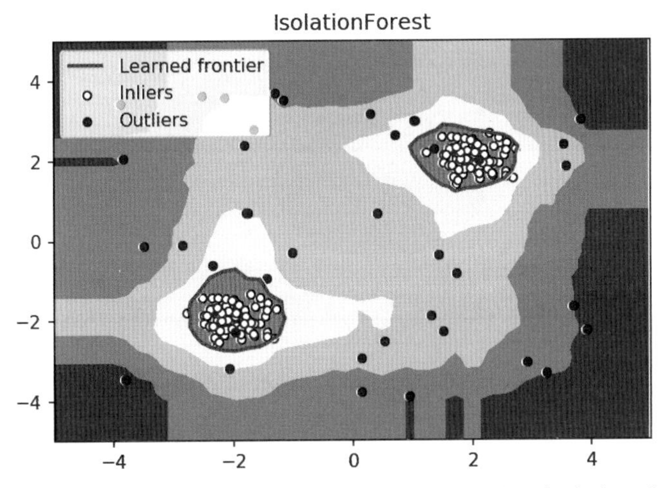

參考來源：https://scikit-learn.org/stable/auto_examples/ensemble/plot_isolation_forest.html

圖 1-4-1 孤立森林偵測離群值的範例

[4]:

```
1  from sklearn.ensemble import IsolationForest
2
3  X = df.loc[:, 'HP':'Speed']
4  clf = IsolationForest(max_samples=df.shape[0],
5                        contamination=0.01)
6  clf.fit(X)
7  y_pred_train = clf.predict(X)
8  # 取出離群值的索引值(離群值標示為 -1)
9  idx = np.where(y_pred_train == -1)[0]
```

```
10  df.take(idx)
```

[4]:

	Number	Name	Type1	Type2	HP	Attack	Defense	SpecialAtk	SpecialDef	Speed	Generation	Legendary
121	113	吉利蛋	Normal	Flying	250	5	5	35	105	50	1	False
164	150	超夢MegaY	Psychic	Flying	106	150	70	194	120	140	1	True

4. 局部離群因子（Local Outlier Factor、LOF）：這個方法適用於不是特別高維度的數據集，作法是透過計算一個分數值（亦即 LOF）來反映一個觀察值的異常程度。LOF 大致在量測一個數據點的局部密度對於鄰近數據點平均密度的比值，若比值大於 1 代表該點的密度小於鄰近點密度，有可能為離群值（見圖 1-4-2）。以密度為基礎的 LOF 偵測方式更簡單與直觀，除了不用假設數據分布外，還能量化每個數據點的離群程度。

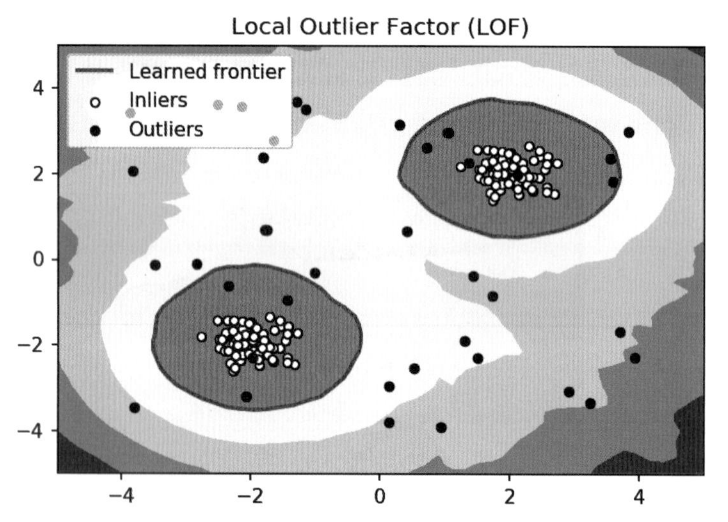

參考來源：https://scikit-learn.org/stable/auto_examples/neighbors/plot_lof_novelty_detection.html

圖 1-4-2 局部離群因子偵測離群值的範例

[5]:

```
1  from sklearn.neighbors import LocalOutlierFactor
2
3  clf = LocalOutlierFactor(n_neighbors=20,
4                           contamination=0.01)
5  y_pred_train = clf.fit_predict(X)
6  # 取出離群值的索引值(離群值標示為 -1)
7  idx = np.where(y_pred_train == -1)[0]
8  df.take(idx)
```

[5]:

	Number	Name	Type1	Type2	HP	Attack	Defense	SpecialAtk	SpecialDef	Speed	Generation	Legendary
121	113	吉利蛋	Normal	Flying	250	5	5	35	105	50	1	False
164	150	超夢MegaY	Psychic	Flying	106	150	70	194	120	140	1	True

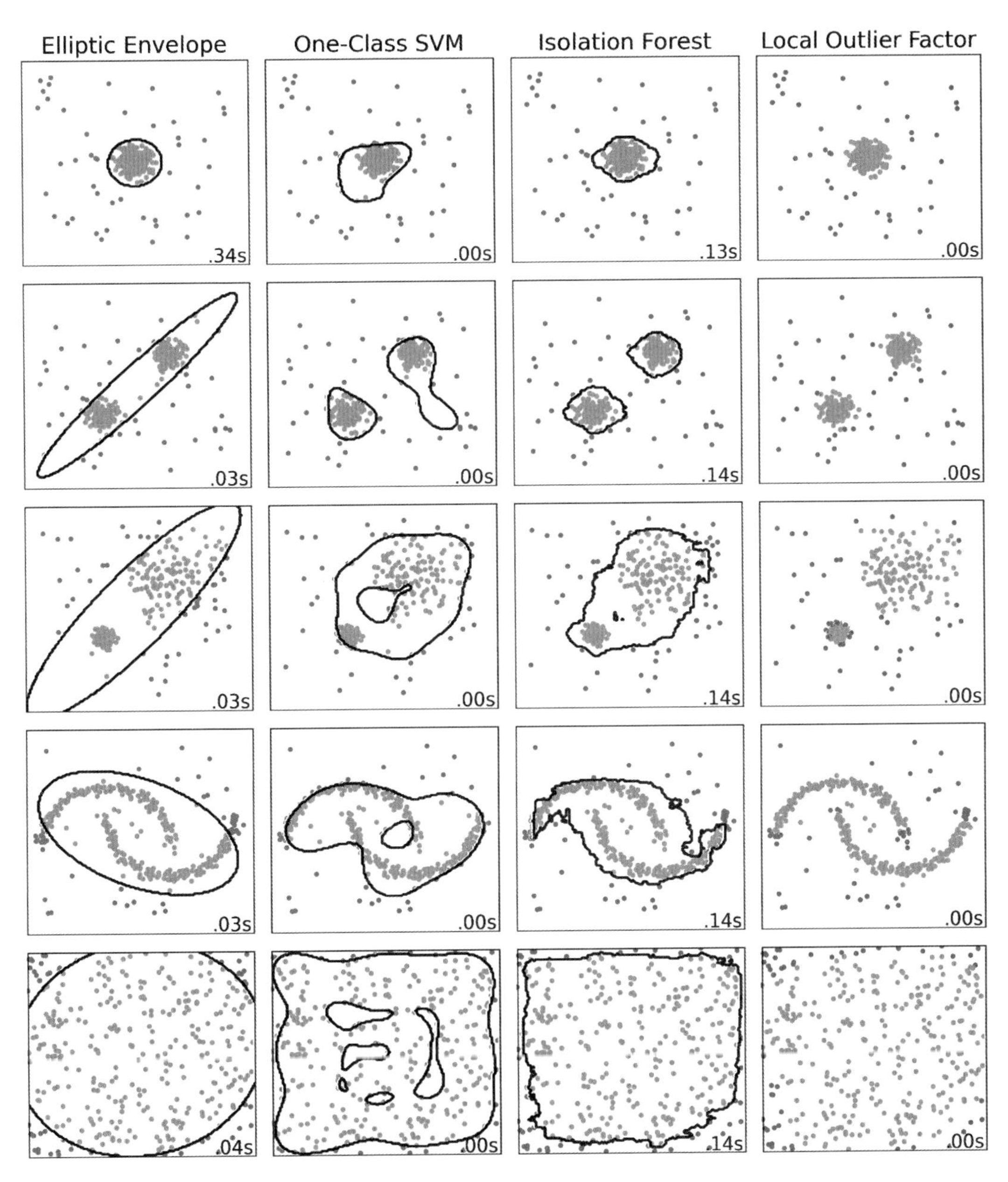

參考來源：https://scikit-learn.org/stable/auto_examples/miscellaneous/plot_anomaly_comparison.html

圖 1-4-3　對模擬數據偵測離群值的比較

接著利用模擬數據來比較一下這些離群值偵測方法的差異，在圖 1-4-3 顯示的二維模擬數據中有一或兩個較高密度的群聚區域，且每個數據內約有 15%的雜訊，用來進行效能測試。圖中黑色曲線是決策邊界，用來區分內部或外部點（即是否離群值），是透過擬合模擬數據後再預測所有網格點繪製而成。由於局部離群因子用來偵測離群值時需參考鄰近點密度，所以沒有提供預測的方法，在圖 1-4-3 也就沒能繪製其決策邊界。

橢圓法假設數據點的分布是常態，並從中學習到橢圓外殼，因此由圖中可看出當分布非單一高峰時的表現較差；「單類別支援向量機」（One-class SVM）適合用來偵測新奇值，特別是用在當訓練樣本沒有包含離群值的時候，因為 One-class SVM 對於離群值相當敏感，而由圖中也可看出在各種模擬數據下偵測離群值的表現皆較差，特別是對最後一組均勻數據的偵測似乎有些過擬合。相較之下，獨立森林與 LOF 在多個高峰分布的效能較佳，尤其是對第三組模擬數據有兩個不同密度區域的偵測，充分顯示出 LOF 的優點，因為這個作法只比較某個樣本相對於鄰近樣本的異常分數。

針對圖 1-4-3 的比較結果，有以下兩點要特別提醒：

- 這四個離群值偵測方法都需要設定一些參數，例如離群值比例，在實務上缺乏訓練樣本的狀況下，如何正確挑選參數值會是一項困難的工作。
- 由圖中得到關於模型用來偵測離群值的些許想法，不一定能套用到更高維度的數據。

1-4-2 處理離群值

與偵測離群值相同，沒有最佳的離群值處理方法，然而一旦檢測到可能的離群值，是否要處理以及如何處置都會影響到模型的效能。處理的方式可由以下兩個角度來思考：

- 首先要想想為何有離群值？若認為它們是分類錯誤、人為輸入錯誤或是感測器故障所產生的錯誤數據，則可將這些疑似離群的觀察值丟棄或用 NaN 來取代；然而，若將其認定為極端的數值（例如房價數據中有一棟房間數為 100 的旅館），則比較妥善的作法是標示為離群值或轉換數值。

- 接著可依據預測目標來處理離群值。比方說要根據房屋的特徵來預測房價，對房間數超過 100 的房屋，其房價變動的情況應該與一般住家不同。此外，若我們正在建構一個青年優惠房貸的線上核貸模型，也能合理假設想買豪宅的人不是潛在用戶。

至於處理離群值的手法，常見有以下三種：

1. 直接刪除檢測到的離群值。

```
[6]:  1  # 假設檢測到兩個疑似離群值的列索引值
      2  idx = [121, 164]
      3  df_ok = df.iloc[[i for i in df.index if i not in idx], :]
      4  df_ok.shape
```

```
[6]:  (166, 12)
```

2. 新增一個特徵用以標示離群值。

```
[7]:  1  df['Outlier'] = [1 if i in idx else 0 for i in df.index]
      2  df.take([0] + idx)
```

[7]:

	Number	Name	Type1	Type2	HP	Attack	Defense	SpecialAtk	SpecialDef	Speed	Generation	Legendary	Outlier
0	1	妙蛙種子	Grass	Poison	45	49	49	65	65	45	1	False	0
121	113	吉利蛋	Normal	Flying	250	5	5	35	105	50	1	False	1
164	150	超夢MegaY	Psychic	Flying	106	150	70	194	120	140	1	True	1

3. 若離群值位於單一特徵上，則可以透過轉換轉值降低其影響。

```
[8]:  1  # 假設兩個離群值位於特徵 HP
      2  df['Log_HP'] = [np.log(x) for x in df['HP']]
      3  df.iloc[[0] + idx, [0, 1, 2, 3, 4, 12, 13]]
```

[8]:

	Number	Name	Type1	Type2	HP	Outlier	Log_HP
0	1	妙蛙種子	Grass	Poison	45	0	3.806662
121	113	吉利蛋	Normal	Flying	250	1	5.521461
164	150	超夢MegaY	Psychic	Flying	106	1	4.663439

1-4-3 偵測新奇值

新奇值偵測（novelty detection）主要是在訓練集沒有被離群值污染的前提下，探討一筆新觀察值是否屬於訓練集的數據分布，一般來說要透過訓練集數據在特徵空間中訓練一個標示原始觀察值輪廓的邊界，而若新觀察值落在邊界之外，則能在一個給定的信心之下判斷這筆觀察值是否異常。常見有兩種偵測法：

1. One-class SVM：這是一個非監督式作法，特色是只依靠一種類別的樣本（通常是正常樣本）來學習一個決策邊界，再據此判斷新觀察值是否異常（見圖 1-4-4）。模型中使用到的核函數（kernel function）-徑向基核函數（Radial Basis Function、RBF）是支援向量機（Support Vector Machine、SVM）很常見的選擇，將在 chapter 3 繼續探討。

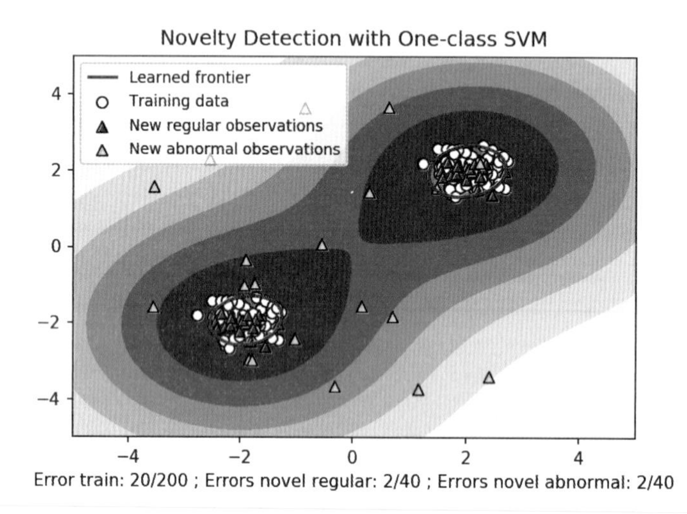

參考來源：https://scikit-learn.org/stable/auto_examples/svm/plot_oneclass.html

圖 1-4-4 One-class SVM 偵測新奇值的範例

```
[9]:  1  from sklearn import svm
      2
      3  # 參數 nu 越小代表決策邊界越大
      4  clf = svm.OneClassSVM(nu=0.01, kernel="rbf")
      5  clf.fit(df_ok.loc[:, 'HP':'Speed'])
      6  # 三筆新觀察值
      7  new = [['152', '小鋸鱷', 'Water', '', '50', '65', '64',
      8          '44', '48', '43', '2', 'FALSE'],
      9         ['242', '幸福蛋', 'Normal', '', '255', '10', '10',
     10          '75', '135', '55', '2', 'FALSE'],
     11         ['250', '鳳王', 'Fire', 'Flying', '106', '130',
```

```
12              '90', '110', '154', '90', '2', 'TRUE']]
13  df_new = pd.DataFrame(new, columns=df_ok.columns[:-2])
14  # 回傳 1 代表正常值；-1 代表異常值
15  clf.predict(df_new.loc[:, 'HP':'Speed'])
```

```
[9]:  array([ 1, -1, -1], dtype=int64)
```

2. 局部離群因子（LOF）：利用 LOF 檢測新奇值之前需設定模型參數 novelty 為 True，圖 1-4-5 顯示 LOF 有不錯的檢測效能。

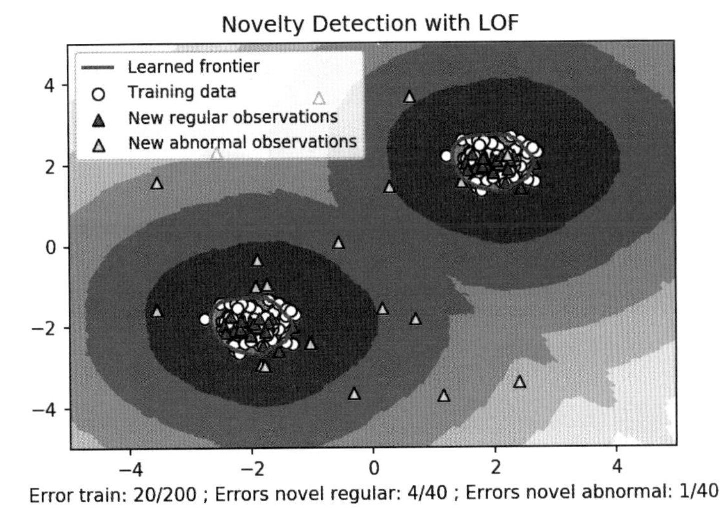

參考來源：https://scikit-learn.org/stable/auto_examples/neighbors/plot_lof_novelty_detection.html

圖 1-4-5 LOF 偵測新奇值的範例

```
[10]:  1  clf = LocalOutlierFactor(n_neighbors=20,
       2                          novelty=True,
       3                          contamination=0.1)
       4  clf.fit(df_ok.loc[:, 'HP':'Speed'])
       5  clf.predict(df_new.loc[:, 'HP':'Speed'])
```

```
[10]:  array([ 1, -1, -1])
```

1-5 選取重要特徵

處理數據時經常要面對數百甚至數十萬個不等的特徵數量，例如有名的 MNIST 手寫數字數據集內的每張圖片是 28×28 像素的灰階圖，這是相當小的圖片尺寸，拉平後已經有高達 784 個特徵，再加上每個像素有 256 種可能值，造成我們的觀察值中有 784^{256} 種可能組合，實務上難以蒐集足夠多的樣本以涵蓋這些可能組合，無形中增加學習模型擬合的困難度。

幸好在面對高維度數據時，我們通常只需要處理部分特徵就能獲得足夠多的資訊，這就是所謂的「維度縮減」（dimension reduction）。維度縮減的好處有：

- 節省運算資源：減少特徵不僅能降低儲存空間，也能縮短模型的訓練時間。
- 提升模型效能：高維度特徵雖然能讓模型更加複雜，但也容易引發模型「過擬合」（overfitting）、模型擬合雜訊點、特徵多元共線性等問題使得訓練好的模型沒有預期般的效能表現。
- 視覺化：將維度縮減到二維和三維有助於視覺化呈現觀察值的模式，幫助尋找預測目標項的蛛絲馬跡。

維度縮減是機器學習在數據前處理階段的重要步驟之一，而有兩個技術能用來降低維度，「特徵抽取」（feature extraction）與「特徵選取」（feature selection）皆能按照我們的需求將維度縮減到特定數量，但在作法上有很大差異。透過特徵抽取得到的新特徵會儘量包含最多有助於訓練模型的資訊（細節留待 chapter 5 再探討），但所產生的新特徵難以解讀，模型的解釋力較差；特徵選取試圖從原始特徵中挑選高質量且富含資訊的特徵並捨棄其餘特徵，能產生更簡單且擴充性較佳的模型，因此有較好的模型解釋力，本節就先介紹特徵選取的方法。

特徵選取的想法是評估特徵的重要性，而根據特徵選擇的方式有過濾法（filter）、包裝法（wrapper）與嵌入法（embedded）三個基本策略。過濾法是依據特徵相關性或獨立性來挑選最有預測力的特徵；包裝法則以預測結果的優劣為準，每次嘗試錯誤地保留或排除若干特徵；至於嵌入法是綁定某個機器學習模型，透過訓練模型量化特徵的重要性，再以此為基礎進行挑選。底下會介紹前兩個策略，至於嵌入法因為與機器學習本身的模型（如迴歸、隨機森林等）緊密相關，將留待後續相關主題時再來探討。

1-5-1 依統計性質過濾

過濾法是計算特徵間以及特徵與目標間在統計上的顯著關係，然後選取信心值較高的相關特徵。缺點是因為單獨考慮個別特徵，容易忽略結合數個特徵後所能提供的資訊；而好處除了計算方便與不需要事先建立模型之外，也獨立於後續要使用的機器學習模型。一般常見的單變量統計性質有變異數（variance）與相關係數（correlation coefficient），使用時要根據不同數據型態來挑選正確的統計方法，避免誤用造成偏差的結果。常使用來過濾的統計性質有變異性與相關性，介紹如下：

1. 變異性：針對數值型特徵，依據高變異性特徵（即內含較大資訊量）相對比較重要的想法，設定門檻值以丟棄變異性較低的特徵。使用時有幾點要注意：首先，依變異數的計算方式來看，其單位是特徵的平方，無法用來比較不同特徵；其次，要在特徵被標準化（standardization）之前使用；最後一點是需手動設定變異度的門檻值。再者，針對二元類別型特徵也能使用這個策略，假設該特徵的樣本為進行「伯努利」（Bernoulli trial）試驗的結果，其變異數 $\mathrm{var}(x)=p(1-p)$，其中 p 為某一類別的出現比例，以此設定門檻值挑選特徵子集。

範例程式 ex1-5.ipynb

[1]:
```
1  import pandas as pd
2  import numpy as np
3  # 匯入填補器
4  from sklearn.impute import SimpleImputer
5
6  df = pd.read_csv('ex1.csv')
7
8  # 以中位數填補遺漏值
9  imp = SimpleImputer(missing_values=np.nan,
10                     strategy='median')
11 # 改變陣列外型成1*1
12 x = df['HP'].values.reshape(-1, 1)
13 df['HP'] = imp.fit_transform(x)
14 df.tail(3)
```

[1]:

	Number	Name	Type1	Type2	HP	Attack	Defense	SpecialAtk	SpecialDef	Speed	Generation	Legendary
165	151	夢幻	Psychic	NaN	100.0	100	100	100	100	100	1	False
166	153	月桂葉	Grass	NaN	62.0	62	80	63	80	60	2	False
167	166	安瓢蟲	Bug	Flying	62.0	35	50	55	110	85	2	False

[2]:
```
1  from sklearn.feature_selection import VarianceThreshold
2  # 產生選取器
3  selector = VarianceThreshold(threshold=700)
4  X = df.loc[:, 'HP':'Speed']
5  # 看每個特徵的變異性
6  print(selector.fit(X).variances_)
7  # 丟棄低變異特徵(這裡只有 SpecialDef 被丟棄)
   selector.fit_transform(X)[:3]
```

[2]:
```
[ 778.66312358  939.8423682  808.76016865  1166.99603175
649.47785573  866.7906746 ]
array([[ 45.,  49.,  49.,  65.,  45.],
       [ 60.,  62.,  63.,  80.,  60.],
       [ 80.,  82.,  83., 100.,  80.]])
```

[3]:
```
1  # 轉換 Legendary 特徵：True->1、False->0
2  df['Legendary'] = [1 if x else 0 for x in df.Legendary]
3  # 新增 hasType2 特徵: 有 Type2->1、無 Type2->0
4  df['hasType2'] = [0 if x is np.nan else 1 for x in df.Type2]
5
6  p = 0.6
7  selector = VarianceThreshold(threshold=p*(1-p))
8  print('門檻值 =', p*(1-p))
9  X = df.loc[:, 'Generation':'hasType2'].values
10 # 只有 hasType2 特徵會被保留下來
11 selector.fit(X).variances_
```

[3]:
```
門檻值 = 0.24
array([0.01176304, 0.03443878, 0.24911423])
```

2. 特徵間的相關性：這裡使用相關性是想找出高相關的特徵子集，找到後最簡單的作法是直接進行移除，以避免提高部分特徵的解釋力及預測力，使模型有偏差。首先，想評估各特徵間的相關性可透過相關係數（correlation coefficient），統計學常見的三個分別是皮爾森（Person）、斯皮爾曼（Spearman）與肯德爾（Kendall）相關係數，它們反應的都是兩個變數間變化趨勢的方向與程度。三個相關係數值的變化範圍為-1 ~ 1，其中正值表示正相關，負值則為負相關，且數值的絕對值越大代表相關性越強，越接近 0 則代表兩個變數越不相關。底下先介紹三個相關係數的使用方式，並在範例程式實現。

(1) 皮爾森相關係數常用來呈現連續型變數之間的關聯性，尤其在變數符合常態分布的假設下最為精確，反應的是兩變數之間是否有「線性相關」，其計算公式與範例程式如下：

$$\rho_{X,Y} = \frac{\mathrm{cov}(X,Y)}{\sigma_X \sigma_Y} = \frac{E\left[(X-\mu_X)(Y-\mu_Y)\right]}{\sigma_X \sigma_Y}$$

[4]:
```
# 取出 HP 到 Speed 等六個特徵
X = df.loc[:, 'HP':'Speed']

# 產生相關矩陣，其中相關係數取絕對值
corr_matrix = X.corr().abs()
corr_matrix
```

[4]:

	HP	Attack	Defense	SpecialAtk	SpecialDef	Speed
HP	1.000000	0.352144	0.175534	0.264278	0.504488	0.020288
Attack	0.352144	1.000000	0.477838	0.214138	0.431734	0.320103
Defense	0.175534	0.477838	1.000000	0.262892	0.217897	0.026088
SpecialAtk	0.264278	0.214138	0.262892	1.000000	0.546631	0.453567
SpecialDef	0.504488	0.431734	0.217897	0.546631	1.000000	0.445071
Speed	0.020288	0.320103	0.026088	0.453567	0.445071	1.000000

[5]:
```
# 產生矩陣的遮罩
mask = np.ones(corr_matrix.shape).astype(bool)
# 擷取上三角矩陣的遮罩
mask = np.triu(mask, k=1)

# 選取相關矩陣的上三角
upper = corr_matrix.where(mask)
upper
```

[5]:

	HP	Attack	Defense	SpecialAtk	SpecialDef	Speed
HP	NaN	0.352144	0.175534	0.264278	0.504488	0.020288
Attack	NaN	NaN	0.477838	0.214138	0.431734	0.320103
Defense	NaN	NaN	NaN	0.262892	0.217897	0.026088
SpecialAtk	NaN	NaN	NaN	NaN	0.546631	0.453567
SpecialDef	NaN	NaN	NaN	NaN	NaN	0.445071
Speed	NaN	NaN	NaN	NaN	NaN	NaN

[6]:

```
1  # 刪除相關係數 > 0.47 的特徵('Defense', 'SpecialDef')
2  to_drop = [c for c in upper if any(upper[c] > 0.47)]
3  df.drop(df[to_drop], axis=1).head(3)
```

[6]:

	Number	Name	Type1	Type2	HP	Attack	SpecialAtk	Speed	Generation	Legendary	hasType2
0	1	妙蛙種子	Grass	Poison	45.0	49	65	45	1	0	1
1	2	妙蛙草	Grass	Poison	60.0	62	80	60	1	0	1
2	3	妙蛙花	Grass	Poison	80.0	82	100	80	1	0	1

[7]:

```
1  from scipy import stats
2  # 點二列相關(point-biserial correlation)，用以衡量連續變數
3  # 與二元類別變數的相關性
4  print(stats.pointbiserialr(df['HP'], df['hasType2']))
5
6  df.loc[:, ['HP','hasType2']].corr()
```

[7]:

```
PointbiserialrResult(correlation=0.08285622146815766,
pvalue=0.2856294970000373)
```

	HP	hasType2
HP	1.000000	0.082856
hasType2	0.082856	1.000000

(2) 斯皮爾曼等級相關係數（Spearman rank correlation coefficient）不需要變數符合常態分布，僅要求變數至少為有序型態，而在計算時會先排序原始數據，再取出兩個變數排序後的等級差值（下列公式內的 d_i）。事實上，斯皮爾曼相關係數的計算方法與皮爾森相關係數一樣，只是計算

過程用觀察值的等級取代其真實數值。例如：HP 特徵有三個觀察值 50、125、35，則對應的等級是 2、3、1，計算時即以等級取代原觀察值。

$$\rho = 1 - \frac{6\sum d_i^2}{n(n^2-1)}$$

[8]:
```
1 # 產生斯皮爾曼相關矩陣
2 corr_matrix = X.corr(method='spearman')
3 corr_matrix
```

[8]:

	HP	Attack	Defense	SpecialAtk	SpecialDef	Speed
HP	1.000000	0.564247	0.419371	0.389530	0.583880	0.112199
Attack	0.564247	1.000000	0.550218	0.196540	0.424258	0.293070
Defense	0.419371	0.550218	1.000000	0.321829	0.299292	0.016637
SpecialAtk	0.389530	0.196540	0.321829	1.000000	0.572246	0.402310
SpecialDef	0.583880	0.424258	0.299292	0.572246	1.000000	0.454588
Speed	0.112199	0.293070	0.016637	0.402310	0.454588	1.000000

[9]:
```
1 # 計算斯皮爾曼相關係數與 p值
2 stats.spearmanr(df['HP'], df['Attack'])
```

[9]:
```
SpearmanrResult(correlation=0.5642473841533602,
pvalue=1.6544873304447606e-15)
```

(3) 肯德爾等級相關係數（Kendall rank correlation coefficient）的假設和斯皮爾曼一樣，變數不需要符合常態分布但通常是有序型態，概念是計算「一致配對」（concordant pair）的比例。所謂的一致配對是指對於兩個特徵 X、Y 的任兩對觀察值 i、j，如果 $x_i < x_j$ 且 $y_i < y_j$ 或者是 $x_i > x_j$ 且 $y_i > y_j$，則稱為一致配對，反之則為不一致。肯德爾等級相關係數的計算方式如下：

$$\tau = \frac{2}{n(n-1)} \sum_{i<j} \operatorname{sign}\left(x_i - x_j\right) \operatorname{sign}\left(y_i - y_j\right)$$

[10]:
```
1 # 計算肯德爾相關係數與 p值
2 print(stats.kendalltau(df['HP'], df['Attack']))
3 # 產生肯德爾相關矩陣
4 corr_matrix = X.corr(method='kendall')
5 corr_matrix
```

[10]:
```
KendalltauResult(correlation=0.41534787560519015,
pvalue=1.2538513443744389e-14)
```

	HP	Attack	Defense	SpecialAtk	SpecialDef	Speed
HP	1.000000	0.415348	0.322465	0.281925	0.441446	0.076019
Attack	0.415348	1.000000	0.399782	0.136697	0.307479	0.203907
Defense	0.322465	0.399782	1.000000	0.239553	0.235209	0.006498
SpecialAtk	0.281925	0.136697	0.239553	1.000000	0.444924	0.293127
SpecialDef	0.441446	0.307479	0.235209	0.444924	1.000000	0.318700
Speed	0.076019	0.203907	0.006498	0.293127	0.318700	1.000000

這三種相關係數都能用來衡量特徵間的相關程度，但由於計算方法不同導致用途與特色也不一樣。皮爾森相關係數是以原始數據的共變異數與標準差計算而得，因此對於異常值比較敏感，且即使皮爾森相關係數為 0 也只能說明變數間沒有線性相關，但仍有可能存在非線性的關係。斯皮爾曼與肯德爾等級相關係數的計算是建立在觀察值的相對大小上，屬於非參數方法，對異常值較不敏感。在一般情況下，肯德爾相關係數的結果會比斯皮爾曼相關係數更穩定。

以下分別利用模擬數據與寶可夢數據來觀察這三種相關係數的表現。由圖 1-5-1 可以發現在模擬的線性相關數據中，三種相關係數皆為 1；在指數與對數關係中，皮爾森相關係數的表現都較差；而在二次曲線的關係中，三種相關係數皆為 0，顯示不足以衡量非線性的相關性。

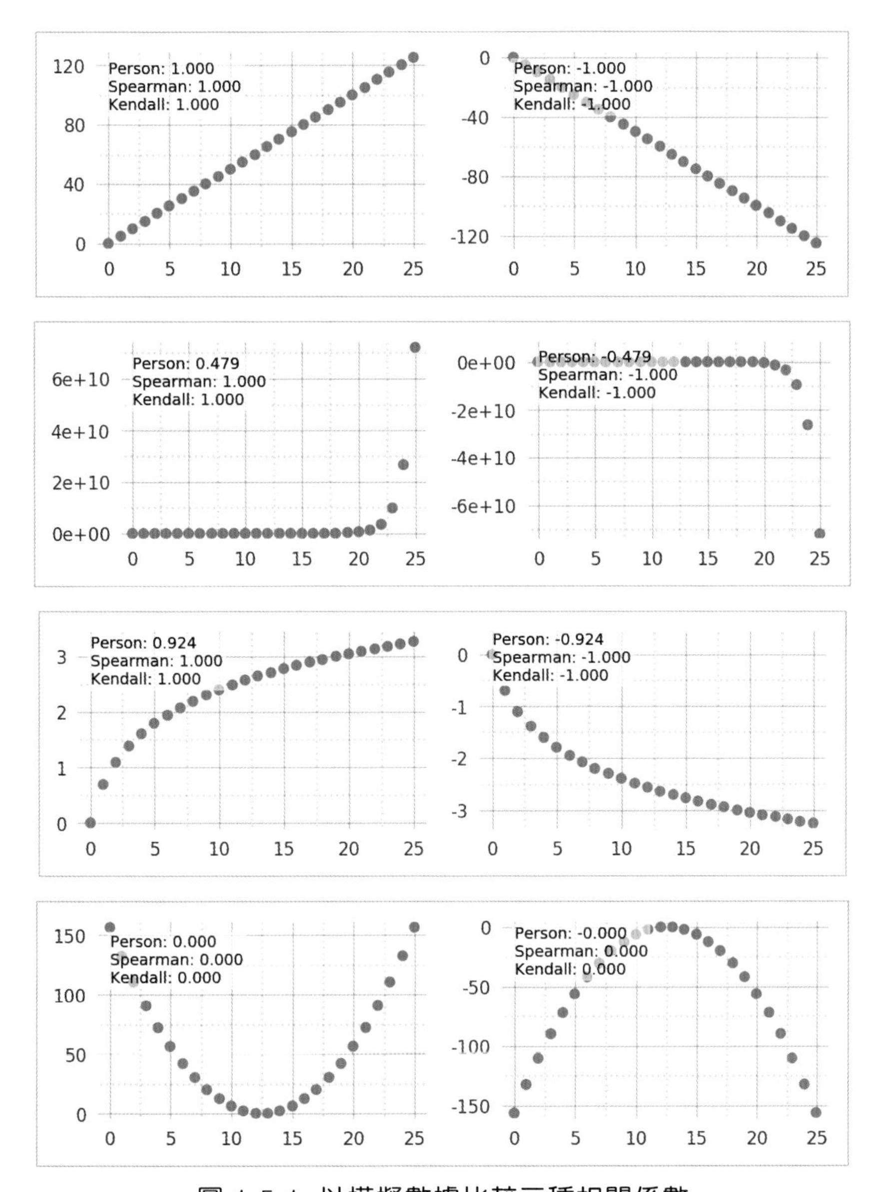

圖 1-5-1 以模擬數據比較三種相關係數

接著利用本章的寶可夢數據集來看三個相關係數的表現。在圖 1-5-2 的「HP vs Attack」與「HP vs Speed」中可看到有個明顯的離群值，此時皮爾森相關係數受到離群值影響明顯大於另兩個相關係數；而從其餘四張圖中可看到肯德爾相關係數皆小於另外兩個，由此可知在一般情況下，肯德爾相關係數相對較保守。

3. 特徵與目標項的相關性：找出與目標項不相關或者獨立的特徵子集，這些特徵通常不帶有目標項的資訊，因此能逕行移除。這裡不建議用前述三種相關係數來衡量相關性，因為從模擬的二次曲線數據中可知道三種相關係數皆束手無策。依據特徵與目標項的數據類型使用不同的統計量來評估相關。

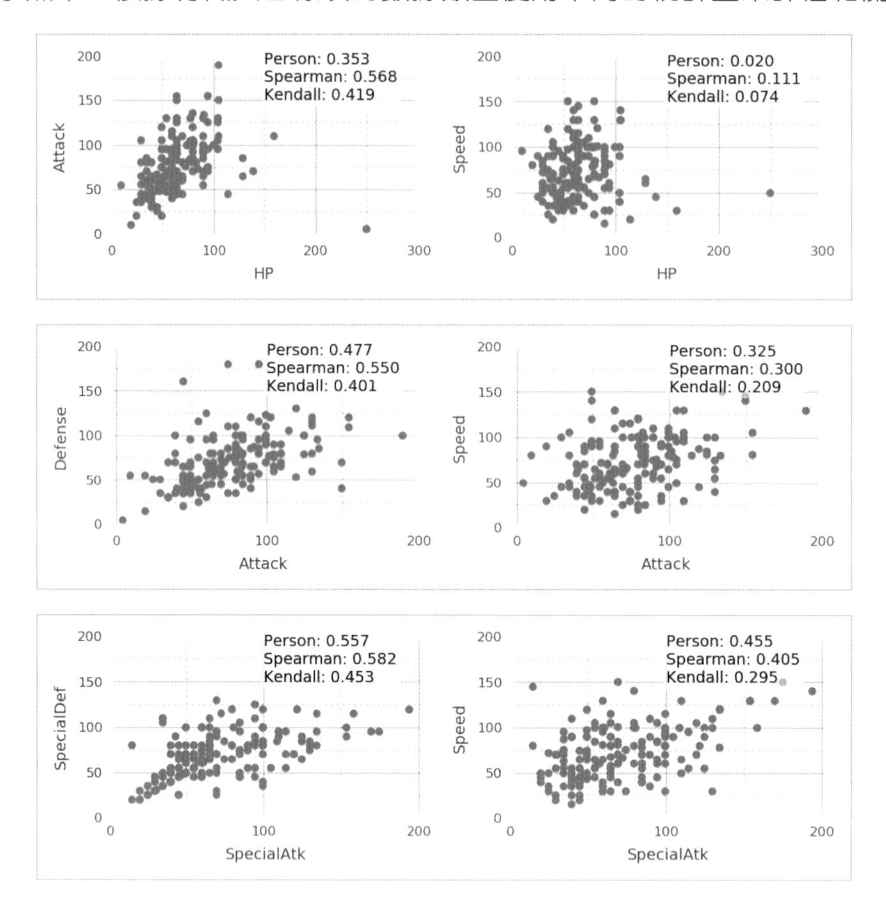

圖 1-5-2 以寶可夢數據比較三種相關係數

或獨立性，而計算出統計量後也能透過 scikit-learn 方便地選擇最佳的 k 個特徵子集（SelectKBest 函式）或者挑選一個固定比例的最佳特徵子集（SelectPercentile 函式）。

(1) 特徵與目標項皆為類別型：要檢驗兩類別數據的獨立性可透過計算每一特徵與目標項間的卡方（chi-square、χ^2）統計量，方式是計算類別特徵中每一類的觀察數，再減去若該特徵與目標項為獨立時（亦即無關係存在）的觀察數，公式如下：

$$\chi^2 = \sum_{i=1}^{F}\sum_{j=1}^{T}\frac{\left(O_{i,j} - E_{i,j}\right)^2}{E_{i,j}}$$

其中 F 與 T 分別是特徵類別與目標類別的數量，$O_{i,j}$ 是特徵類別 i 與目標類別 j 的觀察數，而 $E_{i,j}$ 則是當該類別特徵與目標項獨立時的預期觀察數。此外，卡方統計量只能用來檢驗兩類別數據，若要運用在數值型特徵上，可先將其轉換為類別型再套用。

[11]:

```
1  from sklearn.preprocessing import KBinsDiscretizer
2  from sklearn.feature_selection import SelectKBest
3  from sklearn.feature_selection import chi2
4  # 將數值特徵離散化
5  est = KBinsDiscretizer(n_bins=10, encode='ordinal',
6                                          strategy='uniform')
7  X_bin = est.fit_transform(df.loc[:, 'HP':'Speed'])
8
9  X = df.loc[:, 'HP':'Generation']
10 X.loc[:, 'HP':'Speed'] = X_bin
11 y = df['hasType2']
12 # 選取 k=2 個卡方統計量最高的特徵
13 selector = SelectKBest(chi2, k=2)
14 X_kbest = selector.fit_transform(X, y)
15
16 print(X_kbest[:4,:])  # 選出 Defense 與 SpecialAtk
17 print(chi2(X, y))     # 輸出卡方統計量與 p值
18 X.head(4)
```

[11]:

```
[[2. 2.]
 [3. 3.]
 [4. 4.]
 [6. 5.]]
(array([1.24269663e+00, 1.91258104e+00, 4.71224147e+00,
7.98876404e+00, 1.19673045e+00, 8.19822675e-02,
8.36631054e-05]),
array([0.26495198, 0.16667683, 0.02994858, 0.00470685,
0.27397614, 0.77462886, 0.99270205]))
```

	HP	Attack	Defense	SpecialAtk	SpecialDef	Speed	Generation
0	1.0	2.0	2.0	2.0	4.0	2.0	1
1	2.0	3.0	3.0	3.0	5.0	3.0	1
2	2.0	4.0	4.0	4.0	7.0	4.0	1
3	2.0	5.0	6.0	5.0	9.0	4.0	1

(2) 數值型特徵與類別型目標項：若要處理的是數值型特徵，可採用「變異數分析」（Analysis of Variance、ANOVA）的 F 值來檢驗。ANOVA 用於比較多組（兩組以上）的平均數是否有顯著差異，實際上是在比較各類別（或樣本）間的變異量及各類別內的變異量是否有顯著差異，而類別間差異除以類別內差異即為 F 值，所以 F 值可用來檢驗當透過目標項類別對數值特徵分組後，每一組的平均值是否有顯著不同。比方說我們有一個二元目標項「性別」與「學期成績」，則 F 值反應男女生的平均分數是否有顯著差異；若沒有顯著不同，則認為學期成績無助於預測性別，亦即該特徵不相關。另一個可以評估特徵相依性的作法是「相互資訊」（Mutual Information、MI），以 K 近鄰的熵（entropy）估計為基礎計算而得，屬於無母數方法。MI 值非負，且越大代表有越高的相依性。底下是範例程式：

[12]:
```
1   from sklearn.feature_selection import SelectPercentile,
2                                                f_classif
3
4   X = df.loc[:, 'Attack':'Speed']
5   y = df['hasType2']
6   # 選取前 50% F值最高的特徵
7   selector = SelectPercentile(f_classif, percentile=50)
8   X_pbest = selector.fit_transform(X, y)
9
10  print(X_pbest[:4,:])  # 選出 Attack, Defense, SpecialDef
11  print(f_classif(X, y)) # 輸出 F值與 p值
12  X.head(4)
```

[12]:
```
[[ 49.  49.  65.], [ 62.  63.  80.], [ 82.  83. 100.],
 [100. 123. 122.]]
(array([1.14749319, 2.97372848, 6.84241862, 5.48589059,
0.7838129, 0.14165011]),
array([0.2856295, 0.08648805, 0.00972243, 0.02035716,
0.37725819, 0.70712666]))
```

	HP	Attack	Defense	SpecialAtk	SpecialDef	Speed
0	45.0	49	49	65	65	45
1	60.0	62	63	80	80	60
2	80.0	82	83	100	100	80
3	80.0	100	123	122	120	80

```
[13]:  1  from sklearn.feature_selection import
       2                                     mutual_info_classif
       3
       4  selector = SelectPercentile(mutual_info_classif,
       5                              percentile=50)
       6  X_pbest = selector.fit_transform(X, y)
       7  print(X_pbest[:4,:]) # 選出 Attack,SpecialAtk,SpecialDef
       8  print(mutual_info_classif(X, y)) # 輸出 MI值
```

```
[13]: [[ 49  65]
       [ 63  80]
       [ 83 100]
       [123 120]]
      [0.24009689 0.25063058 0.14738361 0.35531372 0.13618044]
```

(3) 特徵與目標項皆為數值型：當特徵與目標項皆為數值型時亦可採用 F 值與 MI 值來評估，只是計算與實作的方式不同。這裡的 F 值是以皮爾森相關係數為基礎計算得到，而 MI 值則是改用積分運算得到熵估計。圖 1-5-3 利用模擬數據來比較 F 值與 MI 值的差異，數據由三個介於 0 與 1 之間均勻分布的特徵模擬得到，而產生模擬數據的運算式為 $y = x_1 + \sin(6\pi x_2) + 0.1 \times N(0,1)$，其中 y 與特徵 x_3 完全無關。分別針對三個特徵評估與目標項 y 的相關性，由於 F 值僅能捕捉線性相依，所以它認為 x_1 是對 y 最有預測力的特徵；反之，MI 值認為 x_2 才是最有預測力的特徵，而後者是比較符合我們對這個模擬數據的直覺看法。

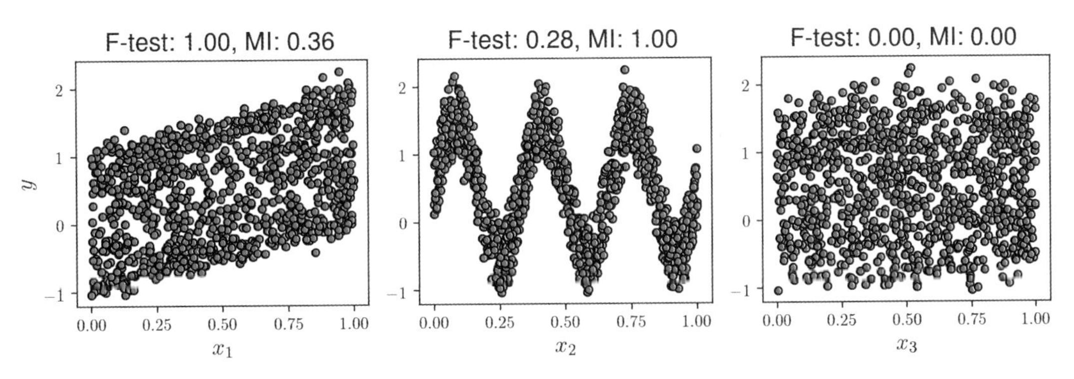

參考來源：https://scikit-learn.org/stable/auto_examples/feature_selection/plot_f_test_vs_mi.html

圖 1-5-3 以模擬數據比較 F 值與 MI 值（數值皆經過正規化以便於比較）

1-5-2 嘗試錯誤法挑選

本小節介紹的包裝法（wrapper）是以目標（通常是目標函數）為對象，利用嘗試錯誤的方式每次挑選若干特徵，或者排除若干特徵。常見有以下兩種作法：

1. 遞迴特徵汰除（Recursive Feature Elimination、REF）：REF 屬於貪婪演算法（greedy algorithm）的一種，其原理主要是使用一個學習模型對特徵進行多輪訓練，在每輪訓練過後汰除參數（可用權重、係數或重要性）平方值最小者，因為這個特徵被認為是目前特徵子集中最不重要的，接著再以新的特徵子集進行下一輪訓練。這個作法馬上衍伸的問題是不知道需要保留多少特徵，而一個直覺且可行的作法是比較汰除特徵前後的模型效能（如準確度），若汰除後的模型效能比較差，代表被汰除特徵的重要性不容小覷，此時再將被汰除特徵放回特徵子集，並以此作為最佳選擇。

   Scikit-learn 提供 REF 函式可重複訓練一個監督式模型，並每輪淘汰固定數量的特徵，直到剩下指定數量的特徵（預設值是半數特徵）為止。若想更偷懶些，可使用 REF 的交叉驗證版本 REFCV，以更可靠的方式評估汰除特徵前後的模型效能，而汰除特徵的動作會持續進行直到模型效能變得更差或者到達設定的最小特徵數為止。範例程式如下：

[14]:
```
1  from sklearn.feature_selection import RFECV
2  from sklearn.linear_model import LogisticRegression
3  
4  X = df.loc[:, 'HP':'Speed']
5  y = df['hasType2']
6  # 以邏輯斯迴歸預測是否有雙屬性
7  model = LogisticRegression()
8  selector = RFECV(model, step=1, cv=5, scoring='accuracy')
9  selector = selector.fit(X, y)
10 
11 print('最佳特徵數：', selector.n_features_)
12 print('哪些類型最佳：', selector.support_)
13 print('特徵排名(1最好)：', selector.ranking_)
14 X.columns[selector.support_]
```

[14]:
```
最佳特徵數： 5
哪些類型最佳： [False  True  True  True  True  True]
特徵排名(1 最好)： [2 1 1 1 1 1]
Index(['Attack', 'Defense', 'SpecialAtk', 'SpecialDef',
'Speed'], dtype='object')
```

2. 排列特徵重要性（permutation feature importance）：有些機器學習模型（如迴歸、隨機森林等）能在訓練完成後計算出每個特徵的相對重要性，而這也是利用嵌入法來選取特徵的核心概念。這裡的排列特徵重要性則是用獨立於各學習模型的方式來計算特徵的重要性，因此可搭配所有監督式學習模型來使用。排列特徵重要性的作法是：首先，選定一個學習模型並以所有特徵擬合數據集，訓練後的模型可針對特徵進行預設；其次，打亂某個特徵的樣本數據排序並進行預測，可以預期這個預測結果會相當糟糕，因為這個特徵相對於數據集的規則已經被打亂了；接著，將當初最佳的預測結果減去被打亂特徵後的預測結果，其差值代表該特徵在訓練後模型中的重要性；最後再一一打亂各個特徵的排序並計算其重要性。要注意的是通常打亂的程序會進行數次（預設值是 5 次），並以數次重要性結果的平均值為主，以避免因打亂的程序所造成的偏差。

由於排列特徵重要性獨立於後續使用的機器學習模型，因此底下的範例利用 K-NN 模型分別針對迴歸與分類問題來進行，建議先將特徵進行標準化轉換，這樣得到的結果會比較穩定。

```
[15]:  1  import matplotlib.pyplot as plt
       2  from sklearn.neighbors import KNeighborsRegressor
       3  from sklearn.inspection import permutation_importance
       4  plt.style.use('fivethirtyeight')
       5
       6  # 利用 kNN 預測 HP
       7  X, y = df.loc[:, 'Attack':'hasType2'], df['HP']
       8  model = KNeighborsRegressor()
       9  model.fit(X, y)
      10
      11  selector = permutation_importance(model, X, y,
      12                                    n_repeats=10,
      13                           scoring='neg_mean_squared_error',
      14                                    n_jobs=-1)
      15
      16  importance = selector.importances_mean
      17  std = selector.importances_std
      18  # 按特徵重要性排序
      19  idx = np.argsort(importance)[::-1]
      20  print("特徵重要性排序：")
      21  for c in range(X.shape[1]):
      22      print('%d. %s' % (c+1, X.columns[idx[c]]), end='')
```

```
23         print('\t (feature %d: %f)' % (idx[c],
24                                       importance[idx[c]]))
```

[15]:

```
特徵重要性排序：
1. Attack     (feature 0: 198.233024)
2. SpecialDef (feature 3: 180.696667)
3. Speed      (feature 4: 110.680405)
4. Defense    (feature 1: 92.989095)
5. SpecialAtk (feature 2: 87.894238)
6. hasType2   (feature 7: 0.321429)
7. Legendary  (feature 6: 0.000000)
8. Generation (feature 5: 0.000000)
```

[16]:

```
1  plt.title("Feature Importances")
2  plt.bar(range(X.shape[1]), importance, yerr=std)
3  plt.xticks(range(X.shape[1]), X.columns, rotation=30)
4  plt.xlim([-1, X.shape[1]])
```

[16]:

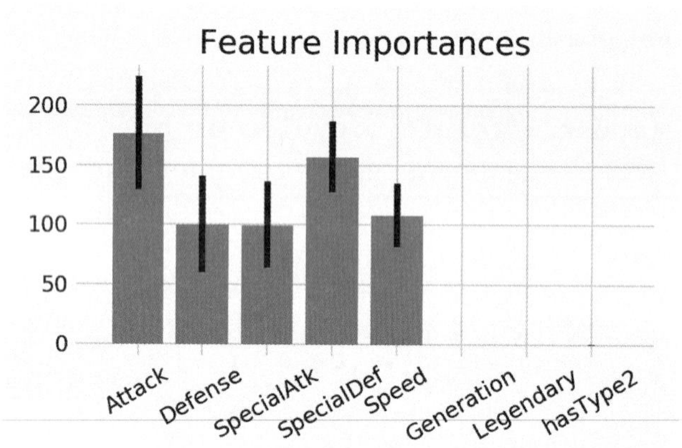

[17]:

```
1  from sklearn.neighbors import KNeighborsClassifier
2  # 利用 kNN 預測 hasType2
3  X, y = df.loc[:, 'HP':'Legendary'], df['hasType2']
4  model = KNeighborsClassifier().fit(X, y)
5
6  selector = permutation_importance(model, X, y,
7  n_repeats=10,
8                                    scoring='accuracy',
9                                    n_jobs=-1)
10
11 importance = selector.importances_mean
12 std = selector.importances_std
```

```
13  # 按特徵重要性排序
14  idx = np.argsort(importance)[::-1]
15  print("特徵重要性排序：")
16  for c in range(X.shape[1]):
17      print('%d. %s' % (c+1, X.columns[idx[c]]), end='')
18      print('\t (feature %d: %f)' % (idx[c],
19                                      importance[idx[c]]))
```

[17]:

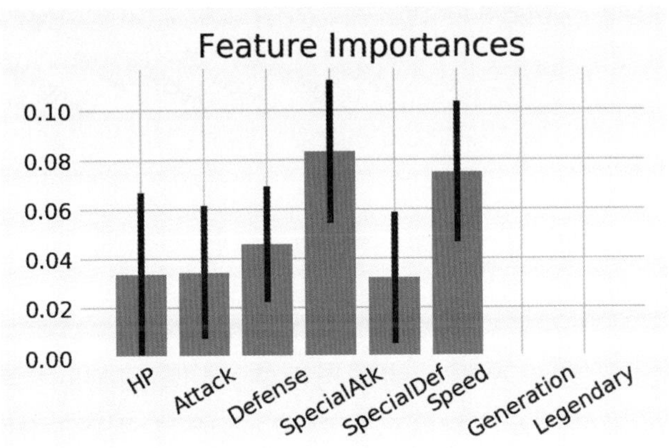

Feature Importances

0.10
0.08
0.06
0.04
0.02
0.00

HP Attack Defense SpecialAtk SpecialDef Speed Generation Legendary

[18]:

```
1   from sklearn.neighbors import KNeighborsClassifier
2   from sklearn.preprocessing import StandardScaler
3   # 利用 kNN 預測 hasType2
4   X, y = df.loc[:, 'HP':'Legendary'], df['hasType2']
5   X_std = StandardScaler().fit_transform(X)
6   # 先將特徵標準化，得到的結果比較穩定
7   model = KNeighborsClassifier().fit(X_std, y)
8   selector = permutation_importance(model, X_std, y,
9                                     n_repeats=10,
10                                    scoring='accuracy',
11                                    n_jobs=-1)
12
13  importance = selector.importances_mean
14  std = selector.importances_std
15  # 按特徵重要性排序
16  idx = np.argsort(importance)[::-1]
17  print("特徵重要性排序：")
18  for c in range(X.shape[1]):
19      print('%d. %s' % (c+1, X.columns[idx[c]]), end='')
20      print('\t (feature %d: %f)' % (idx[c],
21                                      importance[idx[c]]))
```

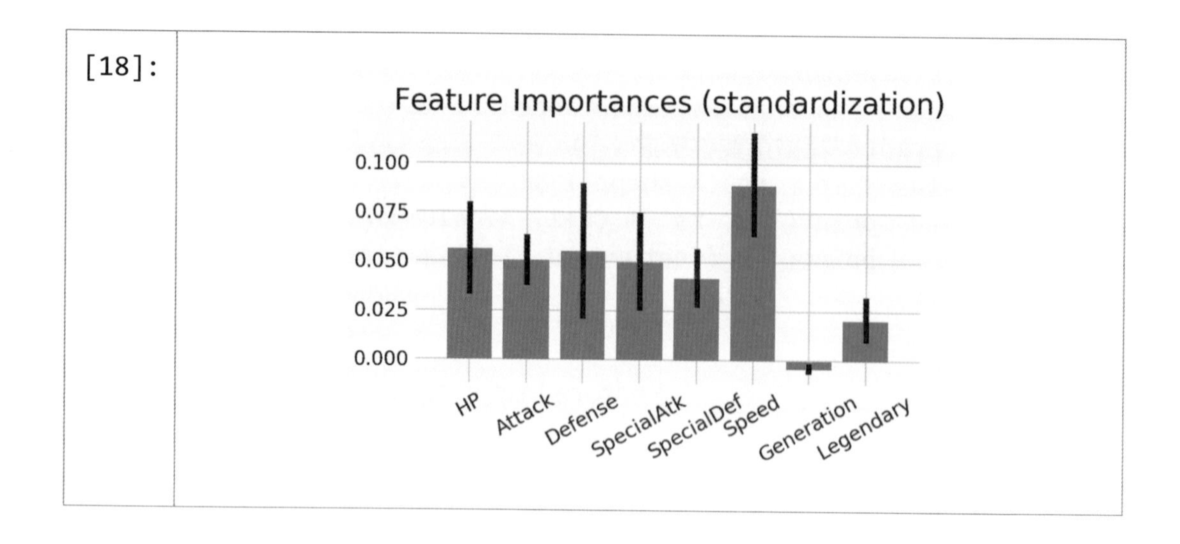

1-6 小結

在實際應用機器學習時，數據前處理是首要且相當重要的步驟，一旦處理不當容易導致辛苦建構的模型缺乏可靠的效能表現，甚至是引導到錯誤決策。本章探討在取得數據後要進行的一連串前處理動作，首先是區分與處理不同數據類型，對於數值型數據通常會經過標準化轉換，而類別型數據常見是透過獨熱編碼來處理；而針對原始數據中常見的遺漏值、異常值等，我們也看到許多對應的處理技巧。

此外，將原始數據切分成訓練、驗證以及測試集並進行 k 次交叉驗證的作法，能在不擾亂原始數據分布的考量下客觀地檢驗模型效能，再搭配挑選重要特徵的策略，能有效排除雜訊與不重要特徵，進一步提升模型的預測力與解釋力，而這些策略與技巧透過 scikit-learn 的函式皆能輕易地實現。

數據經過一連串的前處理後，下一章節將進入監督式學習中的迴歸問題分析，除了探討數種分析方式之外，也介紹 scikit-learn 提供的實作技巧。

綜合範例

鐵達尼號倖存分析

本綜合範例要讀取鐵達尼號倖存數據集 titanic.csv，除了透過探索式分析認識數據外，也試著填補 Age、Fare 與 Embarked 的遺漏值。數據集的欄位說明如下：

欄位名稱	說明	欄位名稱	說明
PassengerId	乘客 ID 編號	SibSp	兄弟姐妹或配偶的數目
Survived	0：罹難、1：倖存	Parch	父母及小孩的數目
Pclass	船票等級，分三個艙等	Ticket	船票編號
Name		Fare	船票價格
Sex		Cabin	船艙號碼
Age		Embarked	登船港口，有 C、Q、S 三種
補充說明：C→Cherbourg（瑟堡）位於法國西北的一個城鎮，是重要軍港和商港；Q→Queenstown（科芙）位於愛爾蘭，於 1850 年更名為皇后鎮（又稱昆士敦），以紀念維多利亞女王的造訪，直到 1920 年愛爾蘭自由邦建立後，它被重新命名為科芙；S→Southampton（南安普敦）位於陽光燦爛的英國南方海岸，是個港口城市，離倫敦僅 1 小時車程，鐵達尼號正是從這裡出航。			

欲進行的分析程序如下：

1. 進行探索式分析認識數據集。
2. 填補 Age、Fare 與 Embarked 的遺漏值。

信用卡詐欺偵測

異常值偵測是要判斷一個新觀察值是否屬於已知樣本的分布，除了用來找出離群值／新奇值外，也常用在入侵偵測、判斷信用卡交易是否異常等實務應用，尤其是當異常狀況的成本過高或樣本數太少時，異常值偵測技巧更能派上用場。

本綜合範例要讀取信用卡詐欺數據集 creditcard.csv，這是 2013 年歐洲持卡人在兩天內消費數據的一部分，目標要識別詐欺的信用卡交易。數據集的欄位說明如下：

欄位名稱	說明
Time	從數據集的第一筆交易開始所經過的秒數
V1, V2, ..., V28	原始特徵經過主成分分析（PCA）轉換後的結果，難以直接觀察出數據的原始意義
Amount	交易總數
Class	0 → 正常交易、1 → 詐欺交易

欲進行的分析程序如下：

1. 計算數據集內詐欺交易的比例，以作為模型的參數值。
2. 針對數據集內 29 個特徵欄位（V1, V2, ⋯, V28, Amount），分別利用孤立森林（Isolation Forest）以及局部異常因子（Local Outlier Factor）對整個數據集識別詐欺的信用卡交易。
3. 分別計算上述兩個方法分類錯誤的樣本數。

Chapter 1 習題

1. 先產生模擬數據，接著進行「遺漏值填補」以及「離群值偵測」，並觀察與討論有何差異。
   (a). 利用 sklearn.datasets.make_blobs 方法產生模擬數據，包含 1,000 個樣本，且每個樣本有 2 個特徵。
   (b). 進行特徵標準化。
   (c). 將第一個樣本的特徵 1 以及第二個樣本的特徵 2 替換為遺漏值(np.nan)。
   (d). 將第二個樣本的特徵 1、第三個樣本的特徵 2 以及倒數第一個樣本的特徵 2 置換為離群值（設定一個相對大或小的數值即可）。
   (e). 產生遺漏值填補器，利用「平均值」進行填補。
   (f). 產生以「橢圓法」為基礎的離群值偵測器並進行偵測。
   (g). 利用 IQR 在個別特徵上偵測離群值。

▶▶ 套件名稱

```
遺漏值填補器：sklearn.impute.SimpleImputer()
離群值偵測器（橢圓法）：sklearn.covariance.EllipticEnvelope()
```

2. 載入鳶尾花（Iris）數據集並瀏覽其內容，分別移除低變異度特徵以及與分類類別不相關的特徵，並觀察與討論其差異。
   (a). 利用 sklearn.datasets.load_iris()載入鳶尾花數據集，瀏覽數據內容。
   (b). 產生特徵選擇器，挑選變異度大於門檻值（0.5）的特徵，並檢視各項特徵的變異度以確定得到正確結果。
   (c). 針對數值型特徵，利用 ANOVA-F 值選取給定比例（75%）的特徵。
   (d). 將四個數值特徵轉為類別特徵（直接取整數），並選取卡方統計量最高的二個類別特徵。

套件名稱

```
變異度選擇器：sklearn.feature_selection.VarianceThreshold()
卡方統計量：sklearn.feature_selection.chi2()
ANOVA的F值：sklearn.feature_selection.f_classif ()
挑選前k個最佳：sklearn.feature_selection.SelectKBest()
挑選給定比例個最佳：sklearn.feature_selection.SelectPercentile()
```

數據集說明

標籤	意義與內容
data	共有 150 筆樣本（1988 年收集，數據無遺漏值），每筆樣本有 4 個數值特徵，分別是花萼長度與寬度、花瓣長度與寬度。
target	每筆樣本的類別，其中 0 → setosa（山鳶尾）、1 → versicolor（變色鳶尾）、2 → virginica（維吉尼亞鳶尾），每個類別各有 50 筆。
target_names	有三個類別：setosa、versicolor、virginica
DESCR	數據的詳細描述
feature_names	特徵的名稱

3. 載入威斯康辛乳癌（Wisconsin breast cancer）數據集並瀏覽其內容，接著增加隨機雜訊作為新特徵，並在特徵選取後以邏輯斯迴歸（Logistic regression）進行比較其差異。

(a). 利用 sklearn.datasets.load_breast_cancer ()載入癌症數據集，瀏覽數據內容。

(b). 設定亂數種子數，產生雜訊特徵（需和數據集的維度相同），並將雜訊特徵放入原始數據集內。

(c). 切割數據集成訓練集與測試集（測試集佔 20%）。

(d). 利用 ANOVA-F 值選取前 50%的特徵，並觀察被挑選出來的特徵有哪些。

(e). 比較邏輯斯迴歸在所有特徵、選取特徵的效能表現。

提示

是否有對特徵進行標準化會影響邏輯斯迴歸的效能

套件名稱

切割數據集：sklearn.model_selection.train_test_split()
ANOVA-F值：sklearn.feature_selection.f_classif()
挑選給定比例個最佳：sklearn.feature_selection.SelectPercentile()

數據集說明

標籤	意義與內容
data	共有 569 筆樣本（1995 年收集，數據無遺漏值），每筆樣本有 30 個數值特徵。
target	每筆樣本的類別，其中 0 → malignant（惡性），有 212 筆；而 1 → benign（良性），有 357 筆。
target_names	有兩個類別：malignant、benign
DESCR	數據的詳細描述
feature_names	各別特徵的敘述性統計

CHAPTER

2

監督式學習：迴歸

監督式學習：迴歸

迴歸分析（regression analysis）是用來釐清變數間關聯性的統計方法，通常我們在數據裡觀察到的變數可簡單分成以下兩種：

- 自變數（independent variable）也稱為獨立變數、解釋變數、特徵等，符號常用 x 表示，是在數據中能直接觀察或量測的屬性，可以有好幾個。
- 應變數（dependent variable）又稱為相依變數、目標變數等，常以符號 y 表示，代表隨著自變數變化而改變的屬性，通常只會有一個。

事實上，迴歸分析是統計學上探索數據的方法，主要在探討自變數與應變數之間的關係，而透過建立好的迴歸模型能了解變數間關係的強弱、自變數如何影響應變數、也能推論及預測我們感興趣的變數。以探索房屋價格的數據為例，應變數自然為房價，而自變數則根據影響房價因素與能收集到的數據而定，可能有房屋大小與屋齡、交通便利性、所處城市情況等。

公開的波士頓（Boston）房屋價格數據集經常作為迴歸分析的對象，這個數據集包含 506 筆樣本，且每筆樣本有 14 個特徵，通常會將特徵之一的房價中位數當作應變數，也就是預測目標。儘管這個數據集的規模難以真實反應實務分析的難處，但已在許多機器學習文獻中用來闡釋學習演算法的行為，尤其是針對迴歸問題，因此本章也盡量以這個數據集做為各小節的範例。下表說明房價數據集的特徵欄位：

欄位	說明
CRIM	按城鎮劃分的人均犯罪率
ZN	超過 25,000 平方英尺的土地劃為住宅用地的比例
INDUS	城鎮非零售商用土地的比例
CHAS	關於「查爾斯河」的虛擬變數（靠近河流為 1；否則為 0）
NOX	一氧化氮濃度（單位為 10 ppm）
RM	每個住宅的平均房間數
AGE	在 1940 年之前建造，屋主自用的比例
DIS	到五個波士頓就業中心的加權距離
RAD	使用高速公路的便利指數
TAX	每 10,000 美元的全額資產稅率
PTRATIO	城鎮的師生比例

欄位	說明
B	$1000(Bk-0.63)^2$，其中 Bk 是按城鎮劃分的黑人比例
LSTAT	中低收入戶佔當地居住人口的比例
MEDV	自有住宅的中位數價格（單位為 1,000 美元）

接著，我們透過探索式分析初步了解房價數據集的樣貌。透過 Python 將數據載入變成 DataFrame 型態並命名為 df，首先是利用 pandas 套件的 df.describe()來瀏覽敘述性統計值，再以 df.isnull().sum()或 df.info()檢查是否有遺漏值。從圖 2-0-1 可看出房價大致上是常態分布，注意最右邊可能有一些離群值。

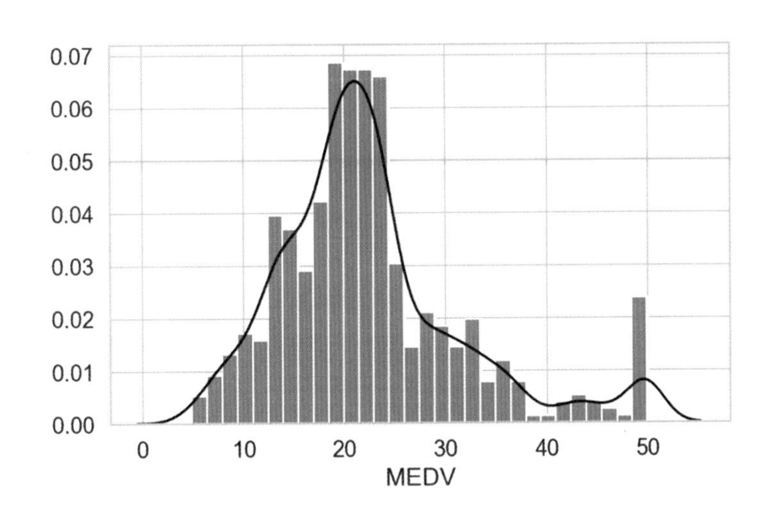

圖 2-0-1 房價的分布

由圖 2-0-2 的相關係數熱度圖可以觀察到：

- 跟 MEDV（房價）呈現高度相關的是 RM（平均房間數）與 LSTAT（中低收入戶的比例）這兩個特徵。
- 特徵間存在著多元共線性的問題，最明顯的是 TAX（資產稅率）與 RAD（交通便利指數），相關係數高達 0.91，其他類似的高相關性還有 DIS（到中心的距離）與 NOX（一氧化氮濃度）、AGE（自用的比例），NOX 與 INDUS（非零售商用土地的比例）等。在挑選特徵進行線性迴歸模型時，應避免同時選用這些特徵來訓練模型。

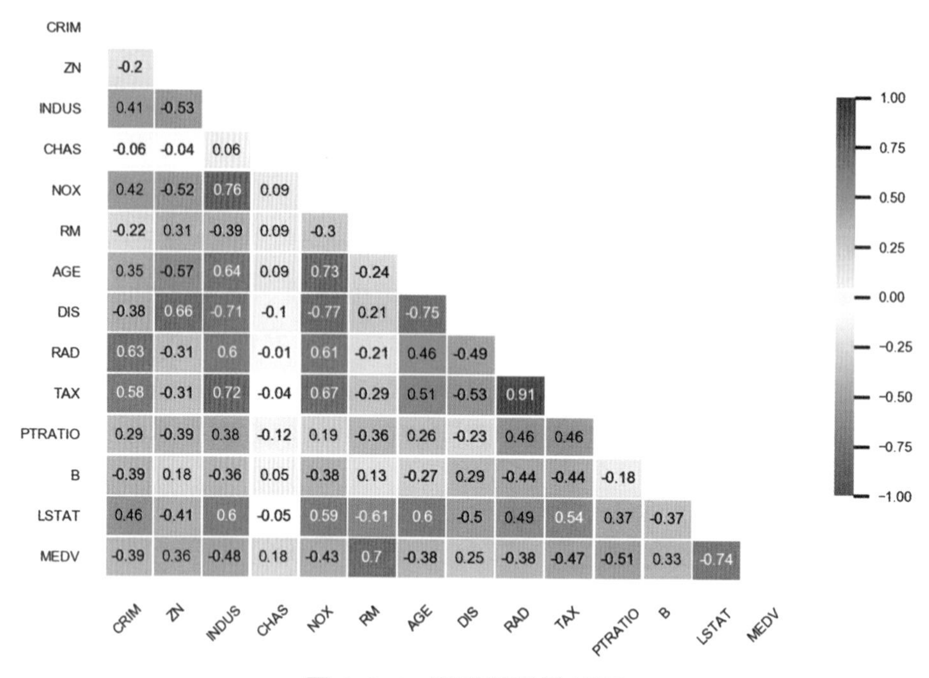

圖 2-0-2 **相關係數熱度圖**

我們將跟 MEDV 高度相關的兩個特徵分別繪製成散點圖做進一步觀察，由圖 2-0-3 中可發現疑似有線性關係，有利於建立線性迴歸模型來預測房價。

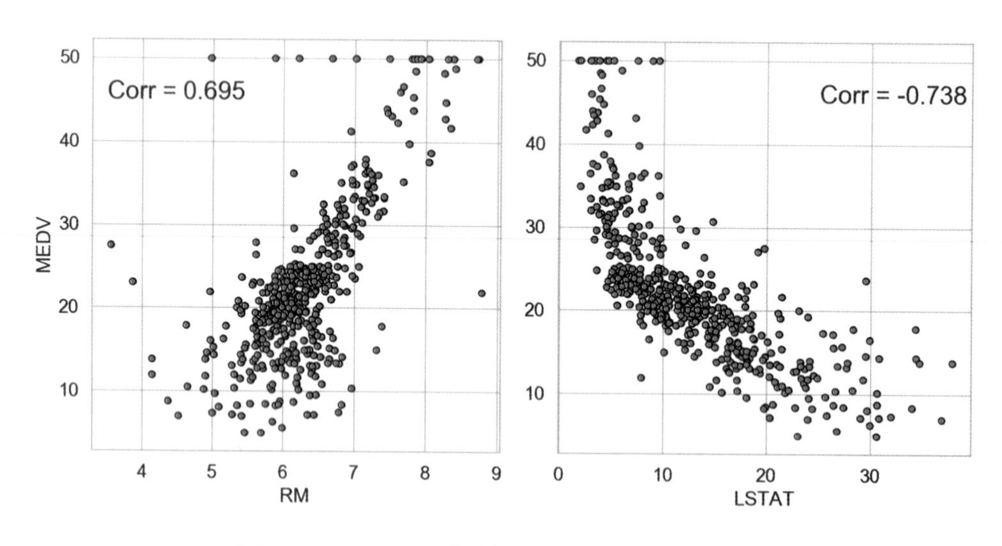

圖 2-0-3 MEDV **分別與** RM、LSTAT **的關係**

底下將以各種迴歸模型試圖分析這份數據並預測房價，首先是 2-1 節介紹簡單與多元線性迴歸模型，並了解常用來評估迴歸模型效能的指標；2-2 節提到的管道化雖然與迴歸模型無關，卻是 scikit-learn 用來大幅精簡程式碼的好用技巧，能讓我們更專注在機器學習流程與模型本身；為了使迴歸模型的表現比較平滑，不容易受到雜訊干擾，2-3 節探討在迴歸模型加入懲罰項的正規化作法；而除了線性關係外，更多時候我們面對的是非線性關係，因此在 2-4 節展示幾個處理方法。

2-1 線性迴歸

線性迴歸是機器學習用來預測連續型變數的重要模型之一，我們先從探討單一自變數及應變數關係的簡單線性迴歸出發，引入迴歸分析的基本概念，接著再將模型擴展到多個自變數的多元線性迴歸。此外，要分析模型效能得仰賴客觀的評估指標，這裡也會探討幾個常見的作法。

2-1-1 簡單線性迴歸

簡單線性迴歸（simple linear regression）是針對單一自變數（x）與應變數（y）之間的關係來建模，其迴歸式為：

$$y = w_0 + w_1 x$$

這裡的 $\vec{w} = (w_0, w_1)$ 是權重向量，也稱為迴歸係數（regression coefficient），是模型要學習的對象，而一般稱 w_0 為截距（intercept），w_1 為自變數 x 的權重。將第 i 個樣本觀察值 x_i 帶入迴歸式會得到 $\hat{y}_i = w_0 + w_1 x_i$，而這個估計值 $\hat{y}_i$ 與樣本實際值 y_i 的差即為誤差 $\varepsilon_i = |y_i - \hat{y}_i|$，如圖 2-1-1 所示。簡單線性迴歸模型試圖擬合（fit）所有樣本後，找到一組參數 (w_0, w_1) 使得誤差的平方總和愈小愈好，從另一個角度來看是找到 x 的一次線性函數使得誤差的平方總和最小，作法可直接利用最小平方法（ordinary least squares、OLS）求得解析解，也可透過梯度下降法（gradient descent）逐步逼近求得。

透過 scikit-learn 提供的 dataset API 能直接載入波士頓房價數據集，接著我們以 RM 為自變數、MEDV 為應變數建立迴歸模型。在 numpy、statsmodels、sklearn 等套件裡皆可計算迴歸線，先嘗試使用 sklearn.linear_model.LinearRegression()，稍後再來看其他套件的計算方式。

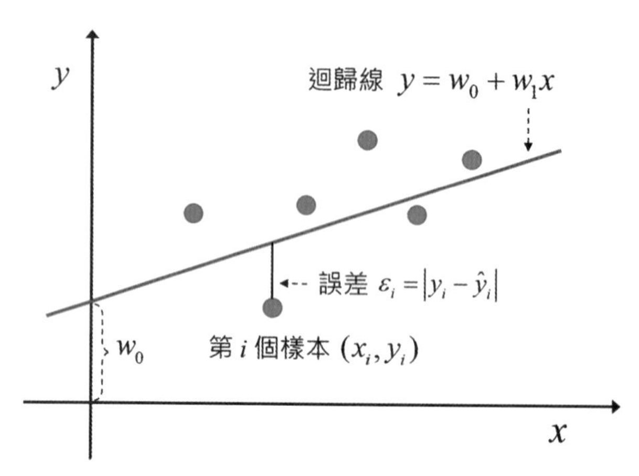

圖 2-1-1 簡單線性迴歸示意圖

範例程式 **ex2-1_2-2.ipynb**

[1]:

```python
import numpy as np
import pandas as pd
from sklearn.datasets import load_boston

house = load_boston()
df = pd.DataFrame(data=house.data,
                  columns=house.feature_names)
df['MEDV'] = house.target
df.head(3)
```

[1]:

	CRIM	ZN	INDUS	CHAS	NOX	RM	AGE	DIS	RAD	TAX	PTRATIO	B	LSTAT	MEDV
0	0.00632	18.0	2.31	0.0	0.538	6.575	65.2	4.0900	1.0	296.0	15.3	396.90	4.98	24.0
1	0.02731	0.0	7.07	0.0	0.469	6.421	78.9	4.9671	2.0	242.0	17.8	396.90	9.14	21.6
2	0.02729	0.0	7.07	0.0	0.469	7.185	61.1	4.9671	2.0	242.0	17.8	392.83	4.03	34.7

[2]:

```python
import matplotlib.pyplot as plt
from sklearn.linear_model import LinearRegression
plt.style.use('fivethirtyeight')

x, y = df.loc[:, ['RM']], df.loc[:, ['MEDV']]
lr = LinearRegression()
lr.fit(x, y)
print('w_1 =', lr.coef_[0])
print('w_0 =', lr.intercept_)

plt.scatter(x, y, facecolor='xkcd:azure',
            edgecolor='black', s=20)
```

```
13 plt.xlabel('RM', fontsize=14)
14 plt.ylabel("MEDV", fontsize=14)
15 # 繪製迴歸線
16 n_x = np.linspace(x.min(), x.max(), 100)
17 n_y = lr.intercept_ + lr.coef_[0] * n_x
18 plt.plot(n_x, n_y, color='r', lw=3)
```

[2]:

```
w_1 = [9.10210898]
w_0 = [-34.67062078]
```

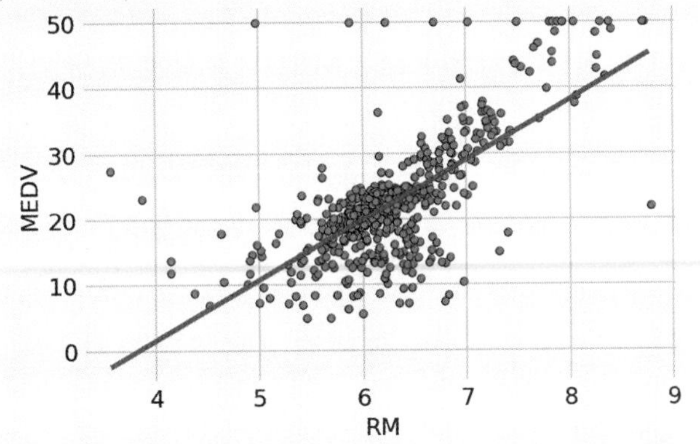

[3]:

```
1 # 透過 seaborn 可更簡單地繪製迴歸線
2 import seaborn as sns
3 # 預設會在迴歸線旁繪製 95% 的信賴區間
4 sns.regplot(x='RM', y='MEDV', data=df,
5             scatter_kws={'facecolor':'xkcd:azure',
6                          'edgecolor':'black', 's':20},
7             line_kws={'color':'r', 'lw':3})
```

[3]:

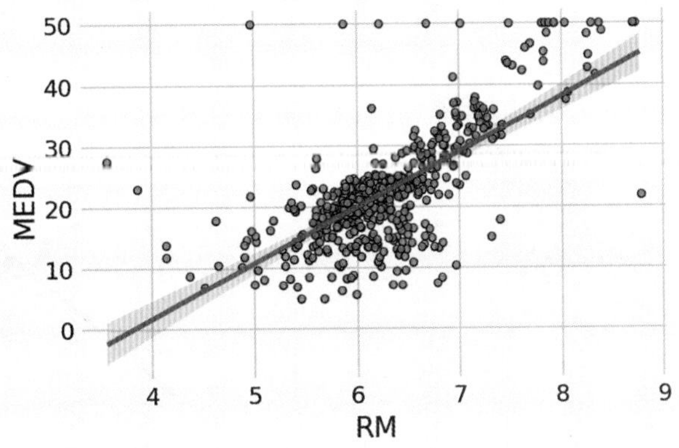

線性迴歸對結果有良好的可解釋性（interpretability），因為迴歸係數代表某特徵變化一單位對目標項造成的效應。以上述建立的迴歸模型為例，RM 特徵的迴歸係數約為 9.102，也就是說若將這個係數乘上 1,000（因目標項是以 1,000 美元為單位的房價）就得到每增加 1 個房間造成房價上漲 9,102 美元。然而，相信大家對這個建構好的模型會有些疑惑，因為在 RM 小於 4 時模型預測的房價比 0 小（多希望有這種「佛心住宅」☺）。造成這個現象的一個可能原因是離群值的影響，從圖中也可看出明顯有許多數據點距離迴歸線仍相當遠，意謂著 RM 無法完全解釋房價的變化，我們稍後會探討這個迴歸模型的效能，同時也納入更多特徵來建立模型。

另一方面，圖 2-1-2 的右圖是將 RM、MEDV 兩個變數分別經過「標準化」後再建立迴歸模型，得到的迴歸線通過原點（$w_0 = 0$），而迴歸係數 $w_1 = 0.695$ 正好跟兩個變數的相關係數一樣。儘管如此，迴歸係數與相關係數除了名稱及數學意涵不同，它們在直觀上的意義也不一樣。迴歸係數反應出迴歸線的「陡峭程度」，在這裡可以解釋成 RM 改變一單位時，MEDV 會改變多少單位；而相關係數代表的是兩個變數共變趨勢的明顯程度。圖 2-1-2 可直觀看出兩個變數有明顯的共變傾向（相關係數高），且迴歸線也比較陡峭，亦即有較大的斜率（迴歸係數大）。

儘管有標準化的差異，圖 2-1-2 的兩個迴歸模型在效能上並沒有不同，其決定係數 R^2 皆為 0.484（2-1-3 小節會探討效能評估指標之一的決定係數）。在變數未經過標準化之前，相關性高不一定會得到較大的迴歸係數，因為會有單位的影響；換言之，標準化迴歸係數的意義在於去單位化。雖然變數有無標準化不影響簡單線性迴歸模型的結果，但可能會造成其他迴歸模型（如有正規化的迴歸）的效能低落，因此建議先標準化變數後再建模。

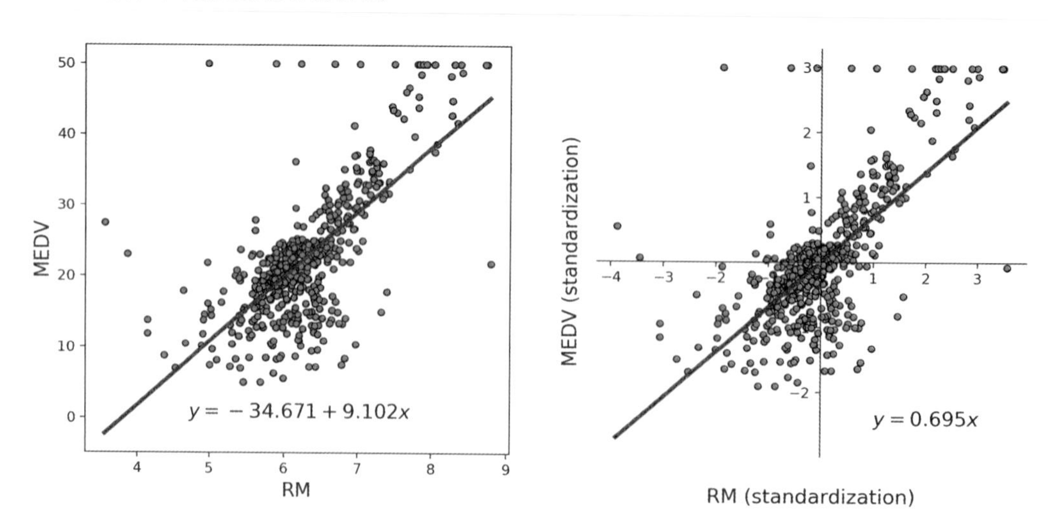

圖 2-1-2 變數是否有標準化的簡單線性迴歸模型比較

此外，進行迴歸分析前盡量先以視覺化了解原始數據的分布狀況，能避免建構好的模型與數據分布相差甚遠。例如法國統計學家於 1973 年構造出著名的安斯庫姆四重奏（Anscombe's quartet），這是四組基本統計性質幾乎相同（包括平均數、標準差、相關係數等），甚至是線性迴歸線也一樣的數據，但由這四組數據繪製的圖形與迴歸結果大相逕庭（見圖 2-1-3）。從這裡可以了解到以視覺化呈現作為輔助分析的重要性，以及離群值對迴歸分析有相當大影響。

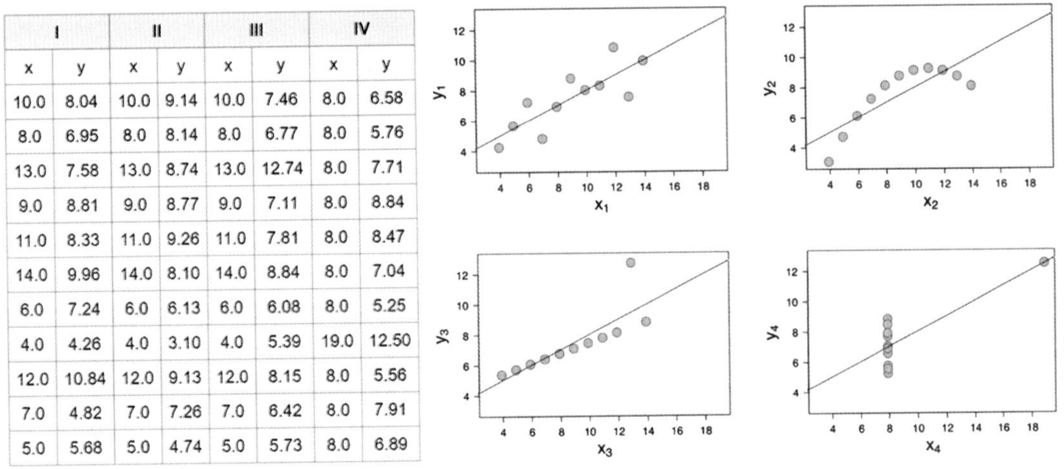

I		II		III		IV	
x	y	x	y	x	y	x	y
10.0	8.04	10.0	9.14	10.0	7.46	8.0	6.58
8.0	6.95	8.0	8.14	8.0	6.77	8.0	5.76
13.0	7.58	13.0	8.74	13.0	12.74	8.0	7.71
9.0	8.81	9.0	8.77	9.0	7.11	8.0	8.84
11.0	8.33	11.0	9.26	11.0	7.81	8.0	8.47
14.0	9.96	14.0	8.10	14.0	8.84	8.0	7.04
6.0	7.24	6.0	6.13	6.0	6.08	8.0	5.25
4.0	4.26	4.0	3.10	4.0	5.39	19.0	12.50
12.0	10.84	12.0	9.13	12.0	8.15	8.0	5.56
7.0	4.82	7.0	7.26	7.0	6.42	8.0	7.91
5.0	5.68	5.0	4.74	5.0	5.73	8.0	6.89

參考來源：https://en.wikipedia.org/wiki/Anscombe%27s_quartet

圖 2-1-3 變數是否有標準化的迴歸模型比較

2-1-2 多元線性迴歸

通常我們感興趣的自變數會有好幾個，例如跟房價有關的變數可能有房屋大小與屋齡、交通便利性、所處城市情況等，而同時將數個自變數放到迴歸模型裡就變成多元線性迴歸（multiple linear regression），其迴歸式為：

$$y = w_0 x_0 + w_1 x_1 + \cdots + w_n x_n = \sum_{i=0}^{n} w_i x_i$$

這裡的 $\vec{w} = \left(w_0, w_1, \ldots, w_n\right)$ 同樣稱為權重向量或迴歸係數，也是模型要藉出訓練樣本學習的對象，而當 $x_0 = 1$ 時，w_0 則為截距項。圖 2-1-4 是以房價數據集中的 MEDV 為應變數，RM 與 LSTAT 為自變數得到的多元線性迴歸結果，由於有兩個自變數，所以呈現在圖中的迴歸結果是二維超平面 MEDV=-1.4+5.1RM-0.6LSTAT，而從迴歸結果也能知道 RM 對房價有正面影響，但 LSTAT 則是負面影響。

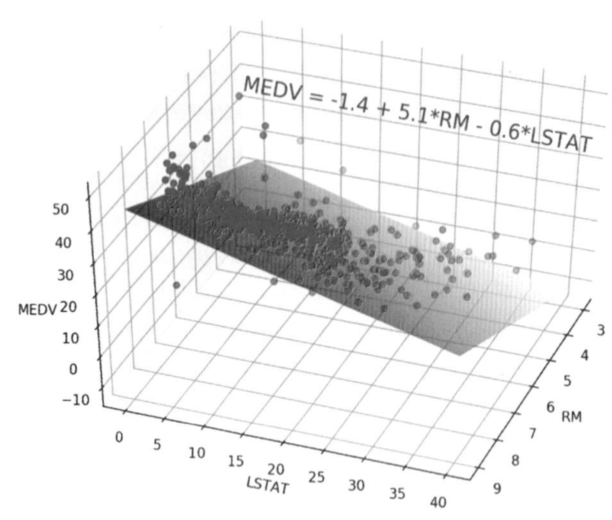

圖 2-1-4 以 RM 與 LSTAT 進行多元迴歸分析預測房價

[4]:
```
1  from sklearn.linear_model import LinearRegression
2
3  X, y = df.loc[:, ['RM','LSTAT']], df.loc[:, ['MEDV']]
4  lr = LinearRegression()
5  lr.fit(X, y)
6  print('[w_1, w_2] =', lr.coef_[0])
7  print('w_0 =', lr.intercept_)
```

[4]:
```
[w_1, w_2] = [ 5.09478798 -0.64235833]
w_0 = [-1.35827281]
```

大致上，多元線性迴歸與簡單線性迴歸在觀念、作法以及評估技術皆相差無幾，但因為增加多個自變數得注意「多元共線性」（multi-collinearity）問題，這是指自變數互相不獨立（即彼此相關）。將有共線性的自變數放到迴歸模型中，會提高某些自變數的解釋力與預測力，使得建構好的模型有偏差。而最簡單偵測共線性的作法是透過相關係數，以圖 2-0-2 的相關係數矩陣為例，TAX 與 RAD 的相關係數高達 0.91（一般大於 0.8 即可），可認為存在著共線性。

偵測共線性的方式還有變異膨脹因子（Variance Inflation Factor、VIF）、容忍度（tolerance）、條件指標（condition index）等，其中 VIF 是比較常見的指標。一個自變數 x_i 的 VIF 代表它能被其餘自變數解釋的程度，換言之是以 x_i 為應變數，對其它自變數進行迴歸分析得到決定係數 R_i^2，再經過下列公式計算而得：

$$\text{VIF}_i = \frac{1}{1 - R_i^2}$$

由於 R^2 代表目標變數的變異中能被解釋的比例，因此 VIF 的直觀意義為不能被自變數解釋的變異比例再倒數，用以評估共線性的嚴重程度。VIF 越大代表共線性越嚴重，而 statsmodels 套件在計算 VIF 的官方 API 建議大於 5 即存在有共線性，一般認為這個標準可以放寬到大於 10。底下是範例程式：

```
[5]:  1  from statsmodels.stats.outliers_influence import
      2                                variance_inflation_factor
      3
      4  df_vif = pd.DataFrame()
      5  df_vif['feature'] = df.columns
      6  df_vif['VIF'] = [variance_inflation_factor(df.values,
      7  i)
      8                               for i in range(df.shape[1])]
         df_vif
```

[5]:

	feature	VIF
0	CRIM	2.131404
1	ZN	2.910004
2	INDUS	14.485874
3	CHAS	1.176266
4	NOX	74.004269
5	RM	136.101743
6	AGE	21.398863
7	DIS	15.430455
8	RAD	15.369980
9	TAX	61.939713
10	PTRATIO	87.227233
11	B	21.351015
12	LSTAT	12.615188
13	MEDV	24.503206

由上面的執行結果可以看到計算出來的 VIF 異常大，大部分變數都超過 10，且相關性最高的 TAX 與 RAD 卻不是最大 VIF（VIF 最大的是 RM），透過 statsmodels 的 variance_inflation_factor()得到的 VIF 似乎有問題。在瀏覽過這個函式的原始碼就能了解錯誤發生的原因在於計算 VIF 時會使用到最小平方法（OLS），而函式預設沒有添加截距項才造成錯誤。因此，解決的辦法是在原始數據上添加一行（亦即添加一個特徵），並設定該行每列為一個常數（通常使用 1），這樣就能正確地得到每個自變數的 VIF。範例程式如下：

[6]:
```
1 # 新增一行，用常數填充
2 df['constant'] = 1
3 df_vif = pd.DataFrame()
4 df_vif['feature'] = df.columns
5 df_vif['VIF'] = [variance_inflation_factor(df.values, i)
6                  for i in range(df.shape[1])]
7 # 移除新增的行
8 df_vif = df_vif.drop(index=df_vif.index[-1])
9 df_vif
```

[6]:

	feature	VIF
0	CRIM	1.831537
1	ZN	2.352186
2	INDUS	3.992503
3	CHAS	1.095223
4	NOX	4.586920
5	RM	2.260374
6	AGE	3.100843
7	DIS	4.396007
8	RAD	7.808198
9	TAX	9.205542
10	PTRATIO	1.993016
11	B	1.381463
12	LSTAT	3.581585
13	MEDV	3.855684

一旦發現有多元共線性時又該怎麼辦呢？常見有以下三種處理方式：

1. 特徵選擇：最簡單且直覺的作法是移除兩個高相關性變數中的任一個，或是移除 VIF 過高的變數，這個作法可一直進行到剩下變數的相關係數或 VIF 都合乎要求為止。例如在移除 TAX 後，有最大 VIF 的是 NOX（4.579）。

2. 特徵轉換：若是某個變數有很大 VIF，但對於預測目標項而言是相當重要的特徵，直接移除可能損失許多有用資訊，此時可透過特徵轉換來處理，既保留該特徵也能降低相關性。比方說將 TAX 與 RAD 都取對數後，最大 VIF 下降為 4.98。

3. 主成分分析（Principle Component Analysis、PCA）：PCA 常用在縮減特徵維度，經由 PCA 找出的特徵不僅能保留最大變異，且特徵間互相獨立，因此找出來新特徵的 VIF 皆為 1，然而使用 PCA 的缺點是難以解讀新特徵的意義（留待 Chapter 5 再探討）。

此外，與機器學習的切入角度不同，在統計學上得到迴歸模型後會對模型進行統計檢定，以確保其顯著性，這些檢定結果可幫助我們更加了解得到的迴歸模型。主要檢定的對象與方法有以下兩種：

1. 整個迴歸模型的顯著性檢定（F-test）：探討迴歸係數是否全部為 0，當係數不全為 0 時，迴歸模型才具有預測力。

2. 個別迴歸係數的邊際檢定（t-test）：在確認迴歸模型顯著後，接著進行邊際檢定，逐一探討個別自變數的迴歸係數是否為 0。當係數不為 0 時，該自變數才具有解釋力。

底下藉由 statsmodels 套件進行迴歸分析，並直接輸出迴歸係數與檢定結果：

[7]:
```
1  import statsmodels.api as sm
2
3  X, y = df.loc[:, ['RM','LSTAT']], df.loc[:, ['MEDV']]
4  X = sm.add_constant(X)  # 增加常數行作為截距項
5  model = sm.OLS(y, X)
6  result = model.fit()
7  print('迴歸係數：', result.params)
8  result.summary()
```

[7]:
```
迴歸係數：  const    -1.358273
RM        5.094788
LSTAT    -0.642358
```

OLS Regression Results

Dep. Variable:	MEDV	R-squared:	0.639
Model:	OLS	Adj. R-squared:	0.637
Method:	Least Squares	F-statistic:	444.3
Date:	Sat, 11 Jul 2020	Prob (F-statistic):	7.01e-112
Time:	19:42:41	Log-Likelihood:	-1582.8
No. Observations:	506	AIC:	3172.
Df Residuals:	503	BIC:	3184.
Df Model:	2		
Covariance Type:	nonrobust		

	coef	std err	t	P>|t|	[0.025	0.975]
const	-1.3583	3.173	-0.428	0.669	-7.592	4.875
RM	5.0948	0.444	11.463	0.000	4.222	5.968
LSTAT	-0.6424	0.044	-14.689	0.000	-0.728	-0.556

Omnibus:	145.712	Durbin-Watson:	0.834
Prob(Omnibus):	0.000	Jarque-Bera (JB):	457.690
Skew:	1.343	Prob(JB):	4.11e-100
Kurtosis:	6.807	Cond. No.	202.

由上圖可知得到的模型在信心水準 0.05 之下有顯著性（F-statistic = 444.3、且 Prob(F-statistic) $\approx$ 0），而除截距項外的兩個迴歸係數明顯不為 0，代表兩個自變數具有解釋力。

2-2 評估迴歸模型的效能

模型的效能評估是機器學習中相當重要的一環，不僅能在訓練過程觀察模型的擬合狀況，在訓練完成後了解建構模型的優劣，也能作為預測準確與否的信心度。評估效能時要注意使用模型沒有「見過」的數據來進行，此舉是為了讓模型的測試盡量能容忍數據分布上的偏差，使評估結果更客觀。因此，在 Chapter 1 將數據切割成訓練、驗證與測試集，其中訓練與驗證集用來建構模型，測試集則不參與模型的建構程序，而是在建構完成後用來測試模型的效能。底下範例先進行數據集的切割：

```
[8]:  1  from sklearn.model_selection import train_test_split
      2
      3  X, y = df.loc[:, ['RM','LSTAT']], df.loc[:, ['MEDV']]
      4  X_train, X_test, y_train, y_test = train_test_split(X,
      5  y,
      6                                           test_size=0.2,
      7                                          random_state=0)
      8  print(X_train.shape)
      9  print(X_test.shape)
     10  print(y_train.shape)
         print(y_test.shape)
```

```
[8]:  (404, 2)
      (102, 2)
      (404, 1)
      (102, 1)
```

2-2-1 評估指標

我們期待迴歸模型根據樣本 i 的特徵給出預測結果 $\hat{y}_i$ 能盡量接近樣本真實值 y_i，因此一個直覺的度量方法即為「均方誤差」（Mean Squared Error、MSE），其計算公式與範例程式為：

$$\text{MSE} = \frac{1}{n}\sum_{i=1}^{n}\left(y_i - \hat{y}_i\right)^2$$

```
[9]:  1  from sklearn.metrics import mean_squared_error
      2
      3  lr = LinearRegression()
      4  lr.fit(X_train, y_train)
      5  y_train_pred = lr.predict(X_train)
```

	6
	7
	8
	9
		`y_test_pred = lr.predict(X_test)`
		`print('MSE(training): %.3f, MSE(testing): %.3f' %(`
		`    mean_squared_error(y_train, y_train_pred),`
		`    mean_squared_error(y_test, y_test_pred)))`

[9]:	MSE(training): 28.790, MSE(testing): 37.383	

由上述範例可知訓練與測試集的 MSE，也知道後者比前者大，可我們並不清楚單就訓練集或測試集的 MSE 來看是大還是小，所以通常會一次考慮多個模型進行比較。此外，MSE 也能用在訓練模型過程中幫助監督模型的擬合情況。除了 MSE 之外，也可看到其他如均方根誤差（Root Mean Squared Error、RMSE）、平均絕對誤差（Mean Absolute Error、MAE）、平均絕對百分誤差（Mean Absolute Percentage Error、MAPE）等評估指標的應用情境，底下是這些指標的計算方式：

$$\mathrm{RMSE}=\sqrt{\mathrm{MSE}},\quad \mathrm{MAE}=\frac{1}{n}\sum_{i=1}^{n}\left|y_i-\hat{y}_i\right|,\quad \mathrm{MAPE}=\frac{1}{n}\sum_{i=1}^{n}\left|\frac{y_i-\hat{y}_i}{y_i}\right|$$

另一方面，統計學上常用決定係數（coefficient of determination）R^2 來量測迴歸模型的效能表現，它反應的是樣本變異中有多少比例能被模型裡的自變數解釋，計算公式為：

$$R^2=1-\frac{SS_{res}}{SS_{tot}},\quad SS_{res}=\sum_i\left(y_i-\hat{y}_i\right)^2,\quad SS_{tot}=\sum_i\left(y_i-\bar{y}\right)^2$$

其中 SS_{res} 是殘差（residual）的平方和，SS_{tot} 為樣本總變異，而兩者相除則是總變異中不能被模型解釋的比例。R^2 介於 0 到 1 之間，越接近 1 代表迴歸模型的解釋力越高，但並沒有說要多大才具備足夠解釋力，得依不同的應用情境而定。比方說在社會科學研究中常見 R^2 介於 0.5 到 0.6 之間，但在校正精密儀器時可能會要求 R^2 到 0.999。底下的範例展示利用 sklearn.metrics.r2_score 方法來計算 R^2。

```
[10]:  1  from sklearn.metrics import r2_score
       2
       3  print('R^2(training): %.3f, R^2(testing): %.3f' %(
       4      r2_score(y_train, y_train_pred),
       5      r2_score(y_test, y_test_pred)))
```

```
[10]:  R^2(training): 0.662, R^2(testing): 0.541
```

事實上，R^2 拿我們挑選的模型與常數模型（以樣本平均值為預測值）做比較，而由公式可看出並非是某個數值的平方。雖然大多數教材皆敘述 R^2 介於 0 到 1 之間，但只要挑選的模型比常數模型更無法詮釋數據的趨勢變化，那麼 R^2 就有可能為負。以圖 2-2-1 為例，倘若限制線性迴歸模型的截距為零，則得到迴歸式的 R^2 即為負值，即使是之後要介紹的非線性迴歸模型，也可能在一些限制下得到小於零的 R^2。簡言之，$R^2 < 0$ 在數學上並非不可能，也不是電腦運算的 bug，僅表示比起用平均值來說，我們挑選的模型在擬合數據的表現上更糟糕。

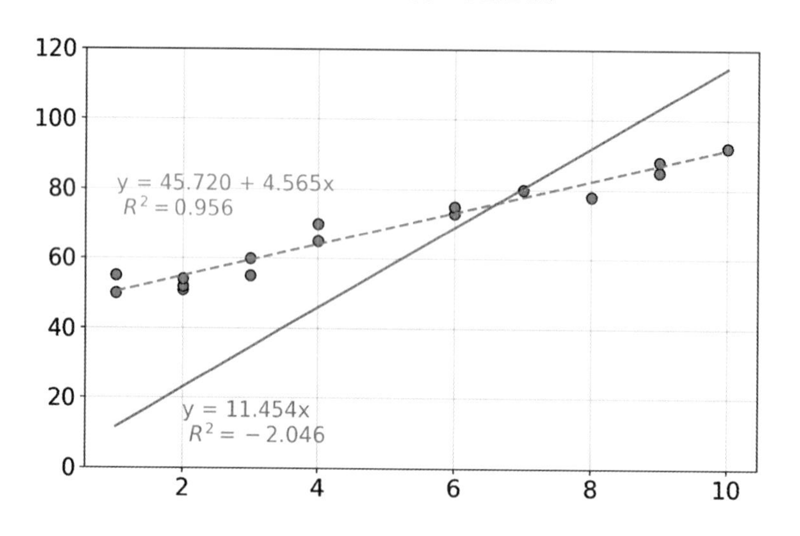

圖 2-2-1 不好的迴歸模型可能得到負的 R2

在使用 R^2 評估模型效能時有幾個要注意的地方。首先是即使 R^2 很大也不代表模型一定有實質意義。例如 Leinweber 在文章中探討如何解釋美國標普 500 指數（S&P 500），如圖 2-2-2 所示，他使用孟加拉奶油產量來擬合 S&P 500 指數，得到 R^2 為 0.75；隨後更以美國與孟加拉的奶油總產量、美國起司產量、美國和孟加拉的羊隻總數等 5 個自變數擬合 S&P 500 指數，得到 R^2 竟然高達 0.99。儘管 R^2 反應出模型有如此高的解釋力，但是否有人會用這些特徵來進行預測呢？（事實上，作者是藉由這個例子來討論過擬合的狀況，同時也意味著不能盲目追求很高的 R^2。）

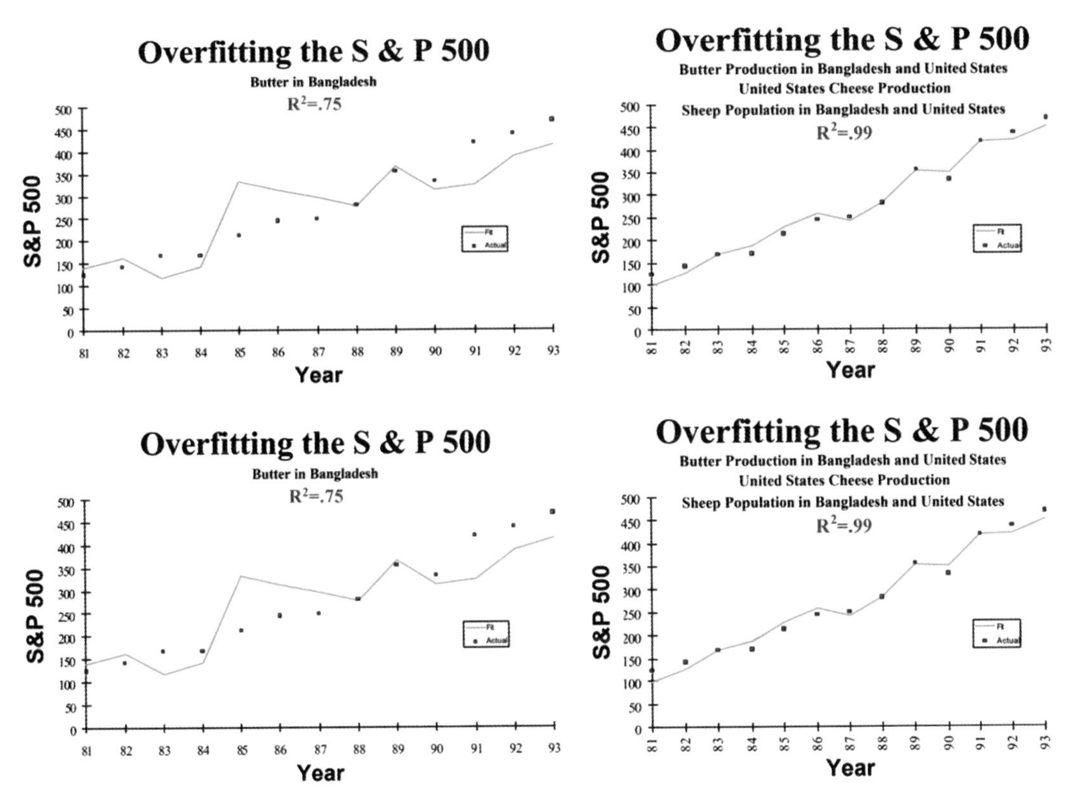

參考來源：https://nerdsonwallstreet.typepad.com/my_weblog/files/dataminejune_2000.pdf

圖 2-2-2 利用一些和財經無關的變數擬合及預測 S&P 500 指數

使用 R^2 還有一個問題是容易受到數據樣貌的影響，使用上要特別注意避免受到數據分布的干擾而錯估模型效能，也別一昧地提升 R^2：

1. 增加自變數：增加自變數（特徵）有可能增加模型的解釋力，也就能提高 R^2，但即使增加的自變數與要預測的目標項無關也一樣。底下的範例程式在特徵 RM 與 LSTAT 之外，額外增加四個特徵，其數值為介於 0 到 1 之間的亂數。可以發現與前面相比，訓練與測試集的 R^2 皆有所提升。

```
[11]:  1  # 1.增加自變數
       2  # 隨機增加無關的 4 個特徵(數值介於 0~1 之間的亂數)
       3  np.random.seed(0)
       4  rand_n = np.random.rand(X.shape[0], 4)
       5  df_rand = pd.DataFrame(data=rand_n,
       6                         columns=list('ABCD'))
       7  X = pd.concat([X, df_rand], axis=1)
       8
       9  def linReg_R2(X, y):
      10      X_train, X_test, y_train, y_test =
```

```
11                   train_test_split(X, y, test_size=0.2,
12                                             random_state=0)
13       lr = LinearRegression().fit(X_train, y_train)
14       y_train_pred = lr.predict(X_train)
15       y_test_pred = lr.predict(X_test)
16
17       print('R^2(training): %.3f, R^2(testing): %.3f' %(
18           r2_score(y_train, y_train_pred),
19           r2_score(y_test, y_test_pred)))
20
21   print(X.shape)
22   print('=== 1.隨機增加無關的 4 個特徵 ===')
23   linReg_R2(X, y)
```

```
[11]: (506, 6)
      === 1.隨機增加無關的 4 個特徵 ===
      R^2(training): 0.663, R^2(testing): 0.542
```

2. 擴大目標變數的分布範圍：擴大目標項的分布即是增加樣本變異，也就是讓 SS_{tot} 變大，從 R^2 的公式可知道這樣有助於提升其值。比如在房價數據集中，RM 與 LSTAT 變數的範圍分別是(3.5, 8.8)與(1.7, 38.0)，因此底下範例新增一筆數據，其 RM = 50、LSTAT = 100 且 MEDV = 200，最後迴歸模型在測試集上得到的 R^2 竟高達 0.906。

```
[12]:  1  # 2.擴大數據點的分布範圍
       2  X, y = df.loc[:, ['RM','LSTAT']], df.loc[:, ['MEDV']]
       3  X.loc[len(X)] = [50, 100]
       4  y.loc[len(y)] = [200]
       5
       6  print(X.shape)
       7  print('=== 2.增加 1 筆數據 ===')
       8  linReg_R2(X, y)
```

```
[12]: (507, 2)
      === 2.增加 1 筆數據 ===
      R^2(training): 0.658, R^2(testing): 0.906
```

3. 減少樣本數：這裡提到的減少樣本數並不是直接拿掉樣本，而是設法取出有代表性的數值，常見作法是先分組，再以各組的樣本平均值做為該組的代表數值。底下範例的作法是先以 MEDV 來分組，再取各組平均做為 RM 與 LSTAT 的觀察值，最後剩下 229 筆樣本，進行線性迴歸後不管是訓練集還是測試集，得到的 R^2 都比直接用原始數據要高很多。

```
[13]:  1  # 3.減少樣本數
       2  X_y = df.loc[:, ['RM','LSTAT', 'MEDV']]
       3  df_group = X_y.groupby(['MEDV'])
       4
       5  lst = []
       6  for name, _ in df_group:
       7    lst.append(df_group.get_group(name).mean().tolist())
       8
       9  df_new = pd.DataFrame(data=lst, columns=['RM','LSTAT',
      10                                            'MEDV'])
      11  X, y = df_new.loc[:, ['RM','LSTAT']], df_new.loc[:,
      12                                            ['MEDV']]
      13
      14  print(df_new.shape)
      15  print('=== 3.減少樣本數 ===')
      16  linReg_R2(X, y)
      17
```

```
[13]:  (229, 3)
       === 3.減少樣本數 ===
       R^2(training): 0.827, R^2(testing): 0.872
```

不單單只有 R^2 容易受到數據分布的影響，MSE 也會有類似的狀況（從運算式來看，可將 R^2 視為標準化後的 MSE），因此使用上要小心別陷入誤判與誤用的窘境。而為了緩和增加自變數或減少樣本數導致 R^2 莫名提升，需要對 R^2 進行調整，採用的方法是用樣本數 n 和自變數的個數 k 構成調整後 R^2（Adjusted R-squared），其計算方式為：

$$Adj.\ R^2 = 1 - \frac{n-1}{n-k-1}\left(1 - R^2\right)$$

從這個式子可以發現要讓調整後 R^2 變大，得減少自變數的數目 k 以及增加樣本數 n；換句話說，調整後 R^2 會偏好有更多樣本，並對於放入太多變數給予懲罰。以前面兩個變數的迴歸範例而言，只用 RM 與 LSTAT 兩個變數時，訓練與測試集的 R^2、調整後 R^2 分別是 0.662/0.541、0.660/0.532，而在增加 4 個無關的變數後，其相對值分別為 0.663/0.542、0.658/0.513，可看出盲目放入自變數（增加 k 值）無助於提升調整後 R^2。

實作上有個小地方要注意，sklearn.metrics.r2_score 方法沒實作回傳調整後 R^2，因此底下的範例透過自行撰寫的函式來計算，若臨時忘記公式或是擔心計算錯誤，也可透過 statsmodels.api.sm.OLS 方法進行線性迴歸後取得調整後 R^2。在往後章節提到 R^2 時，除非有特別載明，否則一律採用調整後 R^2 以獲得較客觀的評估。

[14]:
```
1  # 利用公式計算 Adj. R^2
2  def adj_R2(r2, n, k):
3      return 1 - (n-1)*(1-r2)/(n-k-1)
4  
5  def linReg_adj_R2(X, y):
6      X_train, X_test, y_train, y_test =
7                  train_test_split(X, y, test_size=0.2,
8                                        random_state=0)
9      lr = LinearRegression().fit(X_train, y_train)
10     y_train_pred = lr.predict(X_train)
11     y_test_pred = lr.predict(X_test)
12 
13     r2_train = r2_score(y_train, y_train_pred)
14     r2_test = r2_score(y_test, y_test_pred)
15 
16     print('Adj. R^2(training): %.3f,
17            Adj. R^2(testing): %.3f' %(
18                   adj_R2(r2_train, X_train.shape[0],
19                                   X_train.shape[1]),
20                   adj_R2(r2_test, X_test.shape[0],
21                                  X_test.shape[1])))
22 
23 X, y = df.loc[:, ['RM','LSTAT']], df.loc[:, ['MEDV']]
24 
25 print(X.shape)
26 print('=== 原始數據 ===')
27 linReg_adj_R2(X, y)
28 
29 np.random.seed(0)
```

```
30  rand_n = np.random.rand(X.shape[0], 4)
31  df_rand = pd.DataFrame(data=rand_n,
32                         columns=list('ABCD'))
33  X = pd.concat([X, df_rand], axis=1)
34
35  print(X.shape)
36  print('=== 隨機增加無關的 4 個特徵 ===')
37  linReg_adj_R2(X, y)
```

```
[14]: (506, 2)
      === 原始數據 ===
      Adj. R^2(training): 0.660, Adj. R^2(testing): 0.532
      (506, 6)
      === 隨機增加無關的 4 個特徵 ===
      Adj. R^2(training): 0.658, Adj. R^2(testing): 0.513
```

2-2-2 殘差分析

所謂的殘差（residual）指的是觀察值與預測值的差異，而誤差（error）是觀察值與真實值的偏離（與測量有關），兩者雖然都用來衡量不確定性，容易混淆且也常混用，但其實有所區別，而在迴歸分析中常見使用殘差，也稱為迴歸誤差或觀測誤差。對於迴歸模型而言，隨機性與不可預測性是重要組成，模型應該要能很好地捕捉觀察值中確定性的資訊，用以進行解釋及預測，因此殘差應該是隨機且不可預測的；反之，若在殘差中發現有可解釋或可預測的訊息，代表還有些可用於預測的資訊沒有納入模型內。

而殘差分析（residual analysis）即是用來了解殘差的分布狀況，藉以診斷迴歸模型是否有改善空間的一系列程序，常使用視覺化圖表、定量分析結果與統計的假設檢定來進行。一般而言，針對殘差項有底下三個基本假設（高斯．馬可夫定理則認為當殘差有符合四個假設，使用 OLS 可得到最佳線性不偏估計量；此外，這些檢定的細節討論已超出本書範圍，這裡僅做簡單介紹與實作，有興趣的讀者請參考相關書籍）：

1. 常態性（normality）：若殘差呈現常態分布，則透過 OLS 得到的迴歸估計式式也會有常態分配的性質（但在樣本數夠大時，該估計式之分布可漸進為常態，所以這個假設在樣本數夠多時相對較不重要）。統計上有許多檢驗常態性方法，常見有 Shapiro-Wilk 檢定（SW test），一般在樣本數小於或等於 2,000 時使用，而樣本數超過 2,000 可採用 Kolmogorov-Smirnov 檢定（KS

test）。再者，也有綜合偏度（skewness）與峰度（kurtosis）結果進行常態性檢驗，常見有 D'Agostino-Pearson omnibus 檢定的 omnibus 統計量以及 Jarque-Bera 檢定（JB test），這兩個檢定在透過 statsmodels 套件進行線性迴歸後可直接獲得。

此外，也可藉由視覺化呈現的常態機率圖（normal probability plot）來檢驗常態性，做法是比較數據與常態分布的分位數，所以也稱為 QQ 圖（Q 指的是 quantile），而若是比較兩者的累積機率則稱為 PP 圖。底下的範例程式視覺化呈現上述迴歸模型的殘差，而上述兩個檢定的統計量與 P 值結果皆為拒絕虛無假設 H_0，亦即殘差的分布不是常態，且從 QQ 圖中的殘差分布對比常態分布也看到一致的結果（若是常態，則藍色點會緊靠著紅色線）。

[15]:

```
1  import statsmodels.api as sm
2  from scipy.stats import shapiro
3
4  X, y = df.loc[:, ['RM','LSTAT']], df.loc[:, ['MEDV']]
5  X = sm.add_constant(X)  # 增加常數行作為截距項
6  model = sm.OLS(y, X).fit()
7
8  # Shapiro-Wilk 常態性檢定
9  stat, p = shapiro(model.resid)
10 print('Statistics: %.3f, p-value: %.3f' % (stat, p))
11 alpha = 0.05
12
13 if p > alpha:
14     print('看起來是常態分布（無法拒絕H0）')
15 else:
16     print('看起來不是常態分布（拒絕H0）')
```

[15]:

```
Statistics: 0.910, p-value: 0.000
看起來不是常態分布（拒絕 H0）
```

[16]:

```
1  from scipy.stats import kstest
2
3  # Kolmogorov-Smirnov 常態性檢定
4  stat, p = kstest(model.resid, 'norm')
5  print('Statistics: %.3f, p-value: %.3f' % (stat, p))
6  alpha = 0.05
7
8  if p > alpha:
9      print('看起來是常態分布（無法拒絕H0）')
```

```
10  else:
11      print('看起來不是常態分布（拒絕H0）')
```

[16]:

```
Statistics: 0.379, p-value: 0.000
看起來不是常態分布（拒絕 H0）
```

[17]:

```
1  from statsmodels.graphics.gofplots import qqplot
2
3  # 繪製殘差的QQ圖
4  qqplot(model.resid, line='s');
```

[17]:

2. 獨立性（independency）：殘差項彼此間應該要相互獨立，否則在估計迴歸係數時會降低檢定力，可藉由 Durbin-Watson 統計量 DW 來檢驗自相關性，而當 DW 接近或大於 2 時，通常表示具有獨立性。

[18]:

```
1  from statsmodels.stats.stattools import durbin_watson
2
3  dw = durbin_watson(model.resid)
4  print('dw: %.3f' % dw)
5
6  if 2 <= dw <= 4:
7      print('誤差項獨立')
8  elif 0 <= dw < 2:
9      print('誤差項不獨立')
10 else:
11     print('計算錯誤')
```

[18]:

```
dw: 0.834
誤差項不獨立
```

3. 變異數同質性(homoskedasticity):將不同自變數所對應的應變數進行分組,每組的變異數必須相等(同質),若不相等會導致自變數無法有效估計應變數,可藉由殘差圖(residual plot)來檢驗。按理應該直接用自變數與應變數繪圖,但受限於多元迴歸的視覺化呈現,因此改用殘差對預測值作圖,且兩者在作圖前都要先經過標準化。在範例程式繪製圖中的紅色線是估計線,這是利用局部加權散點平滑法(locally weighted scatterplot smoothing、LOWESS)對殘差繪製而成,理想上希望這條線要靠近 0 的水平線,所以由圖中可發現殘差變異數不符合同質性。

[19]:

```
1   from sklearn.preprocessing import StandardScaler
2   import seaborn as sns
3   
4   df_resid = pd.DataFrame()
5   df_resid['y_pred'] = model.predict(X)
6   df_resid['resid'] = model.resid
7   df_resid = StandardScaler().fit_transform(df_resid)
8   
9   kws = {'color':'red', 'lw':3}
10  sns.residplot(x=df_resid[:, 0], y=df_resid[:, 1],
11                lowess=True, line_kws=kws)
12  plt.xlabel('Predicted Values (standardization)',
13                                              fontsize=14)
14  plt.ylabel('Residual (standardization)', fontsize=14)
15  plt.show()
```

[19]:

由以上的殘差圖可發現預測誤差疑似有某種分布,代表殘差中包含可用於解釋或預測的資訊;換言之,經由以上三個假設的診斷結果可知光靠 RM 與 LSTAT 兩個特徵並不足以良好地擬合房價數據。然而，目前並沒有通用或系統性的方法能對付殘差內的非隨機性，還是需要經驗與反覆嘗試來改善模型。

2-3 正規化的迴歸

線性迴歸模型是透過最小化誤差平方和為目標取得迴歸係數，一旦樣本中有雜訊或是變化比較激烈的數據點，會使得模型的變異增大，且數據需符合許多假設（如無多元共線性、殘差的變異同質性等）才能得到不偏的迴歸係數。然而，真實數據雜亂無章，很可能不會滿足基本假設，此時可以加入正規化（regularization）或稱為懲罰項（penalty）機制來抑制迴歸係數，藉以降低模型變異與預測誤差。

使用正規化的迴歸，其最小化目標函數與原本的迴歸類似，但多了一個懲罰項 p：

$$\sum_i \left(y_i - \hat{y}_i\right)^2 + p\left(w_0, w_1, \ldots, w_n\right)$$

懲罰項與迴歸係數有關，我們期待當最小化上面式子時會同時抑制迴歸係數的大小，讓迴歸結果平滑化（亦即比較不受到雜訊干擾）；而隨著懲罰項的不同，常見有「脊迴歸」（ridge regression）與「套索迴歸」（lasso regression）兩種，雖然這兩種迴歸的效果類似，但之後會看到它們的附加效果不一樣。此外，要特別提醒的是，由於正規化做法會進行特徵間的互相比較，因此建議先對所有特徵進行標準化，如此才能正確比較各特徵的影響力，獲得較佳的迴歸結果。

脊迴歸將二次懲罰項加到如下的目標函數中，其中 α 是使用者給定的參數，且由於是對迴歸係數進行二次懲罰，因此又稱為「L2 正規化」或「L2 範數」（L2 norm）。由底下的式子可以看到當 α 接近 0 時，L2 懲罰項沒有作用，模型回到原來的線性迴歸；而當 α 趨近無窮大時，迫使所有係數都趨近於 0，此時懲罰效果最大且迴歸結果最平滑（幾乎為一直線）。

$$\sum_i \left(y_i - \hat{y}_i\right)^2 + \alpha\sum_{i=1}^{n} w_i^2$$

利用 sklearn.datasets 產生用以進行迴歸分析的模擬數據，並調整不同 α 值觀察脊迴歸的表現。由圖 2-3-1 左圖中可看到當 α 靠近 0 時，脊迴歸得到的結果接近產生這組數據的迴歸式；而當 α 越來越大時，各變數的迴歸係數（或權重）越來越靠近 0，意謂著迴歸結果越來越平滑 α。圖 2-3-1 右圖呈現的是模型找到的係數與真實係數的 MSE，隨著正規化強度增強，誤差也越來越大。

既然不同α值對迴歸效能影響甚鉅，究竟要設定多少才好呢？一個常見的做法是測試幾個α值後從中選取最好的，scikit-learn 提供 RidgeCV 方法將脊迴歸結合交叉驗證，透過這個方法可方便且快速地選取理想的α值。底下範例以房價數據集的所有特徵對房價進行脊迴歸建模，並在程式中配合交叉驗證測試數個α值，由不同α值對 MSE 的關係圖中可看到在$\alpha \geq 10^2$後的 MSE 即快速攀升，而交叉驗證的結果也反應最佳α值為 4.715，接著再以這個α值進行脊迴歸。

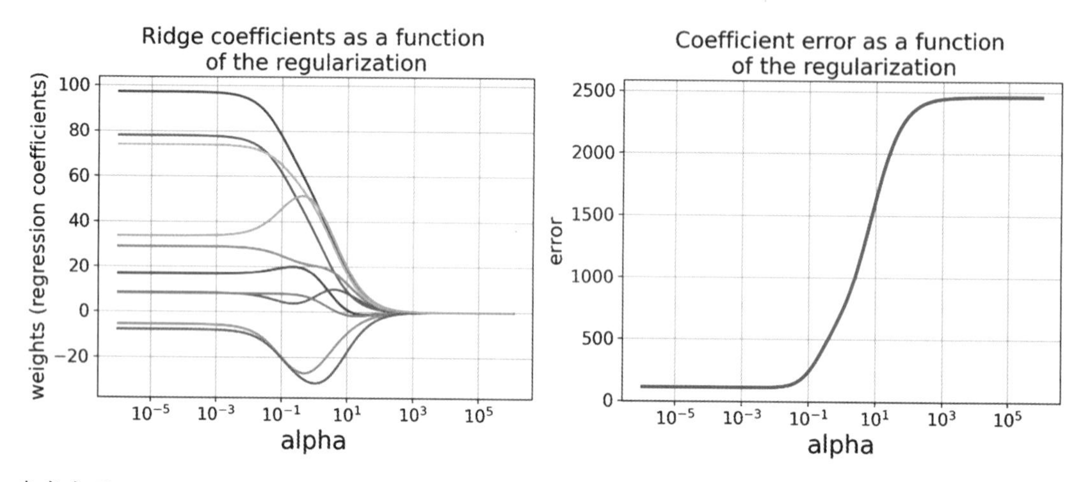

參考來源：https://scikit-learn.org/stable/auto_examples/linear_model/plot_ridge_coeffs.html

圖 2-3-1 不同α值對脊迴歸係數與誤差的影響

範例程式 **ex2-3.ipynb**

```
[1]:  1  import numpy as np
      2  import pandas as pd
      3  from sklearn.datasets import load_boston
      4  from sklearn.preprocessing import StandardScaler
      5
      6  house = load_boston()
      7  df = pd.DataFrame(data=house.data,
      8                    columns=house.feature_names)
      9  df['MEDV'] = house.target
     10
     11  # 進行標準化
     12  scalar = StandardScaler()
     13  X = scalar.fit_transform(df.iloc[:, :-1])
     14  y = scalar.fit_transform(df.loc[:, ['MEDV']])
     15  X[:2, :]
```

[1]:	array([[-0.41978194, 0.28482986, -1.2879095 , -0.27259857, -0.14421743, 0.41367189, -0.12001342, 0.1402136 , -0.98284286, -0.66660821, -1.45900038, 0.44105193, -1.0755623]])

[2]:

```
1 import matplotlib.pyplot as plt
2 from sklearn.linear_model import Ridge, RidgeCV
3 plt.style.use('fivethirtyeight')
4
5 # 利用交叉驗證找出最佳 alpha
6 alphas = np.logspace(-3, 3, 50)
7 reg_cv = RidgeCV(alphas, store_cv_values=True)
8 reg_cv.fit(X, y)
9 print('Best alpha: %.3f' % reg_cv.alpha_)
```

[2]: Best alpha: 4.715

[3]:

```
1  scores = np.mean(model_cv.cv_values_, axis=0)[0]
2  scores_std = np.std(model_cv.cv_values_, axis=0)[0]
3
4  # 設定 x 軸為對數
5  plt.semilogx(alphas, scores, color='red')
6
7  # 繪製 MSE +/- 標準誤(std error)
8  std_error = scores_std / np.sqrt(len(scores))
9  plt.semilogx(alphas, scores+std_error, 'b--')
10 plt.semilogx(alphas, scores-std_error, 'b--')
11 plt.fill_between(alphas, scores+std_error,
12                           scores-std_error, alpha=0.2)
13
14 plt.ylabel('CV MSE +/- std error')
15 plt.xlabel(r'$\alpha$')
16 plt.xlim([alphas[0], alphas[-1]])
```

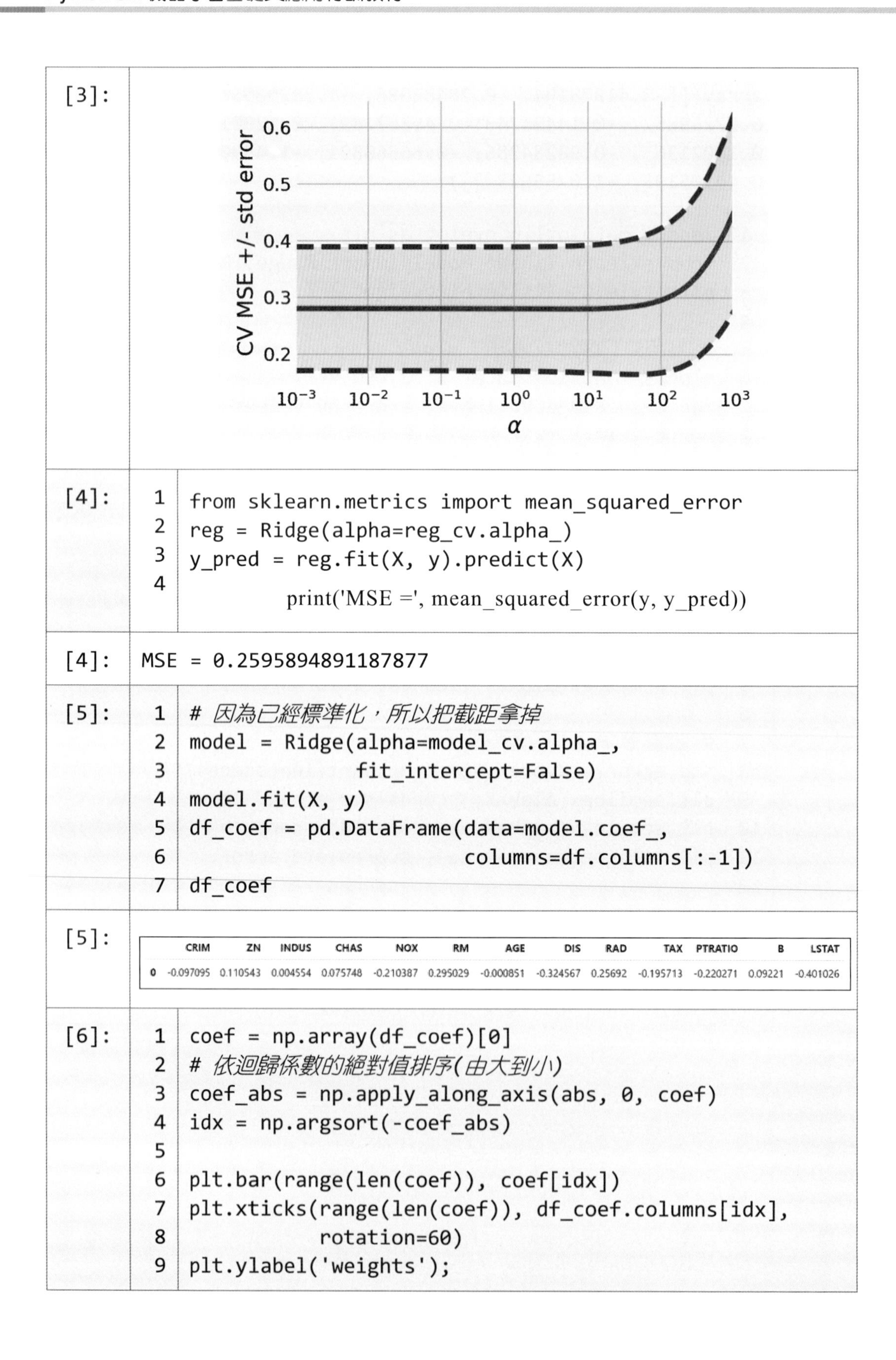

[3]:

[4]:

```
1  from sklearn.metrics import mean_squared_error
2  reg = Ridge(alpha=reg_cv.alpha_)
3  y_pred = reg.fit(X, y).predict(X)
4          print('MSE =', mean_squared_error(y, y_pred))
```

[4]:

```
MSE = 0.2595894891187877
```

[5]:

```
1  # 因為已經標準化，所以把截距拿掉
2  model = Ridge(alpha=model_cv.alpha_,
3                fit_intercept=False)
4  model.fit(X, y)
5  df_coef = pd.DataFrame(data=model.coef_,
6                         columns=df.columns[:-1])
7  df_coef
```

[5]:

	CRIM	ZN	INDUS	CHAS	NOX	RM	AGE	DIS	RAD	TAX	PTRATIO	B	LSTAT
0	-0.097095	0.110543	0.004554	0.075748	-0.210387	0.295029	-0.000851	-0.324567	0.25692	-0.195713	-0.220271	0.09221	-0.401026

[6]:

```
1  coef = np.array(df_coef)[0]
2  # 依迴歸係數的絕對值排序(由大到小)
3  coef_abs = np.apply_along_axis(abs, 0, coef)
4  idx = np.argsort(-coef_abs)
5
6  plt.bar(range(len(coef)), coef[idx])
7  plt.xticks(range(len(coef)), df_coef.columns[idx],
8             rotation=60)
9  plt.ylabel('weights');
```

[6]:

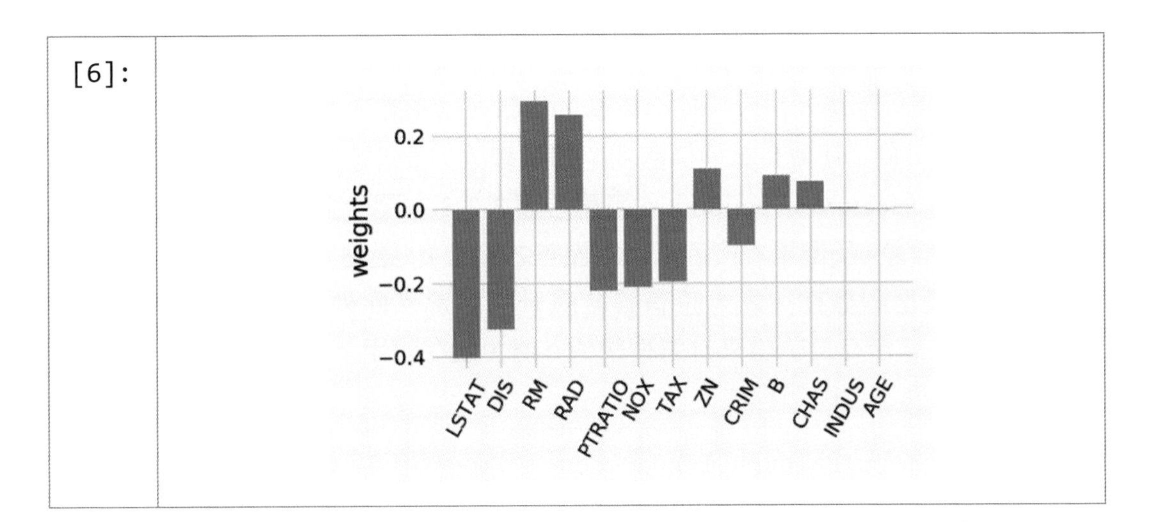

由上面的結果顯示脊迴歸會讓無關或具共線性變數的係數逼近 0，有助於減弱較無影響力變數的干擾，降低模型變異與共線性的影響。另一方面，與脊迴歸的懲罰項類似，套索迴歸在底下的目標函數中放入一次懲罰項，稱為「L1 正規化」或「L1 範數」，其中 α 的作用也與脊迴歸相仿，差異在於套索模型藉由 α 的作用會將迴歸係數設定為 0。

$$\sum_{i}\left(y_i-\hat{y}_i\right)^2+\alpha\sum_{i=1}^{n}\left|w_i\right|$$

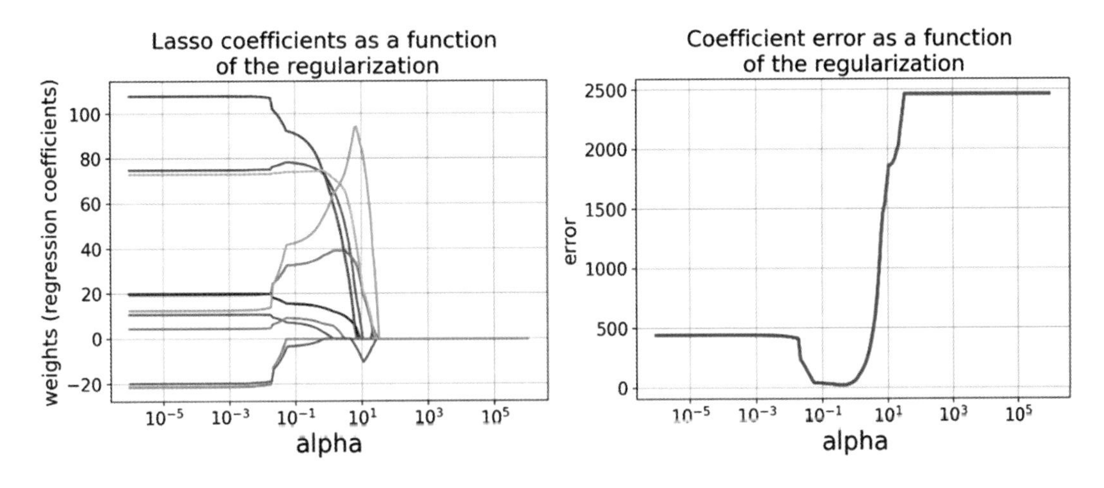

參考來源：https://scikit-learn.org/stable/auto_examples/linear_model/plot_ridge_coeffs.html

圖 2-3-2 不同 α 值對套索迴歸係數與誤差的影響

利用前面觀察脊迴歸行為的數據，同樣調整不同 α 值來瞭解套索迴歸的表現。圖 2-3-2 左圖中可看到隨著 α 增大，部分變數的係數（或權重）漸漸被設定為 0，且每當有係數變成 0 時，就會有其他係數的絕對值變大，這個特性讓套索迴歸能自動地進行特徵挑選（feature selection）。而配合圖 2-3-2 右圖中發現套索迴歸在 α 接近 0 時有較大的誤差，反倒是 α 接近 1 時的誤差才接近 0，這點與脊迴歸的行為不同，但兩個迴歸模型同樣在 α 太大時有誤差飆升的狀況。此外，scikit-learn 也提供 LassoCV 方法結合交叉驗證來挑選理想的 α 值，但在使用上與 RidgeCV 方法略有不同，可參考底下的範例程式。

[7]:
```
1  from sklearn.linear_model import LassoCV, Lasso
2
3  alphas = np.logspace(-5, 3, 50)
4  reg_cv = LassoCV(alphas=alphas, cv=10, n_jobs=-1)
5  reg_cv.fit(X, y.reshape(-1))
6  print('Best alpha: %.3f' % model_cv.alpha_)
```

[7]:
```
Best alpha: 0.018
```

[8]:
```
1  scores = np.mean(reg_cv.mse_path_, axis=1)
2  scores_std = np.std(reg_cv.mse_path_, axis=1)
3
4  # 設定 x 軸為對數
5  plt.semilogx(alphas, scores, color='red')
6
7  # 繪製 MSE +/- 標準誤(std error)
8  std_error = scores_std / np.sqrt(X.shape[0])
9  plt.semilogx(alphas, scores+std_error, 'b--')
10 plt.semilogx(alphas, scores-std_error, 'b--')
11 plt.fill_between(alphas, scores+std_error,
12                  scores-std_error, alpha=0.2)
13
14 plt.ylabel('CV MSE +/- std error')
15 plt.xlabel(r'$\alpha$')
16 plt.xlim([alphas[0], alphas[-1]])
17 plt.show()
```

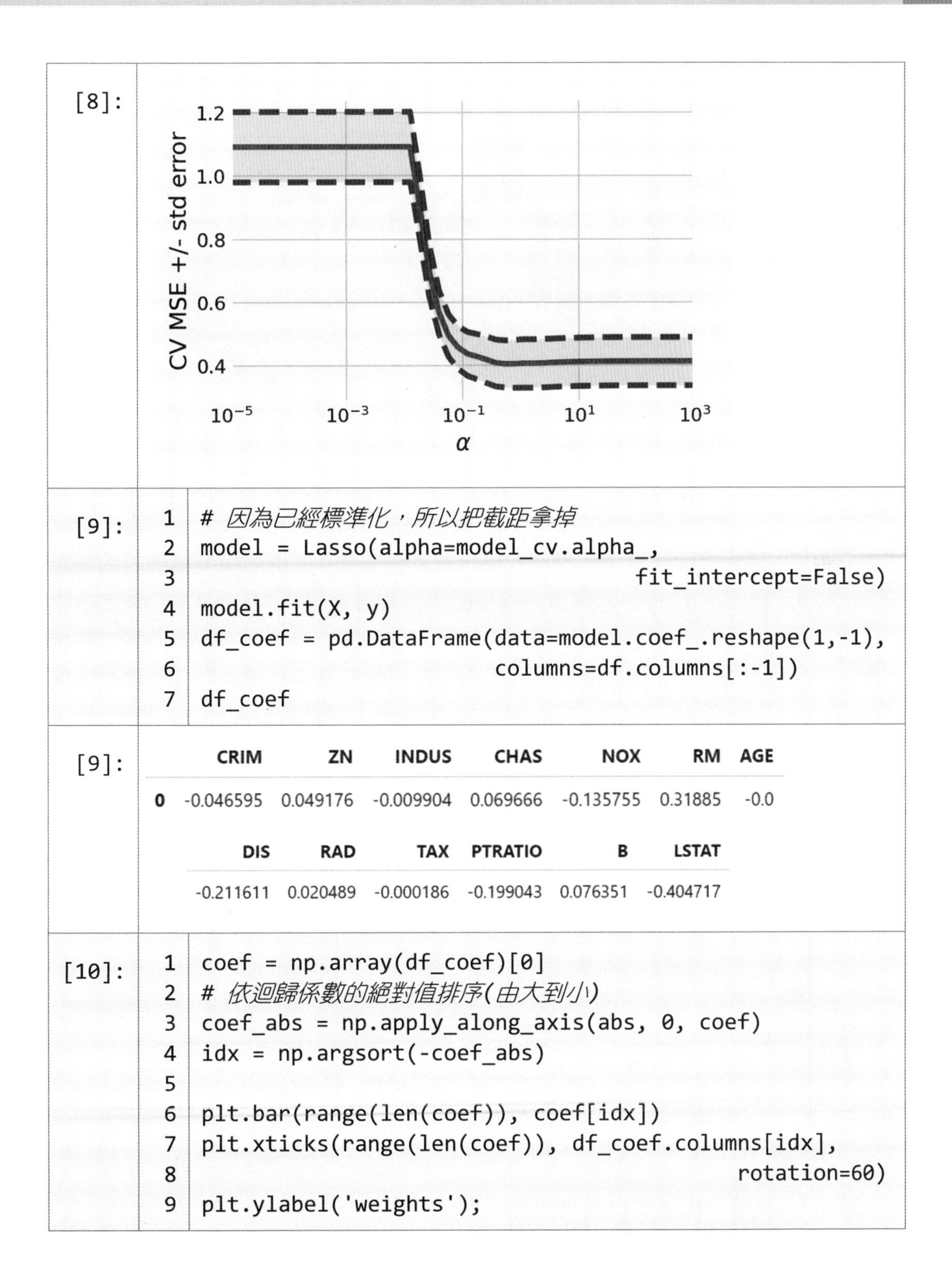

[8]:

[9]:

```
1  # 因為已經標準化，所以把截距拿掉
2  model = Lasso(alpha=model_cv.alpha_,
3                                    fit_intercept=False)
4  model.fit(X, y)
5  df_coef = pd.DataFrame(data=model.coef_.reshape(1,-1),
6                         columns=df.columns[:-1])
7  df_coef
```

[9]:

	CRIM	ZN	INDUS	CHAS	NOX	RM	AGE
0	-0.046595	0.049176	-0.009904	0.069666	-0.135755	0.31885	-0.0

DIS	RAD	TAX	PTRATIO	B	LSTAT
-0.211611	0.020489	-0.000186	-0.199043	0.076351	-0.404717

[10]:

```
1  coef = np.array(df_coef)[0]
2  # 依迴歸係數的絕對值排序(由大到小)
3  coef_abs = np.apply_along_axis(abs, 0, coef)
4  idx = np.argsort(-coef_abs)
5
6  plt.bar(range(len(coef)), coef[idx])
7  plt.xticks(range(len(coef)), df_coef.columns[idx],
8                                         rotation=60)
9  plt.ylabel('weights');
```

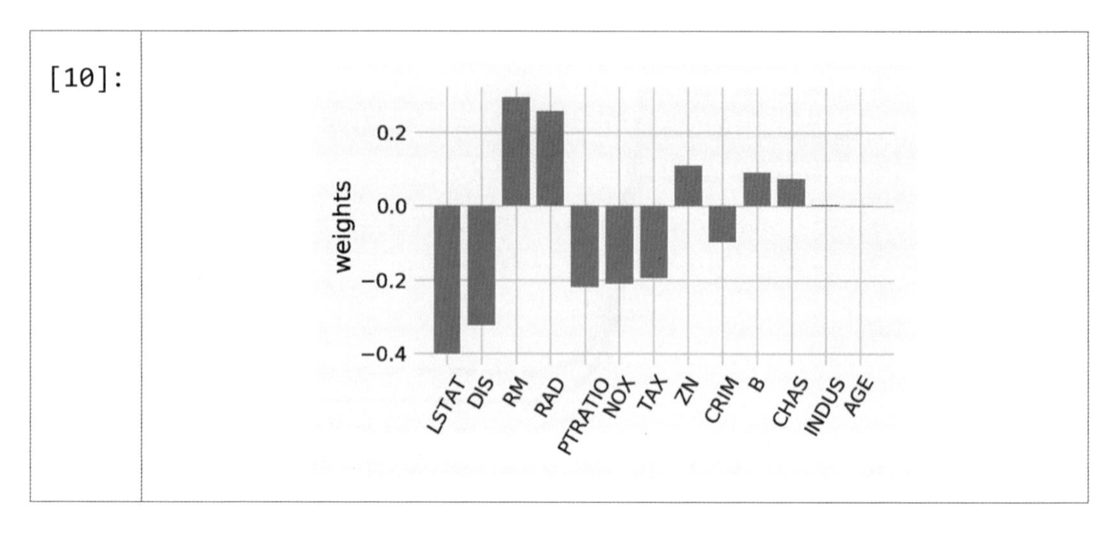

由上述範例可知，儘管脊迴歸與套索迴歸在不同 α 值的表現判若鴻溝，但迴歸結果卻是大同小異。首先是隨著 α 由小而大，脊迴歸的 MSE 是先小後大，而套索迴歸卻完全相反，且套索迴歸挑選的理想 α 值比脊迴歸來的小。兩個模型得到的迴歸類似，比較大的差異在於套索迴歸將兩個變數的係數設定為 0，因為 L1 正規化傾向產生稀疏（sparse）的權重向量，也就是設定部分權重為 0，此舉能用於降低數據維度，可以視為降維（dimension reduction）技術的一種，也能結合逐步挑選特徵的機制進行逐步迴歸（stepwise regression）。再者，相關性最高的兩個變數 TAX 與 RAD，套索迴歸將前者的係數設為 0 但保留後者，自動地降低了共線性的干擾。

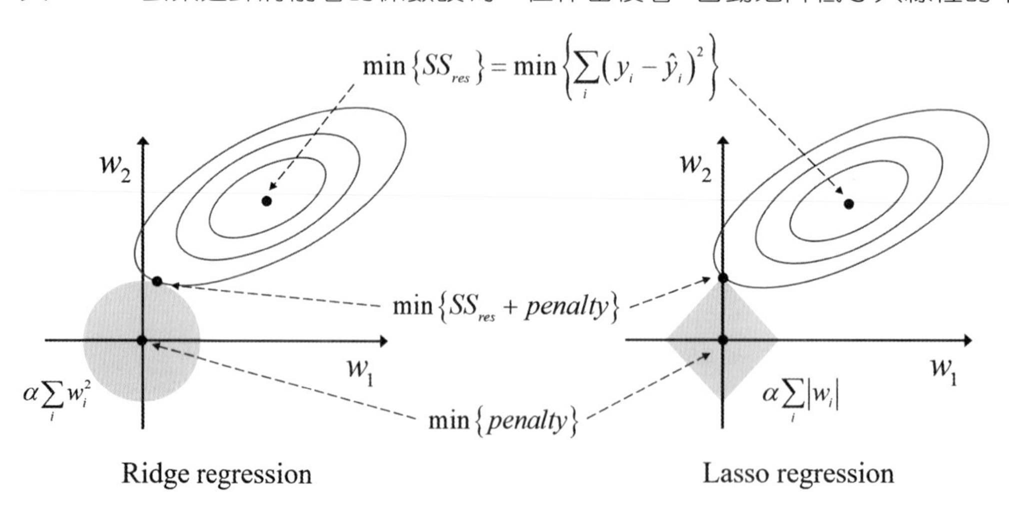

參考來源：T. Hastie et al., Statistical Learning with Sparsity: The Lasso and Generalizations, Chapman and Hall/CRC, 2015. P11

圖 2-3-3 套索迴歸（左）與脊迴歸（右）的示意圖

至於為何 L1 正規化比 L2 正規化更傾向生成稀疏的權重向量，這可透過上圖的幾何關係做簡單說明。圖 2-3-3 考慮兩個權重係數 w_1 與 w_2 並繪製一個凸（convex）

目標函數的等高線圖，也就是我們之前用來當線性迴歸目標函數的誤差平方和，因此在圖中呈現一個橢圓形，這是為了方便繪圖的考量，事實上同樣概念也適用於其它迴歸模型。

圖中位於橢圓中央是使得目標函數 SS_{res} 最小化的權重組合，而正規化可視為在目標函數上增加一個懲罰項，且隨著懲罰項變大而離橢圓中央越遠。圖 2-3-3 左圖以原點為中心的圓是 L2 正規化的區域，使得權重的組合被限制在這個陰影區域內，且隨著正規化強度 α 增大區域會往內縮。因此，在有懲罰限制下，想要最小化目標函數的最佳選擇即為兩者相交的地方，而因為 L1 正規化形成的區域有許多尖角，且最佳選擇容易發生在尖角處，導致有許多機會讓部分權重變成 0（圖 2-3-3 右圖中的最佳選擇即讓 $w_1 = 0$）。

既然脊迴歸與套索迴歸各有千秋，於是就有了彈性網（elastic-net）線性迴歸模型透過不同的參數設定來兼容兩者的優勢，其目標函數如下：

$$\sum_{i}\left(y_i - \hat{y}_i\right)^2 + \alpha\rho\sum_{i=1}^{n}\left|w_i\right| + \alpha\frac{1-\rho}{2}\sum_{i=1}^{n}\left(w_i\right)^2$$

在這個式子中仍舊保留參數 α，但多了一個參數 ρ。當 $\rho = 1$ 時，彈性網即為套索迴歸；而當 $\rho = 0$ 時，彈性網就變成脊迴歸。藉由 ρ 的設定能允許像套索迴歸般保留比較有影響力的變數，也能維持脊迴歸在正規化的特質。圖 2-3-4 比較套索迴歸與彈性網在不同 α 與 ρ 值，從左圖可以發現隨著 α 增大，套索迴歸比起彈性網更快將係數設定 0，而右圖同樣也顯示彈性網的效能變化比較緩和，有助於達到有效率的正規化過程。

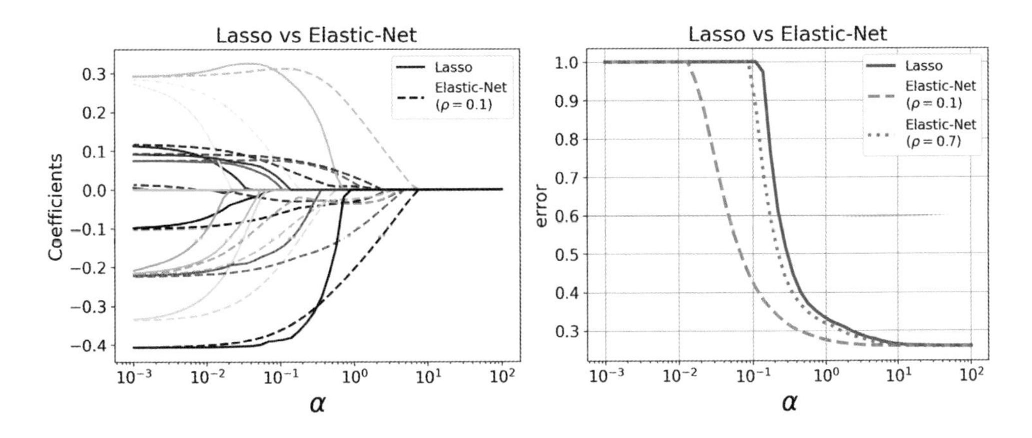

參考來源：https://scikit-learn.org/stable/auto_examples/linear_model/plot_lasso_coordinate_descent_path.html

圖 2-3-4 套索迴歸與彈性網在不同 α 與 ρ 值的比較

[11]:
```
1  from sklearn.linear_model import ElasticNetCV
2
3  # 僅設定 rho 的範圍，alpha 的範圍採自動設定
4  rho = [.1, .5, .7, .9, .95, .99, 1]
5  reg_cv = ElasticNetCV(cv=10, l1_ratio=rho)
6  reg_cv.fit(X, y.reshape(-1))
7
8  df_coef=pd.DataFrame(data=reg_cv.coef_.reshape(1,-1),
9                       columns=df.columns[:-1])
10 coef = np.array(df_coef)[0]
11
12 # 依迴歸係數的絕對值排序(由大到小)
13 coef_abs = np.apply_along_axis(abs, 0, coef)
14 idx = np.argsort(-coef_abs)
15
16 plt.bar(range(len(coef)), coef[idx], align='center',
17         zorder=2)
18 plt.xticks(range(len(coef)), df_coef.columns[idx],
19            rotation=45)
20 plt.ylabel('weights')
21 plt.grid(axis='both', zorder=0, alpha=.5)
22 plt.show()
```

[11]:

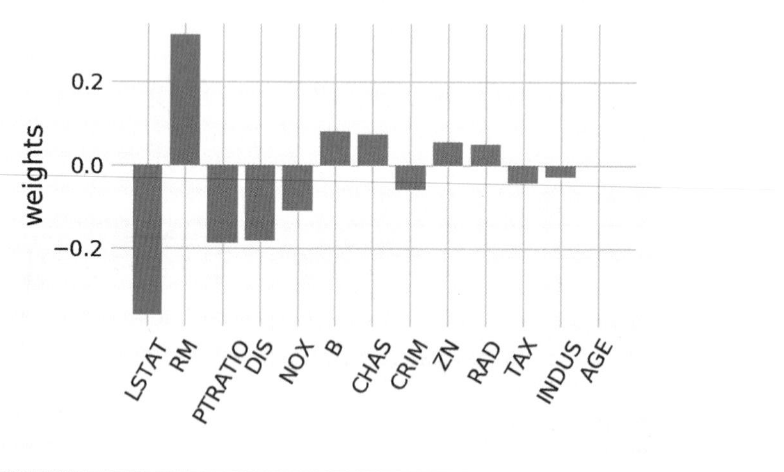

2-4 處理非線性關係

儘管彈性網整合脊迴歸與套索迴歸的特點，能有效降低變數共線性與雜訊干擾，也具備自動篩選變數的功能，看似有一統天下之勢，但其實彈性網仍舊需仰賴自變數與目標變數存在線性關係的假設，對於處理非線性關係有點使不上力。因此，本節著重在介紹幾個常用來對付非線性關係的迴歸策略。

2-4-1 變數轉換

在對數據進行探索式分析時，視覺化變數間的關係是常用的技巧之一，而從視覺化結果有可能發現變數間的非線性關係。以圖 2-0-3 為例，雖然知道房價與 LSTAT 有顯著的相關性，但從散點圖中可感覺到光靠線性關係來描述稍嫌不足，看起來兩者的關係比較像指數或是根號函數：

$$\text{MEDV} = e^{-LSTAT} \text{ or } \text{MEDV} = -\sqrt{\text{LSTAT}}$$

圖 2-4-1 將變數 LSTAT 分別經過根號與自然對數的轉換後再與房價進行線性迴歸（下一節再嘗試將 LSTAT 平方的轉換），可以發現即便在沒有移除離群值或其他處理的情況下，這兩個簡單的轉換都能提高相關性與 R^2；與圖 2-1-4 得到 RM 與 LSTAT 兩個自變數的迴歸結果相比，這裡得到迴歸式 MEDV = 22.9 + 3.6RM − 9.7ln(LSTAT)，且 R^2 也從 0.64 提升到 0.71。需要注意的是變數經轉換後與其他變數的相關性有可能增加，譬如 RM 與 LSTAT 在對數轉換前後的相關係數分別為-0.61 與-0.66，無形中也提升多元共線性的困擾。

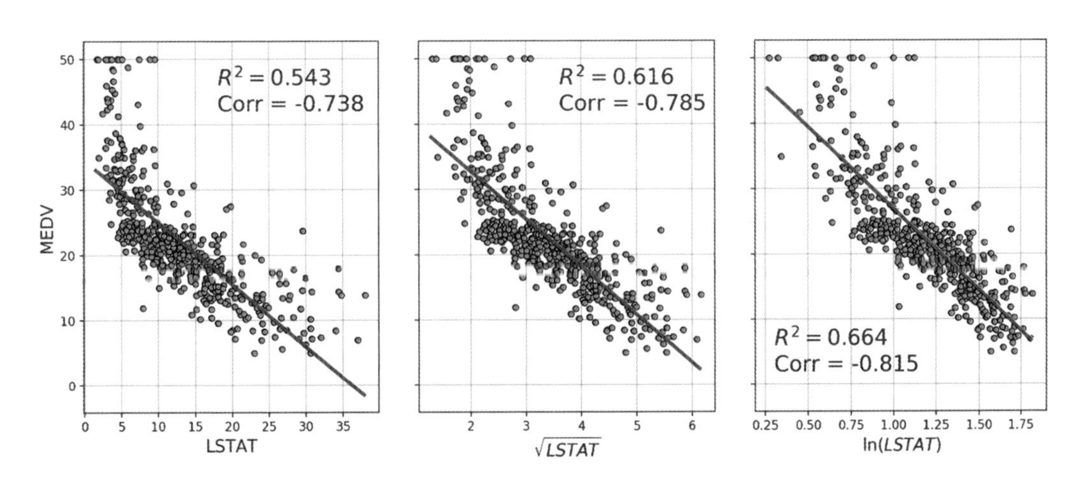

圖 2-4-1 變數 LSTAT 經過不同轉換後與房價的關係

此外，除了轉換自變數之外，也可考慮將目標變數轉換為常態分布，雖然線性迴歸模型沒有要求目標項要服從常態分布，但有時轉換過後會有助於預測。圖 2-4-2 左圖是波士頓數據集的房價分布，可看到大抵上呈現鐘形曲線，而右圖是經過四分位數轉換（quantile transformation）的分布，看起來更像常態分布，但同時離群值也更明顯。需注意四分位數轉換是一個非線性轉換，可能會扭曲原有變數間的線性關係。

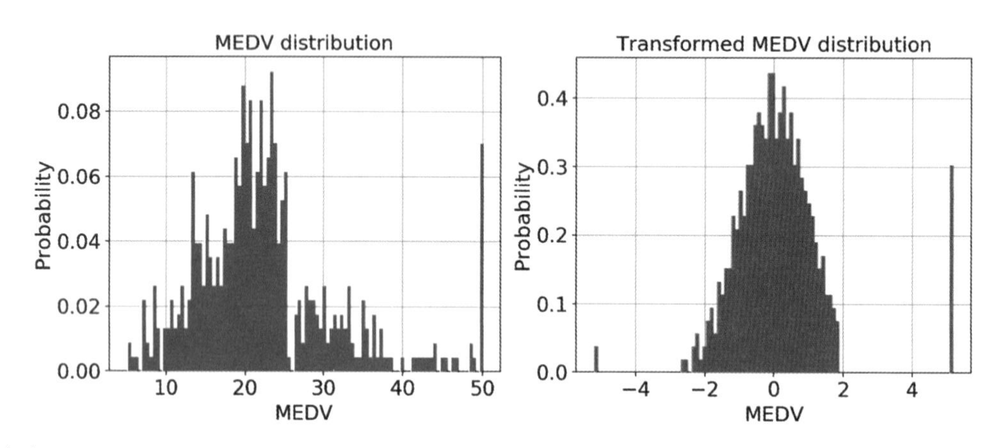

參考來源：https://scikit-learn.org/stable/auto_examples/compose/plot_transformed_target.html

圖 2-4-2 波士頓房價變數經四分位數轉換前後的分布

圖 2-4-3 是套用脊迴歸在數據集的所有特徵，分別預測轉換前後房價變數的結果。可以發現雖然轉換後的離群值更加明顯，但迴歸結果不管是 R^2 或 MSE 皆有改善。相較於圖 2-4-3 左圖，右圖的預測結果（這裡有將預測結果再轉換回原本尺度）整體看起來比較均勻地分佈在對角線四周。若是轉換後的房價再進一步移除明顯的離群值，則 MSE 可降到 13.42，但 R^2 略為下降到 0.77（按理 R^2 應該會再提升，推測這裡是移除離群值造成房價分布範圍縮小，導致 R^2 略為下降，可見 2-2-1）。

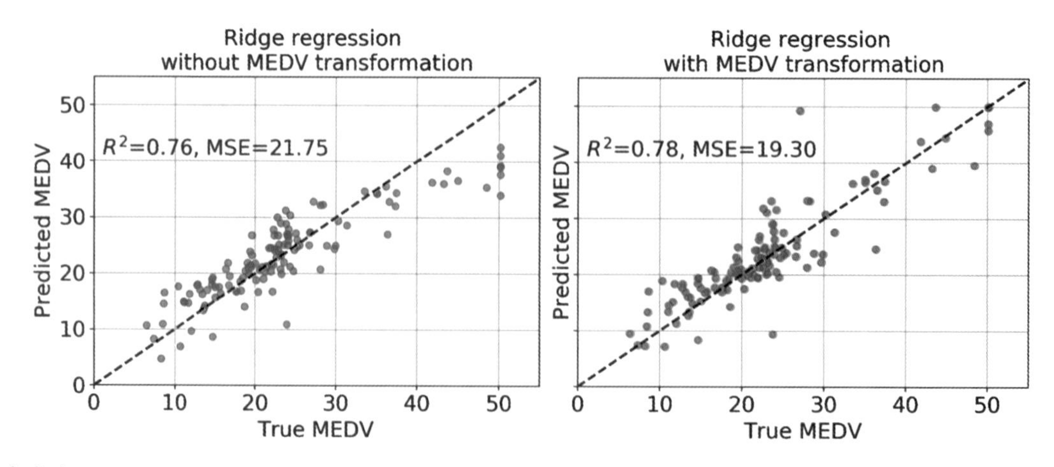

參考來源：https://scikit-learn.org/stable/auto_examples/compose/plot_transformed_target.html

圖 2-4-3 套用脊迴歸預測轉換前後房價的結果

2-4-2 多項式迴歸

在機器學習裡常見採用線性模型處理訓練數據的非線性關係，這作法期待在保有線性模型的運算效能下，能盡量擬合數據的多元變化。例如在前面的簡單線性迴歸假設自變數與目標項有線性關係，因而採用估計式為 $y=w_0+w_1x$；可是在真實情況的關係往往不是線性，此時可增加底下的多項式項，將模型擴增為多項式迴歸模型：

$$y = w_0 + w_1x + w_2x^2 + \cdots + w_dx^d = \sum_{i=0}^{d} w_ix^i$$

其中 d 表示多項式的階數（degree）。儘管是用多項式迴歸來對非線性關係建模，但依然屬於多元線性迴歸模型，因為可將新增的多項式項視為新變數，迴歸係數仍舊為線性。以圖 2-4-4 為例，可以看到多項式模型比簡單線性模型更能清楚地描述自變數與目標變數間的關係，且隨著多項式的階數增大有越佳的解釋力。儘管如此，當我們加入更多的多項式變數到迴歸式中，不僅會增加模型變異、大大提升計算量，也容易產生過擬合的風險，因此實務上要好好利用測試集評估模型效能。

接著嘗試用多項式迴歸模型來擬合房價數據集，產生多項式變數的實作可透過 sklearn.preprocessing.PolynomialFeatures 方法來進行，使用時注意預設會產生所有交互作用項（interaction_only=False），一不小心就會讓變數的數目暴增。例如當 $y = w_0 + w_1x_1 + w_2x_2$ 時，產生階數為 2 的多項式特徵會得到下列的 5 個自變數：

$$y = w_0 + w_1x_1 + w_2x_2 + w_3x_1x_2 + w_4x_1^2 + w_5x_2^2$$

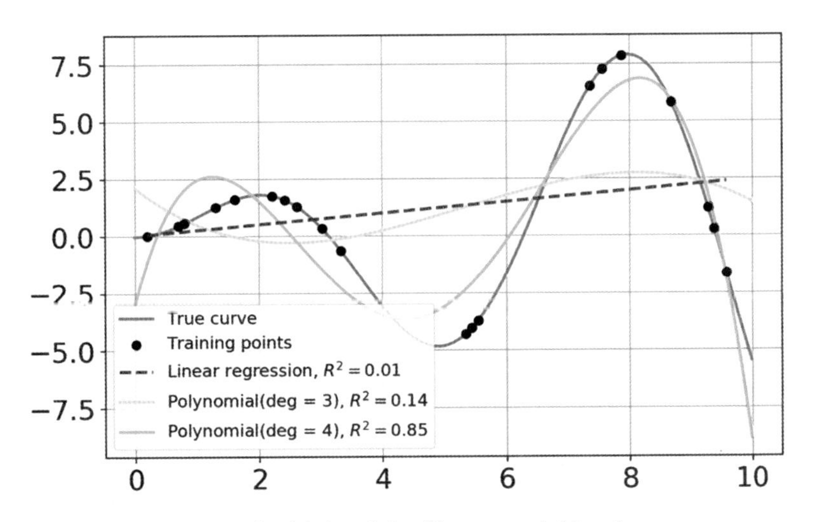

參考來源：https://scikit-learn.org/stable/modules/linear_model.html

圖 2-4-4 簡單線性迴歸與多項式迴歸的比較

範例程式 **ex2-4.ipynb**

[1]:
```
1  import numpy as np
2  import pandas as pd
3  import matplotlib.pyplot as plt
4  from sklearn.datasets import load_boston
5  plt.style.use('fivethirtyeight')
6
7  house = load_boston()
8  df = pd.DataFrame(data=house.data,
9                    columns=house.feature_names)
10 df['MEDV'] = house.target
11
12 x, y = df[['LSTAT']].values, df['MEDV'].values
13 x[:3, :]
```

[1]:
```
array([[4.98],
       [9.14],
       [4.03]])
```

[2]:
```
1  from sklearn.linear_model import LinearRegression
2  from sklearn.preprocessing import PolynomialFeatures
3  from sklearn.metrics import r2_score
4
5  def adj_r2(r2, n, k):
6      return 1 - (n-1)*(1-r2)/(n-k-1)
7
8  r2_lst, mse_lst, y_plot_lst = [None], [None], [None]
9  # 產生繪圖的 x 座標
10 x_plot = np.linspace(x.min(),x.max(),100).reshape(-1,1)
11
12 def reg_r2_mse(x, y, deg):
13     # 產生 deg 階多項式特徵
14     pol_d = PolynomialFeatures(degree=deg)
15     x = pol_d.fit_transform(x)
16
17     lr = LinearRegression()
18     lr = lr.fit(x, y)
19     y_pred = lr.predict(x)
20     r2_lst.append(adj_r2(r2_score(y,y_pred),
21                   x.shape[0],1))
22     y_plot_lst.append(lr.predict(
23                           pol_d.fit_transform(x_plot)))
24
```

```
25 reg_r2_mse(x, y, 1)
26 reg_r2_mse(x, y, 2)
27 reg_r2_mse(x, y, 3)
28 r2_lst      # 三個迴歸模型的 Adj. R
```

```
[2]: [None, 0.5432418259547068, 0.6400040338643826,
0.657168766860583]
```

```
[3]:  1 plt.scatter(x, y, label='Training points', alpha=.4)
      2 plt.plot(x_plot, y_plot_lst[1],
      3          color='red', lw=3, linestyle=':',
      4          label='Polynomial (d=1), $R^2=%.2f$' %
      5                                        r2_lst[1])
      6 plt.plot(x_plot, y_plot_lst[2],
      7          color='gold', lw=3, linestyle='-',
      8          label='Polynomial (d=2), $R^2=%.2f$' %
      9                                        r2_lst[2])
     10 plt.plot(x_plot, y_plot_lst[3],
     11          color='blue', lw=3, linestyle='--',
     12          label='Polynomial (d=3), $R^2=%.2f$' %
     13                                        r2_lst[3])
     14 plt.xlabel('LSTAT')
     15 plt.ylabel('MEDV')
     16 plt.legend(loc='upper right')
     17 plt.tight_layout()
```

[3]:

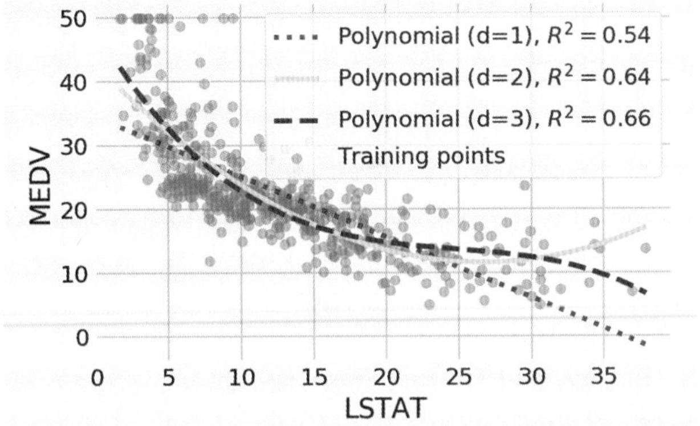

從這結果可以看到三階多項式比起二階多項式和簡單線性迴歸更能清楚描述房價與 LSTAT 間的關係，但需謹記增加越高階多項式特徵也會同時提高模型變異與過擬合的可能。底下範例考慮 RM 與 LSTAT 兩個變數的二次多項式，並藉由訓練、測試集觀察擬合後的殘差分布。

```
[4]:  1  import seaborn as sns
      2  from sklearn.model_selection import train_test_split
      3
      4  X = df.loc[:, ['RM', 'LSTAT']].values
      5  y = df['MEDV'].values
      6
      7  pol_d = PolynomialFeatures(degree=2)
      8  X_poly = pol_d.fit_transform(X)
      9
     10  X_train, X_test, y_train, y_test = train_test_split(
     11                X_poly, y, test_size=0.2, random_state=0)
     12
     13  lr = LinearRegression()
     14  lr.fit(X_train, y_train)
     15  y_train_pred = lr.predict(X_train)
     16  y_test_pred = lr.predict(X_test)
     17  r2 = adj_r2(r2_score(y_train, y_train_pred), X.shape[0],
     18                                                  X.shape[1])
     19  print('R^2(train):', r2)
     20  r2 = adj_r2(r2_score(y_test, y_test_pred), X.shape[0],
     21                                                  X.shape[1])
     22  print('R^2(test):', r2)
     23
     24  y_train_resid = y_train_pred - y_train
     25  y_test_resid = y_test_pred - y_test
     26
     27  sns.residplot(y_train_pred, y_train_resid, lowess=True,
     28                color="skyblue", label='Training data',
     29                scatter_kws={'s':25, 'alpha':0.7},
     30                line_kws={'color':'b', 'lw':2})
     31  sns.residplot(y_test_pred, y_test_resid, lowess=True,
     32               color="yellowgreen", label='Testing data',
     33                scatter_kws={'s':25, 'marker':'x'},
     34                line_kws={'color':'g', 'lw':2})
     35  plt.legend()
     36  plt.xlabel('Predicted MEDV')
     37  plt.ylabel('Residual')
     38  plt.show()
```

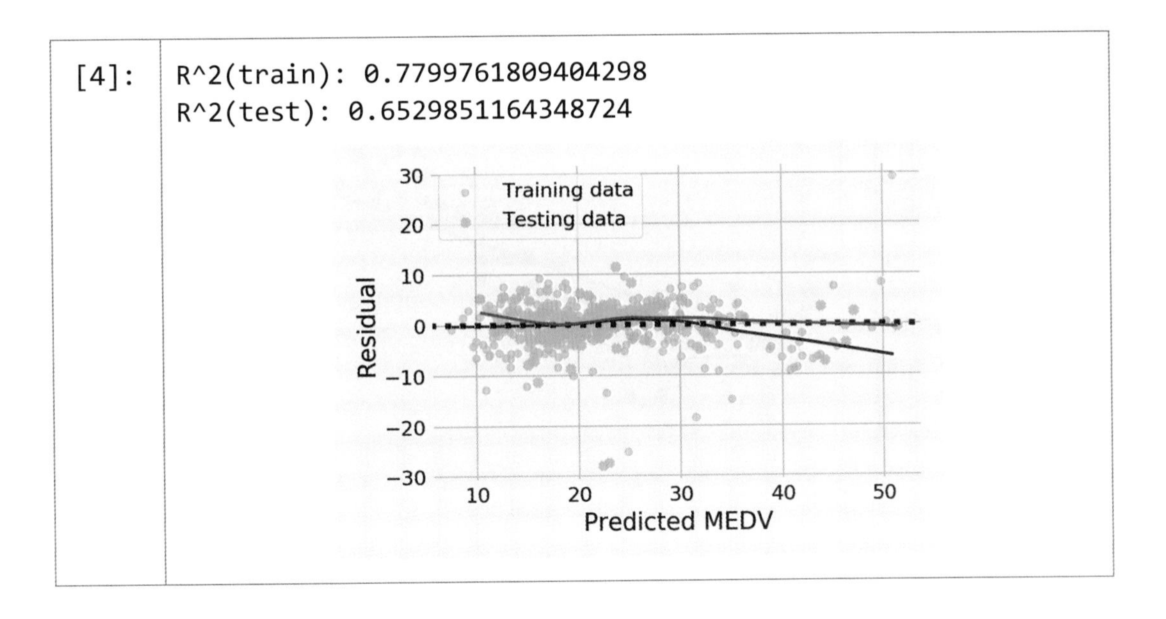

2-4-3 隨機森林迴歸

本節要探討以「隨機森林」（random forest）進行迴歸分析的技巧，但因為下一章會詳述以隨機森林方法處理分類問題，所以這裡只做簡單介紹。隨機森林與本節之前介紹的迴歸模型在概念上完全不同，它是整合多棵「決策樹」（decision tree）的結果，比較像是分區間線性函數的綜合表現，而非之前透過最佳化迴歸式（即目標函數）得到的結果。想了解隨機森林要先從決策樹（同樣在下一章詳述）入手，決策樹本質上是一種貪婪演算法（greedy algorithm），遞迴地透過將「資訊增益」（information gain）最大化的方式來分割數據集，直到分割後的數據子集滿足條件為止。與線性模型的運算速度快與模型解釋力高，但是只能處理線性關係相比，決策樹不僅能建構更複雜的模型來擬合數據，對擬合結果也有良好的解釋力。

圖 2-4-5 是以正弦函數為基礎再加上一些隨機點產生的模擬數據進行迴歸分析，由視覺化呈現與 R^2 指標皆可看出簡單線性迴歸擬合的效果較差。若是採用分區間（binning）後再對每個小區間進行線性迴歸可以有不錯的效果，圖 2-4-5 是按照數據點的分布分成 10 個區間，經線性迴歸後得到 R^2 高達 0.813；儘管效果不錯，但如何決定合理的區間個數是個困難點，設定太低會導致欠擬合（underfitting），太高則容易造成過擬合（overfitting），兩者皆會造成預測效能的低落。本例中若將區間個數調整為 100，線性迴歸會得到 R^2 為 1 的結果，也就是包括隨機雜訊在內都完全擬合，儼然是過擬合的狀態；而決策樹迴歸的表現呈現出階梯式的擬合現象，在本例的結果也傾向過擬合。

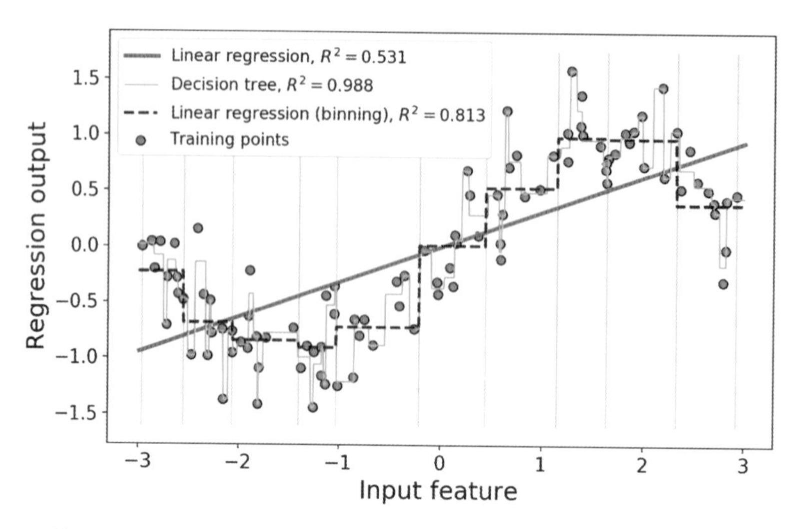

參考來源：https://scikit-learn.org/stable/auto_examples/preprocessing/plot_discretization.html

圖 2-4-5 線性迴歸與決策樹迴歸的比較

對決策樹方法來說，最重要的參數之一就是樹的最大深度，在 scikit-learn 中這個參數的預設值是 None，亦即持續分割數據集直到每個數據子集內的樣本數小於 2 為止。直觀上來看，樹的最大深度決定了數據集最多能被分割幾次，設定太大使得數據集能被持續分割到只剩一個樣本，就容易得到完全擬合。圖 2-4-6 是利用決策樹針對房價數據集所有特徵進行迴歸建模，分別在訓練與測試集上得到的學習與測試曲線。圖中考慮四種最大深度（max_depth）的設定，可以發現當最大深度為 1 時，縱使訓練集越來越大，模型在學習與測試的效能始終沒有起色，明顯為欠擬合的情況；而當最大深度為 10 則不論訓練集大小皆能完全擬合，但是在測試集的表現未能隨著訓練集增大而提升，疑似有過擬合的現象。以最大深度為 3 和 6 來看，學習的效能隨著訓練集變大而緩步遞減，反而測試的效能逐漸遞增，兩者的學習曲線大約在訓練樣本為 300 過後就傾向收斂，在本範例中是一個比較好的最大深度選用值。

前面提到隨機森林是整合多棵決策樹的結果，以迴歸而言通常是取多棵決策樹結果的平均值，能有效地降低模型變異，因此往往比單獨用決策樹能得到更強健的模型。此外，隨機森林還有其他優勢，例如對離群值較不敏感、數據不用標準化等；而對隨機森林來說最重要的參數之一就是決策樹數量（n_estimators），scikit-learn 中預設值為 100，亦即預設是使用 100 棵決策樹迴歸結果的平均。底下的範例先透過決策樹迴歸探討 MEDV 與 LSTAT 之間的非線性關係，再以隨機森林迴歸針對房價數據集所有特徵建模，並以殘差分析其效能。

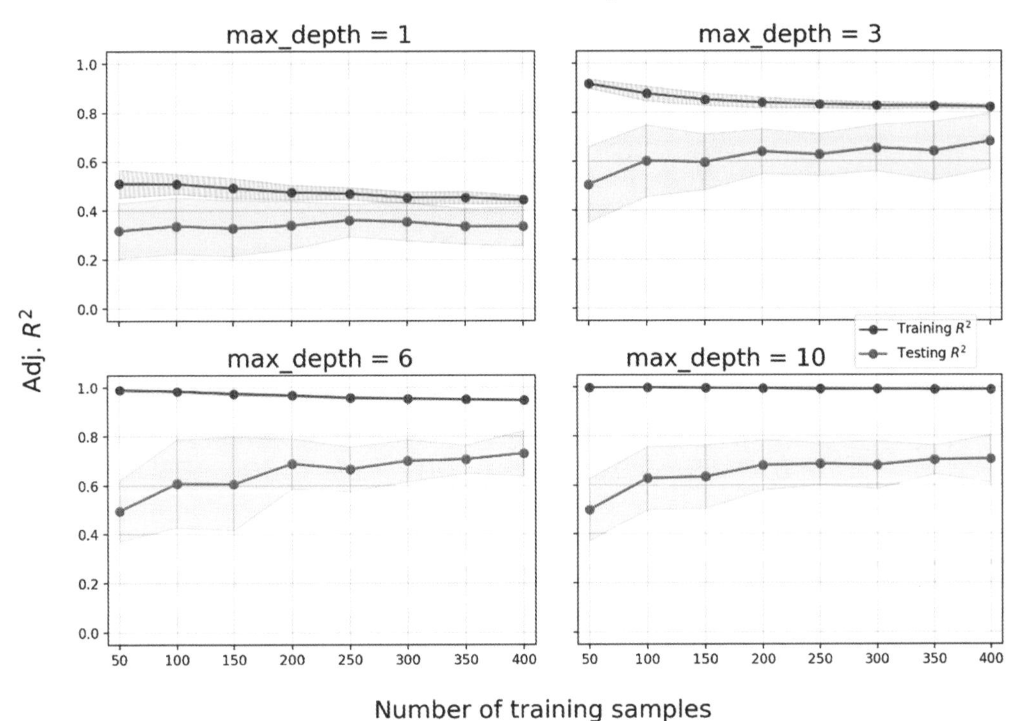

圖 2-4-6 比較以不同最大深度為參數的決策樹迴歸

```
[5]:  1  from sklearn.tree import DecisionTreeRegressor
      2
      3  x, y = df[['LSTAT']].values, df['MEDV'].values
      4
      5  # 建立決策樹迴歸模型，最大深度設為3
      6  reg = DecisionTreeRegressor(max_depth=3)
      7  reg.fit(x, y)
      8  y_pred = reg.predict(x)
      9  r2 = adj_r2(r2_score(y, y_pred), x.shape[0], 1)
     10
     11  x_plot = np.linspace(x.min(),x.max(), 100).reshape(-1,1)
     12  y_plot = reg.predict(x_plot)
     13  plt.scatter(x, y, label='Training points', alpha=.4)
     14  plt.plot(x_plot, y_plot,
     15          color='black', lw=3, linestyle='-',
     16          label='Decision tree regression, $R^2=%.2f$' % r2)
     17  plt.xlabel('LSTAT')
     18  plt.ylabel('MEDV')
     19  plt.legend()
     20  plt.show()
```

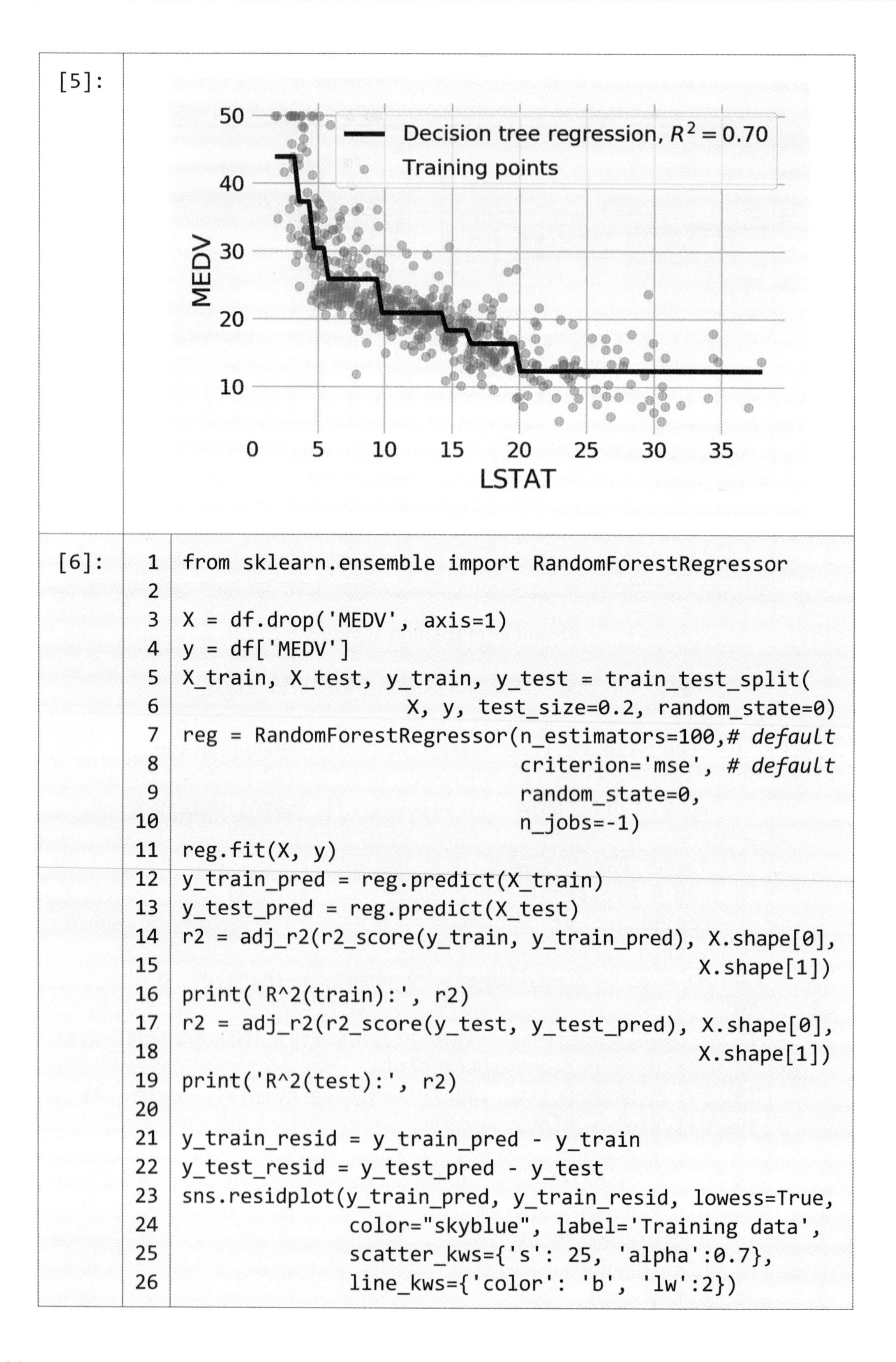

[6]:

```
from sklearn.ensemble import RandomForestRegressor

X = df.drop('MEDV', axis=1)
y = df['MEDV']
X_train, X_test, y_train, y_test = train_test_split(
                     X, y, test_size=0.2, random_state=0)
reg = RandomForestRegressor(n_estimators=100,# default
                            criterion='mse', # default
                            random_state=0,
                            n_jobs=-1)
reg.fit(X, y)
y_train_pred = reg.predict(X_train)
y_test_pred = reg.predict(X_test)
r2 = adj_r2(r2_score(y_train, y_train_pred), X.shape[0],
                                               X.shape[1])
print('R^2(train):', r2)
r2 = adj_r2(r2_score(y_test, y_test_pred), X.shape[0],
                                               X.shape[1])
print('R^2(test):', r2)

y_train_resid = y_train_pred - y_train
y_test_resid = y_test_pred - y_test
sns.residplot(y_train_pred, y_train_resid, lowess=True,
              color="skyblue", label='Training data',
              scatter_kws={'s': 25, 'alpha':0.7},
              line_kws={'color': 'b', 'lw':2})
```

```
27  sns.residplot(y_test_pred, y_test_resid, lowess=True,
28                color="yellowgreen",
29               label='Testing data',
30                scatter_kws={'s':25, 'marker':'x'},
31                line_kws={'color':'g', 'lw':2})
32  plt.legend()
33  plt.xlabel('Predicted MEDV')
34  plt.ylabel('Residual')
```

```
[6]: R^2(train): 0.9838592780296325
     R^2(test): 0.9782261919133918
```


由極高的 R^2 可知隨機森林似乎過度擬合訓練數據，儘管如此仍然在測試時得到極高的 R^2 且圖中也看到殘差似乎是隨機散布，意謂著模型能清楚描述自變數與目標項之間的關係，但由殘差圖可知模型似乎還不足以說明所有目標項的資訊。

2-5 小結

本章著重在迴歸模型的介紹與實作，從房價數據集的探索式分析入手，先了解變數間的關聯性，再透過簡單線性迴歸建模探討單一自變數與目標變數間的關係，接著將模型擴展到多個自變數的多元線性迴歸。而為了確保模型具備足夠的解釋力，我們學習到多元共線性的偵測與處理技巧，也討論藉由統計檢定來了解迴歸模型的顯著性。此外，我們也透過評估指標 MSE、R^2 以及殘差分析來評估模型效能，這些技巧也能進一步融入建模過程，增加最終模型的強健度。

隨後，我們在迴歸模型中加入懲罰項，進行有正規化的迴歸建模，以便於降低模型複雜度，除了避免過擬合外，也讓模型的預測結果更穩健。為了更有效處理非線性關係，我們也介紹變數轉換與更多建模的技巧，並探討使用時要注意的地方。

學會對付迴歸問題之後，下一章將進入機器學習另一個有趣的監督式學習領域─分類問題，目標項不再是連續型變數而是對應到有限數量的類別型變數，我們將學習到數個常見的分類器與應用。

綜合範例

波士頓房價預測

請撰寫一程式，讀取 sklearn.datasets 中的波士頓房價（Boston）數據集，此資料集有 504 筆資料，每筆資料有 14 個欄位，欄位說明請參考本章第一頁，欲建立一個多元線性迴歸模型以預測房價。

欲進行的分析程序如下：

1. 請建立一個多元線性迴歸機器學習模型，用此數據集中的所有欄位來預測 MEDV 欄位。
2. 請將數據集分為訓練集與測試集，其中測試集占 20%（random_state=1）。
3. 針對測試數據集，輸出此模型的平均絕對誤差（MAE）、均方誤差（MSE）、均方根誤差（RMSE）。
4. 依據輸入值進行房價預測
   (1) 浮點數均四捨五入取至小數點後第四位
   (2) 輸入資料為[0.00632, 18.00, 2.310, 0, 0.5380, 6.5750, 65.20, 4.0900, 1, 296.0, 15.30, 396.90, 4.98]

台北房價預測

請撰寫程式讀取台北市房價數據集 Taipei_house.csv，建立迴歸分析模型預測房價並分析其效能。數據集的欄位說明如下：

編號	欄位名稱	說明	編號	欄位名稱	說明
1	行政區*	包含 4 個區域	9	廳數	
2	土地面積	平方公尺	10	衛數	
3	建物總面積	平方公尺	11	電梯*	0：無、1：有
4	屋齡	年	12	車位類別*	共 8 種
5	樓層		13	交易日期	年月日
6	總樓層		14	經度	

編號	欄位名稱	說明	編號	欄位名稱	說明
7	用途*	0：住宅用、1：商業用	15	緯度	
8	房數		16	總價	萬元

備註：欄位有標示星號（*）者為類別變數，其餘為數值變數。

欲進行的分析程序如下：

1. 進行「行政區」欄位的獨熱編碼（One-Hot encoding），並修改「車位類別」欄位：將欄位值="無"修改為 0，其餘為 1。
2. 請將數據集分為訓練集與測試集，其中測試集占 20%。
3. 建立四個迴歸模型（參數設定見待編修檔），包括多元迴歸、脊迴歸、多項式迴歸、多項式迴歸+L1 正規化。
4. 針對訓練集的 15 個欄位（編號 2~12 欄位+行政區的獨熱編碼 4 個欄位），擬合上述四個迴歸模型，並分別對訓練集與測試集，計算均方根誤差（RMSE）以及調整後 R 平方（Adjusted R^2）。
   (1) 輸出四個迴歸模型對訓練集的最大 Adjusted R^2
   (2) 輸出四個迴歸模型對測試集的最小 RMSE（計算至整數）
   (3) 輸出兩個迴歸模型（多元迴歸與脊迴歸）對測試集的最大 Adjusted R^2
5. 利用所有數據重新擬合模型，輸入一個屋況進行房價預測。
   (1) 浮點數均四捨五入取至小數點後第四位
   (2) 輸入一屋況如下，使用四個模型中對測試集有最大 Adjusted R^2 的模型，再重新擬合所有資料後，預測其房價為何（計算至整數）

欄位名稱	說明	欄位名稱	說明
行政區	松山區	用途	住宅用
土地面積	36	房數	3
建物總面積	99	廳數	2
屋齡	32	衛數	1
樓層	4	電梯	無
總樓層	4	車位類別	無

Chapter 2 習題

1. 先產生用於迴歸問題的模擬數據，接著透過多元線性迴歸模型擬合，並以殘差圖分析其效能。

(a). 利用 sklearn.datasets.make_regression 方法產生模擬數據，包含 1,000 個樣本，每個樣本有 20 個特徵，其中有 15 個特徵帶有預測資訊，且模擬數據中有 10 個雜訊樣本。

(b). 建立多元線性迴歸模型並擬合模擬數據。

(c). 計算擬合結果的均方根誤差（RMSE）與調整後 R 平方。

(d). 繪製與分析殘差圖。

套件名稱

```
均方根誤差：sklearn.metrics.mean_squared_error()
R平方：sklearn.metrics.r2_score()
標準化：sklearn.preprocessing.StandardScaler()
```

2. 依序建立底下三個處理非線性關係的迴歸模型，擬合波士頓房價數據集的所有特徵，用以預測房價並比較其效能。

(a). 加入二次與三次的多項式特徵，但排除互動項與常數項（以 x_1 、 x_2 兩個特徵為例，加入 x_1^2 與 x_2^3 等特徵，但排除 1、 x_1x_2 、 $x_1x_2^2$ 等特徵）。

(b). 進行特徵標準化。

(c). 將數據集分為訓練集與測試集，其中測試集占 20%。

(d). 建立多項式迴歸模型並擬合訓練集。

(e). 分別加入 L1 及 L2 正規化並擬合訓練集。

(f). 比較上述三個迴歸模型在測試集的調整後 R 平方。

提示

可看看沒有對特徵進行標準化是否會影響迴歸模型的效能

▶▶ 套件名稱

```
標準化：sklearn.preprocessing.StandardScaler()
切割數據集：sklearn.model_selection.train_test_split()
脊迴歸+交叉驗證：sklearn.linear_model.RidgeCV()
套索迴歸+交叉驗證：sklearn.linear_model.LassoCV()
R平方：sklearn.metrics.r2_score()
```

3. 讀取汽車價格數據集 car_price.csv，這是 1985 年汽車年鑑中的數據，從 UCI 下載（https://archive.ics.uci.edu/ml/datasets/automobile）並整理而成。數據集共有 26 個特徵與 205 筆樣本，欲進行的分析程序如下：

(a). 讀取數據集，並取出四個特徵：width、height、horsepower、price。

(b). 將遺漏值（標示為?）取代為 NaN，並刪除有 NaN 的列。

(c). 將四個特徵中的 object 型態轉換為 float64 型態，並繪製四個特徵的相關係數熱度圖。

(d). 將數據集分為訓練集與測試集，其中測試集占 40%（random_state=0）。

(e). 建立線性迴歸模型以擬合訓練集。

(f). 分別計算訓練與測試集的調整後 R 平方，並進行殘差分析。

(g). 嘗試其他迴歸模型以改善效能。

✓ 提示

可嘗試加入更多特徵，或使用非線性迴歸模型

▶▶ 套件名稱

```
統計圖表：seaborn
切割數據集：sklearn.model_selection.train_test_split()
線性迴歸：sklearn.linear_model.LinearRegression()
R平方：sklearn.metrics.r2_score()
隨機森林迴歸：sklearn.ensemble.RandomForestRegressor()
```

CHAPTER

3

監督式學習：分類

監督式學習：分類

分類（classification）問題是從給定的一組特徵以及預先定義好的類別集合中，預測一個類別標籤（class label）。譬如區分一封郵件是否為垃圾郵件，其類別集合只有是、否兩個標籤，這屬於二元分類（binary classification）。再複雜一點的例子有接受／拒絕用戶的貸款申請，特徵可能是該用戶的年齡、薪資、存款、貸款用途、過往的金流紀錄等。而若是類別集合超過兩個標籤就屬於多元分類（multiclass classification），例如根據病患的臨床症狀、年齡、性別、過往病史等判斷罹患什麼疾病（這裡可假設所有疾病名稱都在類別集合中，又或者有個類別標籤是未知疾病）；以寶可夢為例的話可以是已知一隻寶可夢的各項特徵值，判斷屬於 18 種屬性中的哪一種。

由於前一章已經熟悉迴歸分析，本章於 3-1 節先從比較迴歸與分類問題入手，了解兩者差異與互通之處；而為了有助於後續更深入了解各個分類器，3-2 節先了解如何評估分類器的效能；接下來 3-3 到 3-7 小節將逐一介紹常見用於二元與多元的分類器，包括邏輯斯迴歸、支援向量機、樸素貝氏分類、決策樹以及 K 最近鄰。而雖然邏輯斯迴歸與支援向量機皆為典型的二元分類器，也能透過簡單的作法擴充到多元分類。

3-1 迴歸 vs 分類

迴歸與分類是監督式學習的兩個主要領域，其中迴歸任務是預測一個連續數值，而分類任務則是預測一個類別標籤。以大學學測為例，透過學生過往的各科成績、考場的溫度與天氣等特徵，若是預測總級分為分類問題，而若是預測各科總平均則為迴歸問題；同樣特徵若改為預測特定科目的級分與分數，前者毫無疑問為分類問題，後者雖然是迴歸問題，但若是把分數看成有 101 個類別標籤，也可以當作分類問題處理，端看要把分數視為連續或是類別型變數。

既然能將問題模型化成分類或迴歸問題來處理，一個衍生的想法是能否用迴歸模型處理分類問題？先簡單考慮一個二元分類問題，我們把類別 1 標籤替換成+1，且把類別 2 標籤替換成–1，利用迴歸模型建模後進行預測，如果預測結果靠近 1 則輸出類別 1，反之則為類別 2（萬一預測結果剛好是 0，則隨便輸出一個類別即可），如此便能利用前一章的迴歸模型來處理分類問題。這個做法雖然可行，但容易產生兩個問題。首先是迴歸模型的目標是讓殘差的平方總和越小越好，但是分類問題期待能盡量將數據點分到對的類別，兩者的目標不同；其次，迴歸模型對離群值比較敏感，容易造成迴歸結果的偏差。圖 3-1-1 是透過兩個特徵對兩個類別進行分類的結果，圖中的紫色實線與綠色虛線分別是兩個分類結果的決策邊界（decision boundary），其中前者是最小平方法的迴歸線，而後者則是邏輯斯迴歸所產生，這兩者在圖 3-1-1 左圖中的結果差不多（原因留待介紹邏輯斯迴歸時再說明），都能完美分隔兩個類別；在右圖的右下角多了一些數據點，這些點離左圖的決策邊界較遠，可視為某個類別的傾向比較明顯。此時，套用邏輯斯迴歸在右圖的數據點仍能產生正確分類的決策邊界，但是誤差平方總和會懲罰新增的數據點，而為了最小化目的迫使迴歸線往順時針方向旋轉（讓新增數據點的誤差平方總和略小一點），結果反而使分類結果失準。

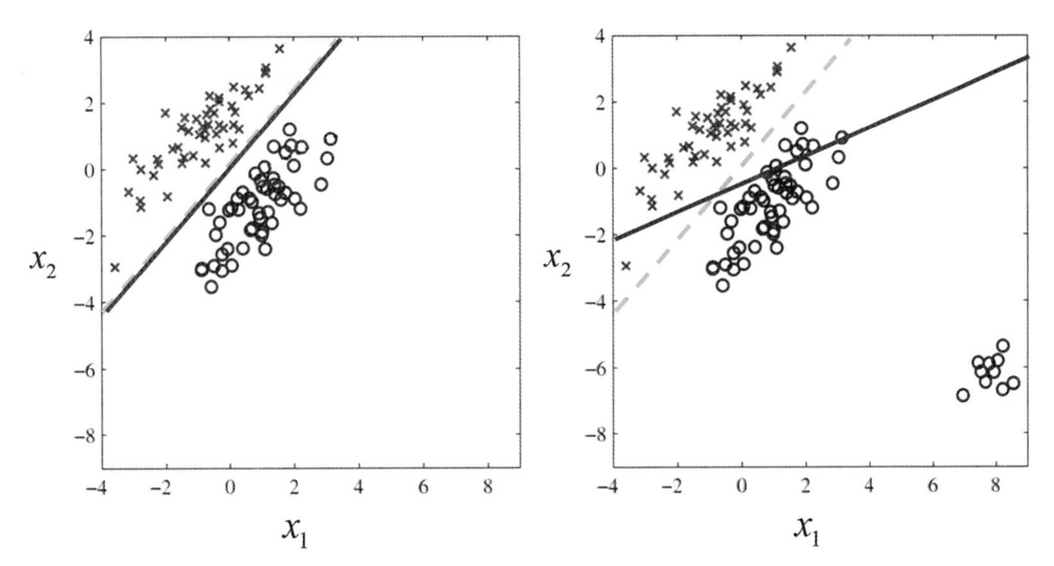

參考來源：C.M. Bishop, *Pattern Recognition and Machine Learning*, Springer, 2006. P186

圖 3-1-1　針對兩個類別（藍色圓圈與紅色十字），左圖是利用最小平方法（紫色實線）與邏輯斯模型（綠色虛線）得到的決策邊界，右圖則考慮有離群值的影響

圖 3-1-1 之所以有這麼分歧的分類結果，主要的原因是新增數據點對迴歸問題來說是離群值，嚴重干擾了以最小化誤差平方和為目標的迴歸模型，這個隱憂同樣存在於多元分類問題，且在特徵數目較多時更難以輕易察覺。此外，想利用迴歸模型來處理多元分類還有個小問題，就是每個類別所對應的數值會自然形成親疏遠近的關係。以三個類別為例，不管是對應到{1, 2, 3}還是{-1, 0, 1}，相對而言都會讓某個類別離另外兩個類別比較近，模型化結果難以對應真實的類別情況。儘管如此，線性迴歸模型在性能的表現仍有吸引力，且加入正規化後也能降低離群值的影響。因此，scikit-learn 提供脊迴歸的分類器 RidgeClassifier。

3-2 評估分類器的效能

之前在介紹迴歸分析時提到模型的效能評估對於機器學習的重要性，也瀏覽過數個用來評估迴歸模型優劣的指標，同樣地，在介紹分類器之前先了解其效能評估方式與常見的評估指標。

3-2-1 混淆矩陣與評估指標

用來衡量分類結果最簡單且直觀的指標是分類準確率（accuracy），它的意義是正確分類的數量除以總分類數量。這個指標雖然常見且容易理解，但也存在明顯的缺陷。試想若罹患某個流行病的人僅佔 1%，而一個快篩試劑總是宣稱沒患病也可有 99%的準確率，但這顯然不是我們想要的結果。換言之，當不同類別的樣本比例懸殊時，占比大的類別成為影響準確率的主因。因此，需要進一步探索由分類器產生不同類別的正確與誤判數量，這就是「混淆矩陣」（confusion matrix）的作用。

混淆矩陣也稱為誤差矩陣，對二元分類問題來說，混淆矩陣是一個 2×2 的方陣，數據點的實際狀況為列，而分類器的預測結果為行，以此解析分類器的判斷，釐清預測結果如何被錯誤混淆到其他類別，便於區分與處理不同種類的錯誤。具體而言，混淆矩陣有下表的四個區塊，由名詞的陽性（positive）、陰性（negative）以及形容詞的真（true）、假（false）所組成。例如當預測結果為陽性而實際上為陰性為 FP，若預測與實際結果皆為陰性則為 TN。此外，由於偽陽性、偽陰性皆為預測錯誤的結果，統計學稱前者為型一誤差（type I error）而後者為型二誤差（type II error）。

	陽性（預測）	陰性（預測）
陽性（實際）	真陽性（true positive、TP）	偽陰性（false negative、FN）
陰性（實際）	偽陽性（false positive、FP）	真陰性（true negative、TN）

在圖 3-2-1 中有兩個屬性的寶可夢共 100 隻，其中蟲系有 95 隻（綠色叉叉）與水系 5 隻（藍色圓圈），圖中的紅色虛線是分類器產生的決策邊界，在這條線以上被判定為蟲系而以下被認定為水系。根據分類器的判斷與實際情況填寫混淆矩陣，比方說預測與實際皆為水系的寶可夢有 1 隻（TP = 1）；預測為蟲系但實際為水系有 4 隻，亦即 FP = 4。

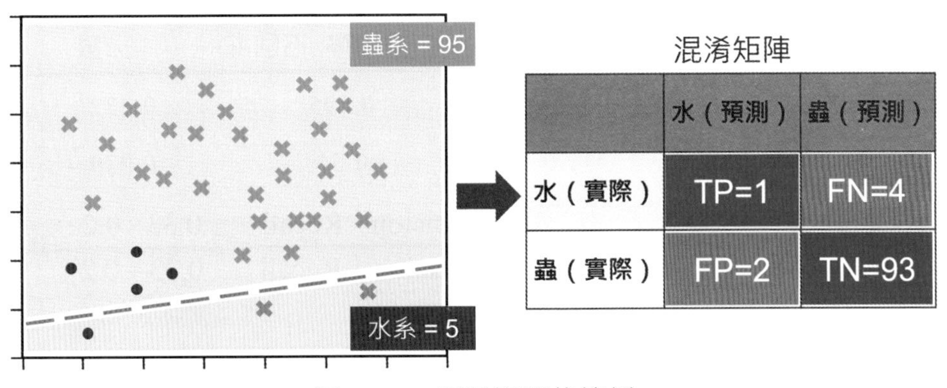

圖 3-2-1 混淆矩陣的範例

取得混淆矩陣後，接著來看常見的效能評估指標。首先是預測的準確率，以圖 3-2-1 的範例計算可得到準確率 0.94，代表隊整體來說有相當大比例能被正確預測。

$$\text{Accuracy} = \frac{TP + TN}{TP + FP + FN + TN} = \frac{1 + 93}{1 + 2 + 4 + 93} = 0.94$$

針對水系寶可夢，預測的精確率（precision）是指預測為水系當中實際上有多少為水系的比例。精準度反應出誤判的比例，試想火災警報器發出的警告當中，實際上有多少是真正的火警的比例。以上例而言，預測為水系的精準度約為 0.33，有相當大的改善空間。

$$\text{Precision} = \frac{TP}{TP + FP} = \frac{1}{1 + 2} \approx 0.33$$

同樣是對於水系，預測的召回率（recall）是實際為水系當中被正確預測為水系的比例，反應的是真實狀況中被捕捉到的比例。譬如一個快篩試劑有召回率 95%，意謂著實際染疫的患者中有 95%能被偵測出來。上例中預測為水系的召回率僅 0.2，代表有相當大比例的水系寶可夢被誤判屬性。

$$\text{Recall} = \frac{TP}{TP + FN} = \frac{1}{1 + 4} = 0.2$$

由上可知不論是精確率還是召回率各有其著眼點，我們期待建構好的分類器能同時有高精確率與高召回率，但通常是魚與熊掌不可兼得，要找到效能的平衡點，因此需考慮一個融合精確率與召回率的指標。下表中有兩個分類模型與各自的效能指標，由表中可發現模型 B 的召回率高達 1.0 但精確率卻相當低，顯示這個模型有極度偏頗的預測。若是採用兩個指標的平均，會得到模型 B 比 A 優秀，顯然不符合我們的期待。另一個選擇是取兩個指標的調和平均（計算方式如下），即 F1 分數（F1-score），而由表中可知模型 A 的 F1 分數遠大於模型 B。

模型	**精確率**	召回率	Avg(**精確率**, 召回率)	F1 分數
A	0.6	0.39	0.495	0.472
B	0.02	1.0	0.51	0.039

$$\text{F1-score} = \frac{2}{\frac{1}{\text{Precision}} + \frac{1}{\text{Recall}}} = 2\frac{\text{Precision} \times \text{Recall}}{\text{Precision} + \text{Recall}} = 2\frac{0.33 \times 0.2}{0.33 + 0.2} \approx 0.25$$

以圖 3-2-1 的範例來看，可得到 F1 分數約為 0.25，顯示這個分類結果的確不盡理想。事實上，由計算方式可知想得到較高的 F1 分數，得同時提升精確率與召回率，若兩者差距過大會大幅拉低 F1 分數。

在使用效能評估指標時要特別注意類別的數量不平衡問題。之前針對圖 3-2-1 中水系做分類預測的評估，除準確率外其餘三個指標皆呈現預測效能的低落，但若是改為針對蟲系會得到相當優異的效能表現（如下表所示），這原因就出在兩個類別比例相差甚大。因此，當要分類對象的類別數量不平衡時，一般傾向針對類別數量較少的對象來做評估，如此方能反應出分類器的真正效能。

針對的類別	準確率	精確率	召回率	F1 分數
水系	0.94	0.33	0.20	0.25
蟲系		0.96	0.98	0.97

3-2-2 多元分類器

了解如何衡量二元分類器的效能後，本小節介紹如何延伸應用到評估多元分類器。常見的策略有兩種，分別是 One-vs-Rest（OvR）與 One-vs-One(OvO)，而前者常見在 scikit-learn 內用來應用二元分類器（如邏輯斯迴歸、支援向量機等）到多元分類。以圖 3-2-2 中三個類別為例，OvR 策略是對每一個類別都訓練一個分類器，例如對水系與非水系得到一個二元分類器，圖中的藍色虛線就是對應的決策邊界。所以有 n 個類別，OvR 就會訓練出 n 個分類器，圖 3-2-2 的三條虛線就是對應到三個分類器的決策邊界。在圖 3-2-2 中有三個新樣本，其中樣本●毫無疑問為水系，但是樣本■位於兩個類別（水系與蟲系）的重疊區域，依分類結果來看既為水系也是蟲系，此時的作法是看新樣本距離哪個決策邊界最遠就判斷為該類別。以本例而言，新樣本■離綠色虛線的距離比藍色虛線大，故判定該樣本屬於蟲系。再者，還有一種情況是落在三不管地帶，比如樣本▲，這情況代表三個分類器都不認為該樣不屬於三個類別的任一個，又或者換個角度說是三個類別都有可能。一個直觀的作法是看樣本最接近哪條線來做判定，圖 3-2-2 中的新樣本▲比較靠近紅色線，因此預測為火系。

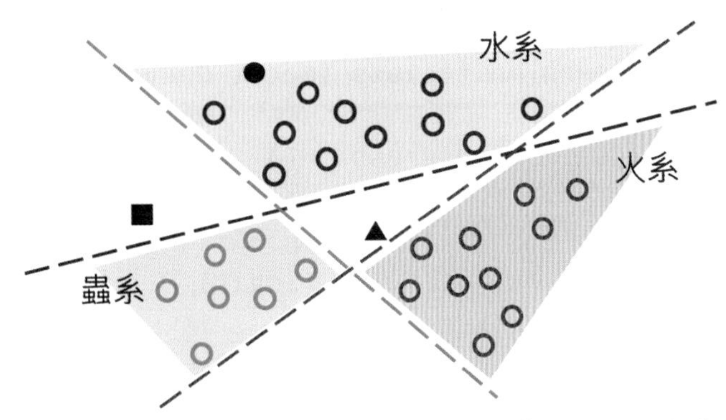

圖 3-2-2 三個分類器形成的決策邊界，其中●、■、▲皆代表新樣本

OvO 策略採用集成學習（ensemble learning，chapter 6 會再討論）的概念，對分類 n 個類別的問題，任取兩個類別訓練一個分類器，最終由 $C(n, 2)$個分類器來決定樣本的類別，而決定的方式可使用簡單的投票機制取最高票，萬一同票的話也可以用輸出加權或融合等作法來處理。有鑑於 OvR 與 OvO 各有千秋，實務應用上沒有哪種方式一定能得到較好結果，因此 scikit-learn 對這兩個策略分別封裝了分類器。在底下的範例程式中，我們將應用二元分類器邏輯斯迴歸來分類鳶尾花的三個類別，並簡單比較其準確率。

範例程式 **ex3-2.ipynb**

[1]:
```
1  import numpy as np
2  from sklearn import datasets
3  from sklearn.model_selection import train_test_split
4
5  X, y = datasets.load_iris(return_X_y=True)
6  X_train, X_test, y_train, y_test = train_test_split(X, y,
7                                                      random_state=0)
8  X_train[:2, :]
```

[1]:
```
array([[5.9, 3. , 4.2, 1.5],
       [5.8, 2.6, 4. , 1.2]])
```

[2]:
```
1  from sklearn.linear_model import LogisticRegression
2
3  # 建立邏輯斯迴歸模型(預設為 OvR 策略)
4  logit = LogisticRegression()
5  logit.fit(X_train, y_train)
```

```
    6  logit.score(X_test, y_test)
[2]: 0.9473684210526315
[3]:  1  from sklearn.multiclass import OneVsRestClassifier,
      2                                   OneVsOneClassifier
      3  logit = LogisticRegression()
      4
      5  # OvR策略應用二元分類器到多元分類，初始化需傳入分類的模型
      6  ovr = OneVsRestClassifier(logit)
      7  ovr.fit(X_train, y_train)
      8  print('OvR:', ovr.score(X_test, y_test))
      9
     10  # OvO策略應用二元分類器到多元分類，初始化需傳入分類的模型
     11  ovo = OneVsOneClassifier(logit, n_jobs=-1)
     12  ovo.fit(X_train, y_train)
     13  print('OvO:', ovo.score(X_test, y_test))
[3]: OvR: 0.9473684210526315
     OvO: 0.9736842105263158
[4]:  1  #邏輯斯迴歸，多元分類方式採多項分布(multinomial)，後面介紹
      2  lr2 = LogisticRegression(multi_class="multinomial",
      3                           solver="newton-cg")
      4  lr2.fit(X_train, y_train)
      5  lr2.score(X_test, y_test)
[4]: 0.9736842105263158
```

3-2-3 分類結果的可靠度

給定一個分類器，通常我們不只想知道對於數據點的預測分類結果，也會想了解這個判定的可靠度如何。在真實的應用場景中，不同種類錯誤的嚴重程度可能不一。試想一個流行病的快篩試劑，做出偽陽性判斷除了虛驚一場外，也容易導致民眾不便以及浪費醫療資源，但若判定結果是偽陰性，可能產生防疫缺口而帶來重大損失。

許多 scikit-learn 的分類器都有實作兩個方法(decision_function 與 predict_proba) 用來獲取每個樣本預測結果的可靠度估計。decision_function()回傳的是模型對預測某個樣本為所屬類別的強度，回傳的數值結果有正有負，且數值大小則代表對判斷成該類別的強度；也就是說，高分數意謂著傾向該類別，低分數則表示樣本傾向

不屬於該類別。至於 predict_proba()則是回傳屬於該類別的機率，並以機率最大者視為樣本的所屬類別。範例程式如下：

[5]:
```
1  lr = LogisticRegression(multi_class='ovr')
2  lr.fit(X_train, y_train)
3
4  print('Descision function:\n',
5        lr.decision_function(X_test)[:6, :])
```

[5]:
```
Descision function:
 [[ -7.13694157  -0.92795879   2.38161731]
 [ -4.0117161    0.92198955  -3.19335692]
 [  4.2153921   -3.44990648 -12.61342745]
 [ -9.7981228   -0.16248219   3.92061648]
 [  3.5833002   -1.7514933  -11.81133027]
 [ -9.0242711   -1.54802525   4.64420162]]
```

[6]:
```
1  print('Predicted Prob.:\n',
2        lr.predict_proba(X_test)[:6, :])
```

[6]:
```
Predicted Prob.:
 [[6.62373131e-04 2.36204755e-01 7.63132872e-01]
 [2.30124494e-02 9.25972506e-01 5.10150451e-02]
 [9.69716326e-01 3.02803998e-02 3.27391545e-06]
 [3.85761023e-05 3.19057501e-01 6.80903922e-01]
 [8.68074646e-01 1.31918734e-01 6.62003188e-06]
 [1.03292902e-04 1.50408837e-01 8.49487870e-01]]
```

[7]:
```
1  iris = datasets.load_iris()
2  print(lr.predict(X_test)[:6])
3  print(iris.target_names[lr.predict(X_test)][:6])
```

[7]:
```
[2 1 0 2 0 2]
['virginica' 'versicolor' 'setosa' 'virginica' 'setosa'
'virginica']
```

3-3 邏輯斯迴歸

邏輯斯迴歸（logistic regression）是機器學習領域中相當基礎且常用的二元分類模型，在流行病篩檢、判別垃圾郵件、銀行評估個人信用等都能看到邏輯斯迴歸的身影，尤其是當數據為線性可分類時能有相當好的性能。乍看之下會覺得邏輯斯迴歸屬於之前介紹過的迴歸模型，但其實兩者雖然有關，本質上卻是截然不同。迴歸模型用來預測連續值，而邏輯斯迴歸則是進行分類，以單變數而言，前者要找到盡量能擬合數據點的直線，而後者則尋找能分隔數據點的直線，如圖 3-3-1 所示。

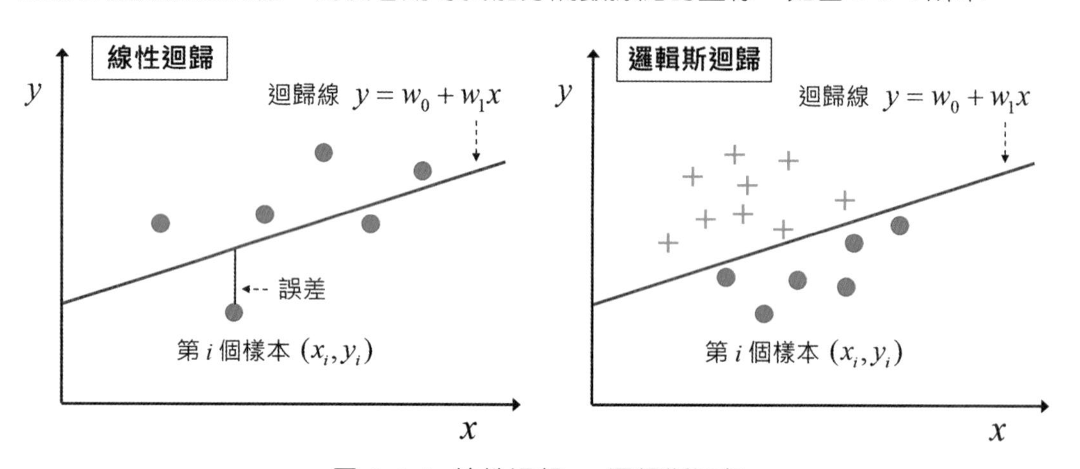

圖 3-3-1 線性迴歸 vs 邏輯斯迴歸

迴歸與分類是機器學習的兩個不同任務，而邏輯斯迴歸沿用「迴歸」字眼則是有其來由。若把一個事件的「勝算比」（odds ratio）定義成該事件發生（p）與不發生（$1-p$）機率的比值 $p/(1-p)$，接著定義 logit 函數為勝算比的自然對數結果：

$$\text{logit}(p) = \ln \frac{p}{1-p}$$

logit 函數的輸入為 0 到 1 之間的數值，輸出則為實數值。這個函數可以被用來表達特徵與勝算比之間的線性關係：

$$\text{logit}(p(y = class\ 1 \mid x)) = w_0 x_0 + w_1 x_1 + \cdots + w_n x_n = \sum_{i=0}^{n} w_i x_i$$

其中 $p(y = class\ 1 \mid x)$ 是某樣本在已知特徵 x 下屬於類別 1 的條件機率。我們實際上感興趣的並非 logit 函數，而是它的反函數（又稱為 logistic 函數或 sigmoid 函數），代表著某樣本屬於特定類別的機率。

$$\text{sigmoid}(z)=\frac{1}{1+e^{-z}},\quad z=\sum_{i=0}^{n}w_i x_i$$

由此可知，邏輯斯迴歸是對於勝算比的自然對數進行線性迴歸，因此就繼續延續迴歸的字眼。以下範例展示 sigmoid 函數所呈現的 S 形曲線：

範例程式 **ex3-3.ipynb**

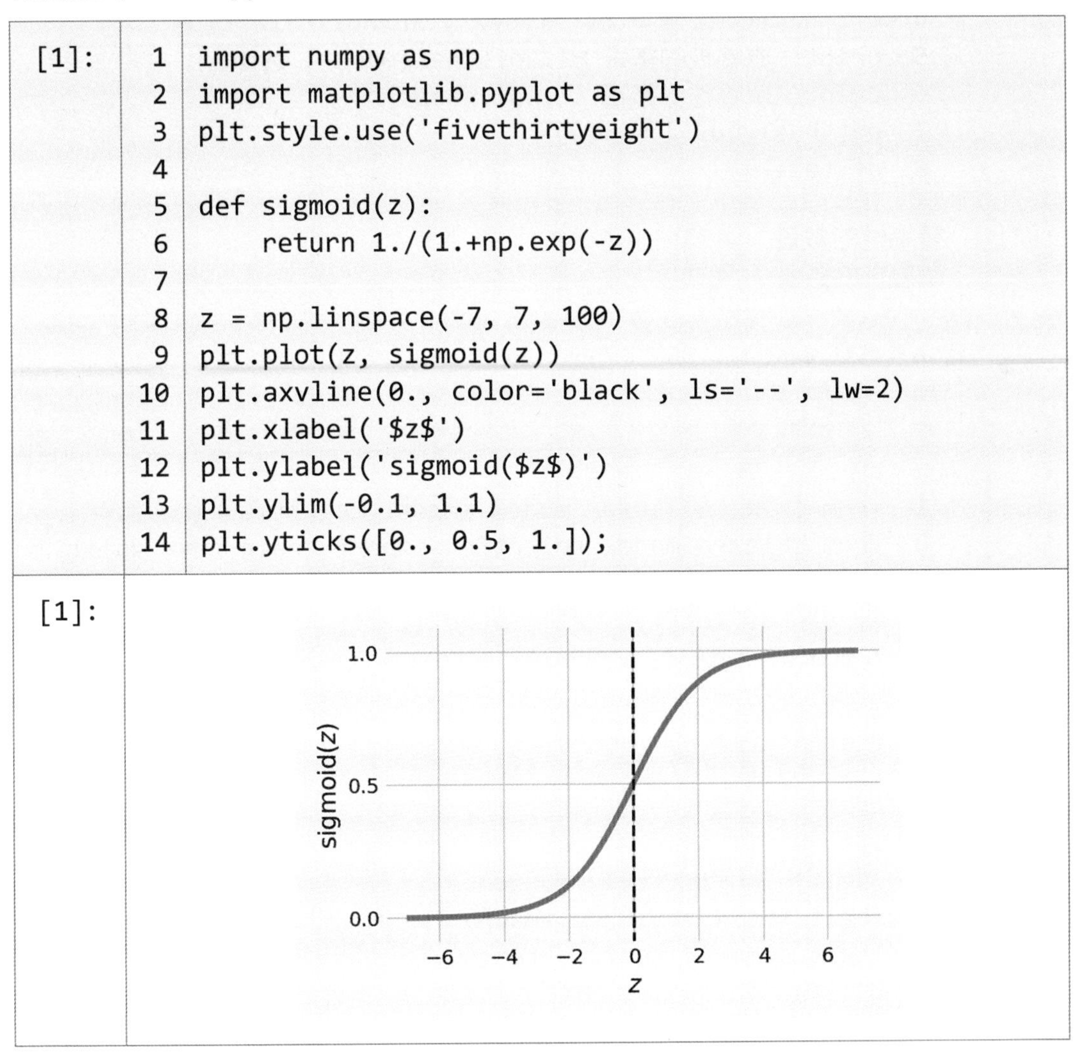

```
[1]:
1  import numpy as np
2  import matplotlib.pyplot as plt
3  plt.style.use('fivethirtyeight')
4
5  def sigmoid(z):
6      return 1./(1.+np.exp(-z))
7
8  z = np.linspace(-7, 7, 100)
9  plt.plot(z, sigmoid(z))
10 plt.axvline(0., color='black', ls='--', lw=2)
11 plt.xlabel('$z$')
12 plt.ylabel('sigmoid($z$)')
13 plt.ylim(-0.1, 1.1)
14 plt.yticks([0., 0.5, 1.]);
```

[1]:

3-3-1 訓練邏輯斯迴歸模型

Scikit-learn 實作的邏輯斯迴歸除了是二元分類器外，也可支援多元分類應用（預設採 OvR 策略）。底下範例將針對寶可夢數據集，利用邏輯斯迴歸預測是否為雙屬性，這個範例也納入之前學到的切割訓練與測試集以測試模型效能，k 次交叉驗證以了解平均效能的表現，更加入本章學到的混淆矩陣以便於計算各評估指標，而將混淆矩陣視覺化以及產生分類結果的詳細報告都有助於分析邏輯斯迴歸模型的擬合效能。

[2]:
```
1 import pandas as pd
2
3 df = pd.read_csv('Pokemon_894_13.csv')
4 df['hasType2'] = df['Type2'].notnull().astype(int)
5 print('雙屬性的數量：', df['hasType2'].sum())
6 print('單屬性的數量：', df.shape[0]-
7 df['hasType2'].sum())
8 df.tail(3)
```

[2]:
```
雙屬性的數量： 473
單屬性的數量： 421
```

	Number	Name	Type1	Type2	HP	Attack	Defense	SpecialAtk	SpecialDef	Speed	Generation	Legendary	hasType2
891	805	壘磊石	Rock	Steel	61	131	211	53	101	13	7	False	1
892	806	砰頭小丑	Fire	Ghost	53	127	53	151	79	107	7	False	1
893	807	捷拉奧拉	Electric	NaN	88	112	75	102	80	143	7	False	0

[3]:
```
1 from sklearn.linear_model import LogisticRegression
2 from sklearn.model_selection import train_test_split
3
4 X, y = df.loc[:, 'HP':'Speed'], df['hasType2']
5 X_train, X_test, y_train, y_test = train_test_split(X, y,
6                                                     random_state=0)
7 print('|雙屬性|/|訓練集| =',
8 y_train.sum()/y_train.size)
9 print('|雙屬性|/|測試集| =', y_test.sum()/y_test.size)
10
11 logit = LogisticRegression()
12 logit.fit(X_train, y_train)
13 logit.score(X_test, y_test)
```

[3]:
```
|雙屬性|/|訓練集| = 0.5134328358208955
|雙屬性|/|測試集| = 0.5758928571428571
0.6026785714285714
```

[3]:
```
1 from sklearn.metrics import plot_confusion_matrix
2
3 # 類別標籤
4 class_names = ['YES ', 'NO']
5 # 視覺化混淆矩陣
```

```
 6  disp = plot_confusion_matrix(logit, X_test, y_test,
 7                               display_labels=class_names,
 8                               cmap=plt.cm.Blues)
 9  disp.ax_.set_title('Confuse Matrix without
10                                      normalization')
11  plt.grid()
```

[4]:

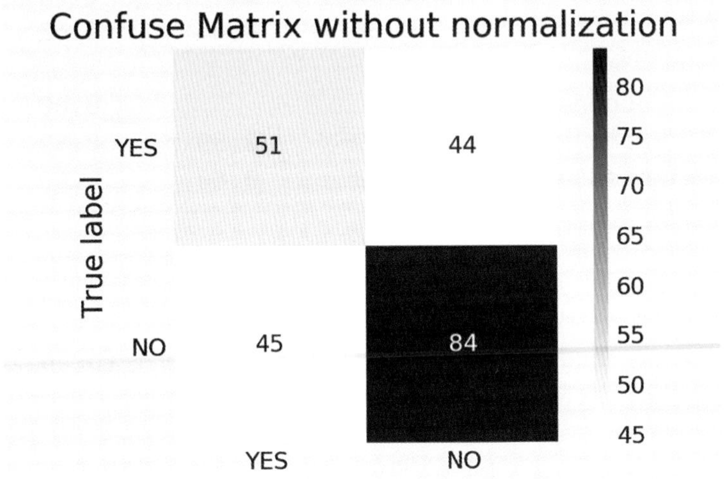

Confuse Matrix without normalization

True label	YES	NO
YES	51	44
NO	45	84

(color bar: 45, 50, 55, 60, 65, 70, 75, 80)

[4]:
```
1  from sklearn.model_selection import cross_val_score
2
3  # 進行 k 次交叉驗證(default k=5)
4  cvs = cross_val_score(logit, X_test, y_test,
5                                  scoring='accuracy')
6  print(cvs, '\n', cvs.mean())
```

[5]:
```
[0.51111111 0.71111111 0.55555556 0.57777778 0.54545455]
 0.5802020202020202
```

[5]:
```
1  cvs = cross_val_score(logit, X_test, y_test,
2                                       scoring='f1')
3  print(cvs, '\n', cvs.mean())
```

[5]:
```
[0.62068966 0.77966102 0.61538462 0.6779661  0.61538462]
 0.6618172009171425
```

scikit-learn 提供的F1分數有以下幾種
f1：供二元分類使用
f1_macro：計算每個分類F1分數的平均，每個類別的權重相等
f1_weighted：計算每個分類F1分數的平均，類別權重依該類別大小而定
f1_micro：不區分類別，直接使用整體的精確率與召回率按公式計算

```
[6]: 1  from sklearn.metrics import classification_report
     2  # 產生分類報告
     3  y_pred = logit.predict(X_test)
     4  print(classification_report(y_test, y_pred))
```

```
[6]:              precision    recall  f1-score   support

           0       0.53      0.54      0.53        95
           1       0.66      0.65      0.65       129

    accuracy                           0.60       224
   macro avg       0.59      0.59      0.59       224
weighted avg       0.60      0.60      0.60       224
```

```
[7]: 1  # 依預測機率調整輸出的類別
     2  prob = logit.predict_proba(X_test)
     3  # 設定機率門檻值，傾向預測為類別1
     4  y_pred2 = [0 if p[0] > 0.6 else 1 for p in prob]
     5  print(classification_report(y_test, y_pred2))
```

```
[7]:              precision    recall  f1-score   support

           0       0.58      0.20      0.30        95
           1       0.60      0.89      0.72       129

    accuracy                           0.60       224
   macro avg       0.59      0.55      0.51       224
weighted avg       0.59      0.60      0.54       224
```

至於應用邏輯斯迴歸到多元分類問題，除了透過前面提到的 OvR、OvO 策略外，scikit-learn實作的邏輯斯迴歸自帶一個多類別分類策略(由參數 multi_class 控制)，形成所謂的多項邏輯斯迴歸（multinomial logistic regression）。這個策略是先選定一個參考類別（reference class），其餘類別皆與參考類別進行二元邏輯斯迴歸得到迴歸係數，再將結果透過歸一化指數函數(softmax function)轉換成一個機率分布，接著就能計算出待測樣本被分類到各類別的機率。

圖 3-3-2 是邏輯斯迴歸分別透過 OvR 與 multinomial 兩種策略，以鳶尾花的兩個特徵(花萼的長與寬)進行分類的比較。圖中的三條虛線是針對鳶尾花三個類別的決策邊界，可發現兩個策略得到的決策邊界並不相同，連帶使得兩個策略的分類結果也不一樣，且分類結果顯示 multinomial 策略的分類準確率優於 OvR 策略。而從兩個混淆矩陣中亦可看到類似結果，其中 multinomial 策略能完美地辨別山鳶尾

（setosa），但兩個策略在其餘兩個類別的判斷則各有優劣。此外，OvO 策略通常會優於 OvR，但是計算上比較費時。以本例而言，OvO 的分類準確率為 0.83，稍優於其餘兩個策略。

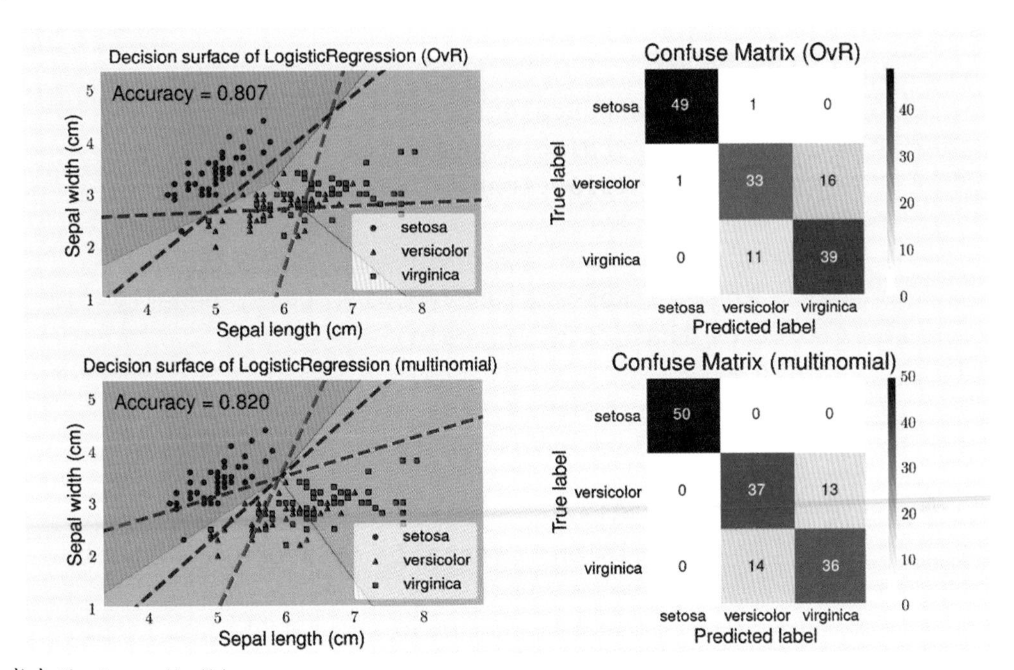

參考來源：https://scikit-learn.org/stable/auto_examples/linear_model/plot_logistic_multinomial.html

圖 3-3-2 應用邏輯斯迴歸分類鳶尾花的比較

3-3-2 加入正規化

既然邏輯斯迴歸在建構過程同樣要求得迴歸係數，那麼也能模仿之前的線性迴歸加入懲罰項以降低模型變異，亦即進行邏輯斯迴歸的正規化（regularization）。同樣地，我們可以選擇 L1 或 L2 懲罰項，也有一個使用者指派的超參數α來決定正規化的強度。此外，要特別注意以下兩件事：

- 在前面討論加入正規化的迴歸時有提到，為了能進行特徵間的比較要先對特徵做標準化，這裡也是一樣。尤其是套用邏輯斯迴歸到超大數據集時可搭配選用隨機平均梯度（stochastic average gradient、SAG）優化器，能幫助更快訓練好一個模型，但是它對特徵的尺度相當敏感，特徵標準化就很重要。
- sklearn.linear_model.LogisticRegression 方法以超參數 C（$=1/\alpha$）來替代α，換言之，要增加正規化強度意謂著要縮小 C 的值（這個設計來自於支援向量機，下一節的主題），而為了能有效地調整參數 C，也能結合邏輯斯迴歸與交叉驗證的方式來執行。

底下是展示的範例：

```
[8]:  1  from sklearn.linear_model import LogisticRegressionCV
      2  from sklearn.preprocessing import StandardScaler
      3
      4  # 先做標準化
      5  scalar = StandardScaler().fit(X_train)
      6  X_train_std = scalar.transform(X_train)
      7  X_test_std = scalar.transform(X_test)
      8
      9  # 預設從 1e-4 ~ 1e4 間產生 10 個 C 值進行交叉驗證
     10  clf = LogisticRegressionCV(Cs=10, cv=5, penalty='l2')
     11  clf.fit(X_train_std, y_train)
     12  print('最佳 C 值：', clf.C_)
     13  y_pred = clf.predict(X_test_std)
     14  print(classification_report(y_test, y_pred))
```

```
[8]:  最佳 C 值： [0.35938137]
                    precision    recall  f1-score   support

                 0       0.54      0.56      0.55        95
                 1       0.67      0.65      0.66       129

          accuracy                           0.61       224
         macro avg       0.60      0.60      0.60       224
      weighted avg       0.61      0.61      0.61       224
```

3-4 支援向量機

支援向量機（Support Vector Machine、SVM）與邏輯斯迴歸是機器學習裡常見的兩個監督式分類法，支援向量機藉著尋找能將訓練樣本點中各類別之邊距（margin）最大化的超平面（hyperplane）來分類數據，此時，最接近邊距的樣本點即稱為支援向量。除分類外，支援向量機也可應用到迴歸與離群值偵測，本節先從線性支援向量機出發，再探討加入核函數（kernel function）擴充 SVM 的能力，以處理非線性分類。

3-4-1 線性支援向量機

前面提到的超平面其實是 n 維空間中的一個 $n-1$ 維子空間，例如要分割二維空間需要一維的超平面（即一條線），若要分割三維空間則需要二維超平面（如一張紙）。為了視覺化方便，圖 3-4-1 考慮二維的情況，圖中有兩個類別的數據點，也可看到有三條紅色實線可用來分離這兩類數據點，其中最粗的紅線是 SVM 要尋找能讓邊距最大化的超平面。選擇這個超平面來分割數據是為了能盡量遠離訓練樣本，以便於擴大容忍度，期待在面對新樣本時能分類到正確類別。

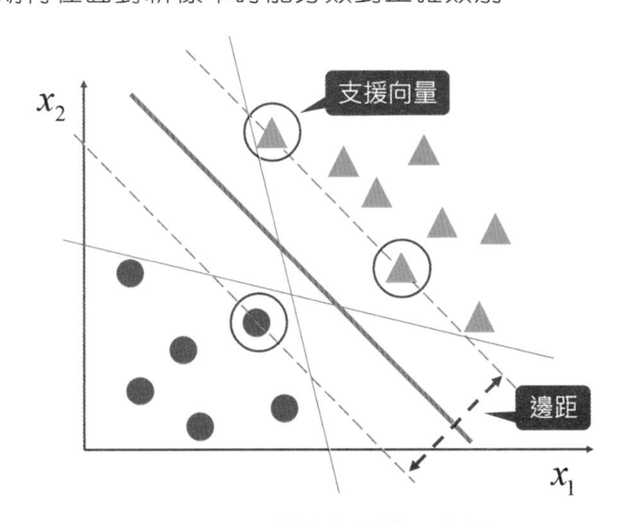

圖 3-4-1 支援向量機示意圖

當數據是線性可分（linear separable）時，代表存在一個超平面能完美分離兩個類別，但這在實務應用中鮮少遇到。因此，SVM 試圖在最大化超平面邊距與最小化錯誤分類間取得平衡點，而做法是透過與邏輯斯迴歸一樣的超參數 C 來控制正規化強度，即藉由懲罰來調控錯誤分類。換言之，當選用 C 值較高時，錯誤分類的懲罰也較大，會使得模型盡量擬合訓練集；而 C 值較低時，對錯誤分類較不在意，模型專注在最大化邊距（見圖 3-4-2）。由此可知，調整 C 值也能用來控制邊距的大小，進而調校偏差與變異的平衡，這與我們前一章在介紹正規化的迴歸時引入的超參數 α 有異曲同工之用。

Scikit-learn 提供三種方式實現用以進行分類的線性支援向量機，分別是透過 SVC(kernel='linear')、LinSVC 與 NuSVC 方法（這裡的 SVC 是指 Support Vector Classification），其中 SVC 的實作以 libsvm 為基礎，可套用多種核函數以處理非線性分類，但較重的計算量難以負荷大量訓練樣本的擬合；LinSVC 則是以 liblinear 為實作基礎，提供 L1 及 L2 懲罰項參數並能彈性地調整損失函數（loss function）；而 NuSVC 產生的結果與 SVC 方法類似，但可控制支援向量的數量。此外，三個實作中除了 SVC 用 OvO 策略外，其餘兩者以 OvR 策略擴充 SVM 到多元分類。底下是範例程式：

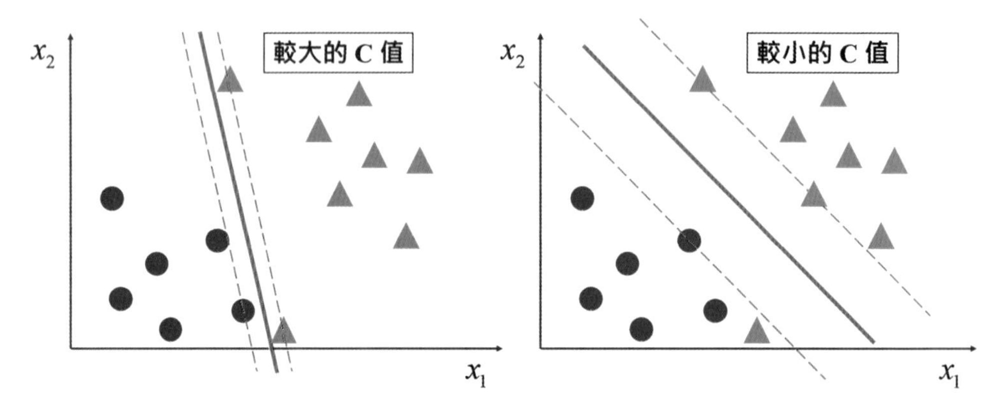

圖 3-4-2 不同超參數 C 值對支援向量機邊距的影響

範例程式 **ex3-4_3-5.ipynb**

```
[1]:   1  import pandas as pd
       2  from sklearn.model_selection import train_test_split
       3  from sklearn.preprocessing import StandardScaler
       4  from sklearn.svm import LinearSVC
       5
       6  df = pd.read_csv('Pokemon_894_13.csv')
       7  df['hasType2'] = df['Type2'].notnull().astype(int)
       8  X, y = df.loc[:, 'HP':'Speed'], df['hasType2']
       9  X_train, X_test, y_train, y_test = train_test_split(X,
      10                                              y, random_state=0)
      11
      12  scale = StandardScaler().fit(X_train)
      13  X_train_std = scale.transform(X_train)
      14  X_test_std = scale.transform(X_test)
```

```
15
16 # 建立 SVM 分類器，設定最大回合數以增加收斂機會
17 svm = LinearSVC(max_iter=1500)
18 svm.fit(X_train_std, y_train)
19
20 from sklearn.metrics import classification_report
21 # 產生分類報告
22 y_pred = svm.predict(X_test_std)
23 print(classification_report(y_test, y_pred))
```

```
[1]:
              precision    recall  f1-score   support

           0       0.54      0.55      0.54        95
           1       0.66      0.65      0.66       129

    accuracy                           0.61       224
   macro avg       0.60      0.60      0.60       224
weighted avg       0.61      0.61      0.61       224
```

由上述範例可發現 SVM 與邏輯斯迴歸常常產生類似的分類結果。要注意的是邏輯斯迴歸追求迴歸式的最佳化，因而較容易受到離群值的影響，但有著簡單容易實作的優點；反觀 SVM 較不受離群值干擾，因為它在意的是非常接近超平面的那些點（即支援向量）。

3-4-2 加入核函數處理非線性分類

雖然線性 SVM 的能力很有限，但仍然相當受到歡迎，其中一個原因是它容易加入核函數來處理非線性分類問題。在圖 3-4-3 中的數據點明顯不為線性可分離，此時透過一個對應函數 $\varphi(x_1,x_2)$ 將原本特徵轉換到更高維空間，使得對應到高維空間的數據點為線性可分離，這樣就能透過線性支援向量機找到用以分離的超平面，最後再投影回原來的低維空間中，就形成一個非線性的決策邊界，如圖 3-4-3 所示。

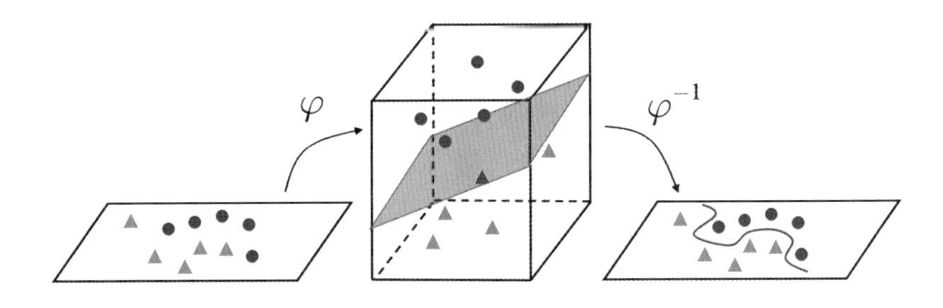

圖 3-4-3 使用核函數擴充 SVM 以產生非線性決策邊界

然而，將特徵轉換到高維度空間大大增加了計算量，尤其在面對本身已經是高維度特徵的數據，計算負擔將更嚴峻。而核技巧（kernel trick）正是避免實際轉換的額外計算量但又能達到目的，想法是透過定義核函數 $K(x^i,x^j)=\varphi(x^i)^T\varphi(x^j)$ 處理尋找超平面所需的內積運算，其中 x^i 與 x^j 是兩個支援向量的觀察值。核函數限制計算量只在原本的特徵空間，以降低與更高維度空間的依賴。

對核函數原理的完整討論已超出本書範圍，這裡僅做簡單扼要的說明，並將重點放在如何使用。核函數是一個能在原始特徵空間比較兩點相似程度的函數，而不同的核產生不同的超平面。例如我們剛剛看過的 sklearn.svm.SVC(kernel = 'linear')使用線性核 $K(x^i,x^j)=x^i\cdot x^j$，即直接進行內積運算；若要產生非線性決策邊界可替換成多項式核 $K(x^i,x^j)=(1+x^i\cdot x^j)^d$，其中 d 為多項式階數（degree）；在支援向量機最被廣泛使用的是徑向基核函數（radial basis function、RBF kernel 或 Gaussian kernel）$K(x^i,x^j)=\exp(-\gamma\|x^i-x^j\|^2)$，而 γ 是大於 0 的超參數，使用時只需修改參數 kernel = 'rbf' 即可。由圖 3-4-4 可發現使用 RBF 核支援向量機（右圖）產生的非線性決策邊界幾乎能完美地分離模擬數據，得到的準確率高達 0.973；而使用線性支援向量機（左圖）除了準確率較低外，由圖 3-4-4 左圖內可看到誤判情況偏向紅色圓圈，這會大幅降低召回率與 F1 分數。

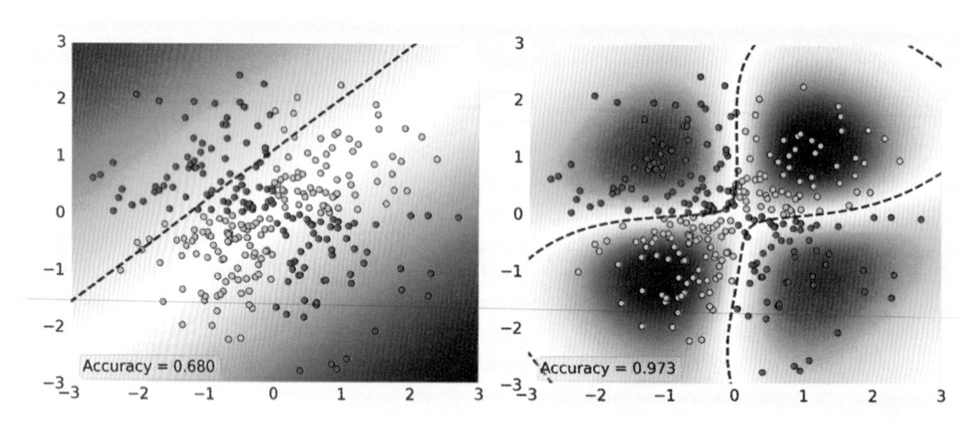

參考來源：https://scikit-learn.org/stable/auto_examples/svm/plot_svm_nonlinear.html

圖 3-4-4 SVM 使用線性核（左圖）與 RBF 核（右圖）的比較

選用 RBF 核支援向量機除了超參數 C 之外，還有一個重要的超參數 γ 用來控制高斯核心的寬度。較大的 γ 值會加強訓練樣本的影響性，導致產生較緊緻的決策邊界；反之，較小 γ 值產生的決策邊界較寬鬆。圖 3-4-5 利用模擬兩個類別的數據來展示在不同 C 與 γ 值組合下，RBF 核支援向量機的分類結果。圖中由左到右，γ 由 0.1 增大到 10，而產生的決策邊界則由平滑變成緊貼在數據點周圍，代表著較大的 γ 會形成較複雜的模型。此外，圖 3-4-5 由上而下隨著 C 值越大，模型產生越彎曲的決策邊界來擬合訓練集。從這個例子可以看到設定越大的 C 與 γ 值（圖 3-4-5 的右下角），能很好地擬合訓練集，但也容易過度擬合使得在測試集上有較大的一般化誤差；而較小的 C 與 γ 組合（圖 3-4-5 的左上角）雖然在訓練集有較大的分類誤差，但平滑的決策邊界對雜訊的容忍度也較高。兩個超參數的預設值分別為 C = 1 與 gamma = 1/特徵數。

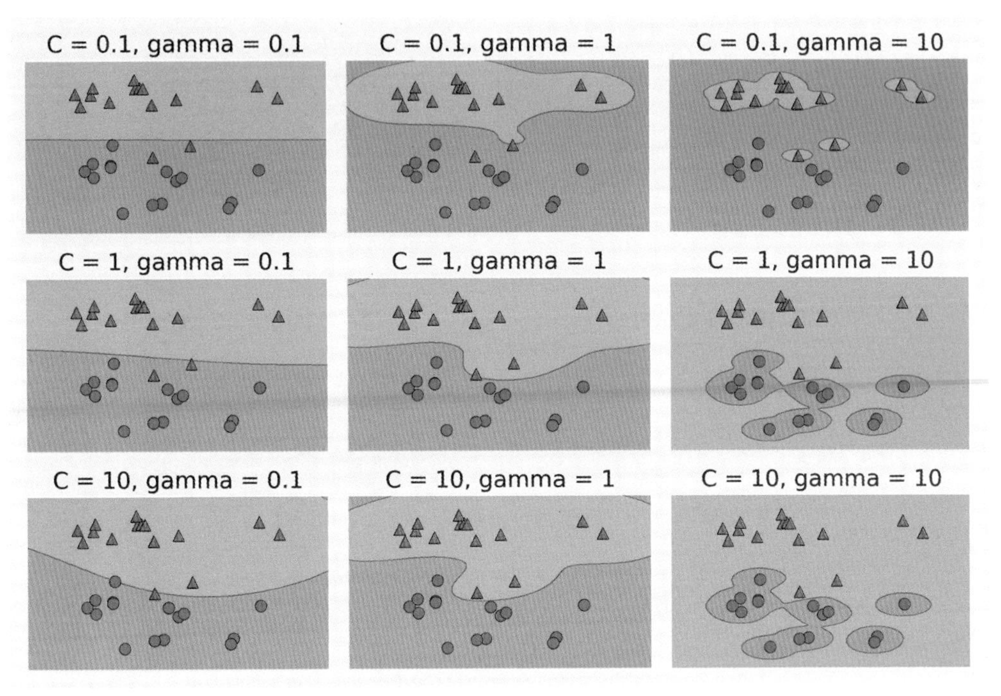

參考來源：https://scikit-learn.org/stable/auto_examples/svm/plot_rbf_parameters.html

圖 3-4-5 使用 RBF 核支援向量機在不同 C 與 gamma 參數值的分類比較

[2]:
```
1 from sklearn.svm import SVC
2
3 svm = SVC(kernel='rbf',C=5,gamma=.01,probability=True)
4 svm.fit(X_train_std, y_train)
5 y_pred = svm.predict(X_test_std)
6 print(classification_report(y_test, y_pred))
```

[2]:
```
              precision    recall  f1-score   support

           0       0.55      0.55      0.55        95
           1       0.67      0.67      0.67       129

    accuracy                           0.62       224
   macro avg       0.61      0.61      0.61       224
weighted avg       0.62      0.62      0.62       224
```

由於不同核函數產生的非線性超平面決策邊界也不一樣（見圖 3-4-6），要建構出具有良好效能的 SVM，選用適當的核函數相當關鍵，而這包括挑選核函數類型以及相關超參數。挑選核函數除了透過專家知識與經驗外，也可採用交叉驗證的方式，測試數個核函數並從中挑選誤差最小的。

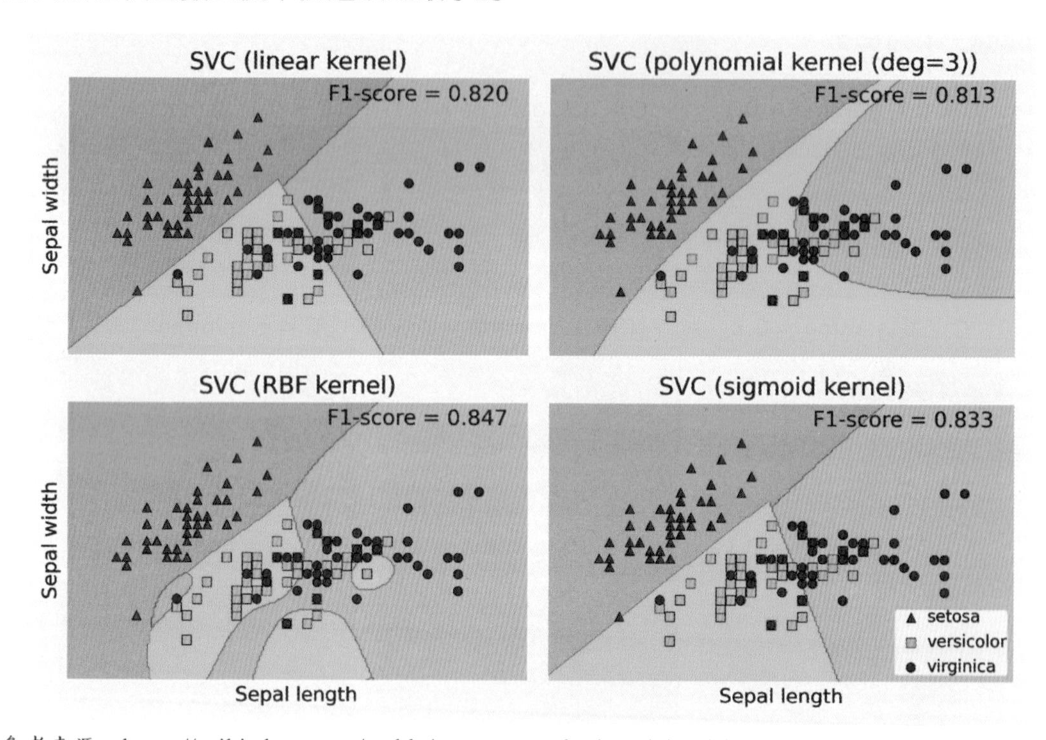

參考來源：https://scikit-learn.org/stable/auto_examples/svm/plot_iris_svc.html

圖 3-4-6 使用不同核函數 SVM 對鳶尾花的分類比較

除了核函數之外，使用 SVM 還有底下幾個要注意的地方：

- 跟邏輯斯迴歸一樣，SVC 也能輸出預測機率，但這個值並非某觀察值屬於某個類型的機率，而是透過交叉驗證所產生，因此會衍生出兩個問題。首先是交叉驗證過程會比單獨訓練模型需要更多運算時間，其次是產生的機率可能與預測類型不一致，以二元分類而言，觀察值可能被判定為類型 1 但其預測機率卻小於 0.5。

```
[3]:  1  # 未知寶可夢的屬性
      2  new_poke = [[120, 50, 80, 100, 150, 90]]
      3  new_poke_std = scale.transform(new_poke)
      4  # 預測是否有雙屬性
      5  print(svm.predict(new_poke_std))
      6  # 檢視預測機率
      7  svm.predict_proba(new_poke_std)
```

```
[3]: [1]
array([[0.44395336, 0.55604664]])
```

- 之前有提到用以分離數據點的超平面是由數量相對較少的支援向量所決定，因此支援向量對模型有重大的影響，移除任一個支援向量可能會大大改變超平面的樣貌，反之，拿掉非支援向量對模型的影響不大。

```
[4]:
1  # 查看支援向量
2  print('支援向量數目：', svm.support_vectors_.shape[0])
3  print('支援向量的索引值：', svm.support_[:5])
4  svm.support_vectors_[:2, :]
```

```
[4]: 支援向量數目： 592
支援向量的索引值： [ 3  4  5  6 10]
array([[-0.37405999, -0.47353542,  0.19932389, -0.2076741
,  0.31555353, -0.32148304],
       [ 0.60433716, -0.17166222, -0.12505553,
0.03957894,  1.59202932, -0.01581563]])
```

- 當類別數量差異甚多時，直接套用 SVM 可能會導致數量較少的類別被忽略掉，容易得到較差的 F1 分數，因此一個作法是對錯誤分類實施懲罰的超參數 C 乘上權重，也就是加重少量類別被分類錯誤的懲罰。圖 3-4-7 是模擬兩個類別的數據點，且類別數量相當不平衡，其中分布在右上角的綠色三角形類別數量顯然要少的多。在不考慮類別不平衡情況下，線性 SVM 模型得到 F1 分數為 0.182；但透過設定參數 class_weight = 'balanced' 可自動為每個類別加上權重，這使得 F1 分數增加到 0.519，且從決策邊界看起來對綠色三角形的分離相當理想。
- 在 Chapter 1 提到用來偵測異常值的非監督式方法 One-class SVM，使用 RBF 核支援向量機訓練正常樣本的特徵以產生一個決策邊界，而若新觀察值落在邊界外即視為異常，因此要小心調整用來控制決策邊界樣貌的超參數 gamma。
- 除了分類問題，SVM 也能延伸套用在迴歸問題，可使用 sklearn.svm import SVR 來實現，且用法與 SVC 類似，一樣可選用線性或非線性核函數。

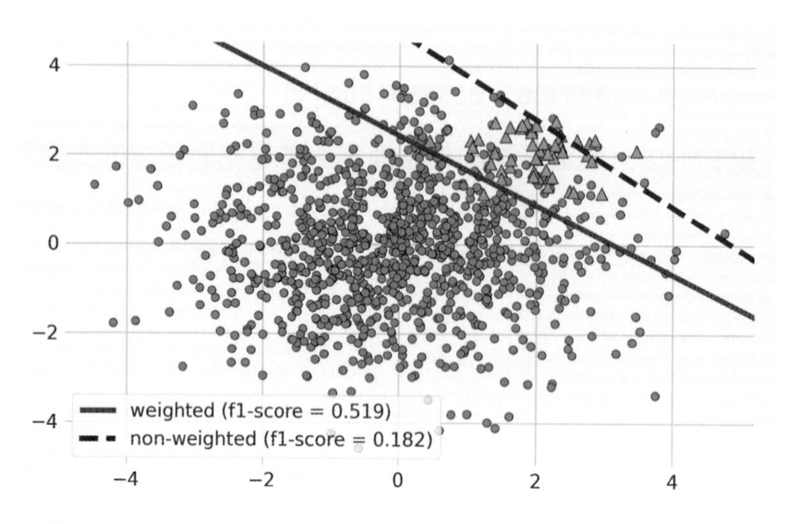

參考來源：https://scikit-learn.org/stable/auto_examples/svm/plot_separating_hyperplane_unbalanced.html

圖 3-4-7 類別數量不平衡時容易得到較差的效能

[5]:
```
1  df['Legendary'] = df['Legendary'].astype(int)
2  n_legend = df['Legendary'].sum()
3  n_not_legend = df.shape[0] - n_legend
4  print('數量比=> 神獸:非神獸 =
5                      {}:{}'.format(n_legend,n_not_legend))
```

[5]:
```
數量比=> 神獸:非神獸 = 79:815
```

[6]:
```
1  # 預測是否為神獸
2  X, y = df.loc[:, 'HP':'Speed'], df['Legendary']
3  X_train, X_test, y_train, y_test = train_test_split(X,
4  y, random_state=0)
5
6  scale = StandardScaler().fit(X_train)
7  X_train_std = scale.transform(X_train)
8  X_test_std = scale.transform(X_test)
9
10 svm = SVC(kernel='rbf')
11 svm.fit(X_train_std, y_train)
12 y_pred = svm.predict(X_test_std)
13 print(classification_report(y_test, y_pred))
```

[6]:
```
              precision    recall  f1-score   support

           0       0.92      0.98      0.95       197
           1       0.79      0.41      0.54        27
```

```
    accuracy                           0.92       224
   macro avg       0.85      0.70      0.74       224
weighted avg       0.91      0.92      0.90       224
```

```
[7]:  1  # 加上平衡類別的考量
      2  svm = SVC(kernel='rbf', class_weight='balanced')
      3  svm.fit(X_train_std, y_train)
      4  y_pred = svm.predict(X_test_std)
      5  print(classification_report(y_test, y_pred))
```

```
[7]:           precision    recall  f1-score   support

           0       0.99      0.92      0.95       197
           1       0.61      0.93      0.74        27

    accuracy                           0.92       224
   macro avg       0.80      0.92      0.84       224
weighted avg       0.94      0.92      0.93       224
```

3-5 樸素貝氏分類

貝氏定理（Bayes' theorem）是機率論中用來描述在已知條件下，發生某事件的機率，公式如下：

$$P(A|B)=\frac{P(B|A)P(A)}{P(B)}$$

其中 $P(A)$是事件 A 發生的機率，即所謂的先驗機率（prior probability）；$P(B)$是事件 B 發生的機率，也稱為邊際機率（marginal probability）；$P(B|A)$代表在事件 A 發生的條件下，B 事件發生的機率，亦即所謂的可能性（likelihood）；同理，$P(A|B)$是在事件 B 發生的前提下，A 事件發生的機率，也稱為後驗機率（posterior probability）。舉個簡單的例子，已知一門課的通過率為 80%（$P(A)$），這門課期中考的不及格率為 60%（$P(B)$），且在通過該門課的學生中僅有 10%期中考不及格（$P(B|A)$），則由貝氏定理可知期中成績不及格但最後通過這門課的機率為 $P(A|B) = (0.1\times 0.8)/0.5 = 16\%$。

樸素貝氏分類器（Native Bayes classifier）是一系列以假設獨立特徵下運用貝氏定理為基礎的簡單機率分類器，實務應用具有方法直覺、計算成本低以及分類結果穩

定等優點，因此在機器學習的應用相當廣泛。樸素貝氏分類器的式子如下，$P(x|y)$ 代表在已知類別 y 之下，樣本觀察值 x 出現的機率（這裡的 x 是特徵向量）。而就每一個觀察值 x 而言，具備最大後驗機率的類別 y 即為預測的分類類別。

$$P(y|x) = \frac{P(x|y)P(y)}{P(x)}$$

使用樸素貝氏分類器有兩點要注意。首先，我們要依據特徵類型（如連續型、類別型等）假設可能性的統計分布，常見的有高斯（Gaussian）、多項（multinomial）與伯努利（Bernoulli）分布。其次，樸素貝氏分類器假設每一特徵與其可能性皆為獨立，雖然不符合大部分的實務情況，但依然可以得到高品質的分類器。底下依三種特徵類型來探討單純貝氏分類器的使用方式。

1. 連續型特徵：對於這種特徵類型通常假設可能性 $P(x|y)$為常態分布，因此採用高斯樸素貝氏分類器（GaussianNB）進行類別的預測，而 scikit-learn 的實作也允許指定類別出現的先驗機率。範例程式如下：

[8]:
```
1  from sklearn.naive_bayes import GaussianNB
2  from sklearn.metrics import f1_score
3
4  clf = GaussianNB()
5  clf.fit(X_train, y_train)
6  y_pred = clf.predict(X_test)
7  print(f1_score(y_test, y_pred))
```

[8]:
```
0.6588235294117646
```

[9]:
```
1  # 未知寶可夢的屬性
2  new_poke = [[120, 50, 80, 100, 150, 90]]
3  print(clf.predict(new_poke_std))
```

[9]:
```
[0]
```

[10]:
```
1  # 假設類別的機率分布，預設為原始訓練數據的分布
2  clf = GaussianNB(priors=[0.4, 0.6])
3  clf.fit(X_train, y_train)
4  y_pred = clf.predict(X_test)
5  print(f1_score(y_test, y_pred))
```

[10]:
```
0.5416666666666667
```

2. 離散型特徵：對於離散型（如寶可夢的世代）或計數型（如文章的單字出現次數）特徵類型通常假設可能性呈多項分布，而實務上，多項樸素貝氏分類器（MultinomialNB）常用在以詞袋（bag-of-word）或詞頻-逆文件頻率（tf-idf）為基礎的文章分類，使用方式與高斯樸素貝氏分類器雷同，且先驗機率預設從數據內獲得，設定 fit_prior = False 可改採均勻分布（uniform distribution）。底下範例程式用來預測未知寶可夢所屬的世代：

```
[11]:  1  from sklearn.naive_bayes import MultinomialNB
       2
       3  X, y = df.loc[:, 'HP':'Speed'], df['Generation']
       4  clf = MultinomialNB().fit(X, y)
       5  print(clf.predict(new_poke))

[11]:  [2]
```

3. 二元型特徵：對於特徵僅有兩種狀態的類型可假設為伯努利分布，其實伯努利分布是多項分布的特殊情況，因此伯努利樸素貝氏分類器（BernoulliNB）在使用上與 MultinomialNB 類似，但前者只關注特徵為有/無兩種情況，而忽略出現次數。實務上，伯努利單純貝氏分類器常用在文章的分類，而經過獨熱編碼後也會有許多二元狀態的特徵，此時也可考慮使用。

樸素貝氏分類器在訓練數據與預測上的運算效能比之前討論的線性模型要好，且訓練過程容易理解，經常用來對付極度龐大的數據集，原因是它們獨立看待每個特徵並從中簡單地統計每個類別，以此學習模型參數。而在速度與簡便性的優勢下，所付出的代價是比起之前介紹的邏輯斯迴歸、支援向量機等線性分類器，單純貝氏分類器的分類效能較差。

在 scikit-learn 提供的三個不同樸素貝氏分類器中，GaussianNB 用以處理連續型尤其是非常高維度的數據，模型會儲存平均值以及每個類別每一個特徵的標準差；而 MultinomialNB 與 BernoulliNB 則大部分用在稀疏的計量資料上（如文件的分類），模型僅計算每個類別每一個特徵的平均值，且在處理大文件所產生的大量非零特徵時，MultinomialNB 的表現往往比較好。

此外，類似於正規化的超參數 C，MultinomialNB 與 BernoulliNB 也有加成性平滑超參數 alpha，預設值為 1，設定為 0 代表不做平滑處理。越大的 alpha 值代表越平滑，會產生較不複雜的模型，適當地調整 alpha 值有助於提高預測準確率。

3-6 決策樹

決策樹（decision tree）、隨機森林（random forest）等樹狀結構的監督式學習方法，不管是用於處理分類或迴歸問題都相當受到歡迎，一般認為的優點有：

- 模型容易理解且有良好的可解釋性（interpretability），能透過視覺化呈現用於決策過程的規則以進行分析。
- 能應付數據的多種狀況，例如能同時處理類別與數值型數據、能應對樣本特徵有遺漏值。
- 計算效能佳，即使面對大量數據仍能在相對短時間內得到不錯的預測效能。

儘管有這些優勢，在實務應用上最要注意的是過擬合的現象，這在本節與下一章皆會探討。在要介紹決策樹之前先來了解樹狀結構，如圖 3-6-1 所示，決策樹的樹狀結構有三種節點，包括最上面的根節點（root node）、中間的決策節點（decision node）以及末端的葉節點（leaf node）。除了根節點只有一個外，其餘兩種節點都能有多個；而除葉節點沒有往下延伸外，其餘兩種節點皆有往下連接兩個節點。一般而言，樹狀結構的節點可以往下一或超過兩個節點（當然不包括葉節點），但因為連結多過兩個節點可以由數個連結兩個節點的方式來替代，且若決策節點只往下連接一個節點意謂著該決策沒有效用，因此，實作上一般採用連接兩個節點的方式。

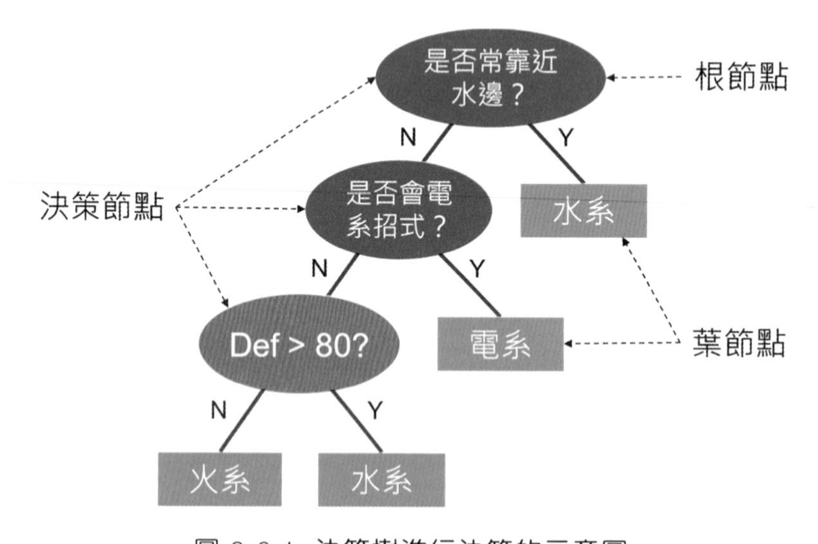

圖 3-6-1　決策樹進行決策的示意圖

圖 3-6-1 展示一個典型的決策樹模型用來區分寶可夢屬性的過程，針對一隻寶可夢，該決策樹首先詢問他是否常靠近水邊，若是則判斷為水系；若不是則繼續詢問是否

會電系招式，會的話就判定屬於電系；若不會電系招式就接著問防禦力是否大於 80，並依此預測為冰系或火系。由這個簡單的例子可以決策樹的幾個特性如下：

- 類別標籤（class label）：每個葉節點皆為一個類別標記，且類別標記也只會出現在葉節點。本例中共有三個屬性的類別標籤。
- 用以決策的問題：決策樹的基本原理即是透過詢問一系列問題來分離數據點，這些問題由數據的特徵自動建構出來，且不論特徵是數值還是類別型皆能在決策節點生成問題。而理想上會希望根據問答結果能盡量將某個類別分離開來，以本例而言就是期待經過一個決策節點後，能盡量確定是或不是某個屬性。
- 不同葉節點可能對應相同類別：雖說決策過程希望盡量能在通過一個決策節點（即一次發問）就完美分離出一個類別，但實務上往往要透過多個決策節點才能完全區分一個類別。從圖 3-6-1 可發現，經過第一個問題能分離部分水系寶可夢，而剩下的水系要再多問兩個問題才能確定。有趣的是，決策過程除了能顯示水系寶可夢的特性外，也能呈現不同特性下的數量比例。

3-6-1 資訊增益

決策樹模型的概念相當直觀，從樹的根節點開始，透過一系列問題進行 if/else 推導與分割數據集，直到所有數據點皆被分派到一個葉節點為止。事實上，決策樹是一種貪婪演算法（greedy algorithm），因為它在每個決策節點以最大化當下的目標函數為依據進行分割，而這個目標函數一般稱為「資訊增益」（Information Gain、IG）。由於每個決策節點 D_{curr} 之下有左、右兩個子節點（圖 3-6-1），因此可將該節點的資訊增益 $IG(D_{curr})$定義如下：

$$IG(D_{curr}) = I(D_{curr}) - \frac{N_{left}}{N_{curr}} I(D_{left}) - \frac{N_{right}}{N_{curr}} I(D_{right})$$

其中 $I(D_{curr})$代表目前節點的「不純度」（impurity）量測，而 N_{curr}、N_{left} 與 N_{right} 則分別為目前節點與其左、右子節點的樣本數量。由式子可看出，所謂的資訊增益是目前節點與其左右子節點不純度的差，兩個子節點的不純度加總越小，則資訊增益就越大。不純度又稱為分割條件（splitting criteria），對於一個節點的數據集 D，常見的不純度量測方法有吉尼係數（Gini coefficient）$I_G(D)$、熵（entropy）$I_H(D)$以及分類錯誤（classification error）$I_E(D)$，底下用一個簡單的例子來介紹這三個量測方式。

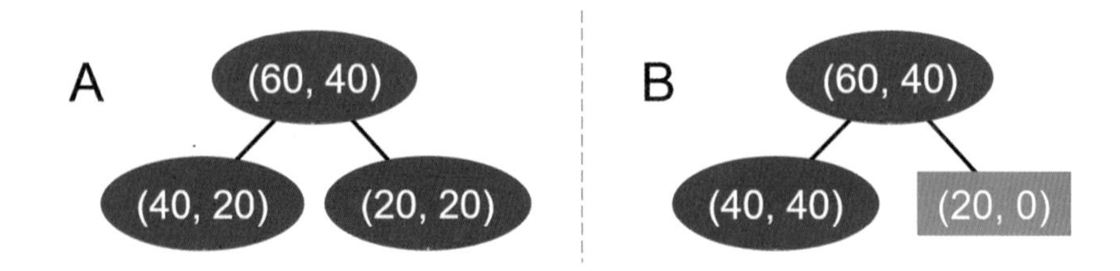

圖 3-6-2 兩種不同的數據及分割方式

在圖 3-6-2 中，簡單考慮根結點的數據集有兩個類別，樣本數分別為 60 與 40，左圖的 A 分割將整個數據集分到左、右兩個子節點裡，而左節點內的樣本數比為 40:20，右節點則都是 20；右圖 B 分割所切出來的左節點內共有 80 個樣本，且兩個類別一樣多，而右節點則只剩下第一個類別的 20 個樣本。這是兩種不同的分割方式，相比之下我們比較期望 B 分割的做法，因為它僅靠一個問題（一個決策節點）就分離出部分樣本所屬類別，雖然另一個節點還是有 80 個樣本混在一起，但整體而言問題被簡化了，計算量也相對降低。接著看上述三種不純度量測方法傾向哪種分割方式。

首先來看分類錯誤 $I_E(D)$，其定義如下，其中 $p(i|D)$代表某個節點 D 中屬於類別 i 的比例，而由式子可看出分類錯誤僅在意最大錯誤比例的類別。

$$I_E(D) = 1 - \max_{i \in class}\{p(i|D)\}$$

A	B
$I_E(D_{curr}) = 1 - \frac{60}{100} = 0.4$	
$I_E(D_{left}) = 1 - \frac{40}{60} = \frac{1}{3}$ $I_E(D_{right}) = 1 - \frac{20}{40} = 0.5$ $\Rightarrow IG_E = 0.4 - \frac{60}{100} \times \frac{1}{3} - \frac{40}{100} \times 0.5 = 0$	$I_E(D_{left}) = 1 - \frac{40}{80} = 0.5$ $I_E(D_{right}) = 1 - \frac{20}{20} = 0$ $\Rightarrow IG_E = 0.4 - \frac{80}{100} \times 0.5 - \frac{20}{100} \times 0 = 0$

在這個例子中，從分類錯誤的觀點來看，A 與 B 兩種分割方式對應相同的資訊增益（$IG_E = 0$），也就是說採用分類錯誤的不純度量測方式無法從這個範例中得到我們想要的分割方式。接著改用吉尼係數 $I_G(D)$看看，其定義如下。若一個節點內

的樣本類別是均勻分布（代入 $p(i|D) = 0.5$），則會得到吉尼係數的最大值，代表有最大的不純度；反之，若都屬於同一類別，則吉尼係數為 0。

$$I_G(D) = \sum_{i \in class} p(i|D)\left(1 - p(i|D)\right) = 1 - \sum_{i \in class} p(i|D)^2$$

A	B
$I_G(D_{curr}) = 1 - \left(0.6^2 + 0.4^2\right) = 0.48$	
$I_G(D_{left}) = 1 - \left(\left(\frac{2}{3}\right)^2 + \left(\frac{1}{3}\right)^2\right) = \frac{4}{9}$ $I_G(D_{right}) = 1 - \left(\left(\frac{1}{2}\right)^2 + \left(\frac{1}{2}\right)^2\right) = 0.5$ $\Rightarrow IG_G = 0.48 - \frac{60}{100} \times \frac{4}{9} - \frac{40}{100} \times \frac{1}{2} = 0.013$	$I_G(D_{left}) = 1 - \left(\left(\frac{1}{2}\right)^2 + \left(\frac{1}{2}\right)^2\right) = 0.5$ $I_G(D_{right}) = 1 - \left(1^2 + 0\right) = 0$ $\Rightarrow IG_E = 0.48 - \frac{80}{100} \times \frac{1}{2} - \frac{20}{100} \times 0 = 0.08$

對吉尼係數而言，兩種分割方式得到的資訊增益不一樣，且結果比較傾向分割 B，符合我們對這兩種分割方式的期待。最後一種是熵 $I_H(D)$，這是一種訊息量的量測，若節點內的樣本類別為均勻分布，會得到最大的熵，亦即不確定訊息量最大；反之，都屬於同一類別的話，那麼熵為 0。

$$I_H(D) = -\sum_{i \in class} p(i|D)\log_2 p(i|D)$$

A	B
$I_H(D_{curr}) = -\left(\frac{3}{5}\log\frac{3}{5} + \frac{2}{5}\log\frac{2}{5}\right) = 0.97$	
$I_H(D_{left}) = -\left(\frac{2}{3}\log\frac{2}{3} + \frac{1}{3}\log\frac{1}{3}\right) = 0.92$ $I_H(D_{right}) = -\left(\frac{1}{2}\log\frac{1}{2} + \frac{1}{2}\log\frac{1}{2}\right) = 1$ $\Rightarrow IG_G = 0.97 - \frac{60}{100} \times 0.92 - \frac{40}{100} \times 1 = 0.018$	$I_H(D_{left}) = -\left(\frac{1}{2}\log\frac{1}{2} + \frac{1}{2}\log\frac{1}{2}\right) = 1$ $I_H(D_{right}) = 0$ $\Rightarrow IG_E = 0.97 - \frac{80}{100} \times 1 - \frac{20}{100} \times 0 = 0.17$

由上可知，熵也會因為分割 B 的資訊增益較大而傾向這個作法。

在迭代過程中搭配不同資訊增益與不純度量測方式就產生不同的決策樹方法，例如 1986 年提出的 ID3（Iterative Dichotomiser 3）選擇熵減少程度最大的特徵來分割數據，接著再引入兩個新概念擴充為 C4.5 與 C5.0，而 scikit-learn 則是提供 CART（classification and regression tree），使用吉尼係數來挑選最好的數據分割方式，既能用於分類也可以用於迴歸。事實上，吉尼係數描述的純度概念與熵的含義相仿，兩者在實務上常常得到類似的結果，由圖 3-6-3 針對三種不純度量測做視覺化比較也可看出吉尼係數與正規化的熵相當接近。

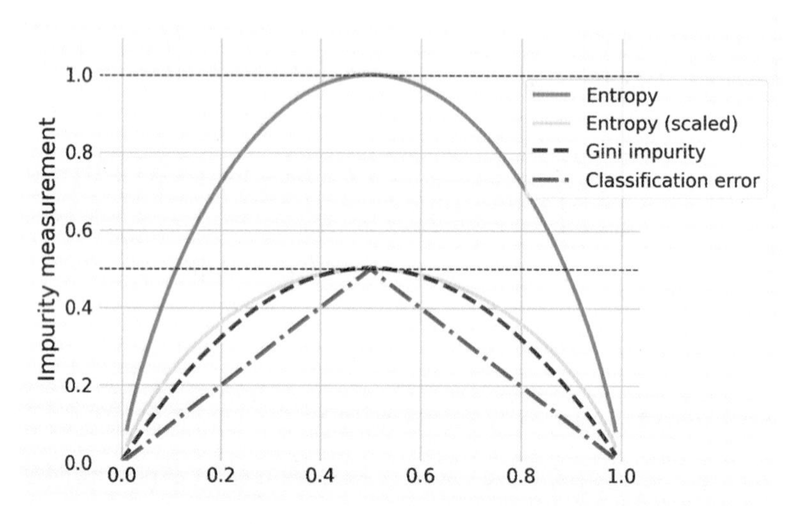

圖 3-6-3 針對某個類別視覺化三種不純度量測的比較

3-6-2 決策樹分類與迴歸

決策樹在建構的過程是在資訊增益最大化的原則下分割數據，如此不斷迭代直到所有樣本都有歸屬的類別為止。圖 3-6-4 是決策樹針對鳶尾花數據集兩兩特徵進行分類的視覺化呈現，可以發現決策樹透過劃分特徵空間以建構出複雜的矩形決策邊界，因此容易導致過擬合的訓練結果。這裡有個小地方要注意，儘管為了模型需求或視覺化目的常常先將特徵標準化，但對決策樹並不是必要的程序。圖 3-6-4 並沒有先做特徵標準化，得到的是決策樹典型垂直於縱軸與橫軸的決策邊界，且靠兩兩特徵的分類結果也都有相當高的準確率，疑似有過擬合的情況。接著，我們透過 sklearn.tree.DecisionTreeClassifier 來逐步建構決策樹，資訊增益可選擇熵與吉尼係數（預設值），而參數 max_depth 代表決策樹的最大高度，高度越大意謂著決策節點與分枝都越多，模型也就越複雜，容易產生過擬合，因此需小心設定這個參數並透過訓練與測試集好好觀察。

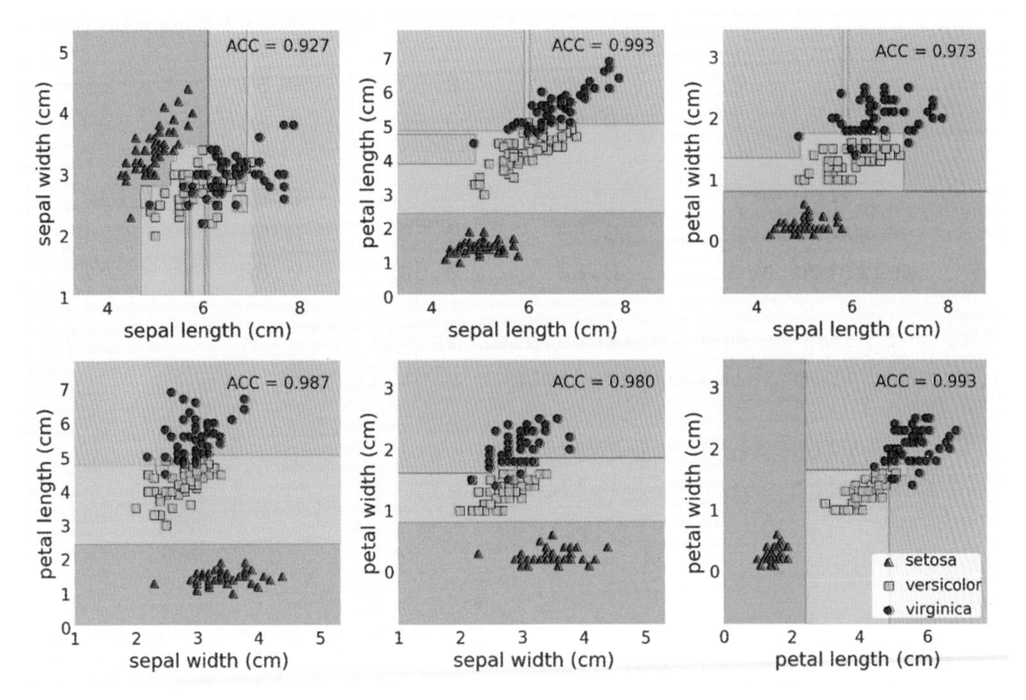

參考來源：https://scikit-learn.org/stable/auto_examples/tree/plot_iris_dtc.html

圖 3-6-4 決策樹對鳶尾花數據兩兩特徵的分類決策邊界

範例程式 **ex3-6_3-7.ipynb**

[1]:

```
1  import pandas as pd
2  from sklearn.model_selection import train_test_split
3  from sklearn.tree import DecisionTreeClassifier
4
5  df = pd.read_csv('Pokemon_894_13.csv')
6  df['hasType2'] = df['Type2'].notnull().astype(int)
7  X, y = df.loc[:, 'HP':'Speed'], df['hasType2']
8  X_train, X_test, y_train, y_test = train_test_split(X,
9  y,
10                                                     random_state=0)
11
12 # 建立決策樹分類器
13 clf = DecisionTreeClassifier(max_depth=3)
14 clf.fit(X_train, y_train)
15
16 from sklearn.metrics import classification_report
17 y_pred = clf.predict(X_test)
   print(classification_report(y_test, y_pred))
```

[1]:

```
              precision    recall  f1-score   support
```

```
           0       0.53      0.53      0.53        95
           1       0.65      0.66      0.66       129

    accuracy                           0.60       224
   macro avg       0.59      0.59      0.59       224
weighted avg       0.60      0.60      0.60       224
```

[2]:

```
1  import matplotlib.pyplot as plt
2  from sklearn.tree import plot_tree
3
4  plt.figure(dpi=100)
5  plot_tree(clf, filled=True);
```

[2]:

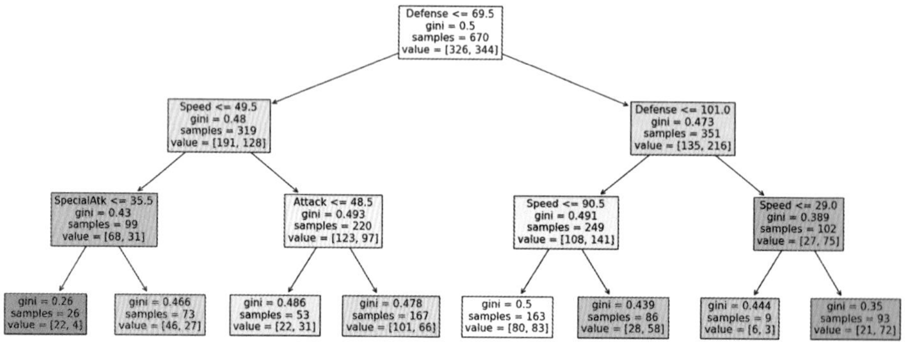

對於訓練完成的決策樹，可透過 sklearn.tree.plot_tree 視覺化呈現出來。由圖中可看到每一個決策點的吉尼係數、各類別樣本數、挑選的特徵以及分割條件等資訊。此外，也能用 Graphiz 格式將決策樹匯出，步驟如下：

1. 透過下列兩種方式之一安裝 graphiz 模組。

(1) pip install graphiz

(2) conda install python-graphviz

2. 安裝 Graphviz，這是一個免費工具，用來匯出 dot 格式（一種圖描述語言，用來描述樹狀結構）並將其轉換為圖形，最後以 PDF 檔輸出。

   (1) 下載網頁 https://graphviz.org/download/

(2) Windows 系統請安裝 graphviz-xxx-win32.msi

3. 若要輸出成圖檔，可安裝 pydotplus 模組。

```
[3]:  1  import graphviz
      2  from sklearn import tree
      3
      4  # 設定輸出格式
      5  dot_data = tree.export_graphviz(clf, out_file=None,
      6                      feature_names=X.columns,
      7                      class_names=['0', '1'],
      8                      filled=True, rounded=True,
      9                      special_characters=True)
     10  graph = graphviz.Source(dot_data)
     11  # 設定檔名
     12  graph.render("pokemon")
```

```
[3]:  'pokemon.pdf'
```

```
[4]:  1  from pydotplus import graph_from_dot_data
      2
      3  # 設定決策樹樹狀圖輸出格式
      4  graph = graph_from_dot_data(dot_data)
      5  # 輸出 .png 圖檔
      6  graph.write_png('tree.png')
      7  # 輸出 .pdf 檔
      8  graph.write_pdf('tree.pdf')
```

```
[4]:  True
```

此外，類似上一章的迴歸分析用迴歸係數反應特徵的重要性，決策樹模型以不純度為基礎也提供衡量特徵重要性的分數，底下是範例程式：

```
[5]:  1  import numpy as np
      2  plt.style.use('fivethirtyeight')
      3  # 取出特徵重要性與排序後的索引值
      4  idx = np.argsort(clf.feature_importances_)
      5  # 放置柱狀圖的橫軸位置
      6  tree_indices = np.arange(0,
      7                  len(clf.feature_importances_)) + 0.5
      8
      9  # 由小到大繪製特徵重要性的柱狀圖
     10  plt.bar(tree_indices, clf.feature_importances_[idx])
     11  plt.xticks(tree_indices, labels=X.columns[idx],
     12                                  fontsize=10)
     13  plt.xlim((0, len(clf.feature_importances_)))
```

[5]:

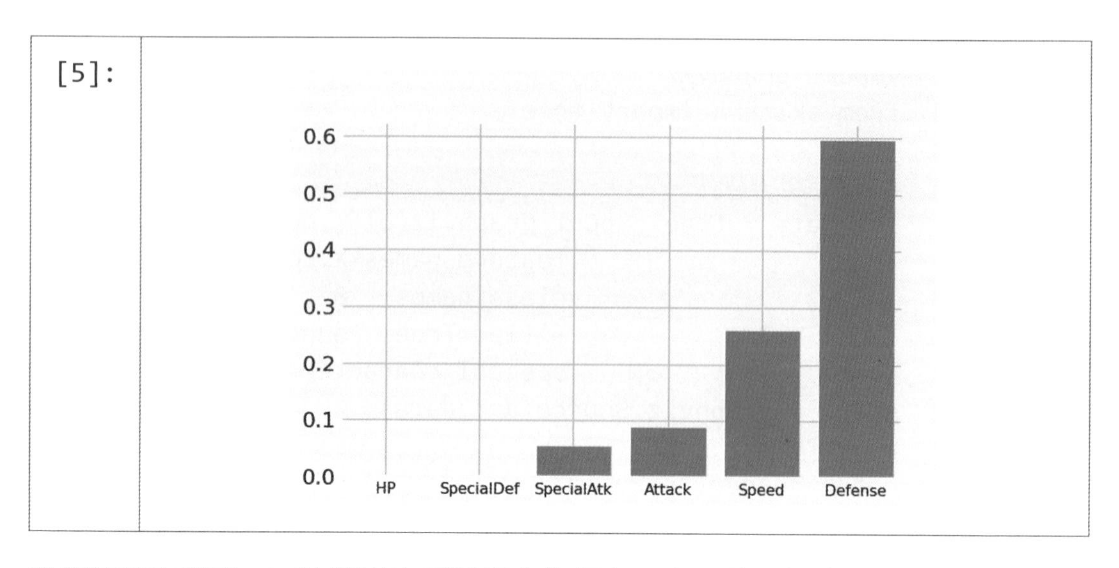

我們接著來探索一下決策樹容易過擬合的傾向，所謂的過擬合是指過於精確地擬合整個數據集（包含雜訊），以致於無法良好地調適其他數據或預測新的觀察值。我們透過一個小實驗來做觀察，做法是先把一張圖片轉成二維的數據特徵，並把每個像素值當成要分類的目標項。圖 3-6-5 中的皮卡丘圖片是從 pixabay 免費取得，大小為 640×640。我們將 x 與 y 座標值視為兩個特徵，而圖片經二值化後像素值只剩下 0 與 1，其中白色部分為 1，黑色部分為 0，這樣就成了兩個類別的分類問題；換言之，我們共有 409,600（= 640×640）筆樣本，每個樣本有兩個特徵以及一個類別項，且類別僅 0 與 1。這裡需注意，做為特徵的 x 與 y 座標值只是單純的連續整數，特徵本身並無太大意義，特徵間也難以討論相關性，即使是面對這樣的特徵關係，決策樹仍然能做好分類任務。

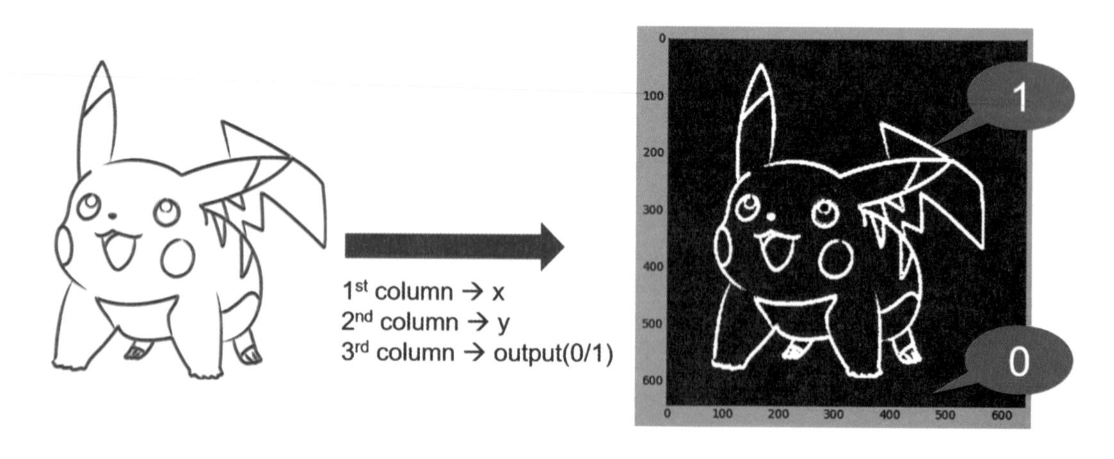

參考來源：https://pixabay.com/illustrations/metal-pikachu-pikachu-pokemon-2199684/

圖 3-6-5 將測試圖片（640×640）二值化

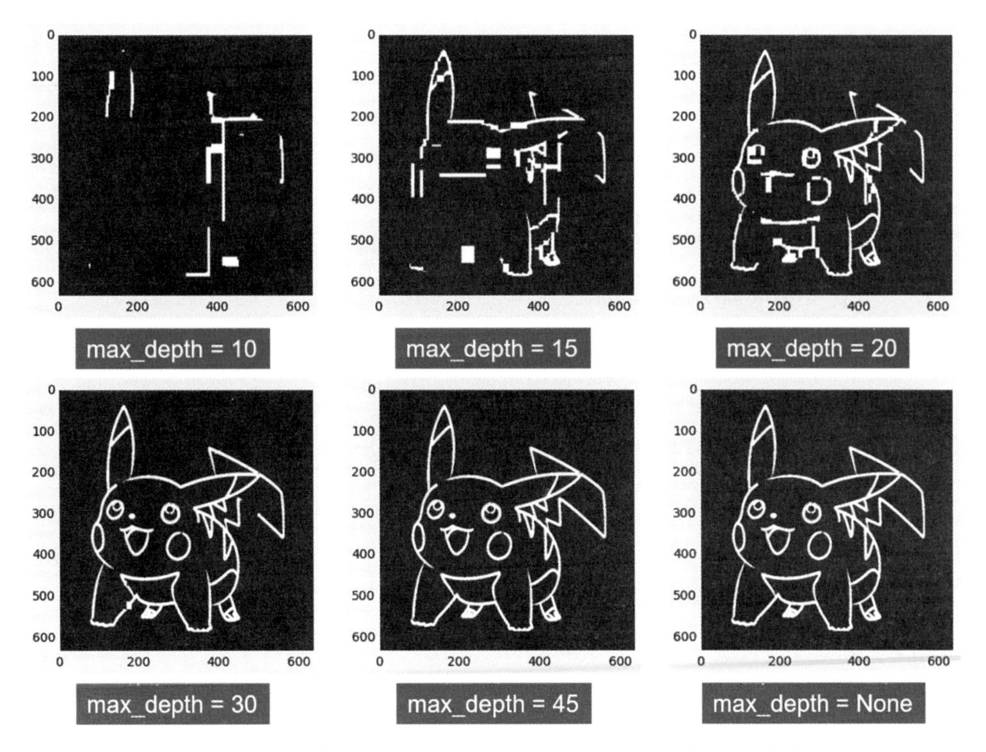

圖 3-6-6 以不同 max_depth 進行決策樹分類的比較

Scikit-learn 實作的決策樹模型主要靠底下兩個超參數來防止過擬合：

- min_samples_split（最小分割樣本數）：一個節點的最小分割樣本數，也就是說節點的樣本數若少於 min_samples_split 將不再進行分割，即此節點為葉節點。min_samples_split（預設值為 2）可以設定整數，也能是浮點數，後者以 ceil(min_samples_split * n_samples)的值做為最小分割條件。而這個參數的使用方式與 min_samples_leaf 一樣。
- max_depth（最大樹深度）：決策樹的最大深度，設定值為整數，而預設值是 None，代表這棵樹將一直成長直到所有葉節點內只剩下單一類別或是節點內的樣本數少於 min_samples_split。

在圖 3-6-6 中以決策樹的不同 max_depth 參數值設定，進行圖 3-6-5 的二元分類比較。可以看到當最大樹深度為 10 或 15 時，分類結果的圖片還看不出來外貌。當最大樹深度設定為 20 時，可以看見是皮可丘的外型，但仍有許多破碎不全的地方。接著當設定為 30 時，整個外型清楚可見，唯獨在細節部分仍有缺陷，比方說右前腳、尾巴處。當設定最大樹深度為 45 時，可以看到擬合的結果與原圖幾乎一樣，且與採用最大樹深度預設值得到的分類結果也相仿。從這個小實驗可以看到設定太大的樹深度或採取預設值都容易讓模型完全記住訓練數據，除了產生一個相當複雜的模型，也很可能影響接下來的預測效能。

在決策樹建模過程中也有兩個策略可避免過擬合，一是預修剪（pre-pruning），也就是提早停止樹的生長；另一個是後修剪（post-pruning），亦即讓樹生長完成後再移除一些節點。預修剪可透過上述兩個超參數，或者用 min_weight_fraction_leaf 考慮在葉節點所有樣本權重總和的最小加權比。而後修剪則是透過 ccp_alpha 超參數來達成，這個參數是非負的浮點數，代表挑選預修剪子樹的最大成本要低於該參數。因此，ccp_alpha 越大會增加修剪掉的節點數量。底下是範例程式：

```
[6]:  1  # 參考來源 https://scikit-learn.org/stable/
      2    auto_examples/tree/plot_cost_complexity_pruning.html
      3  clf = DecisionTreeClassifier()
      4  # 依最小成本修剪方式計算修剪過程
      5  path = clf.cost_complexity_pruning_path(X_train,
      6                                          y_train)
      7  # 回傳修剪過程的有效 alpha 值
      8  ccp_alphas = path.ccp_alphas
      9
     10  clfs = []
     11  for ccp_alpha in ccp_alphas:
     12      clf = DecisionTreeClassifier(ccp_alpha=ccp_alpha)
     13      clf.fit(X_train, y_train)
     14      clfs.append(clf)
     15  # 過濾掉最後只剩一個節點的決策樹
     16  clfs = clfs[:-1]
     17  ccp_alphas = ccp_alphas[:-1]
     18
     19  node_counts = [clf.tree_.node_count for clf in clfs]
     20  depth = [clf.tree_.max_depth for clf in clfs]
     21  fig, ax = plt.subplots(2, 1, figsize=(10, 8))
     22  ax[0].plot(ccp_alphas, node_counts, marker='o', lw=1,
     23                          drawstyle="steps-post")
     24  ax[0].set_xlabel("alpha")
     25  ax[0].set_ylabel("number of nodes")
     26  ax[0].set_title("Number of nodes vs alpha")
     27  ax[1].plot(ccp_alphas, depth, marker='o', lw=1,
     28                          drawstyle="steps-post")
     29  ax[1].set_xlabel("alpha")
     30  ax[1].set_ylabel("depth of tree")
     31  ax[1].set_title("Depth vs alpha")
     32  fig.tight_layout()
```

[6]:

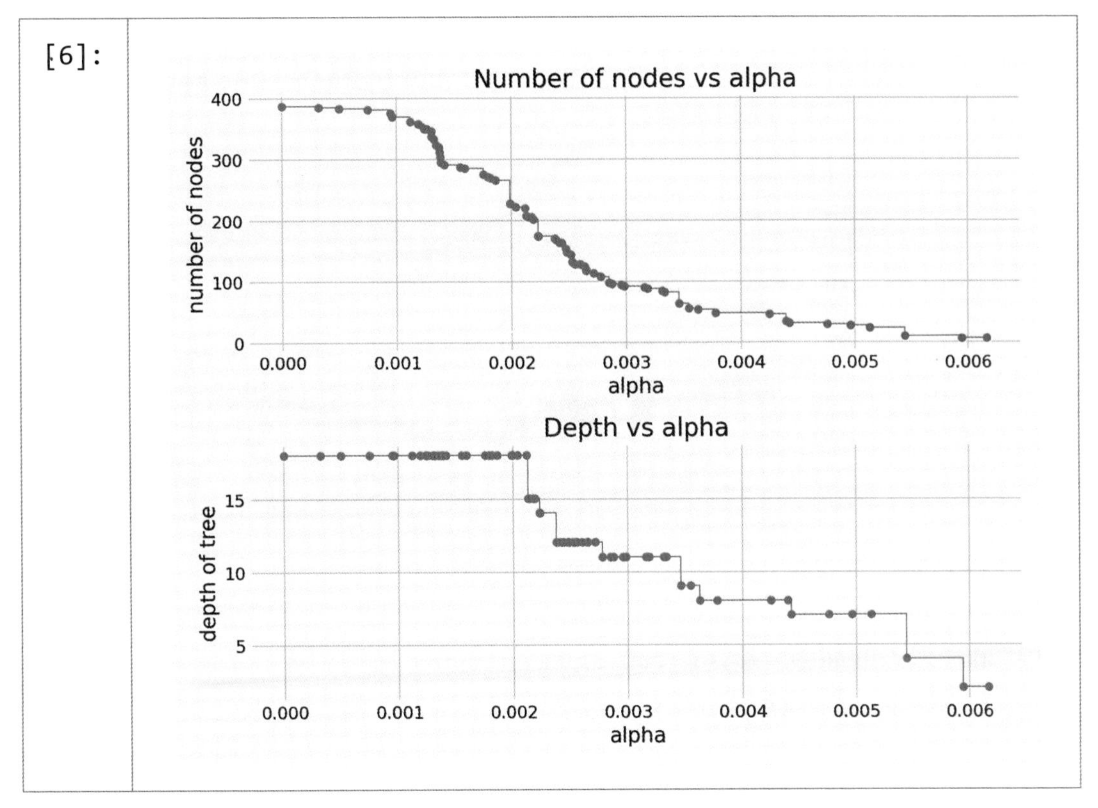

由上圖的執行結果能看到隨著 ccp_alpha 變大，節點個數與樹的深度皆越來越小，當 ccp_alpha 為 0.02287 時只剩下一個內含 3 個樣本的節點。接著，我們觀察訓練與測試集在不同 ccp_alpha 下的準確率變化。

[7]:

```
1  train_scores = [clf.score(X_train, y_train) for clf in
2                                                      clfs]
3  test_scores = [clf.score(X_test, y_test) for clf in clfs]
4
5  fig, ax = plt.subplots(figsize=(8, 5))
6  ax.set_xlabel("alpha")
7  ax.set_ylabel("Accuracy")
8  ax.set_title("Accuracy vs alpha for training and testing
9                                                   sets")
10 ax.plot(ccp_alphas, train_scores, marker='o',
11              label="train", drawstyle="steps-post")
12 ax.plot(ccp_alphas, test_scores, marker='o',
13              label="test", drawstyle="steps-post")
14 ax.legend()
15 fig.tight_layout()
```

[7]:

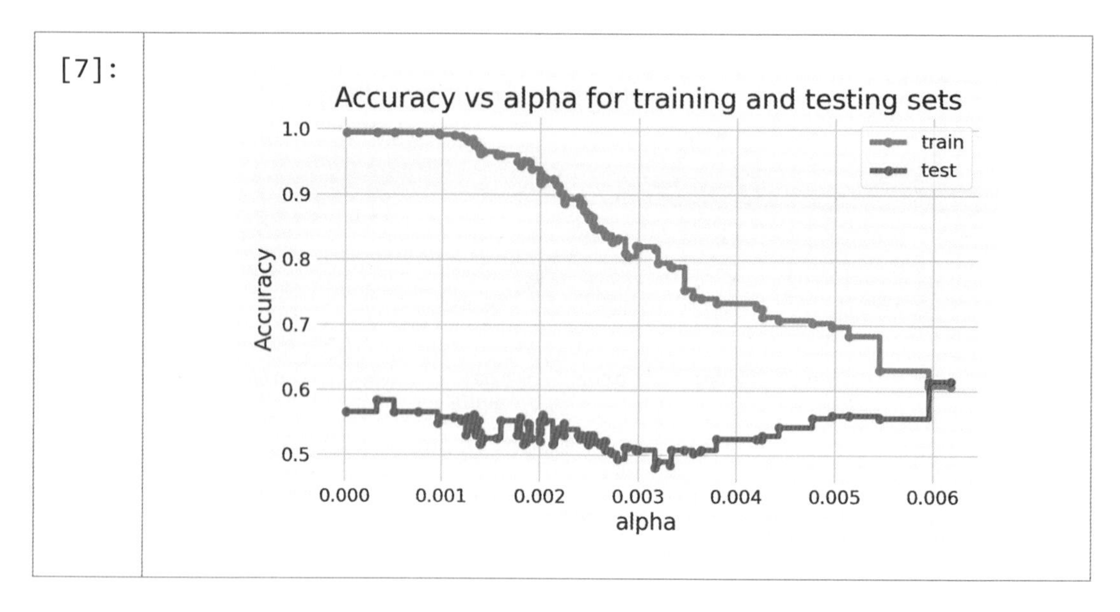

雖然隨著 ccp_alpha 增大，訓練集的準確率反而越來越低，但是測試集的準確率呈現先變低後漸升的曲線，最終在 ccp_alpha = 0.00617 時達到最高準確率 0.616。由本例可知道適度地修剪決策樹有利於改善過擬合情況，得到較好的預測效能。

另一方面，決策樹模型也能用來處理迴歸問題，其運作情形與決策樹分類雷同，不過並非使用吉尼係數或熵來評估資訊增益。在 scikit-learn 中，決策樹迴歸使用 DecisionTreeRegressor，預設採用 MSE 作為分割品質的量測。圖 3-6-7 是在正弦函數添加一些隨機點形成的模擬數據上進行迴歸，由圖中可發現決策樹迴歸的結果呈現階梯狀。與線性迴歸相比，決策樹迴歸的擬合效果較好，且隨著 max_depth 越大得到越小的 MSE，但要注意過於複雜的決策樹模型會嘗試記住雜訊點。

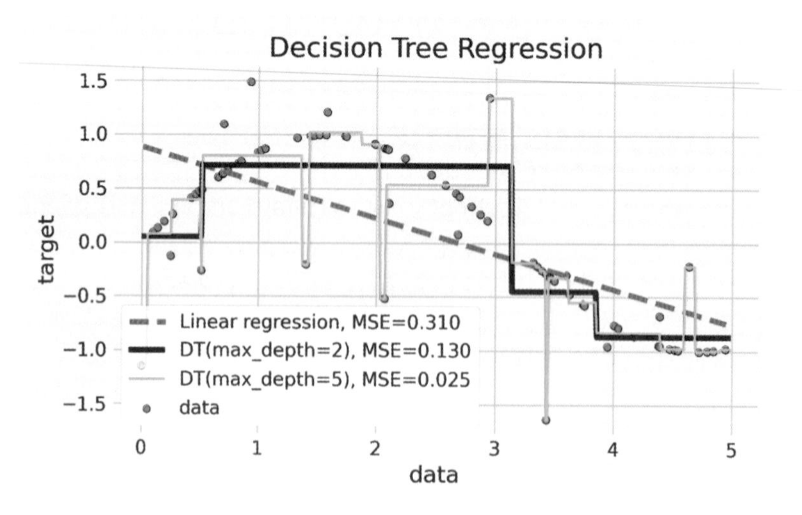

參考來源：https://scikit-learn.org/stable/auto_examples/tree/plot_tree_regression.html

圖 3-6-7 針對模擬數據進行決策樹迴歸

3-6-3 整合多棵決策樹：隨機森林

如同前一小節所看到的，決策樹模型雖然好用，但有個常見的缺點是容易過度擬合訓練數據，取而代之的作法是採用隨機森林（random forest）。概念是每棵決策樹可能給出不錯的預測，但傾向過度擬合部分數據，因此透過建立多棵優質的決策樹，且大家過擬合的方式不同，再平均多個預測結果藉以緩和過擬合的影響。隨機森林的精神即在於降低過擬合的同時，也能保有樹的預測效能，所以建立的多棵決策樹除了要有良好的預測效能外，也引入隨機性讓每棵樹有所差異，以建構出更強健的模型。一般來說，隨機森林的建構過程可簡單歸納如下：

1. 從訓練樣本中採用取後放回抽樣（sampling with replacement）隨機挑選部分樣本，產生一個隨機自助（bootstrap）樣本集。
2. 對自助樣本集建構決策樹，且在每一個節點：
   (1) 採用取後不放回抽樣（sampling without replacement）隨機挑選部分特徵
   (2) 透過上述特徵尋找最大化資訊增益的節點分割方式
3. 重複上述兩個步驟數次，每次建立一棵決策樹。
4. 每棵決策樹皆產出預測結果，且依問題種類整合結果後輸出：
   (1) 分類問題可用多數決（majority voting）來判定最終的類別標籤
   (2) 迴歸問題可簡單改用平均值

實務上相較於決策樹，隨機森林的優勢在於不用太擔心過擬合問題，且通常也不用修剪機制，因為個別決策樹的雜訊不容易影響整合後的結果，然而，這些方便背後付出的代價是隨機森林在解釋性上不如決策樹。

可以想見的是決策樹與隨機森林有類似的運作方式，也會有許多共通的超參數，但 scikit-learn 實作的隨機森林分類器 RandomForestClassifier 還是有一些對應上述步驟的特有參數。首先，max_samples 對應到上述步驟 1 所挑選的最大樣本數，可選擇固定的整數值，也可設定樣本數的比例，預設值是所有樣本數。減少樣本數有助於提升單一決策樹的多樣性，降低過擬合的影響，可是也容易導致整體的預測性能較差；反之，增加樣本數會得到相似的決策樹，同時也增加過擬合的風險。預設值為所有樣本數且用取後放回的抽樣方式，目的在於平衡預測結果的偏差與變異性。

其次，max_features 是在步驟 2 的最大挑選特徵數，提供的選項有特徵數量、特徵百分比、特徵數開根號以及特徵數取對數，而預設值是取特徵數的平方根。最後，

n_estimators 則是步驟 3 的決策樹數量，通常產生越多棵決策樹會讓隨機森林的效能越好，但同時也會增加計算成本（可加上 n_jobs = -1 設定使用多核心進行平行運算），預設是產生 100 棵。此外，由於隨機森林是集成（ensemble）方法（於 Chapter 6 在討論）的一種，因此在匯入時要特別注意，底下是範例程式：

```
[8]:  1  from sklearn.ensemble import RandomForestClassifier
      2
      3  clf = RandomForestClassifier(max_depth=3, n_jobs=-1)
      4  clf.fit(X_train, y_train)
      5  y_pred = clf.predict(X_test)
      6  print(classification_report(y_test, y_pred))
```

```
[8]:
              precision    recall  f1-score   support

           0       0.53      0.57      0.55        95
           1       0.66      0.63      0.65       129

    accuracy                           0.60       224
   macro avg       0.60      0.60      0.60       224
weighted avg       0.61      0.60      0.60       224
```

由於隨機森林是由多棵決策樹組成，因此難以直觀地將隨機森林模型視覺化呈現，需透過其他方式來了解模型。與決策樹相同，隨機森林也能提供特徵的重要性量測，而若一個作為分割條件的特徵會讓不純度的平均值下降越多，則會被視為更重要的特徵。Scikit-learn 搭配特徵重要性提供 SelectFromModel 方法，用來選出重要性大於某個門檻值的特徵，也就是進行特徵維度縮減，接著可用這些挑選出來的特徵來訓練模型。實務上，關於特徵重要性有兩點要注意。首先是我們通常會對名目類別特徵進行獨熱編碼，進而得到一堆二元特徵，如此會稀釋特徵重要性。其次，高相關性特徵的重要性會被指定到一個特徵上，而不會平均分散到這些特徵，如此容易讓解釋有所偏頗。底下是範例程式：

```
[9]:  1  importances = clf.feature_importances_
      2  std = np.std([t.feature_importances_ for t in
      3                                  clf.estimators_],
      4  axis=0)
      5  idx = np.argsort(importances)[::-1]
      6
      7  plt.title("Feature importances")
      8  plt.bar(range(X.shape[1]), importances[idx],
      9          yerr=std[idx], align="center")
```

```
10  plt.xticks(range(X.shape[1]), labels=X.columns[idx])
11  plt.xlim([-1, X.shape[1]])
    plt.ylim([0, 0.6])
```

[9]:

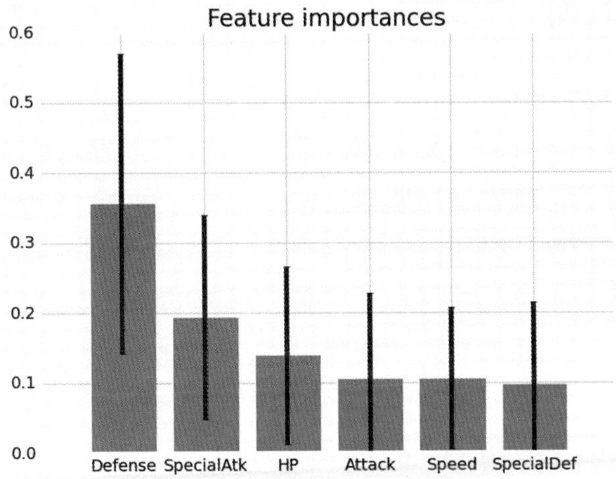

Feature importances

0.6
0.5
0.4
0.3
0.2
0.1
0.0
Defense SpecialAtk HP Attack Speed SpecialDef

[10]:

```
1   from sklearn.feature_selection import SelectFromModel
2
3   # 建立特徵選取器，門檻值預設為重要性的平均值
4   selector = SelectFromModel(clf)
5   selector.fit(X_train, y_train)
6   print('門檻值 =', selector.threshold_)
7   print('特徵遮罩：', selector.get_support())
8
9   # 選出新特徵，重新訓練隨機森林
10  X_train_new = selector.transform(X_train)
11  clf.fit(X_train_new, y_train)
12
13  X_test_new = selector.transform(X_test)
14  y_pred = clf.predict(X_test_new)
15  print(classification_report(y_test, y_pred))
```

[10]:

```
門檻值 = 0.16666666666666666
特徵遮罩： [False False  True  True False False]
              precision    recall  f1-score   support

           0       0.52      0.62      0.56        95
           1       0.67      0.57      0.62       129

    accuracy                           0.59       224
```

```
   macro avg       0.60      0.60      0.59       224
weighted avg       0.61      0.59      0.60       224
```

3-7 K 最近鄰

K 最近鄰（k-nearest neighbor、K-NN）是監督式機器學習中使用最普遍，也最簡單的預測模型之一。針對分類問題來說，K-NN 分類器會將一個觀察值的類別指定為他周圍 k 個鄰近的觀察值所屬類別最多的那一個，依靠的是所謂「物以類聚」的道理，即鄰近觀察值的性質接近。以圖 3-7-1 為例，圖中有已知的兩個類別，分別為火系（紅色三角形）與水系（藍色圓形），而中間是一個新的觀察值（黃色星星）。假如我們給定 $k = 3$，也就是挑 3 個最近鄰，那麼新觀察值的類別會被指定為水系，因為 3 個近鄰中有 2 個屬於水系；若設定 $k = 6$，則挑選的 6 個最近鄰中有 4 個為火系，那麼新觀察值就被認定為火系。

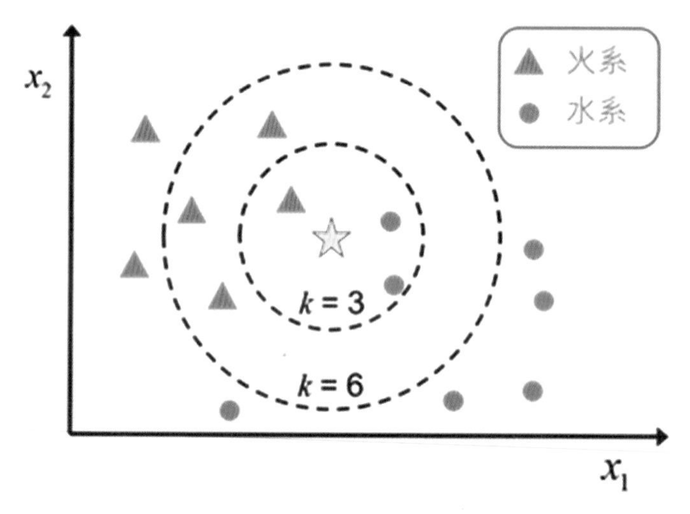

圖 3-7-1 K-NN 分類示意圖

K-NN 在本質上與我們討論的目前為止的機器學習方法不同，之前的方法大都嘗試從整個數據集裡找出某種對預測有用的關聯性與模式，而 K-NN 則忽略大量資訊，只仰賴少數鄰近點來做判斷。K-NN 屬於惰性學習器（lazy learner）的一種，所謂的惰性是指 K-NN 不會從訓練數據集中學習出判別函數，而是把訓練數據集記憶起來。此外，K-NN 不需要數學或統計上的假設，也沒有過於複雜的處理機制，因此也常被歸類為一種無母數（nonparametric）模型。底下兩項為 K-NN 的基本要求：

- 距離度量（distance metric）方式，如常見的歐氏距離（Euclidean distance）。

- 假設距離相近的數據點有類似的性質。

Scikit-learn 提供的 K-NN 分類器是 KNeighborsClassifier，而實作的距離度量預設為閔可夫斯基距離（Minkowski distance），公式如下：

$$dist(x^i, x^j) = \left(\sum_{k=1}^{n} \left| x_k^i - x_k^j \right|^p \right)^{1/p}$$

其中 x^i 與 x^j 是兩個要計算距離的數據點，而 p 是超參數。若 $p = 1$ 則為曼哈頓距離（Manhattan distance），而當 $p = 2$（預設值）則為歐式距離。除這兩種外，也可以自行撰寫或是透過 sklearn.neighbors.DistanceMetric 使用其他距離度量。順帶一提，在使用距離度量之前要先將特徵標準化，使其尺度一致避免造成偏差（如兩特徵分別是血量與捕捉率）。底下的範例展示如何從給定的觀察值中找出 k 個近鄰：

[11]:
```
1  from sklearn.neighbors import NearestNeighbors
2  from sklearn.preprocessing import StandardScaler
3
4  # 特徵標準化
5  scale = StandardScaler().fit(X_train)
6  X_train_std = scale.transform(X_train)
7  # 建立最近鄰模型
8  neighbors =
9  NearestNeighbors(n_neighbors=3).fit(X_train_std)
10
11 # 未知寶可夢的屬性
12 new_poke = [[120, 50, 80, 100, 150, 90]]
13 new_poke_std = scale.transform(new_poke)
14
15 # 取出最近鄰的距離與索引值
16 dist, idx = neighbors.kneighbors(new_poke_std)
17 for d, i in enumerate(idx.ravel()):
18     print(df.iloc[i, 1], np.array(X_train.iloc[i, :]),
19           '，標準化後的距離 = %.3f'% dist[0][d])
```

[11]:
```
小磁怪 [100  77  77 128 128  90] ，標準化後的距離 = 1.623
幼基拉斯 [109  53  47 127 131 103] ，標準化後的距離 = 1.642
蚊香蝌蚪 [ 95  65  65 110 130  60] ，標準化後的距離 = 1.730
```

K-NN 的運作過程相當簡單，可用以下步驟做說明：

1. 選擇一個距離度量與整數 k 值。

2. 找出觀察值的 k 個近鄰。

3. 依多數決投票指定類別標籤。

    (1) 當票數相同時，scikit-learn 實作的 K-NN 會指定與觀察值最近的類別。

(2) 若有多個最近鄰樣本與觀察值等距，則選擇最先找到的樣本類別。

```
[12]:   1  from sklearn.neighbors import KNeighborsClassifier
        2
        3  # 建立 K-NN 分類器，預設 k=5
        4  knn = KNeighborsClassifier(n_jobs=-1)
        5  knn.fit(X_train_std, y_train)
        6  # 輸出預測結果
        7  print(knn.predict(new_poke_std))
        8  # 輸出預測結果的機率
        9  print(knn.predict_proba(new_poke_std))
```

```
[12]:  [0]
       [[0.6 0.4]]
```

對 KNeighborsClassifier 來說，底下這些參數值得進一步討論：

- 鄰近點的數量 n_neighbors：這個參數就是 K-NN 的 k 值，由圖 3-7-1 可知這個值的大小會直接影響 K-NN 的效能，設定合適的 k 值才能在預測結果的偏差與變異中取得平衡點（見圖 3-7-2）。下一章會討論透過交叉驗證以及網格搜尋（grid search）的方式來挑選。
- 鄰近點的權重 weights：鄰近點在投票時，預設情況是每個點一票且每票等值。若我們設定 weights = 'distance'，則越接近觀察值的鄰近點就擁有越高的投票權重。這作法直覺上很合理，因為越靠近觀察值的樣本應該有越大的影響。圖 3-7-2 比較 K-NN 在不同參數設定下對鳶尾花數據的分類結果，可以發現當權重設定是均勻時（亦即所有鄰近點的權重都一樣），分類結果隨著 k 值有較大變化；反觀採用距離為權重時，雖然不同 k 值得到的決策邊界不一樣，但整體分類效能的準確率相當穩定且也優於均勻權重的結果。

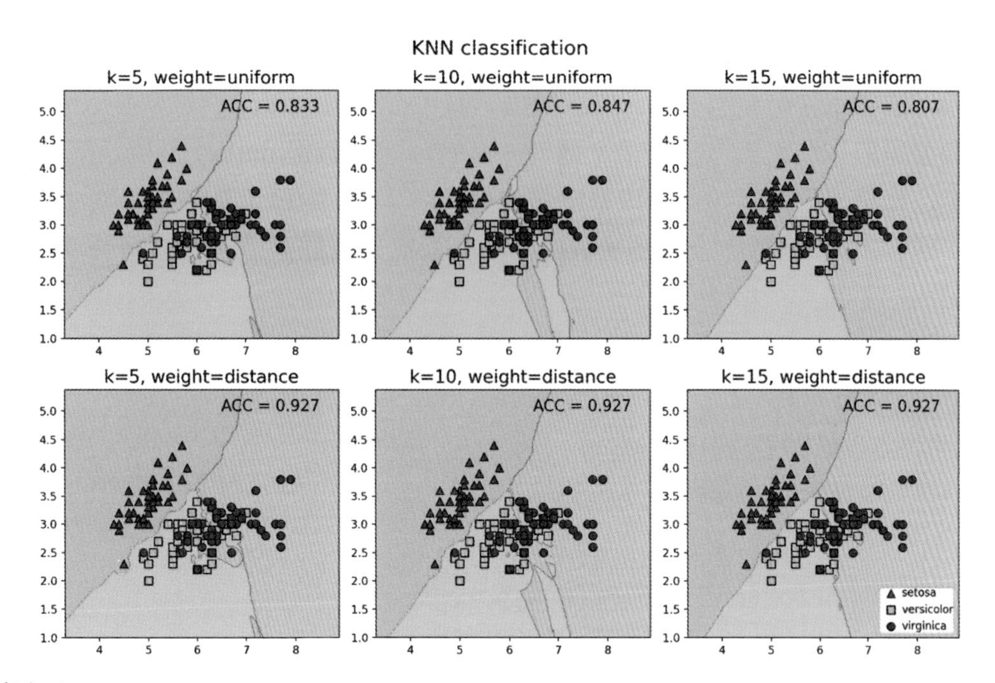

參考來源：https://scikit-learn.org/stable/auto_examples/neighbors/plot_classification.html

圖 3-7-2 KNN 採用不同參數對鳶尾花數據的分類結果

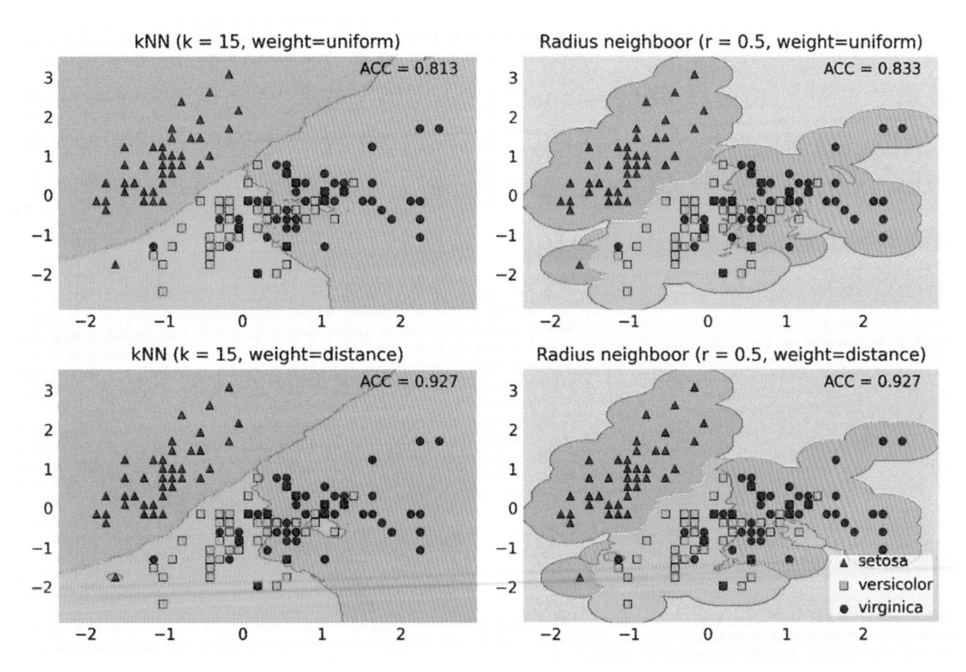

參考來源：https://scikit-learn.org/stable/auto_examples/neighbors/plot_classification.html

圖 3-7-3 KNN 與半徑鄰比較

前面的 K-NN 分類器以觀察值鄰近 k 個樣本的類別來做預測，而另一個思維是以觀察值一定距離 r 內的所有樣本類別做為參考，這就形成半徑鄰(radius neighbor)

分類器。可透過 sklearn.neighbors.RadiusNeighborsClassifier 進行半徑鄰分類，其參數與用法跟 KNeighborsClassifier 類似，其中超參數 radius 對應到距離 r，通常透過模型選取過程挑出合適的值。還有一個有趣的參數是 outlier_label，可用來標定在半徑範圍以外的樣本，藉以找出離群值。圖 3-7-3 中標示為灰色區域的部分即是以半徑 $r = 0.5$ 範圍內沒有訓練數據的點，而如果新觀察值落在這個區域即視為離群點。

```
[13]:  1  from sklearn import neighbors
       2
       3  # 建立半徑鄰分類器，設定離群值類別為 2
       4  rn = neighbors.RadiusNeighborsClassifier(radius=2,
       5                                            outlier_label=2)
       6  rn.fit(X_train_std, y_train)
       7  print(rn.predict(new_poke_std))
       8  print(rn.predict_proba(new_poke_std))

[13]:  [0]
       [[0.57142857 0.42857143]]
```

此外，Chapter 1 在談論對類別型數據進行獨熱編碼有提到編碼後的高維度向量容易引發維度災難（curse of dimensionality），導致分布於特徵空間的數據點過於稀疏，大大提升獲得統計顯著性推論的難度。而直觀來看，高維度空間使得每個點彼此之間遠近關係的差別變得很不明顯，透過圖 3-7-4 可簡單觀察這個現象。圖中在 1 到 100 的每個維度皆產生 10,000 個模擬數據點，其特徵皆為 0 到 1 之間的亂數，並計算這些數據點的最小及平均距離。可以發現隨著維度上升，數據點間的最小與平均距離也逐漸增加，甚至是最小與平均距離的比值也隨之上升。維度災難讓即使是鄰近點也因為相距甚遠而降低相似性質，容易讓 K-NN 的效能下降。

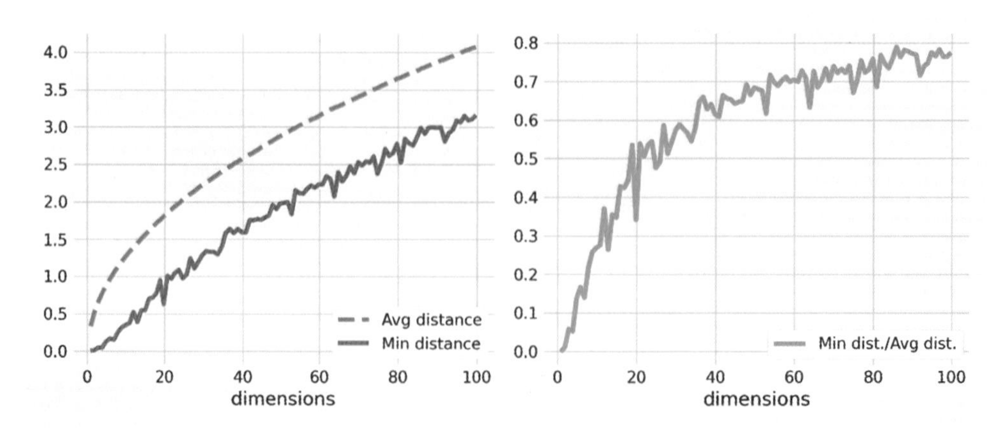

圖 3-7-4 在不同維度下模擬數據點間的距離表現

針對數個常見的分類器，scikit-learn 利用三組模擬數據進行分類結果的比較（見圖 3-7-5），主要在呈現不同分類器所形成的決策邊界。然而，對這個視覺化結果應持保留態度，不可全盤套用到真實數據上，特別是在高維度空間的數據容易被線性分離，因此像簡單貝氏或線性支援向量機可能會有較佳的分類效能。

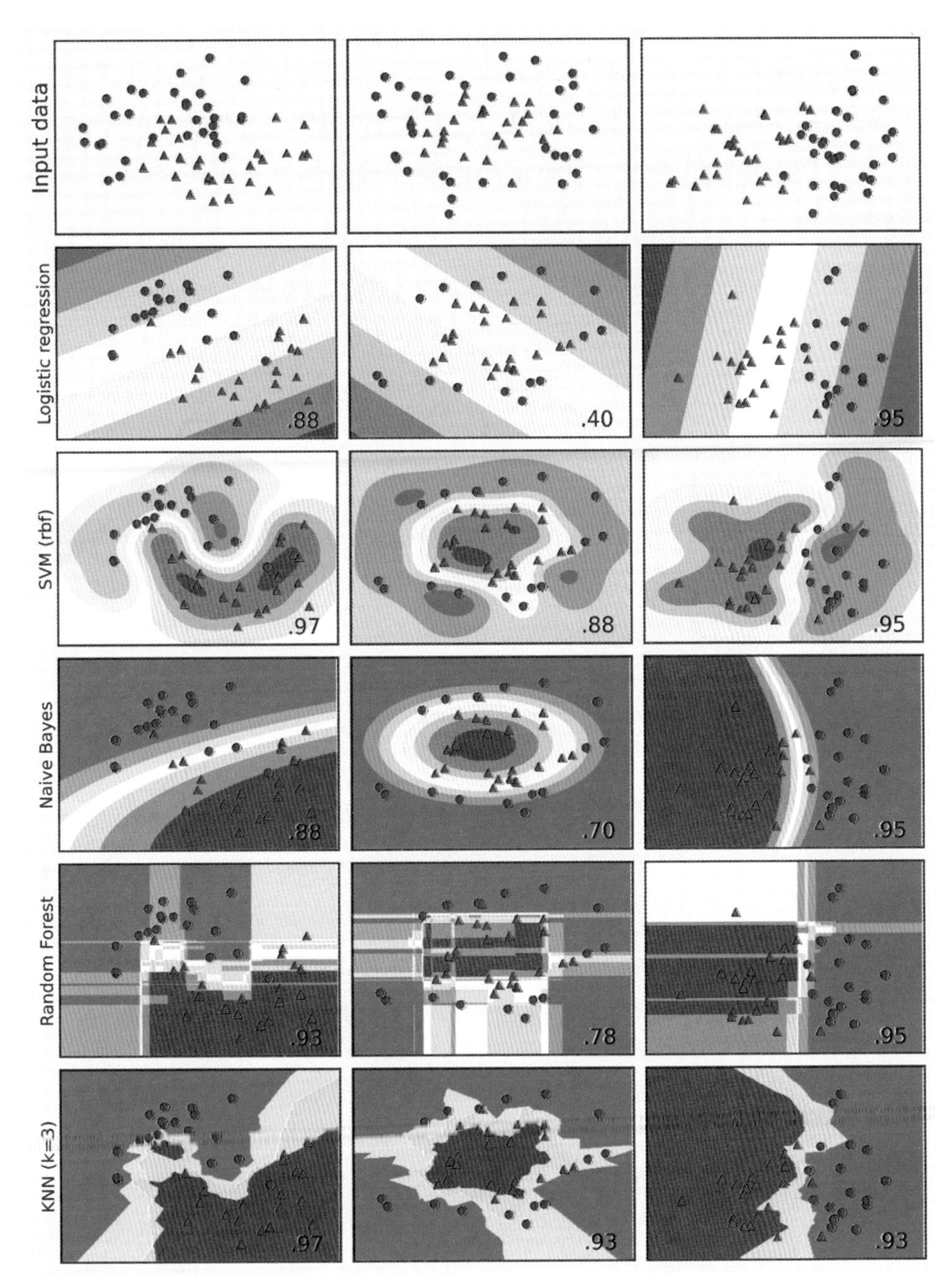

參考來源：https://scikit-learn.org/stable/auto_examples/classification/plot_classifier_comparison.html

圖 3-7-5 各種分類器的決策邊界比較，這裡的三組模擬數據由左到右依序為雙半月型、同心圓型與線性可分型，且切割成訓練集（最上面一排）與測試集

與大多數分類器一樣，在面對目標項是連續型的迴歸問題時，也能使用 K-NN 迴歸器來處理，此時會對圈選出來的鄰近點取平均值做為預測值。例如 scikit-learn 實作的 KNeighborsRegressor 選出 *k* 個鄰近點，而 RadiusNeighborsRegressor 則選出在半徑 *r* 內的所有鄰近點。再者，對鄰近點設定權重的方式也與之前相同，都是透過參數 weights 來給定，也能提供自行實作的加權方式。圖 3-7-6 是 K-NN 與半徑鄰迴歸器對模擬數據（正弦函數加上雜訊）在不同加權方式下的效能表現，由圖中可發現在均勻權重的設定下，K-NN 與半徑鄰迴歸器皆得到階梯式的迴歸結果，且看起來比較沒受到雜訊的干擾；而設定為距離加權時得到平滑的迴歸結果，但可能過度擬合雜訊點。

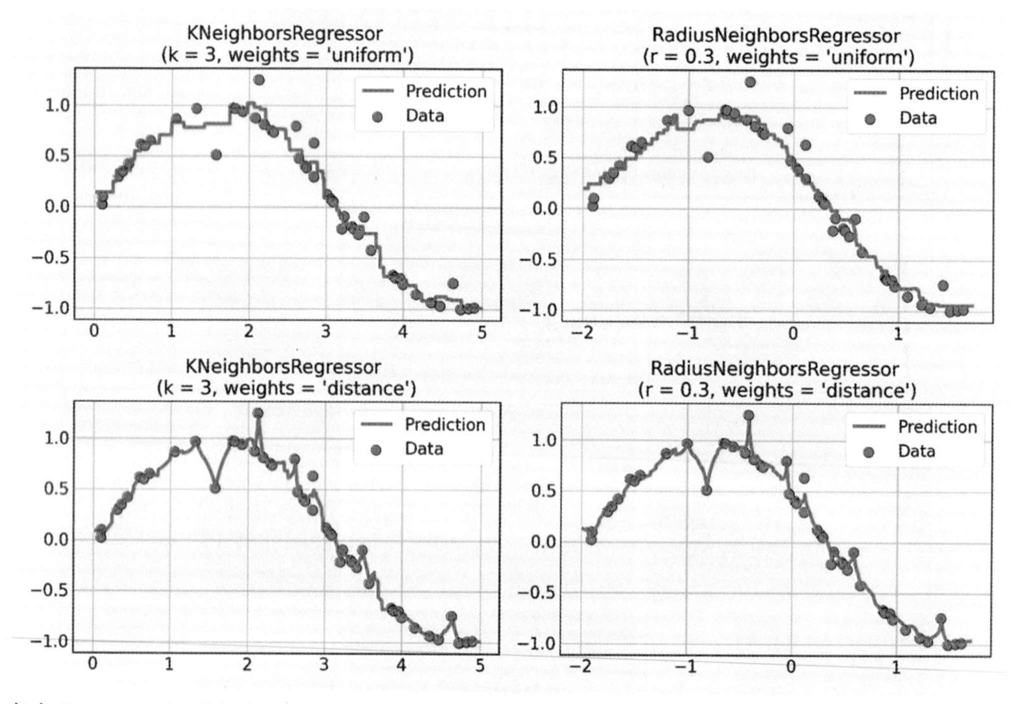

參考來源：https://scikit-learn.org/stable/auto_examples/neighbors/plot_regression.html

圖 3-7-6 K-NN 與半徑鄰迴歸器在不同加權方式下的表現

關於迴歸器的比較，scikit-learn 提供一個有趣的範例是預測人臉，數據集共有 400 張圖片，大小是 64×64，也就是每張有 4,096 筆樣本，而每個特徵值代表灰階大小（0 ~ 255）且已被正規化到 0 ~ 1 之間。在圖 3-7-7 的第一行是原始人臉圖像，接著以人臉上半部做為訓練集建構迴歸模型，再以人臉下半部做為測試集進行預測。圖 3-7-7 使用的迴歸器有 K-NN 迴歸、線性迴歸、脊迴歸以及隨機森林迴歸，雖然由視覺化呈現可看出填補人臉下半部的結果皆有待加強，但是部分填補結果（如 K-NN 迴歸與脊迴歸）已可稍微勾勒出下半部臉的輪廓。

參考來源：https://scikit-learn.org/stable/auto_examples/miscellaneous/plot_multioutput_face_completion.html

圖 3-7-7 四個迴歸器對填補人臉圖像的視覺化呈現

3-8 小結

本章將重點放在機器學習兩大領域之一的分類問題，一開始我們先探討迴歸與分類的異同，並了解利用迴歸模型來處理分類問題的困難處。而在介紹分類模型之前，我們先討論如何透過混淆矩陣與數個評估指標來衡量模型效能，以評估分類結果的優劣並協助建構良好的模型。

在各種線性分類模型中，邏輯斯迴歸不僅在實務上很常見，也能輸出預測某一事件的發生機率，作為進一步處理與分析使用。另一個常見的線性模型是線性支援向量機，可透過加入核函數擴充能力來處理非線性分類問題，可是需要調校多個參數才能取得良好的預測效能。單純貝氏分類器是以貝氏定理為基礎的方法，雖然實務應用時大多不滿足其特徵獨立性的要求，但仍然有相當好的分類效能。若要兼顧良好的可釋性與效能，決策樹是概念簡單且應用相當廣泛的模型之一，建構完成的模型也可透過視覺化了解每一個決策步驟，而隨機森林透過整合數棵決策樹的預測結果以降低過擬合風險。最後提到的是惰性學習器 k 最近鄰，以記住訓練數據的方式來進行預測，提供另類的分類做法。此外，雖然本章介紹各種分類器，但 scikit-learn 對於大部分模型皆實作對應的迴歸器，可用來與上一章的迴歸模型作比較。

在看過迴歸與分類模型後，我們了解到除了挑選合適的模型外，模型相關超參數的設定與調校也是影響最後效能的重要因素，這就是下一章要探討的重點，同時也會介紹數個實務上常見的作法，期望能將模型的潛力發揮到淋漓盡致。

綜合範例

鐵達尼號倖存分析

著名的鐵達尼號乘客資料是一份公開資訊，我們使用邏輯斯迴歸進行鐵達尼號船員的生存預測。數據集的欄位說明如下：

欄位名稱	說明	欄位名稱	說明
PassengerId	乘客 ID 編號	SibSp	兄弟姐妹或配偶的數目
Survived	0：罹難、1：倖存	Parch	父母及小孩的數目
Pclass	船票等級，分三個艙等	Ticket	船票編號
Name		Fare	船票價格
Sex		Cabin	船艙號碼
Age		Embarked	登船港口，有 C、Q、S 三種

欲進行的分析程序如下：

1. 請撰寫程式，讀取 titanic.csv；其中年齡（Age）欄位的 NA 值，請以年齡的中位數代入。
2. 將乘客等級（PClass）、欄位值內容轉換成為數值。
3. 使用乘客等級（PClass）、年齡（Age）和性別碼（SexCode）三個欄位的數據來訓練邏輯斯迴歸預測模型。
4. 輸出此預測模型的準確率。

   (1) 浮點數均四捨五入取至小數點後第四位

寶可夢屬性分類

請撰寫程式讀取寶可夢數據集 pokemon.csv，並進行分類及預測。數據集的欄位說明如下：

欄位名稱	說明	欄位名稱	說明
Number*	編號	Attack	攻擊力
Name*	名稱	Defense	防禦力
Type1*	第一屬性	SpecialAtk	特殊攻擊
Type2*	第二屬性	SpecialDef	特殊防禦
Total	能力值加總	Speed	速度
HP	血量	Generation*	世代編號

備註：欄位有標示星號(*)者為類別變數，其餘為數值變數。

欲進行的分析程序如下：

1. 寶可夢的 Attack, Defense 欄位可能有遺漏值（missing value），請直接刪除這兩個欄位有遺漏之寶可夢。
2. 針對 Attack、Defense 兩個數值欄位進行標準化（standardization）。
   (1) 標準化定義為「將資料 X 轉換為 $Z=(x-\mu)/\sigma$ 」，其中 μ 為資料平均數，σ 為資料之變異數。此轉換可使用 StandardScaler 完成。
3. 利用線性支援向量分類器（Support Vector Classifier, SVC）針對 Type1 為 Normal, Fighting, Ghost 三種寶可夢的 Attack, Defense 兩個欄位進行分類。
   (2) 參數設定見待編修檔。
4. 計算錯誤分類的個數、分類的準確率（Accuracy）以及有加權的 F1-score。
5. 輸入一個未知寶可夢的 Attack, Defense 兩個欄位值，進行 Type1 分類預測。
   (1) Attack=100、Defense=75

收入預測

請撰寫程式讀取個人資訊與收入數據集 adult.csv，共有 15 個特徵與 32,561 筆樣本，請建立邏輯斯迴歸模型預測收入是否超過 5 萬美金。數據集的欄位說明如下：

欄位名稱	說明	欄位名稱	說明
age	年齡	race*	種族，共 5 種
workclass*	工作類型，共 8 種	sex*	性別，共 2 種
fnlwgt	權重，代表人口普查認為這筆觀測代表的人數	capital-gain	資本收益（0~99999）
education*	教育程度，共 16 種	capital-loss	資本損失（0~4356）
education-num	學歷數值資料（1~16）	hours-per-week	每週工時（1~99）
marital-status*	婚姻狀態，共 7 種	native-country*	國籍
occupation*	產業類別，共 14 種	salary	收入，共 2 種（<=50K, >50K）
relationship*	家庭成員，共 6 種		

＊備註：欄位有標示星號（*）者為類別變數，其餘為數值變數。

欲進行的分析程序如下：

1. 進行探索式分析瀏覽數據集。
2. 將 income 特徵的「<=50K」修改為 0，「>50K」修改為 1。
3. 請將數據集分為訓練集與測試集，其中測試集占 20%。
4. 建立邏輯斯迴歸模型、並加上 L1、L2 正規化用以擬合訓練集。
5. 針對測試集，以混淆矩陣與分類報告分析效能。

Chapter 3 習題

1. 請撰寫程式讀取台北市房價數據集 Taipei_house.csv，建立隨機森林迴歸模型預測房價並分析其效能。數據集的欄位說明如下：

編號	欄位名稱	說明	編號	欄位名稱	說明
1	行政區*	包含 4 個區域	9	廳數	
2	土地面積	平方公尺	10	衛數	
3	建物總面積	平方公尺	11	電梯*	0：無、1：有
4	屋齡	年	12	車位類別*	共 8 種
5	樓層		13	交易日期	年月日
6	總樓層		14	經度	
7	用途*	0：住宅用、1：商業用	15	緯度	
8	房數		16	總價	萬元

備註：欄位有標示星號（*）者為類別變數，其餘為數值變數。

(a). 取出數值型變數作為特徵，並將數據集分為訓練集與測試集，其中測試集占 20%。

(b). 建立隨機森林迴歸模型並擬合訓練集。

(c). 輸出模型對測試集的最大 Adjusted R^2 與最小 RMSE。

(d). 與 Chapter 2 綜合範例的迴歸模型作比較。

▶▶ 套件名稱

```
隨機森林迴歸：sklearn.ensemble.RandomForestRegressor()
R平方：sklearn.metrics.r2_score()
```

2. 讀取信用卡詐欺數據集 creditcard.csv，這是歐洲持卡人在兩天內消費數據的一部分，目標是以單純貝式分類模型識別詐欺的信用卡交易。數據集的欄位說明如下：

欄位名稱	說明
Time	從數據集的第一筆交易開始所經過的秒數
V1, V2, ..., V28	原始特徵經過主成分分析（PCA）轉換後的結果，難以直接觀察出數據的原始意義
Amount	交易總數
Class	0 → 正常交易、1 → 詐欺交易

(a). 進行探索式分析瀏覽數據集。

(b). 進行 Amount 特徵的標準化。

(c). 將數據集分為訓練集與測試集，其中測試集占 20%。

(d). 使用所有特徵，以訓練集建構樸素貝式分類模型（假設為高斯分布），輸出測試集的混淆矩陣。

(e). 輸出測試集的預測機率。

提示

可看看沒有對特徵進行標準化是否會影響模型效能

套件名稱

```
標準化：sklearn.preprocessing.StandardScaler()
切割數據集：sklearn.model_selection.train_test_split()
單純貝氏分類器：sklearn.naive_bayes.GaussianNB()
混淆矩陣：sklearn.metrics.classification_report()
```

CHAPTER

4

模型擬合、評估與超參數調校

模型擬合、評估與超參數調校

將經由監督式學習建構好的模型套用到未知數據時，我們期待的是能有良好的預測效能。然而，針對問題的種類與性質，訓練數據的品質、挑選的模型、超參數的設定等因素，皆會大大影響機器學習模型的預測結果。因此，如何調校學習模型，發揮其潛力並提高預測準確度是在整個建模過程中不可或缺的一環，而這正是本章關注的議題。

我們已經看過數個迴歸與分類模型，也知道如何透過 scikit-learn 進行實作，因此本章就概念與實作技巧方面探討如何調校模型。首先，4-1 節介紹管道化，這是 scikit-learn 提供的便利工具，用來串連一系列的程序成「一條龍作業」，可套用在所有模型的建模過程；接著，4-2 節探討的過擬合與欠擬合也是在建模過程中常發生的狀況，對最後效能的影像甚鉅；再者，挑選好學習模型後，4-3 節介紹如何調校出最佳的模型超參數；最後則是討論在真實數據中容易遇到的類別不平衡問題，這也是影響整體效能的關鍵之一。

4-1 工作流程管道化

在大多數的機器學習任務中，面對的數據集幾乎不會是已經能直接輸入到模型的理想格式，通常需要在數據前處理階段透過一連串的轉換步驟，比方說類別型特徵的編碼、填補遺漏值、特徵縮放與選擇等，我們已經在 Chapter 1 看過許多範例。然而，在一個標準的機器學習流程裡，因為會切割整個數據集成訓練與測試集，所以這些轉換步驟至少會被使用兩次（一次用在訓練學習模型，另一次用來預測未知的觀察值），且在交叉驗證過程的使用次數更頻繁。以實作來說，當然可以分兩部分撰寫程式再分別執行，也能將轉換步驟打包成一個函數以方便重複使用與維護，而最便利的做法則是透過 scikit-learn 提供的管道化方式將一個接一個的轉換步驟整合成一條龍程序，其優點有：

- 讓程式碼更簡潔，容易閱讀與維護。
- 提升實作的可靠度，避免個人撰寫疏失。
- 加強重製性，以便於在其他地方能重複使用。

底下將以之前的寶可夢數據集為例，以寶可夢的數值型特徵預測是否擁有雙屬性。預計進行的程序與範例程式如下：

1. 讀取寶可夢數據集 Pokemon_894_13.csv。
2. 新增一個 hasType2 欄位，標明是否有雙屬性，其中 1 代表有雙屬性，0 代表沒有。
3. 依下列轉換步驟進行，再以邏輯斯迴歸建模預測是否有雙屬性。
   (1) 切割訓練與測試集，其中測試集佔 20%。
   (2) 挑選數值特徵與目標項間 ANOVA 的 F 值最高前兩名。
   (3) 對挑選出來的特徵進行標準化。
   (4) 利用邏輯斯迴歸建模，並對測試集進行測試，最後輸出準確率。

範例程式 **ex4-1.ipynb**

[1]:
```
1  import pandas as pd
2
3  df = pd.read_csv('Pokemon_894_13.csv')
4  df['hasType2'] = df['Type2'].notnull().astype(int)
5  print('雙屬性的數量：', df['hasType2'].sum())
6  print('單屬性的數量：', df.shape[0]-df['hasType2'].sum())
7  df.tail(3)
```

[1]:
```
雙屬性的數量： 473
單屬性的數量： 421
```

	Number	Name	Type1	Type2	HP	Attack	Defense	SpecialAtk	SpecialDef	Speed	Generation	Legendary	hasType2
891	805	壘磊石	Rock	Steel	61	131	211	53	101	13	7	False	1
892	806	砰頭小丑	Fire	Ghost	53	127	53	151	79	107	7	False	1
893	807	捷拉奧拉	Electric	NaN	88	112	75	102	80	143	7	False	0

[2]:
```
1  from sklearn.model_selection import train_test_split
2  from sklearn.feature_selection import SelectKBest,
3                                        f_classif
4
5  X, y = df.loc[:, 'HP':'Speed'], df['hasType2']
6  X_train, X_test, y_train, y_test = train_test_split(X, y,
7                              test_size=0.2, random_state=0)
8
9  # 依 ANOVA F-Value 挑選前兩名的特徵
10 select = SelectKBest(f_classif, k=2).fit(X_train,
```

```
11                                                         y_train)
12  print(select.get_support())
13  print('挑出的特徵：', X.columns[select.get_support()])
14  X_train_new = select.transform(X_train)
15  X_train_new.shape
```

```
[2]:  [False False  True  True False False]
      挑出的特徵： Index(['Defense', 'SpecialAtk'], dtype='object')
      (715, 2)
```

```
[3]:  1  from sklearn.preprocessing import StandardScaler
      2
      3  scale = StandardScaler().fit(X_train_new)
      4  X_train_std = scale.transform(X_train_new)
      5
      6  X_test_new = select.transform(X_test)
      7  X_test_std = scale.transform(X_test_new)
      8  X_test_std[:3, :]
```

```
[3]:  array([[0.86655534, 1.47194431],
             [1.03103292, 2.85717958],
             [1.03103292, 0.67158616]])
```

```
[4]:  1  from sklearn.linear_model import LogisticRegression
      2
      3  logit = LogisticRegression(penalty='l2')
      4  logit.fit(X_train_std, y_train)
      5  logit.score(X_test_std, y_test)
```

```
[4]:  0.6424581005586593
```

經過上述在前處理階段的特徵挑選、轉換與邏輯斯迴歸建模，最終得到準確率為 0.64。接著，底下利用管道化方式將挑選、轉換與建模整合成一條龍作業。

```
[5]:  1  from sklearn.pipeline import Pipeline
      2
      3  select = SelectKBest(f_classif, k=2)
      4
      5  pipe_lr = Pipeline([('selK', SelectKBest(f_classif,
      6                                                  k=2)),
      7                      ('sc', StandardScaler()),
      8                      ('clf', LogisticRegression())
      9                      ])
```

```
     10  pipe_lr.fit(X_train, y_train)
     11  pipe_lr.score(X_test, y_test)
[5]: 0.6424581005586593
```

如上，透過第 5 行的 Pipeline 整合挑選、轉換與建模，除了用在訓練集以建構學習模型外，也能套用到測試集進行測試。此外，scikit-learn 0.23 版提供的新功能，可透過設定環境參數 display = 'diagram' 在 Jupyter 編輯環境裡顯示管道化的內容，並可點擊每個轉換步驟以了解對應的參數內容。

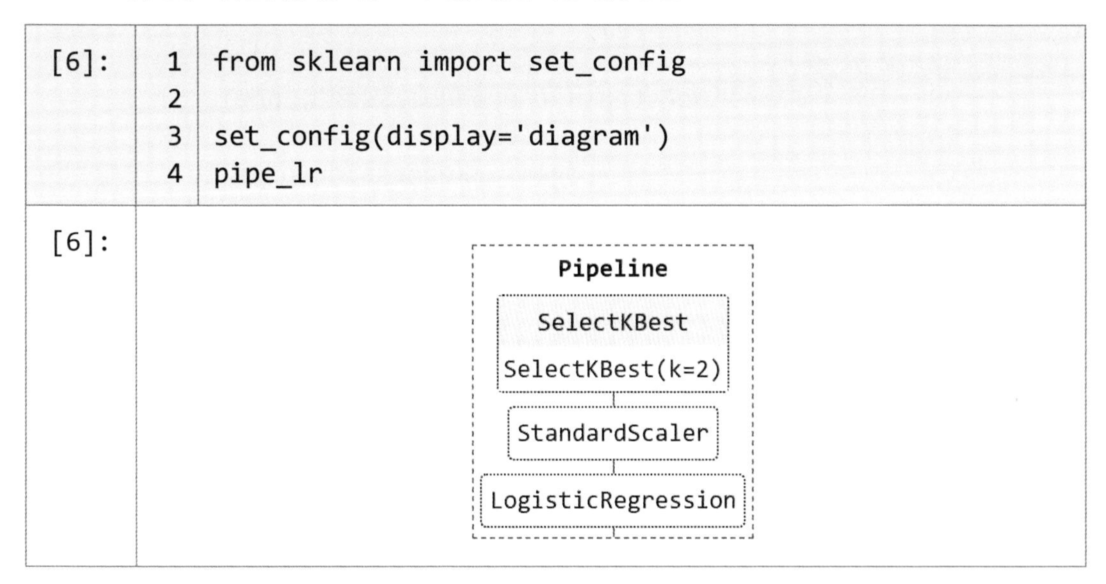

除了針對單一種類類型特徵的處理外，scikit-learn 的管道化也能同時採用不同處理方式或是整合多種類型特徵的轉換步驟。以上述範例而言，我們打算加入類別型特徵 Generation 的獨熱編碼，並從中挑選與目標項卡方值最高的前三名做為特徵，與前面挑選出來的數值型特徵一併透過邏輯斯迴歸來建模。這個程序可簡單利用 scikit-learn 的 ColumnTransformer 來達成，範例程式如下：

```
[7]:  1  from sklearn.preprocessing import OneHotEncoder
      2  from sklearn.feature_selection import chi2
      3  from sklearn.compose import ColumnTransformer
      4
      5  # 處理數值型特徵
      6  num_features = X.columns
      7  num_transform = Pipeline([('selK',
      8                             SelectKBest(f_classif, k=2)),
      9                             ('sc', StandardScaler())
     10                            ])
```

```
11  # 處理類別型特徵
12  cat_features = ['Generation']
13  cat_transform = Pipeline([('onehot', OneHotEncoder()),
14                            ('selK', SelectKBest(chi2,
15                                                  k=3))
16                           ])
17  # 整合兩個處理步驟
18  pre = ColumnTransformer(
19      transformers=[('num', num_transform, num_features),
20                    ('cat', cat_transform, cat_features)
21                   ])
22  # 管道化
23  clf = Pipeline(steps=[('preprocessor', pre),
24                        ('clf',
25                   LogisticRegression(penalty='l2'))])
26
27  X, y = df.loc[:, 'HP':'Generation'], df['hasType2']
28  X_train, X_test, y_train, y_test = train_test_split(X, y,
29                          test_size=0.2, random_state=0)
30
31  clf.fit(X_train, y_train)
32  clf.score(X_test, y_test)
```

[7]: 0.6256983240223464

[8]:
```
1  clf
```

[8]:

```
Pipeline
preprocessor: ColumnTransformer
num                          cat
SelectKBest                  OneHotEncoder
SelectKBest(k=2)             SelectKBest
StandardScaler               SelectKBest(k=3, score_func=)
LogisticRegression
```

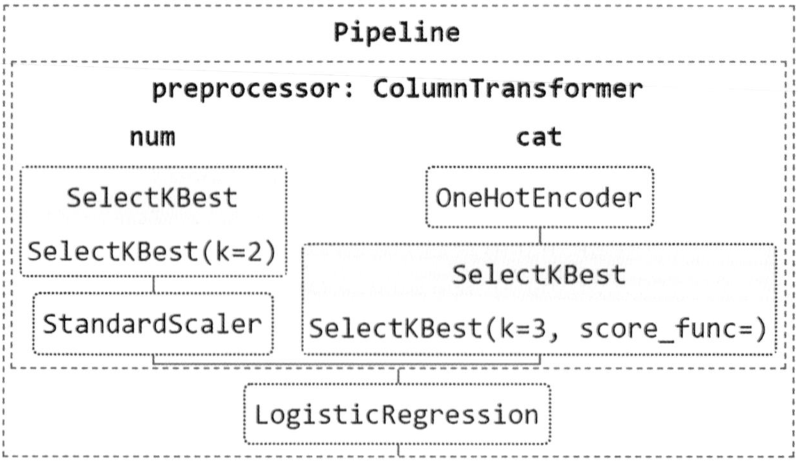

4-2 過擬合與欠擬合

在模型評估與調整的過程中常會遇到過擬合（overfitting）與欠擬合（underfitting）的情況，能正確地判斷這兩種情況，並針對性調整模型架構與超參數，往往能有效提升模型效能。過擬合是指模型對於訓練數據有良好的擬合，但在面對測試數據或未知數據時的效能表現較差。問題可能在於模型連數據中的雜訊也一併學習，也有可能是模型對異常值進行學習，但這樣的學習對一般數據的預測沒有幫助。另一個極端是欠擬合，這是指模型對於訓練數據的擬合不理想，通常是挑選到不合適的模型、參數或是模型過於簡單所致。

圖 4-2-1 是以餘弦函數為基礎再加上隨機雜訊所形成的樣本點，嘗試用線性迴歸模型搭配多項式特徵來擬合這些樣本點，並透過交叉驗證以 MSE 評估其效能。當使用簡單線性迴歸模型時，可以發現模型無法真正捕捉到數據的特徵，未能很好地擬合樣本點（圖 4-2-1 左圖），因此對測試集（0 到 1 之間共 100 個樣本點）得到偏高的 MSE，可視為欠擬合的狀態，此時模型具有高偏誤（bias）。而圖 4-2-1 右圖則加入階數到 15（degree = 15）的多項式特徵，由圖中可看到雖然模型能擬合樣本點，但過於複雜的模型連樣本中的雜訊特徵也學習起來，導致模型泛化能力下降，因而在測試集得到極高的 MSE，是為過擬合的情況，這時我們也說模型有高變異性（variance）。以這個例子而言，採用階數為 4（即產生階數為 1 到 4 的多項式特徵）似乎是不錯的選擇，雖然從視覺化看起來模型沒有完美地擬合樣本點，但其實模型很接近真正的餘弦函數，因此得到相當小的 MSE，模型在偏誤與變異性中取得了平衡點。

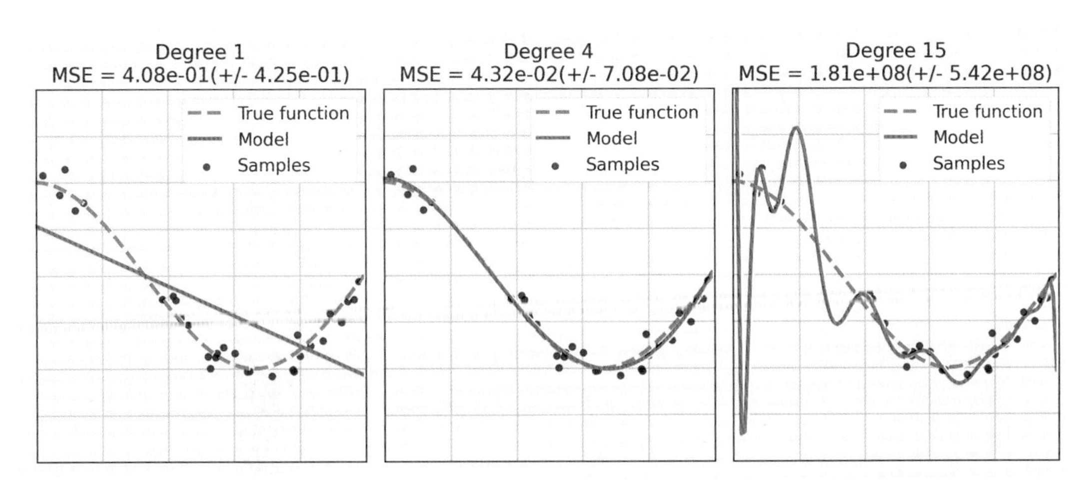

參考來源：
https://scikit-learn.org/stable/auto_examples/model_selection/plot_underfitting_overfitting.html

圖 4-2-1 過擬合與欠擬合

過擬合與欠擬合是機器學習在建模過程中常遇到的問題，且兩者皆對模型效能有相當大的影響，而一旦判斷出模型目前遇到的是哪種情況後，就能採取針對性的處理方法。底下就過擬合與欠擬合兩種情況，分別列舉幾個實務上可行的做法：

改善過擬合

1. 使用更多訓練數據：更多訓練樣本能讓模型學習到更多有效的特徵，減少雜訊的影響，是解決過擬合最有效的手段。然而，礙於實務上的各種考量，收集更多數據本身很可能相當困難，且數據中也可能充滿雜訊。所以一個可行做法是透過一些規則來擴充訓練數據。比方說在圖像分類問題上，可以藉由圖像的平移、旋轉、鏡射、縮放等操作來擴充數據；在語音辨識上，可透過變聲器、合成背景音的方式產生新數據；也可考慮以有放回或無放回的重複取樣來增加樣本。

2. 降低模型複雜度：當訓練數據不多時，適度調降模型複雜度能避擬合過多雜訊，降低過擬合風險。例如在線性迴歸模型中，避免加入階數過大的多項式特徵；在決策樹模型中減少樹的深度、進行剪枝或改用隨機森林等。

3. 提升正規化強度：在模型的參數加上懲罰項，使學習到的參數較平滑，避免因某些參數過大而增加過擬合風險。例如在脊迴歸、套索迴歸或邏輯斯迴歸等皆透過 L1 或 L2 正規化來控制權重參數。

改善欠擬合

1. 增加新特徵：當特徵不足或現有特徵與目標項的關聯性不強時，容易導致模型有欠擬合的現象，此時透過增加新特徵或組合特徵往往能有不錯的效果。例如加入多項式特徵，而若數據有身高與體重的特徵，則可以組合出 BMI 特徵。

2. 提升模型複雜度：簡單模型的學習能力較差，而提升模型複雜度有助於增加模型的擬合能力，能有效捕捉到數據內的規律。例如在決策樹模型中增加樹的深度、在支援向量機中採用非線性核函數等。

3. 降低正規化強度：正規化用來降低過擬合風險，可是當模型處於欠擬合情況時，則需要調降正規化係數以提升模型的擬合能力。

4. 獨立考慮異常值：異常值或離群值對部分模型（如線性迴歸）的影響重大，容易增加模型擬合結果的偏差，增加欠擬合的風險，此時可以排除異常值或者獨立考慮異常值來建模。

4-3 評估模型效能

之前提到評估模型效能是機器學習中相當重要的一個環節，而在前面章節對於迴歸與分類問題所建構的模型，我們分別看過數個評估指標、混淆矩陣、殘差分析等能用來衡量預測效能。本小節將介紹幾個簡單但功能強大的視覺化診斷工具，除了用來判斷過擬合與欠擬合現象外，也能呈現一些學習模型的共通問題。

事實上，偏誤及變異的處理與過擬合及欠擬合息息相關。當越來越多參數加入模型時，模型的複雜度提升，此時偏誤大幅降低而變異性則變成關注的焦點；反之，隨著模型越趨簡單，變異性隨著降低但大幅提升模型偏誤，如圖 4-3-1 所示。雖然了解偏誤與變異對於解析預測模型的行為有關鍵性作用，但通常我們關心的是總誤差而非特定組成。由圖 4-3-1 可發現，當模型複雜度大過總誤差的最低點時，模型處於過擬合狀態；而模型複雜度低於最佳誤差時則是欠擬合狀態。儘管如此，實務上並沒有系統化方式能找到最佳誤差點，因此通常透過評估預測誤差並探索數個不同複雜度的模型，接著再從中挑選能讓整體誤差最小的模型。在這過程中，最常見的作法則是使用交叉驗證。

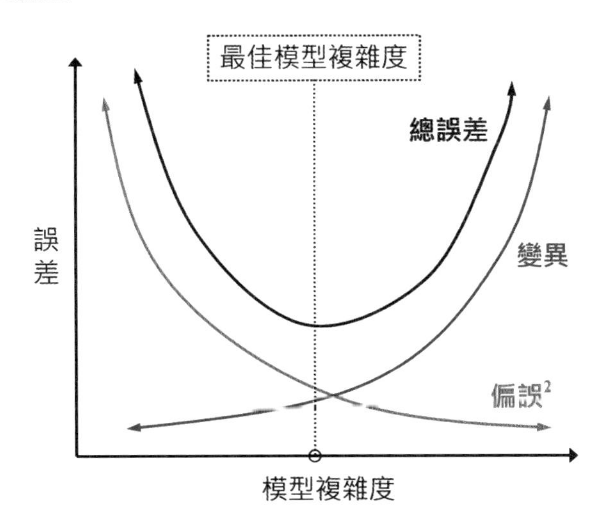

參考來源：S. Fortmann-Roe, "Understanding the Bias-Variance Tradeoff," 2012.

圖 4-3-1 總誤差內的偏誤與變異

4-3-1 學習曲線與驗證曲線

所謂的學習曲線（learning curve）是指相對於訓練數據集大小而言，訓練與驗證正確率的變化曲線，這是用來展現增加訓練樣本是否有益的視覺化工具，同時也能檢驗模型是否有高偏誤或高變異的困擾。圖 4-3-2 展示三種學習曲線的類型，在高偏誤類型中，訓練與驗證準確率兩者都很低，代表處於欠擬合的狀態，可提高模型複雜度或降低正規化強度來處理。在高變異類型中，訓練與驗證準確率之間的差異過大，顯示模型疑似過擬合，宜降低模型複雜度或提高正規化強度。

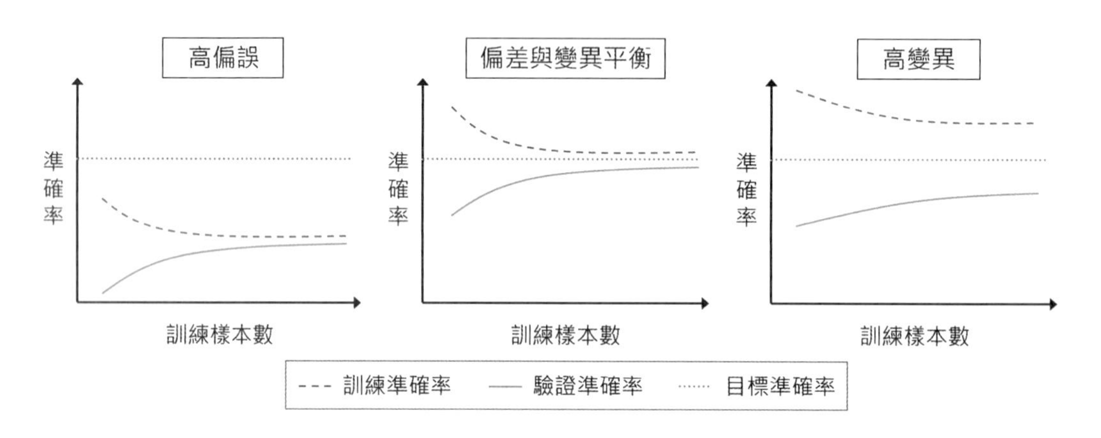

參考來源：S. Raschka & V. Mirjalili, *Python Machine Learning, 3rd ed.*, Packt Publishing, 2019. Ch6

圖 4-3-2 三種學習曲線的類型

圖 4-3-3 是使用樸素貝氏分類器及支援向量機，針對手寫數字數據分類的學習曲線。對於左上角的樸素貝氏而言，儘管隨著訓練樣本數的增加，訓練與驗證集經過交叉驗證得到的平均分數逐漸靠攏，可是最後的收斂分數並不高。類似這種曲線型態其實相當常見，也就是訓練分數一開始很高，隨後逐漸遞減；反觀驗證分數初始時較低，但隨著樣本數增加而上升。圖 4-3-3 右上角使用 RBF 核函數的支援向量機，可以看到訓練分數從頭到尾皆在最大值附近，而訓練樣本數上升也使得驗證分數越接近訓練分數，代表增加越多訓練樣本有助於提升模型泛化性。

在圖 4-3-3 第二列呈現模型擬合訓練集的時間，增加訓練樣本數會跟著提升模型的擬合時間，這與直觀想法相符。同時，樸素貝氏分類器的模型複雜度遠低於支援向量機，因此擬合時間也相對低很多。第三列則顯示擬合時間的增加有助於提升驗證分數，且相對來說，樸素貝氏分類器耗費較少的計算時間卻能大大提升驗證分數，而支援向量機在一開始的驗證分數就相當高，即使花費許多擬合時間也只能稍微提高驗證分數。

至於學習曲線的繪製方式，可以透過 sklearn.model_selection.learning_curve 取得不同訓練樣本數的擬合與驗證結果後，再交由繪圖套件來達成。而在繪製圖表的橫軸為訓練樣本數，縱軸則是訓練與驗證集經過交叉驗證後的平均分數。圖中可觀察學習曲線的變化情形，藉以判斷是否為過擬合或欠擬合。

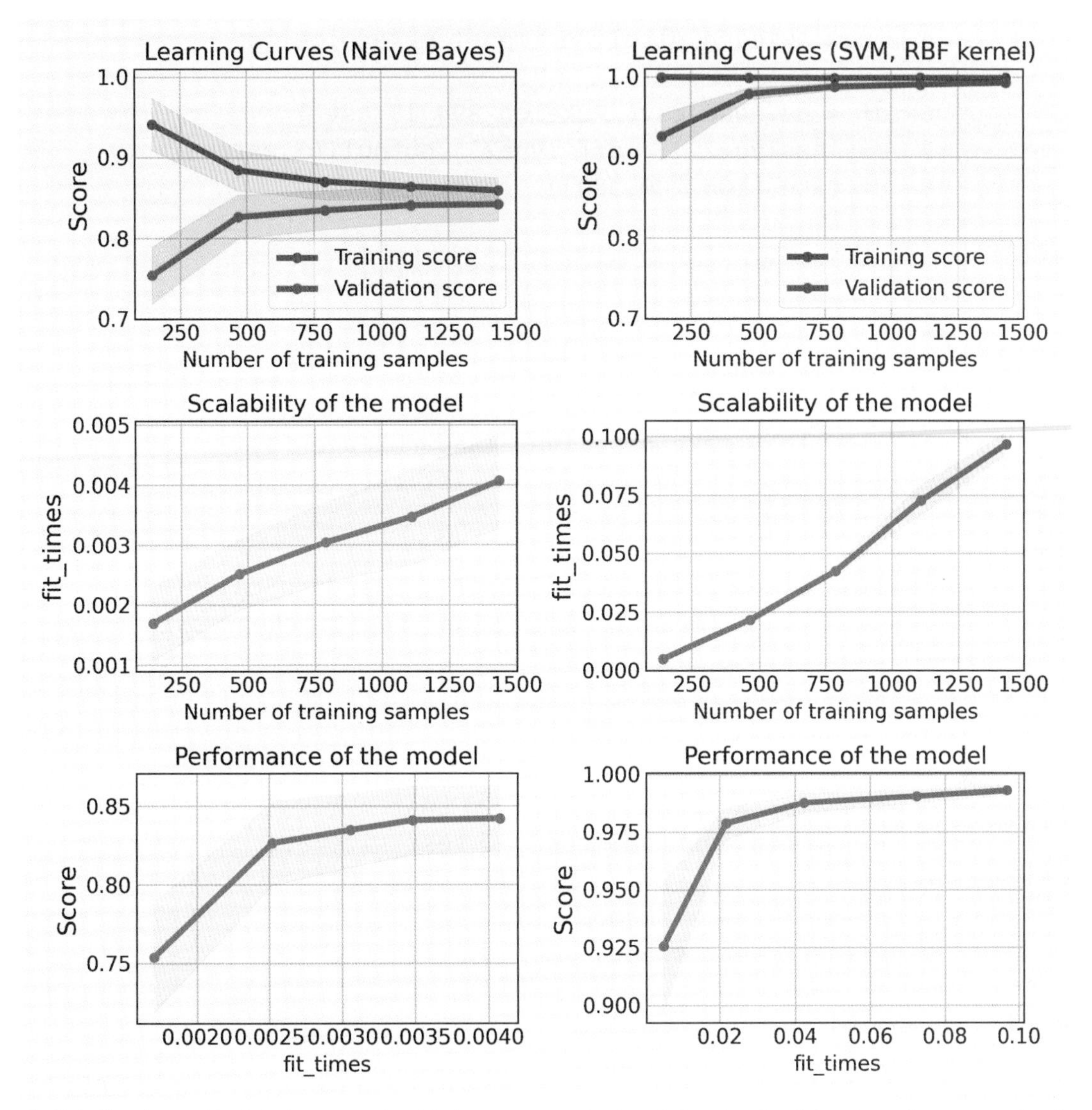

參考來源：https://scikit-learn.org/stable/auto_examples/model_selection/plot_learning_curve.html

圖 4-3-3 兩種模型的學習曲線比較

範例程式 **ex4-3.ipynb**

[1]:
```
1  import pandas as pd
2  from sklearn.linear_model import LogisticRegression
3  from sklearn.preprocessing import StandardScaler
4  from sklearn.pipeline import make_pipeline
5
6  df = pd.read_csv('Pokemon_894_13.csv')
7  df['hasType2'] = df['Type2'].notnull().astype(int)
8  df.take([100,200,300])
```

[1]:

	Number	Name	Type1	Type2	HP	Attack	Defense	SpecialAtk	SpecialDef	Speed	Generation	Legendary	hasType2
100	93	鬼斯通	Ghost	Poison	45	50	45	115	55	95	1	False	1
200	185	樹才怪	Rock	NaN	70	100	115	30	65	30	2	False	0
300	277	大王燕	Normal	Flying	60	85	60	50	50	125	3	False	1

[2]:
```
1  pipe_lr = make_pipeline(StandardScaler(),
2                          LogisticRegression())
3  pipe_lr
```

[2]:
```
Pipeline(steps=[('standardscaler', StandardScaler()),
                ('logisticregression',LogisticRegression())])
```

[3]:
```
1  from sklearn.model_selection import train_test_split
2
3  X, y = df.loc[:, 'HP':'Speed'], df['hasType2']
4  X_train, X_test, y_train, y_test = \
5      train_test_split(X, y, test_size=0.2,
6                       random_state=0)
7  print(X_train.shape)
8  print(X_test.shape)
```

[3]:
```
(715, 6)
(179, 6)
```

[4]:
```
1  import numpy as np
2  from sklearn.model_selection import learning_curve
3  # 在 0.1~1 之間產生 10 個均勻的數值，做為訓練樣本的比例
4  size = np.linspace(.1, 1.0, 10)
5  train_sizes, train_scores, valid_scores = \
6      learning_curve(estimator=pipe_lr,
7                     X=X_train, y=y_train,
8                     train_sizes=size,
```

```
 9                       cv=10, n_jobs=-1)
10 train_scores[:3, :]
```

[4]:
```
array([[0.5625, 0.5625, 0.5625, 0.5625, 0.5625,
        0.5625, 0.5625, 0.5625, 0.5625, 0.5625],
       [0.5625, 0.6015625 , 0.5625, 0.5625, 0.5625,
        0.5625, 0.5625, 0.5625, 0.5625, 0.5625],
       [0.60416667, 0.59375, 0.578125, 0.57291667,
        0.57291667, 0.57291667, 0.57291667, 0.57291667,
        0.57291667, 0.57291667]])
```

[5]:
```
1 train_scores_mean = np.mean(train_scores, axis=1)
2 train_scores_std = np.std(train_scores, axis=1)
3 valid_scores_mean = np.mean(valid_scores, axis=1)
4 valid_scores_std = np.std(valid_scores, axis=1)
5 valid_scores_mean[:3]
```

[5]:
```
array([0.48262911, 0.52323944, 0.52746479])
```

[6]:
```
 1 import matplotlib.pyplot as plt
 2 plt.style.use('fivethirtyeight')
 3 
 4 plt.plot(train_sizes, train_scores_mean,
 5          color='blue', marker='o',
 6          label='Training score')
 7 plt.fill_between(train_sizes,
 8                  train_scores_mean+train_scores_std,
 9                  train_scores_mean-train_scores_std,
10                  color='blue', alpha=.1)
11 plt.plot(train_sizes, valid _scores_mean,
12          color='green', marker='^',
13          label='Validation score')
14 plt.fill_between(train_sizes,
15                  valid_scores_mean+valid_scores_std,
16                  valid_scores_mean-valid_scores_std,
17                  color='green', alpha=.1)
18 plt.xlabel('Number of training samples')
19 plt.ylabel('Accuracy')
20 plt.legend(loc='lower right')
```

[6]:

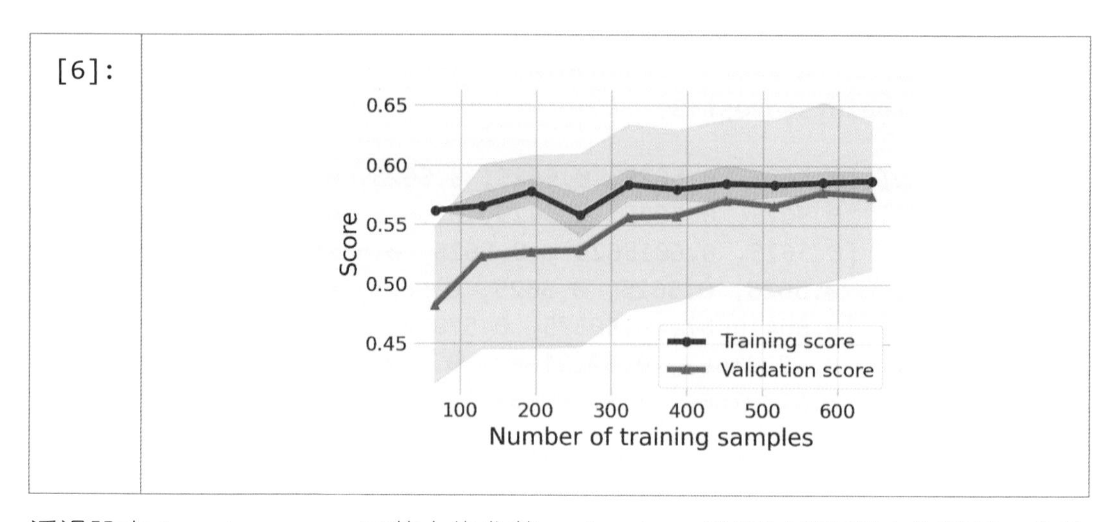

透過設定 learning_curve 函數中的參數 train_sizes 能控制訓練樣本的數量，參數 cv 則能設定 *k* 次交叉驗證，預設採用分層 *k* 次交叉驗證方式來計算分類器的分數，並回傳每一次訓練與驗證的結果。接著再將回傳的準確率計算平均值及標準差，並以圖表呈現兩條學習曲線。由圖中可看到當訓練樣本數超過 300 時，訓練與驗證的學習曲線逐漸靠攏且穩定；而在樣本數低於 300 時，雖然訓練與驗證的分數都在增加，但兩者之間的差距較大。整體而言，訓練與驗證曲線雖然漸漸收斂，可是兩者的準確率仍偏低，疑似為欠擬合情況，可朝增加新特徵或提升模型複雜度的方向進行調整。

驗證曲線（validation curve）與學習曲線類似，不同處在於驗證曲線的橫軸是模型的各種超參數值。通常驗證曲線用來觀察在單一超參數值設定下的訓練與驗證分數曲線，以判斷估計器是否處於過擬合或欠擬合。需注意的是若我們以驗證曲線為依據來優化超參數值，容易造成偏差而降低泛化性。同時挑選多個超參數值比較正確的做法是藉由下一節要介紹的網格搜尋方式，且計算準確率時要在另一個測試集上才能對泛化性有較好的估計。

圖 4-3-4 與圖 4-3-3 一樣使用支援向量機（RBF 核函數）針對手寫數字數據分類，但圖 4-3-4 呈現的是驗證曲線，其橫軸是用來控制高斯核心寬度的超參數 γ。可以看到當 γ 較小時，訓練與驗證集的交叉驗證平均分數皆較低，此時為欠擬合；而當 γ 過大時，模型呈現過擬合狀態，意即有良好的訓練分數但較差的驗證分數。以本例而言，γ 介於 10^{-4} 到 10^{-3} 之間是得到較高訓練與驗證分數的選擇。

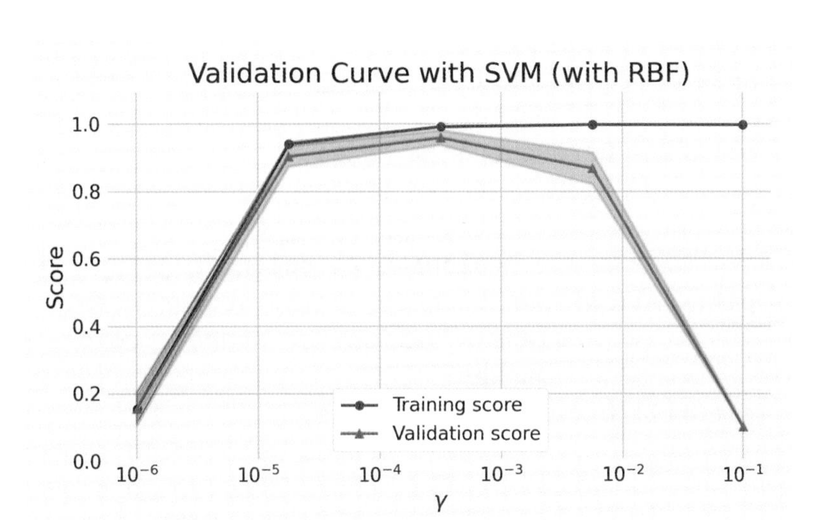

參考來源:https://scikit-learn.org/stable/auto_examples/model_selection/plot_validation_curve.html

圖 4-3-4 支援向量機對手寫數字分類的驗證曲線

[7]:
```
1 from sklearn.model_selection import validation_curve
2 param_range = np.logspace(-4, 4, 9)
3 train_scores, valid_scores = validation_curve(
4     LogisticRegression(penalty='l1', solver='saga'),
5     X, y, param_name="C", param_range=param_range,
6     cv=10, scoring="accuracy", n_jobs=-1)
7 train_scores[:3, :]
```

[7]:
```
array([[0.52860697, 0.52860697, 0.52860697, 0.52985075,
        0.52919255, 0.52919255, 0.52919255, 0.52919255,
        0.52919255, 0.52919255],
       [0.53109453, 0.52985075, 0.52985075, 0.53233831,
        0.52919255, 0.52919255, 0.53043478, 0.53167702,
        0.53043478, 0.53167702],
       [0.53606965, 0.5261194 , 0.55597015, 0.53233831,
        0.53540373, 0.53167702, 0.53540373, 0.54534161,
        0.53540373, 0.53167702]])
```

[8]:
```
1 train_scores_mean = np.mean(train_scores, axis=1)
2 train_scores_std = np.std(train_scores, axis=1)
3 valid_scores_mean = np.mean(valid_scores, axis=1)
4 valid_scores_std = np.std(valid_scores, axis=1)
5 valid_scores_mean[:3]
```

[8]:
```
array([0.52907615, 0.53018727, 0.52463171])
```

[9]:
```
1 plt.semilogx(param_range, train_scores_mean,
```

```
 2                 label="Training score", color="r",
 3                 marker='o')
 4  plt.fill_between(param_range,
 5                   train_scores_mean-train_scores_std,
 6                   train_scores_mean+train_scores_std,
 7                   alpha=0.2, color="r")
 8  plt.semilogx(param_range, valid_scores_mean,
 9                 label="Validation score", color="g",
10                 marker='^')
11  plt.fill_between(param_range,
12                   valid_scores_mean-valid_scores_std,
13                   valid_scores_mean+valid_scores_std,
14                   alpha=0.2, color="g")
15  plt.legend()
16  plt.xlabel('Hyperparameter C')
17  plt.ylabel('Score')
```

[9]:

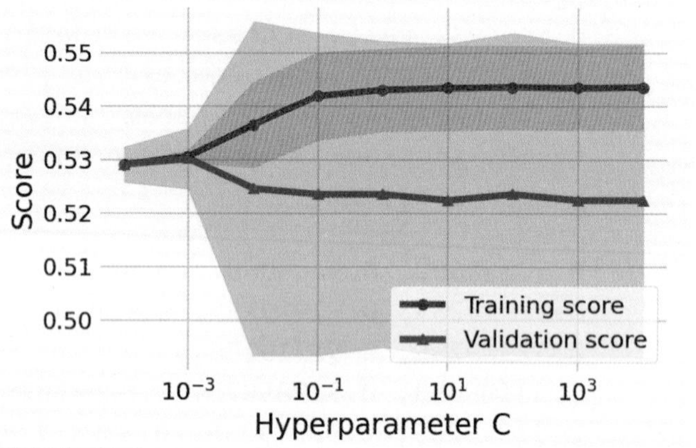

上例是以邏輯斯迴歸中用來控制正規化強度的超參數 C 值為橫軸繪製的驗證曲線，validation_curve 類似 learning_curve 方法，預設採用分層 *k* 次交叉驗證方式評估分類器的效能。訓練與驗證集的驗證曲線顯示即使採用不同的 C 值，兩者的分數差異仍相當細微，由圖中可知理想的 C 值應設定為 10^{-3}。

4-3-2 P-R 曲線與 ROC 曲線

之前在介紹分類的評估指標時有提到精確率（precision）與召回率（recall），其中前者衡量真正有相關的比例，而後者則反應的是真實狀況中被捕捉到的比例。所謂的 P-R 曲線指的是精確率-召回率曲線（precision-recall curve），亦即橫軸為召回率且縱軸為精確度的曲線（見圖 4-3-5），能呈現出精確度與召回率在不同門檻值下的平衡點。在 P-R 曲線下的面積越大，代表精確度與召回率都越高，而由公式來看高精確度與低偽陽率有關，高召回率則反應為低偽陰率。

精確率與召回率皆高意謂著分類器回傳的結果不僅精確，也能找出大部分的陽性結果。反過來說，若是高召回率但低準確率，則大多數回傳的陽性預測結果皆有誤；而若為低召回率搭配高準確率，雖然回傳的陽性預測結果不多，但幾乎都預測正確。當然，我們期待建構出一個理想模型，同時擁有高精確度與高召回率，可是實務上往往不能盡如人意，因此可根據實際問題的需求在 P-R 曲線上設定精確度或召回率的門檻值。

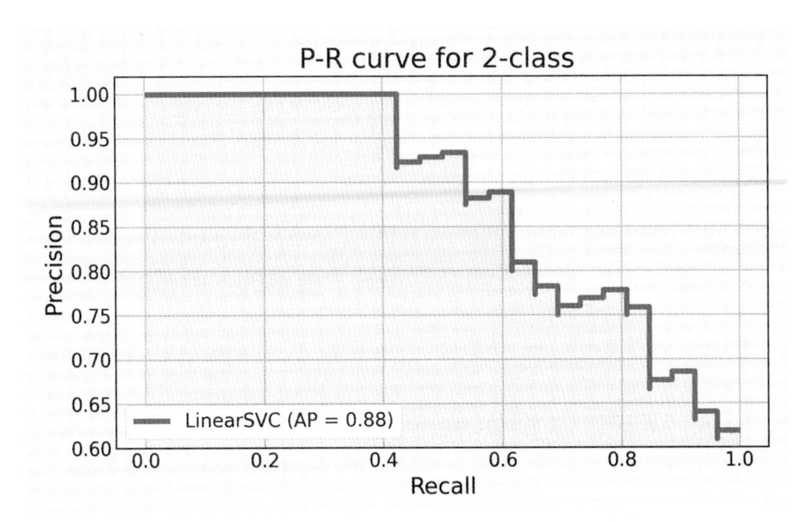

參考來源：https://scikit-learn.org/stable/auto_examples/model_selection/plot_precision_recall.html

圖 4-3-5 支援向量機對鳶尾花兩個類別進行分類的 P-R 曲線

精確率與召回率間的關係可進一步由圖 4-3-5 中的階梯式面積來看，而階梯邊緣的一點召回率小改變，有可能會導致精確率有劇烈的變化。這個現象可透過在每個門檻值下的精確率加權平均總結成一個評估指標，稱之為平均精確率（Average precision、AP），公式如下：

$$\mathrm{AP} = \sum_{n} \left(R_n - R_{n-1} \right) P_n$$

其中 P_n 與 R_n 分別代表在第 n 個門檻值的精確率與召回率，且(P_n, R_n)又稱為操作點（operating point）。AP 值介於 0 與 1 之間，越大代表模型的效能越好，圖 4-3-5 中支援向量機的 AP 值可到 0.88。

P-R 曲線通常用來了解二元分類器的效能，尤其是當類別不平衡時是有用的衡量工具。面對多類別分類時，必須先將輸出二值化才能套用 P-R 曲線，此時可以對每個類別畫一條 P-R 曲線，也能以一條 P-R 曲線綜合考慮（micro-average）所有類別，如圖 4-3-6 所示，圖中也標示出數個 F1 分數的區域。

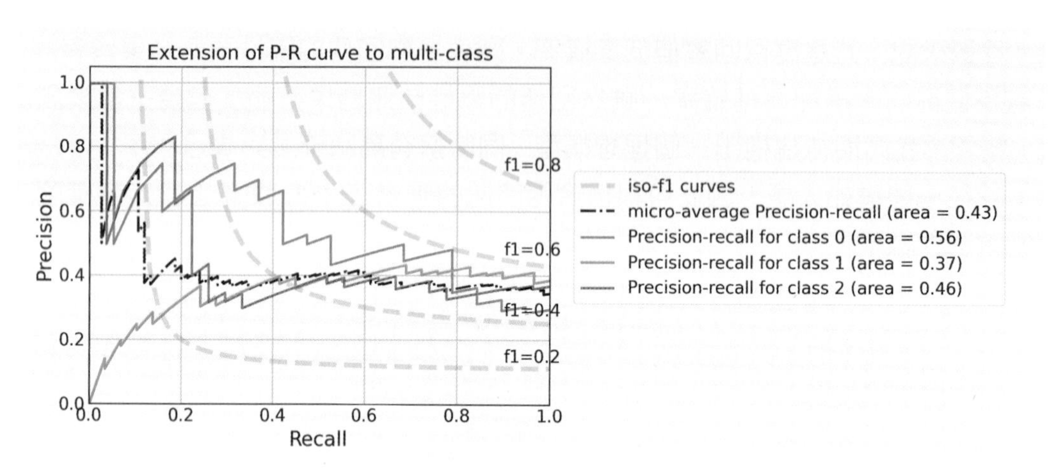

參考來源：https://scikit-learn.org/stable/auto_examples/model_selection/plot_precision_recall.html

圖 4-3-6　針對三個類別與綜合考量的 P-R 曲線

[10]:
```
1 from sklearn.metrics import average_precision_score
2
3 pipe_lr.fit(X_train, y_train)
4 y_score = pipe_lr.decision_function(X_test)
5
6 # 計算 AP 值
7 ap = average_precision_score(y_test, y_score)
8 print('Average precision-recall score: %.2f' %ap)
```

[10]:
```
Average precision-recall score: 0.73
```

[11]:
```
1 from sklearn.metrics import precision_recall_curve
2 from sklearn.metrics import plot_precision_recall_curve
3
4 disp = plot_precision_recall_curve(pipe_lr, X_test,
5                                    y_test)
```

[11]:

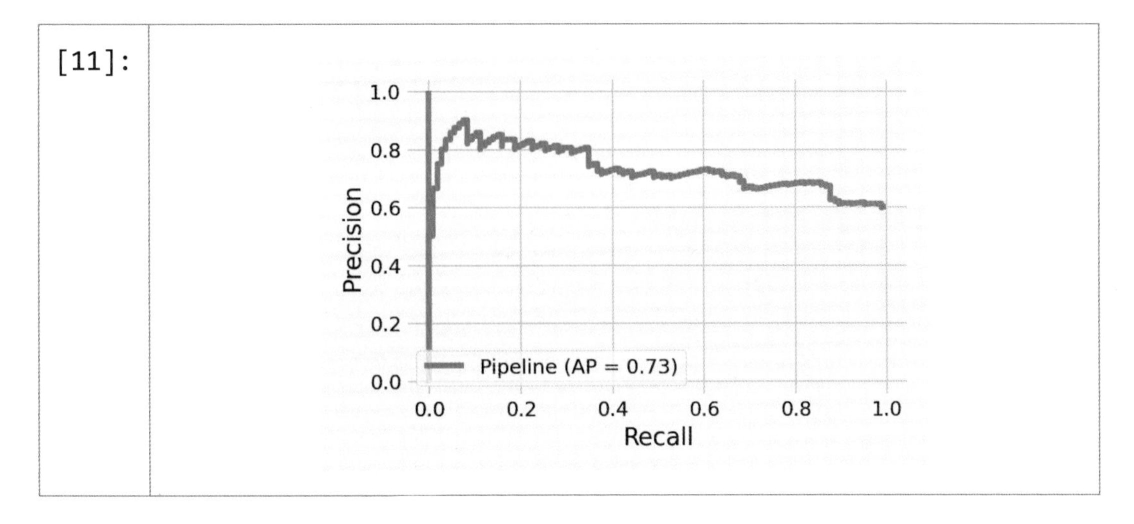

前面學到的混淆矩陣與 P-R 曲線，都有將預測結果陽性、陰性以及其真偽納入考量，但在評估模型時仍難以事先決定好區分預測標籤的門檻值，此時「接收操作特徵」（Receiver Operating Characteristic、ROC）曲線就能派上用場。針對分類模型，ROC 曲線是很有用的工具，它以假陽率及真陽率為準則呈現模型效能，而這些比率則是透過改變分類器的決策門檻值計算出來。ROC 圖以真陽率為縱軸，而橫軸則是偽陽率，這意謂著圖中的左上角是最佳結果（見圖 4-3-7）。

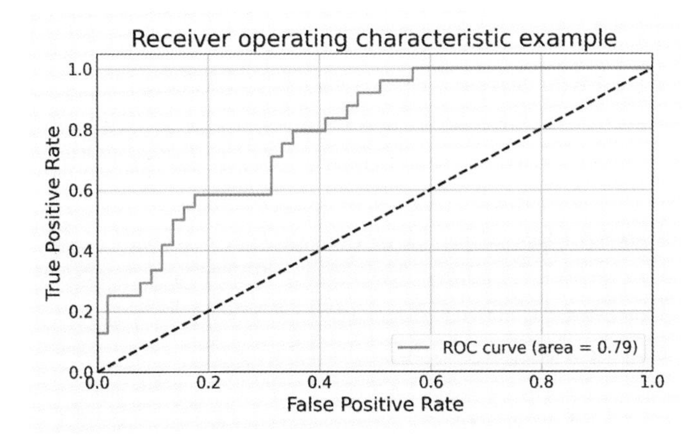

參考來源：https://scikit-learn.org/stable/auto_examples/model_selection/plot_roc.html

圖 4-3-7 支援向量機對鳶尾花分類的 ROC 曲線

在 ROC 圖中的對角線被視為是隨機猜測的效能，換言之，若分類器效能低於對角線，代表是比瞎猜更差的模型。而透過計算 ROC 曲線下的面積（Area Under Curve、AUC）可用來衡量模型的分類效能，圖 4-3-8 的 AUC 為 0.79。此外，ROC 曲線與 P-R 曲線類似，通常用來評估二元分類器的效能，但也能擴充應用到多類別分類器，如圖 4-3-8 所示。

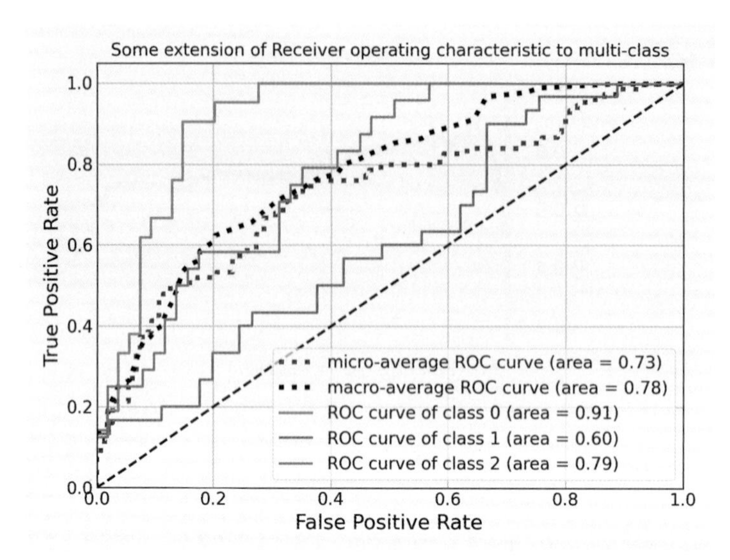

參考來源：https://scikit-learn.org/stable/auto_examples/model_selection/plot_roc.html

圖 4-3-8 支援向量機對鳶尾花分類的 ROC 曲線

[12]:
```
1 from sklearn.metrics import roc_curve, auc
2
3 fpr, tpr, _ = roc_curve(y_test, y_score)
4 roc_auc = auc(fpr, tpr)
5 roc_auc
```

[12]:
```
0.6673559059188421
```

[13]:
```
1 plt.plot(fpr, tpr, color='xkcd:azure',
2          label='ROC curve (area = %0.2f)' % roc_auc)
3 plt.plot([0, 1], [0, 1], color='black', linestyle='--')
4 plt.xlabel('False Positive Rate')
5 plt.ylabel('True Positive Rate')
6 plt.legend(loc="lower right")
```

[13]:

True Positive Rate
False Positive Rate
ROC curve (area = 0.67)

4-4 調校超參數

在選定迴歸或分類的學習模型後，通常接著是透過將目標函數（一般採用損失函數）最小化的方式，運用訓練數據來學習模型中的參數。比如支援向量機用來分類的超平面、決策樹用來分割數據的吉尼係數等。不過在許多學習模型中也有些參數是在進行訓練之前就要先設定好，這些稱為超參數（hyperparameter）。例如：加入 RBF 核函數的支援向量機在訓練前要設定兩個重要的超參數：核心寬度 gamma 與正規化強度 C；隨機森林中的決策樹的最大深度與數量，並非由模型訓練過程中學到，而是要事先設定。而設定超參數的過程就稱為超參數調校（hyperparameter tuning）或是超參數優化（hyperparameter optimization），也有些人把這個過程視為模型選擇的一環。

超參數調校是個繁瑣的過程，除非很熟悉模型或是依靠經驗設定合理值，否則難以透過有效方式找出超參數的最佳值。同時，超參數對模型效能有關鍵性影響，不能等閒視之。因此，一般會採用網格搜尋（grid search）、隨機搜尋（random search）以及貝氏最佳化（Bayesian optimization）等有系統的搜尋方式進行超參數調整與優化，而這些搜尋方法通常會包含下列項目，使用時要特別注意：

- 學習模型或演算法要最大化／最小化的目標函數。
- 欲搜尋的範圍，一般透過給定上限與下限來標明。
- 搜尋時的間隔，也就是在搜尋範圍內每隔多少步（step）搜尋一次。

4-4-1 網格搜尋

網格搜尋是最直觀、應用最廣泛的搜尋方式，其概念是以暴力（brute-force）窮舉的方式來搜尋我們選定的超參數值組合，再從中挑出最佳組合。可以想見當設定過大的範圍及較小的搜尋間隔，會有利於找到全域最佳值，但代價是十分消耗計算資源，尤其是在要調整的超參數數量較多時更是難以負荷。實務上可採兩階段作法，先用較寬鬆的搜尋方式（較小範圍搭配較大間隔）縮小最佳值所在區域，再以地毯式搜索找出最佳值。要注意的是雖然兩階段方式能有效降低運算負擔，可是實務上遇到的往往不會是凸函數（convex function），因此容易陷在區域的最佳值。底下是範例程式：

範例程式 **ex4-4_4-5.ipynb**

[1]:
```
 1  import warnings
 2  # 忽略警告訊息
 3  warnings.filterwarnings("ignore")
 4  import pandas as pd
 5
 6  df = pd.read_csv('Pokemon_894_13.csv')
 7  # 增加一個欄位，標示在 Type1、Type2 中是否有 Water 屬性
 8  type_ = 'Water'
 9  lst1 = [1 if x == type_ else 0 for x in df.Type1]
10  lst2 = [1 if x == type_ else 0 for x in df.Type2]
11  df[type_] = [1 if lst1[i] or lst2[i] else 0 \
12              for i in range(len(lst1))]
13  print(df[type_].value_counts())
14  df.take([200,300,400])
```

[1]:
```
0    754
1    140
Name: Water, dtype: int64
```

	Number	Name	Type1	Type2	HP	Attack	Defense	SpecialAtk	SpecialDef	Speed	Generation	Legendary	Water
200	185	樹才怪	Rock	NaN	70	100	115	30	65	30	2	False	0
300	277	大王燕	Normal	Flying	60	85	60	50	50	125	3	False	0
400	365	帝牙海獅	Ice	Water	110	80	90	95	90	65	3	False	1

[2]:
```
1  from sklearn.model_selection import train_test_split
2
3  X, y = df.loc[:, 'HP':'Speed'], df[type_]
4  X_train, X_test, y_train, y_test = \
5      train_test_split(X, y,test_size=0.2,random_state=0)
6  print(X_train.shape)
7  print(X_test.shape)
```

[2]:
```
(715, 6)
(179, 6)
```

[3]:
```
1  from sklearn.linear_model import LogisticRegression
2
3  best_score = 0
4  # 以巢狀迴圈測試超參數組合
5  for p in ['l1', 'l2']:
6      for c in [.001, .01, .1, 1, 10, 100]:
```

```
 7            # solver 改為 saga，同時應用到 L1, L2
 8            # max_iter 改為 1000，期待能盡量得到收斂結果
 9            logit = LogisticRegression(penalty=p, C=c,
10                                       solver='saga',
11                                        max_iter=1000)
12            logit.fit(X_train, y_train)
13            score = logit.score(X_test, y_test)
14
15            if score > best_score:
16                best_score = score
17                best_param = {'penalty':p, 'C':c}
18    print('Best score: %.3f' % best_score)
19    print('Best parameters:', best_param)
```

```
[3]: Best score: 0.866
     Best parameters: {'penalty': 'l1', 'C': 0.001}
```

上述範例考量邏輯斯迴歸的 penalty 與 C 兩個超參數的組合，透過兩層巢狀迴圈測試所有可能並從中選出在測試集上有最佳結果的組合。這段程式碼看起來還算單純，可是要再加上交叉驗證就顯得有點複雜。Scikit-learn 提供 GridSearchCV 方法整合網格搜尋與交叉驗證程序，並能透過參數 verbose（0 到 3 的整數值）顯示搜尋過程的訊息多寡。以下為範例程式：

```
[4]:  1  import numpy as np
      2  from sklearn.model_selection import GridSearchCV
      3
      4  logit = LogisticRegression(solver='saga', max_iter=1000)
      5  penalty = ['l1', 'l2']
      6  # 產生 10 個 C 值
      7  C = np.logspace(-4, 2, 10)
      8  print(C)
      9  hyper_param = dict(C=C, penalty=penalty)
     10
     11  grid_s = GridSearchCV(logit, hyper_param, cv=5,
     12                                              verbose=1)
     13  grid_s.fit(X_train, y_train)
     14  print(grid_s.best_score_)
     15  print(grid_s.best_params_)
     16  grid_s.score(X_test, y_test)
```

```
[4]: [1.00000000e-04 4.64158883e-04 2.15443469e-03 1.00000000e-02
      4.64158883e-02 2.15443469e-01 1.00000000e+00 4.64158883e+00
```

```
 2.15443469e+01 1.00000000e+02]
Fitting 5 folds for each of 20 candidates, totalling 100 fits
[Parallel(n_jobs=1)]: Using backend SequentialBackend with 1
                                          concurrent workers.
Best score (training): 0.8377622377622378
Best parameters (training): {'C': 0.0001, 'penalty': 'l1'}
[Parallel(n_jobs=1)]: Done 100 out of 100 | elapsed:    0.9s
                                                     finished
0.8659217877094972
```

在只使用邏輯斯迴歸模型的前提下，我們測試了幾個超參數組合且似乎已經得到最佳設定值。儘管如此，我們仍沒有足夠的信心確保這個分類效能已經是很好的結果，所以通常會一次考慮多個模型來建模，而這也能幫助初期不知道挑選哪個模型的實務做法。Scikit-learn 較新的版本允許我們加入多個學習模型到搜尋空間，因此在底下的範例中，我們嘗試加入隨機森林與支援向量機。隨機森林的超參數有決策樹數量、最大深度及最大特徵數，而支援向量機則分別採用線性與 RBF 核函數，並加入對應的超參數 C 與 gamma 值。這裡要注意一個小地方是在利用支援向量機建模前，數據最好先經過標準化動作，這會讓底下程式碼再稍微複雜一些，因此透過管道化來簡化程式碼。

```
[5]:
 1  from sklearn.preprocessing import StandardScaler
 2  from sklearn.svm import SVC
 3  from sklearn.ensemble import RandomForestClassifier
 4  from sklearn.pipeline import Pipeline, make_pipeline
 5
 6  # 設定隨機種子(目的是得到相同的執行結果以做驗證)
 7  np.random.seed(0)
 8  # 建立管線，先標準化再建立 SVC
 9  pipe_svc = Pipeline([('std', StandardScaler()),
10                       ('svc', SVC())])
11  # 建立管線
12  pipe = Pipeline([('clf', RandomForestClassifier())])
13  # 產生候選模型與對應的超參數
14  param_range = np.logspace(-4, 2, 10)
15  param_grid = [{'clf': [LogisticRegression()],
16                 'clf__penalty': ['l1', 'l2'],
17                 'clf__C': param_range},
18                {'clf': [RandomForestClassifier()],
19                 'clf__n_estimators': [10, 100, 300, 500],
20                 'clf__max_depth': [3, 4, 5],
```

```
21                'clf__max_features': [2, 3, 4]},
22              {'clf': [pipe_svc],
23                'clf__svc__C': param_range,
24                'clf__svc__kernel': ['linear']},
25              {'clf': [pipe_svc],
26                'clf__svc__C': param_range,
27                'clf__svc__gamma': param_range,
28                'clf__svc__kernel': ['rbf']}]
29
30  grid_s = GridSearchCV(estimator=pipe,
31                        param_grid=param_grid, cv=5,
32                        scoring='accuracy', verbose=1)
33  grid_s.fit(X_train, y_train)
34  print('Best estimator (training):',
35                                 grid_s.best_estimator_)
36  print('Best parameters (training):',
37                                    grid_s.best_params_)
39  grid_s.score(X_test, y_test)
```

```
[5]: Fitting 5 folds for each of 166 candidates, totalling 830 fits
     [Parallel(n_jobs=1)]: Using backend LokyBackend with 1
                                         concurrent workers.
     Best score (training): 0.8391608391608392
     Best parameters (training): {'clf':
                       RandomForestClassifier(max_depth=4,
                                              max_features=3),
                             'clf__max_depth': 4,
                             'clf__max_features': 3,
                             'clf__n_estimators': 100}
     [Parallel(n_jobs=1)]: Done 830 out of 830 | elapsed:   1.1min
                                                        finished
     0.8659217877094972
```

我們挑選的數個模型搭配數個超參數組合，在經過一輪廝殺後脫穎而出的是隨機森林，且其超參數組合為 100 棵決策樹、每棵決策樹最大深度為 4 且最大特徵數為 3。雖然在測試集的分數與之前使用邏輯斯迴歸一樣，可是在擬合訓練集上隨機森林險勝一些，且經由這個比較與搜尋程序，我們對於最後挑選出來的模型與測試結果會相對比較有信心。

4-4-2 參數搜尋小技巧

在前一小節的範例中，我們挑選三個模型及數個超參數組合進行網格搜尋，整個程式的執行時間約為 1.1 分鐘（確切執行時間依不同電腦而定）。然而，在對付實務問題時，模型搭配超參數可組合出許多可能，透過網格搜尋往往需要大量計算資源與等待時間。一般可藉由下列方式來加速搜尋過程：

1. 提升搜尋速度的一個直覺做法是平行計算，這可簡單地在 GridSearchCV 方法裡設定 n_jobs = -1（亦即使用所有處理器核心火力全開）來達成。這個參數預設值為 1，也就是說預設一次只使用一個處理器核心。在前一個小節最後的範例中，改用所有核心數來搜尋僅需 15.9 秒。（在 windows 電腦中，核心數量可透過同時按下《Ctrl》+《Alt》+《Delete》並進入「工作管理員」後查看「效能」頁籤裡的邏輯處理器數量得知）。

2. 網格搜尋方式是在給定的所有可能組合中，暴力搜尋找出模型搭配超參數最佳分數的組合。而一個有效率的方式是隨機搜尋，即在所有可能組合中隨機選取樣本點進行測試。隨機搜尋的想法是如果樣本點足夠多，那麼透過隨機採樣也有一定機率能找到全域最佳值或近似值。Scikit-learn 實作的隨機搜尋方法 RandomizedSearchCV 允許以使用者提供的分布（如常態或均勻分布等）進行搜尋。隨機搜尋通常會比網格搜尋快，可是其搜尋結果有較高的不確定性。

[6]:
```
1  from sklearn.model_selection import RandomizedSearchCV
2  from scipy.stats import uniform, norm
3
4  logit = LogisticRegression(solver='saga', max_iter=1000,
5                             random_state=0)
6  # 產生均勻分布的樣本點
7  dist = dict(C=uniform(loc=0, scale=.01).rvs(100),
8              penalty=['l2', 'l1'])
9  # 隨機搜尋
10 clf = RandomizedSearchCV(logit, dist, random_state=0,
11                          verbose=1)
12 rand_s = clf.fit(X_train, y_train)
13 print(rand_s.best_params_)
14 rand_s.score(X_test, y_test)
```

```
[6]: Fitting 5 folds for each of 10 candidates, totalling 50 fits
     [Parallel(n_jobs=1)]: Using backend SequentialBackend with 1
                                                concurrent workers.
     {'penalty': 'l2', 'C': 0.00586653627574434}
     [Parallel(n_jobs=1)]: Done  50 out of  50 | elapsed:    0.8s
                                                         finished
     0.8659217877094972
```

3. 對於選定某個模型來說，考慮模型特性來搜尋最佳參數組合可能在更短的時間內得到結果。對於一些模型（如套索迴歸、邏輯斯迴歸等），scikit-learn 實作結合模型的交叉驗證方式，能幫忙快速地找到合適的超參數值。可惜的是這些實作僅針對單一超參數的搜尋，可用在小範圍但大規模地搜尋最佳值。底下範例是使用邏輯斯迴歸的交叉驗證版本 LogisticRegressionCV，透過設定參數 Cs 的整數值產生介於 10^{-4} 到 10^{4} 之間，以對數方式挑選出 Cs 個 C 的可能值；而若給定一個串列，則從中取出候選超參數值。

```
[7]: 1  from sklearn.linear_model import LogisticRegressionCV
     2
     3  logit = LogisticRegressionCV(Cs=100, cv=10,
     4                               random_state=0)
     5  logit.fit(X_train, y_train)
     6  print('Best C:', logit.C_)
     7  logit.score(X_test, y_test)
```

```
[7]: Best C: [0.0001]
     0.8659217877094972
```

網格搜尋或隨機搜尋再加上交叉驗證挑選出來的超參數值並非完全可靠。圖 4-4-1 是 scikit-learn 官網的針對糖尿病數據集的範例，圖中的曲線以網格搜尋挑選套索迴歸的超參數 alpha，由圖中可知最佳 alpha 值會得到分數為 0.43。然而，使用交叉驗證版本的套索迴歸 LassoCV()並顯示每次交叉驗證的結果，可看到儘管 alpha 值差異不大，其分數的變化仍可能相當劇烈，且當 alpha = 0.06 時的分數遠高於透過網格搜尋的結果。由此可知，在挑選最佳超參數時還是得經過多方驗證比較可靠。

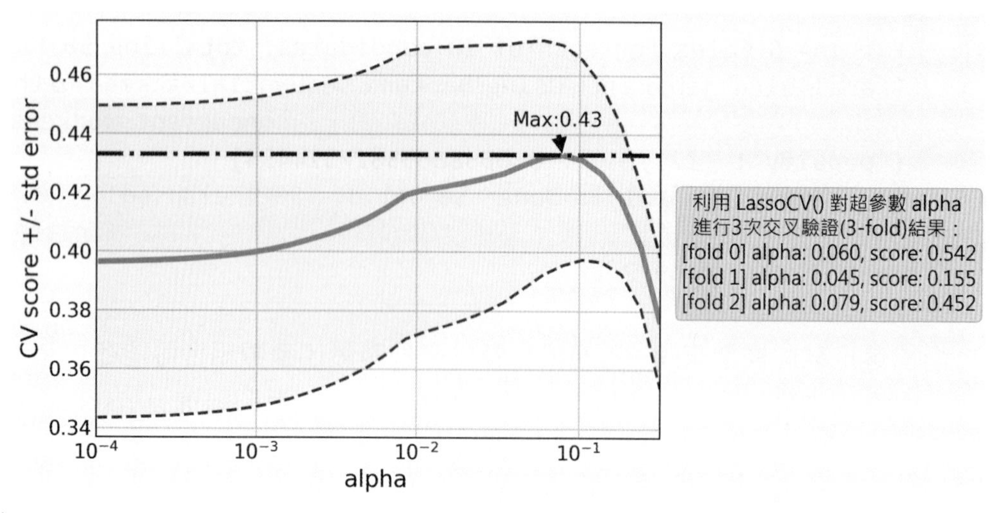

參考來源：https://scikit-learn.org/stable/auto_examples/exercises/plot_cv_diabetes.html

圖 4-4-1 比較網格搜尋與交叉驗證版本的套索迴歸運用在糖尿病數據集的結果

另一方面，在使用 GridSearchCV 與 RandomizedSearchCV 同時考慮多個模型搭配數個超參數組合進行搜尋時，運用交叉驗證方式評估哪個搭配能得到最好的預測效能。然而，這裡有個容易被忽略的問題，因為我們已經利用數據挑選最佳的搭配，所以就不能再用相同數據來評估模型效能，此時可透過「巢狀交叉驗證」（nested cross-validation）來處理。這是指有內外兩層的交叉驗證機制，其中內層用來挑選模型（或超參數），而外層則用以進行無偏差的模型效能評估。圖 4-4-2 展示一個外層為三且內層為二的巢狀交叉驗證，又稱為「3×2 交叉驗證」。

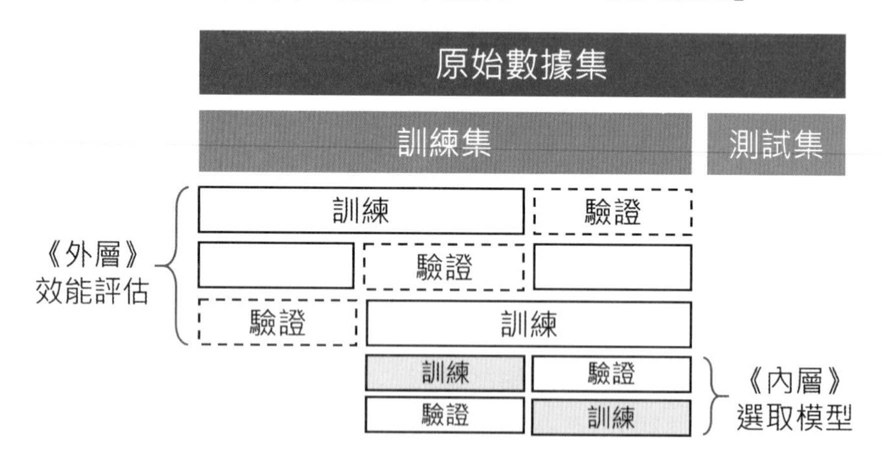

圖 4-4-2 巢狀交叉驗證示意圖

巢狀交叉驗證機制能合理切割出訓練與測試用數據，正確評估每個模型搭配超參數組合的效能，避免評估上的偏差導致過度樂觀的分數，其影響的程度視數據集的大小以及模型的穩定度而定。圖 4-4-3 是利用支援向量機分類鳶尾花數據集，並以有

／無巢狀交叉驗證的網格搜尋模型超參數的比較，由圖中可看到大多數搜尋結果皆顯示有巢狀交叉驗證得到相對較保守的分數，在 30 次試驗中平均分數的差距為 0.007。

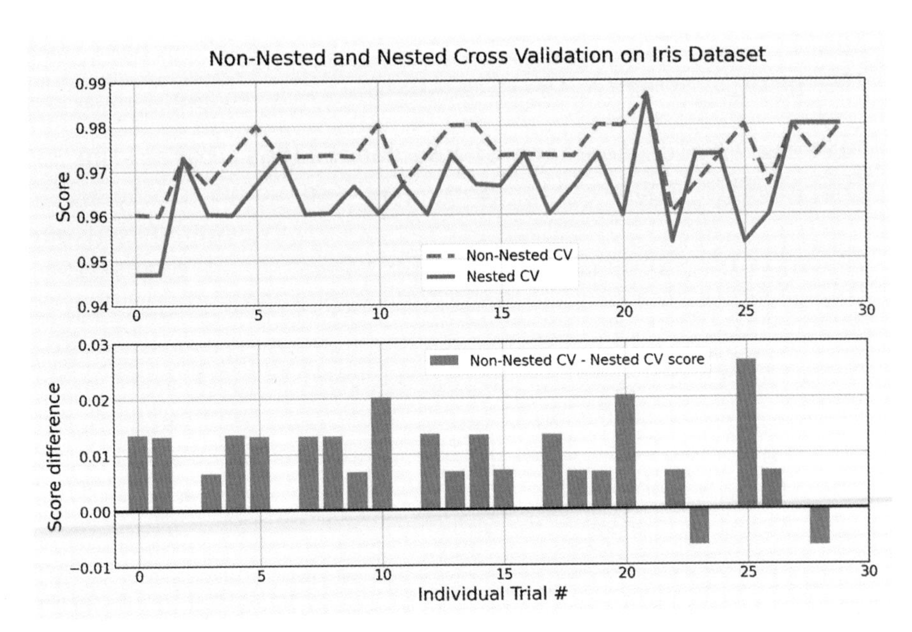

參考來源：
https://scikit-learn.org/stable/auto_examples/model_selection/plot_nested_cross_validation_iris.html

圖 4-4-3 以支援向量機模型對鳶尾花分類比較有無巢狀交叉驗證的網格搜尋結果

在底下的範例中，內層的交叉驗證透過 GridSearchCV 方法，外層包覆的交叉驗證則是 cross_val_score 方法。因此，藉由設定 verbose = 1 輸出的訊息第一行顯示內層交叉驗證訓練 166（= 20 + 36 + 10 + 100）個模型搭配超參數的組合 2 次，總共有 332 個候選模型，接著外層再進行 3 次交叉驗證。最後得到的模型一樣是隨機森林但搭配不同的超參數，在訓練數據的分數比之前稍微好一點，可是在測試分數稍低於之前的結果。

```
[8]:  1  from sklearn.model_selection import cross_val_score
      2
      3  # 建立網格搜尋
      4  grid_s = GridSearchCV(estimator=pipe,
      5                        param_grid=param_grid, cv=2,
      6                        scoring='accuracy', n_jobs=-1,
      7                        verbose=1)
      8  # 進行巢狀交叉驗證
      9  scores = cross_val_score(grid_s, X_train, y_train,
     10                           scoring='accuracy', cv=3)
```

```
11  print('CV accuracy (training): %.3f +/- %.3f'
12        %(np.mean(scores), np.std(scores)))
13  grid_s.fit(X_train, y_train)
14  print('Best parameters (training):',
15                                          grid_s.best_params_)
16  grid_s.score(X_test, y_test)
```

```
[8]: Fitting 2 folds for each of 166 candidates, totalling 332 fits
[Parallel(n_jobs=-1)]: Using backend LokyBackend with 8
                                               concurrent workers.
[Parallel(n_jobs=-1)]: Done  60 tasks      | elapsed:    1.0s
[Parallel(n_jobs=-1)]: Done 332 out of 332 | elapsed:    5.4s
                                                          finished
[Parallel(n_jobs=-1)]: Using backend LokyBackend with 8
                                               concurrent workers.
Fitting 2 folds for each of 166 candidates, totalling 332 fits
[Parallel(n_jobs=-1)]: Done  58 tasks      | elapsed:    1.3s
 [Parallel(n_jobs=-1)]: Done 332 out of 332 | elapsed:   5.8s
                                                          finished
[Parallel(n_jobs=-1)]: Using backend LokyBackend with 8
                                               concurrent workers.
Fitting 2 folds for each of 166 candidates, totalling 332 fits
[Parallel(n_jobs=-1)]: Done  60 tasks      | elapsed:    1.2s
 [Parallel(n_jobs=-1)]: Done 332 out of 332 | elapsed:   5.5s
                                                          finished
[Parallel(n_jobs=-1)]: Using backend LokyBackend with 8
                                               concurrent workers.
CV accuracy (training): 0.838 +/- 0.002
Fitting 2 folds for each of 166 candidates, totalling 332 fits
[Parallel(n_jobs=-1)]: Done  60 tasks      | elapsed:    1.1s
[Parallel(n_jobs=-1)]: Done 317 out of 332 | elapsed:    4.8s
                                           remaining:    0.1s
Best parameters (training): {'clf':
      RandomForestClassifier(max_depth=4, max_features=4),
      'clf__max_depth': 4, 'clf__max_features': 4,
      'clf__n_estimators': 100}
[Parallel(n_jobs=-1)]: Done 332 out of 332 | elapsed:    5.7s
                                                          finished
0.8603351955307262
```

Scikit-learn 實作的 GridSearchCV 與 RandomizedSearchCV 還有個好玩的小技巧，就是能選擇多個評分指標分數（multimetric scoring）。當設定參數 scoring 為多個

評分指標時，參數 refit（預設值為 True）要設定成參數 best_params_ ，用來在整個數據集上建構 best_estimator_的評分指標，換言之是設定成最後用來擬合訓練數據的評分指標。

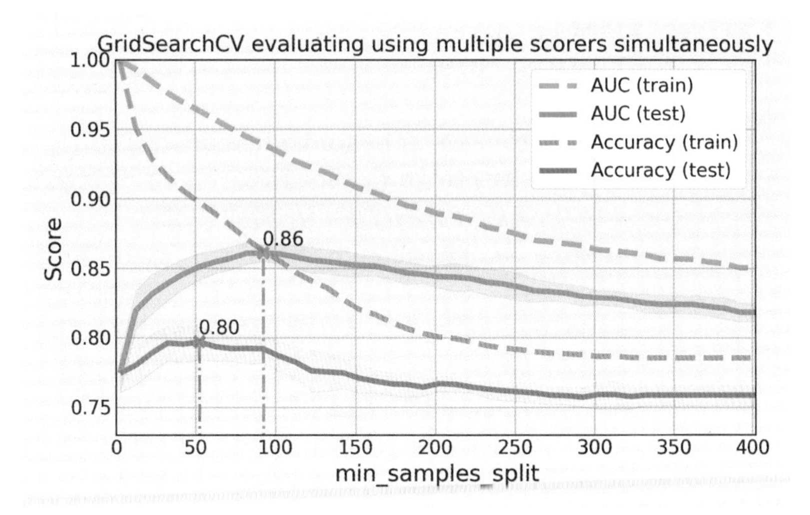

參考來源：
https://scikit-learn.org/stable/auto_examples/model_selection/plot_multi_metric_evaluation.html

圖 4-4-4 以決策樹模型套用兩個評分指標的網格搜尋結果

圖 4-4-4 以決策樹模型對模擬數據進行分類，並運用兩個評分指標的網格搜尋超參數 min_samples_split。由圖中可知 ROC 曲線下面積（AUC）最大值為 0.86，而準確率最高則是 0.80，可是這兩個值對應的超參數值卻不同，這有助於挑選出以特定評分指標為前提的最佳超參數組合。

```
[9]:  1  from matplotlib import pyplot as plt
      2  plt.style.use('fivethirtyeight')
      3  from sklearn.metrics import make_scorer, accuracy_score
      4
      5  # 套用兩個評分指標到網格搜尋
      6  scoring = {'AUC': 'roc_auc',
      7             'Accuracy': make_scorer(accuracy_score)}
      8  gs = GridSearchCV(RandomForestClassifier(),
      9                    param_grid={'n_estimators': range(1, 21),
     10                                'max_depth': [4],
     11                                'max_features': [4]},
     12                    scoring=scoring, refit='AUC',
     13                    return_train_score=True, n_jobs=-1)
     14  gs.fit(X_train, y_train)
     15  results = gs.cv_results_
     16  # 取出決策樹數量作為 x 軸
```

```
17  X_axis = np.array(results['param_n_estimators'].data,
18                                               dtype=float)
19  # 設定 x, y 軸刻度範圍
20  ax = plt.gca()
21  ax.set_xlim(1, 20)
22  ax.set_ylim(0.5, 0.9)
23
24  for scorer, color in zip(sorted(scoring), ['g', 'b']):
25      for sample, style in (('train', '--'), ('test', '-')):
26          # 取出不同評分指標的平均值與標準差
27          sample_score_mean = results['mean_%s_%s' %
28                                              (sample, scorer)]
29          sample_score_std = results['std_%s_%s' %
30                                              (sample, scorer)]
31          ax.fill_between(X_axis,
32                      sample_score_mean - sample_score_std,
33                      sample_score_mean + sample_score_std,
34                      alpha=0.1 if sample == 'test' else 0,
35                                               color=color)
36          ax.plot(X_axis, sample_score_mean, style,
37                      color=color,
38                      alpha=1 if sample == 'test' else 0.7,
39                      label="%s (%s)" % (scorer, sample))
40      # 取出 test 的最佳索引值與分數
41      best_index = np.nonzero(results['rank_test_%s' %
42                                          scorer] == 1)[0][0]
43      best_score = results['mean_test_%s' %
44                                          scorer][best_index]
45      # 標示最大值
46      ax.plot([X_axis[best_index], ] * 2, [0, best_score],
47              lw=2, linestyle='-.', color=color,
48              marker='x', markeredgewidth=3, ms=8)
49      ax.annotate("%0.2f" % best_score,
50                  (X_axis[best_index], best_score + 0.005))
51
52  plt.xlabel('n_estimators')
53  plt.ylabel('Score')
54  plt.legend()
```

[9]:

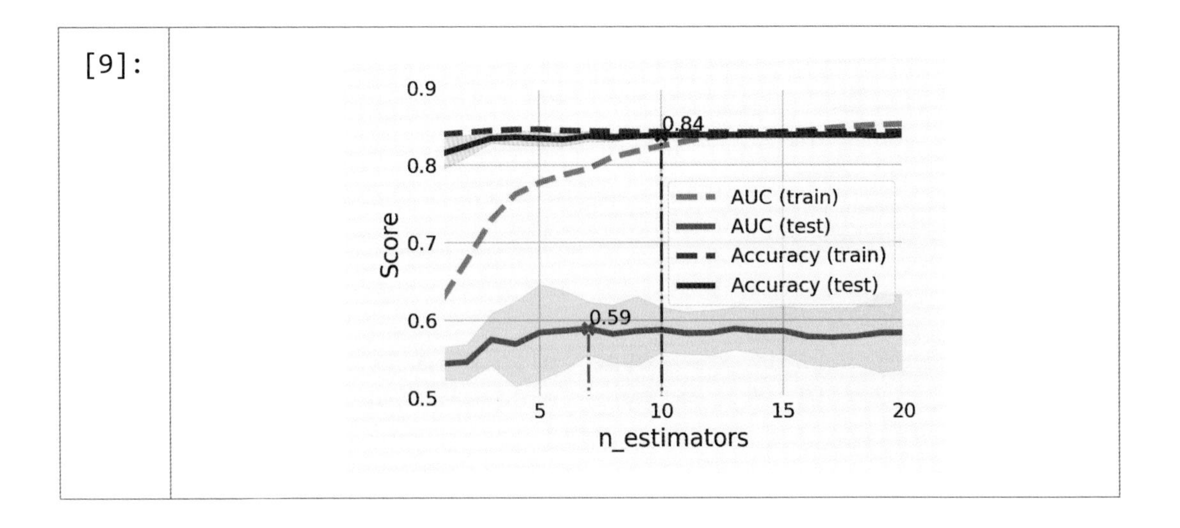

4-5 處理類別不平衡

在處理實際數據時經常會遇到數據中帶有高度不平衡類別的困擾，這是指某些類別的樣本大量出現在數據集中，而其餘類別的樣本則相當稀少。比方說在疾病檢測中，身上帶有某流行病病毒的人屬於極少數；在信用卡交易中，屬於詐欺或盜刷的情況也不常見。類別不平衡主要困擾著監督式機器學習任務，尤其是針對分類問題，此時以整體分類準確度為學習目標的分類模型會過度關注樣本偏高的類別，且在訓練過程中傾向捕捉多數類的模式，進而降低少數類樣本的分類效能。大多數常見的機器學習模型對於類別不平衡的數據皆表現不佳。

之前看過許多用來評估模型效能的指標，且模型大多朝最大／最小化這些指標的方向進行學習，而挑選正確評估方式對處理類別不平衡數據來說是相當重要的第一步。試想若僅 2%的人為某流行病的無症狀感染者，那麼一個篩檢試劑宣稱所有人皆無感染，其準確率已高達 98%，但這很明顯不是我們想要的結果。若我們的優先任務是盡可能找出所有的無症狀感染者，再對這些人進行二次篩檢或隔離，則可以選擇「召回率」作為模型衡量標準。而在信用卡交易是否異常的判斷中，倘若銀行不想輕易打擾客戶造成恐慌，則「精確度」可能是更合適的選擇。

除了挑選合適的評估指標外，實務上常見有以下兩個用來對付類別不平衡的策略：

1. 設定權重：對樣本數較少的類別額外給予較大的權重，這可能是最簡單的做法，因為 scikit-learn 實作的大多數機器學習模型都提供權重參數，只要將 class_weight 設定為 balanced 即可自動調整某個類別的權重反比於類別樣本數，即樣本數/(類別數×類別樣本數)，也能藉由字典結構手動指派每個類別的權重。

底下範例的目標要預測是否為火屬性寶可夢的二元分類，在 894 隻寶可夢中僅 72 隻為火屬性，明顯為類別不平衡。在切割為訓練與測試集後仍然維持著不平衡的狀態，接著採用邏輯斯迴歸與隨機森林進行分類，並透過網格搜尋結合交叉驗證方式找出最佳超參數組合，而在搜尋過程中嘗試以兩個不同的模型度量標準來進行。

[10]:
```
1  type_ = 'Fire'
2  lst1 = [1 if x == type_ else 0 for x in df.Type1]
3  lst2 = [1 if x == type_ else 0 for x in df.Type2]
4  df[type_] = [1 if lst1[i] or lst2[i] else 0 \
5              for i in range(len(lst1))]
6  # 列出有無 Fire 屬性的數量
7  print(df[type_].value_counts())
8  df.take([170,270,370])
```

[10]:
```
0    822
1     72
Name: Fire, dtype: int64
```

	Number	Name	Type1	Type2	HP	Attack	Defense	SpecialAtk	SpecialDef	Speed	Generation	Legendary	Water	Fire
170	156	火岩鼠	Fire	NaN	58	64	58	80	65	80	2	False	0	1
270	250	鳳王	Fire	Flying	106	130	90	110	154	90	2	True	0	1
370	338	太陽岩	Rock	Psychic	70	95	85	55	65	70	3	False	0	0

[11]:
```
1  X, y = df.loc[:, 'HP':'Speed'], df[type_]
2  X_train, X_test, y_train, y_test = \
3      train_test_split(X, y, test_size=0.2,
4                       random_state=0)
5  print(y_train.value_counts())
6  print(y_test.value_counts())
```

[11]:
```
0    663
1     52
Name: Fire, dtype: int64
0    159
1     20
Name: Fire, dtype: int64
```

[12]:
```
1  from sklearn.metrics import classification_report
2
3  pipe = Pipeline([('clf', RandomForestClassifier())])
4  param_range = np.logspace(-4, 2, 10)
5  param_grid = [{'clf': [LogisticRegression()],
```

```
 6                 'clf__penalty': ['l1', 'l2'],
 7                 'clf__C': param_range},
 8                {'clf': [RandomForestClassifier()],
 9                 'clf__n_estimators': [10, 20, 30, 50],
10                 'clf__max_depth': [3, 4, 5],
11                 'clf__max_features': [2, 3, 4]}]
12  # 評估指標為 accuracy
13  grid_s = GridSearchCV(estimator=pipe, cv=2, n_jobs=-1,
14                        param_grid=param_grid,
15                        scoring='accuracy')
16  scores = cross_val_score(grid_s, X_train, y_train,
17                           scoring='accuracy', cv=3)
18  print('CV score (training): %.3f +/- %.3f'
19        %(np.mean(scores), np.std(scores)))
20  grid_s.fit(X_train, y_train)
21  print('Best parameters (training):',
22                                     grid_s.best_params_)
23  y_pred = grid_s.predict(X_test)
24  print(classification_report(y_pred, y_test))
```

```
[12]:
CV score (training): 0.926 +/- 0.002
Best parameters (training): {'clf':
       RandomForestClassifier(max_depth=5, max_features=3,
       n_estimators=30), 'clf__max_depth': 5,
       'clf__max_features': 3, 'clf__n_estimators': 30}
              precision    recall  f1-score   support

           0       1.00      0.89      0.94       179
           1       0.00      0.00      0.00         0

    accuracy                           0.89       179
   macro avg       0.50      0.44      0.47       179
weighted avg       1.00      0.89      0.94       179
```

由上面的執行結果可知道以準確度來評估模型，網格搜尋挑出隨機森林為最佳選擇，且不意外地在 179 筆測試樣本中沒有被判定為火屬性（類別 1），換言之，模型全部猜測樣本內沒有火屬性（類別 0），如此得到準確度為 0.89（= 159/179）。

```
[13]:
1  from sklearn.metrics import classification_report
2
3  pipe = Pipeline([('clf', RandomForestClassifier())])
4  param_range = np.logspace(-4, 2, 10)
5  # 加入 class_weight 參數
```

```
 6  param_grid = [{'clf': [LogisticRegression()],
 7                 'clf__penalty': ['l1', 'l2'],
 8                 'clf__C': param_range,
 9                 'clf__class_weight': ['balanced']},
10                {'clf': [RandomForestClassifier()],
11                 'clf__n_estimators': [10, 20, 30, 50],
12                 'clf__max_depth': [3, 4, 5],
13                 'clf__max_features': [2, 3, 4],
14                 'clf__class_weight': ['balanced']}]
15  # 評估指標為 recall
16  grid_s = GridSearchCV(estimator=pipe, cv=2, n_jobs=-1,
17                        param_grid=param_grid,
18                        scoring='recall')
19  scores = cross_val_score(grid_s, X_train, y_train,
20                           scoring='recall', cv=3)
21  print('CV score (training): %.3f +/- %.3f'
22        %(np.mean(scores), np.std(scores)))
23  grid_s.fit(X_train, y_train)
24  print('Best parameters (training):',
25  grid_s.best_params_)
26  y_pred = grid_s.predict(X_test)
27  print(classification_report(y_pred, y_test))
```

```
[13]: CV score (training): 0.709 +/- 0.088
      Best parameters (training): {'clf':
          LogisticRegression(C=0.0001, class_weight='balanced'),
          'clf__C': 0.0001, 'clf__class_weight': 'balanced',
          'clf__penalty': 'l2'}
                    precision    recall  f1-score   support

                 0       0.62      0.93      0.75       106
                 1       0.65      0.18      0.28        73

          accuracy                           0.63       179
         macro avg       0.64      0.56      0.51       179
      weighted avg       0.63      0.63      0.56       179
```

接著在兩個模型皆考慮類別不平衡問題而加入class_weight = 'balanced'設定，並改用召回率做模型評估，試圖盡量找出所有火屬性寶可夢。網格搜尋結果挑出最佳模型為邏輯斯迴歸，預測有73筆樣本為火屬性，且兩個類別的召回率均比之前要高，可是準確度就低很多。由此也可看到挑選合適的度量指標對模型學習的重要性。

2. 數據取樣：這個策略常見的做法是透過上取樣（upsampling）／下取樣（upsampling）的方式增加／減少訓練數據，也就是對樣本個數偏少的類別，提高取樣頻率或是人工合成新數據，而對樣本過多的類別則可以降低取樣頻率，以此達到類別數量的平衡。Scikit-learn 實作一個簡單的 resample 方法，對少類別進行放回式取樣，以增加樣本數。底下是範例程式：

[14]:
```
 1  from sklearn.utils import resample
 2
 3  print(y_train.value_counts())
 4  # 對類別 1 進行放回式取樣
 5  size = y_train[y_train == 0].shape[0]
 6  X_up, y_up = resample(X_train[y_train == 1],
 7                        y_train[y_train == 1],
 8                        replace=True,
 9                        n_samples=size,
10                        random_state=0)
11  X_train_up = np.vstack((X_train[y_train==0], X_up))
12  y_train_up = np.hstack((y_train[y_train==0], y_up))
13  print('Class 0:', len(y_train_up) - y_train_up.sum())
14  print('Class 1:', y_train_up.sum())
```

[14]:
```
0    663
1     52
Name: Fire, dtype: int64
Class 0: 663
Class 1: 663
```

在對類別1進行上取樣（放回式重複取樣）後，兩個類別的樣本數一樣多，已排除類別不平衡問題。

[15]:
```
1  # 邏輯斯迴歸擬合類別不平衡數據
2  logit = LogisticRegression().fit(X_train, y_train)
3  y_pred = logit.predict(X_test)
4  print(classification_report(y_pred, y_test))
```

[15]:
```
              precision    recall  f1-score   support

           0       1.00      0.89      0.94       179
           1       0.00      0.00      0.00         0

    accuracy                           0.89       179
   macro avg       0.50      0.44      0.47       179
weighted avg       1.00      0.89      0.94       179
```

直接擬合類別不平衡數據的結果，不意外都猜測為類別0可得到最高的準確度，但代價是犧牲掉類別1的可能性。

[16]:
```
1 # 邏輯斯迴歸加上 class_weight='balanced'
2 logit = LogisticRegression(class_weight='balanced')
3 logit.fit(X_train, y_train)
4 y_pred = logit.predict(X_test)
5 print(classification_report(y_pred, y_test))
```

[16]:
```
              precision    recall  f1-score   support

           0       0.64      0.94      0.76       109
           1       0.65      0.19      0.29        70

    accuracy                           0.64       179
   macro avg       0.65      0.56      0.53       179
weighted avg       0.64      0.64      0.58       179
```

設定參數class_weight以處理類別不平衡問題，從召回率來看，預測結果能找出進兩成的類別1樣本，可是整體準確度也降低許多。

[17]:
```
1 # 邏輯斯迴歸擬合經過上取樣的數據
2 logit = LogisticRegression()
3 logit.fit(X_train_up, y_train_up)
4 y_pred = logit.predict(X_test)
5 print(classification_report(y_pred, y_test))
```

[17]:
```
              precision    recall  f1-score   support

           0       0.66      0.94      0.77       112
           1       0.65      0.19      0.30        67

    accuracy                           0.66       179
   macro avg       0.66      0.57      0.54       179
weighted avg       0.66      0.66      0.60       179
```

擬合經過上取樣的數據再對測試集進行預測，得到的結果與設定class_weight參數差不多。

同樣的概念，也能透過 resample 方法，對多類別樣本進行下取樣，以減少樣本數。另一個值得推薦是 imbalanced-learn（https://imbalanced-learn.org/stable/），裡面有包含「少數超額取樣合成技術」（Synthetic Minority Over-Sampling Technique、SMOTE）在內等多種人工合成訓練樣本的方法，使用前要先透過 pip 安裝。

4-6 小結

要能將機器學習模型的效能發揮的淋漓盡致，從模型的擬合、評估指標以及調校超參數等方面都相當重要，其中數據經過妥善的前處理程序才能方便模型的擬合，而擬合過程以評估指標做為目標，再以超參數指引出前進的下一步，如此一步步朝目標前進。本章以 scikit-learn 提供的管道化技巧作為開頭，這技巧能大幅簡化程式碼的複雜度，不管是對後續的理解、維護與再運用等都有很大幫助。

接著，過擬合與欠擬合是模型在評估與調整的過程中經常遇到的狀況，兩者皆會造成預測效能的低落，要能正確地判斷與排除。而除了常見用來度量模型效能的指標外，也可將模型的擬合過程視覺化成曲線並轉換為對應的評估方式，既能深入了解模型的擬合狀況，也能依此挑選出較好的模型。此外，對機器學習任務而言，如何設定合適的超參數是許多使用者困擾的事情，透過網格搜尋在許多可能組合中，地毯式找出較佳的模型搭配超參數組合，而一些小技巧也能讓搜尋更有效率。本章最後介紹是在處理真實世界數據常遇到的類別不平衡問題，同時也探討數個解決方法。

下一章要介紹非監督式學習的方法，與前面看過的監督式作法不同，非監督式學習處理的問題往往沒有目標項，在這個前提下建構出合適的模型是相當大的挑戰。

綜合範例

紅葡萄酒品質分析

請撰寫程式讀取紅葡萄酒數據集 winequality-red.csv，這是來自葡萄牙北部的紅色葡萄酒開放數據集樣本，目標是根據物理與化學測試預測葡萄酒品質。數據集的欄位說明如下：

欄位名稱	說明	欄位名稱	說明
fixed acidity	非揮發性酸含量	total sulfur dioxide	總二氧化硫
volatile acidity	揮發性酸含量	density	密度
citric acid	檸檬酸	pH	酸鹼度
residual sugar	糖含量	sulphates	硫酸鹽
chlorides	氯化物	alcohol	酒精濃度
free sulfur dioxide	游離二氧化硫	quality	品質

欲進行的分析程序如下：

1. 請撰寫程式讀取 winequality-red.csv，並透過探索式分析檢視數據集。
2. 挑選與 quality 的相關係數高的特徵繪製直方圖。
3. 請將數據集分為訓練集與測試集，其中測試集占 20%。
4. 建立支援向量機（RBF 核函數）的管道化程序，進行下列網格搜尋：
   (1) 直接用訓練數據進行搜尋
   (2) 處理訓練數據內的類別不平衡後再進行搜尋
   (3) 在支援向量機加入 class_weight 參數，再進行搜尋
5. 以上述三種網格搜尋中最佳的結果進行巢狀交叉驗證，並輸出測試集的準確率。

銀行貸款預測分析

請撰寫程式讀取銀行貸款數據集 loan_train.csv，內含有 614 筆貸款申請人的資訊與其申請貸款的結果，每筆樣本有 13 個特徵，數據集的欄位說明如下：

欄位名稱	說明	欄位名稱	說明
Loan_ID	申請人 ID	LoanAmount	貸款額度
Gender	性別	Loan_Amount_Term	貸款期限（月）
ApplicantIncome	申請人收入	Self_Employed	是否自雇（Y/N）
Coapplicant Income	聯名申請人收入	Property_Area	申請人所在地區(城市地區、半城區、農村地區)
Credit_History	信用記錄	Married	是否結婚（Y/N）
Dependents	親屬人數	Loan_Status	是否放貸（Y/N）
Education	教育程度		

欲進行的分析程序如下：

1. 讀取數據集 loan_train.csv，並進行探索式分析瀏覽數據。
2. 請將數據集分為訓練集與測試集，其中測試集占 20%。
3. 利用管道化分別處理數值型與類別型特徵如下，再結合成一個轉換器。
   (1) 數值型：填補遺漏值 → 標準化
   (2) 類別型：填補遺漏值 → 讀熱編碼
4. 分別使用 KNN、支援向量機及隨機森林擬合訓練數據，並輸出測試集的準確率。
5. 以網格搜尋找出隨機森林較好的超參數組合。

Chapter 4 習題

1. 利用 load_breast_cancer 方法讀取威斯康辛乳癌數據集，裡面包含 596 個「惡性腫瘤細胞」（malignant tumor cell）與「良性腫瘤細胞」（benign tumor cell）的樣本，每個樣本有 32 個特徵。目標項中 0 代表惡性，而 1 代表良性腫瘤。以下是要進行的分析程序：

(a). 利用 load_breast_cancer()讀取數據集。

(b). 將數據集分為訓練集與測試集，其中測試集占 20%。

(c). 先將訓練數據標準化，再用邏輯斯迴歸建模。

(d). 繪製學習曲線與驗證曲線，並觀察模型擬合的狀況。

(e). 挑選合適的超參數 C 值建模，並針對測試集輸出分類報告。

✓ 提示

可用管道化整合數據標準化與邏輯斯迴歸建模
觀察學習曲線與驗證曲線的趨勢，輔助挑選合適的超參數

▶▶ 套件名稱

威斯康辛乳癌數據：`sklearn.datasets.load_breast_cancer()`
標準化：`sklearn.preprocessing.StandardScaler()`
切割數據集：`sklearn.model_selection.train_test_split()`
管道化：`sklearn.pipeline.make_pipeline()`
邏輯斯迴歸：`sklearn.linear_model.LogisticRegression()`
學習曲線：`sklearn.model_selection.learning_curve()`
驗證曲線：`sklearn.model_selection.validation_curve()`
分類報告：`sklearn.metrics.classification_report()`

2. 請撰寫程式讀取個人資訊與收入數據集 adult.csv，共有 15 個特徵與 32,561 筆樣本，請建立邏輯斯迴歸模型預測收入是否超過 5 萬美金，數據集的欄位說明請參考 Chapter 3 的綜合範例。以下是要進行的分析程序：

(a). 進行探索式分析瀏覽數據集。

(b). 將 income 特徵的「<=50K」修改為 0，「>50K」修改為 1。

(c). 處理類別型特徵與遺漏值。

(d). 取部分樣本出來（5,000）建模，以縮減執行時間。

(e). 將數據集分為訓練集與測試集，其中測試集占 20%。

(f). 先將訓練數據標準化，再用 KNN 分類器建模，並對測試集輸出分類報告。

(g). 以隨機森林建模，並搭配網格搜尋找出最佳參數，再針對測試集輸出分類報告。

提示

可用管道化整合數據標準化與KNN建模

套件名稱

標準化：`sklearn.preprocessing.StandardScaler()`

切割數據集：`sklearn.model_selection.train_test_split()`

管道化：`sklearn.pipeline.make_pipeline()`

KNN分類器：`sklearn.neighbors.KNeighborsClassifier()`

隨機森林：`sklearn.ensemble.RandomForestClassifier()`

網格搜尋：`sklearn.model_selection.GridSearchCV()`

分類報告：`sklearn.metrics.classification_report()`

CHAPTER

5

非監督式學習：降維與分群

非監督式學習：降維與分群

監督式與非監督式學習（unsupervised learning）的差異在於後者的訓練資料不需要有標籤（label），模型面對數據是依照某種關聯性去歸類，找出潛藏的規則或模式，再形成集群，且產生的結果無法對應到正確與否的判別。實務應用上，逐一對樣本數據建立標籤往往是曠日廢時，且標記的結果也可能存在大量誤差。相較於監督式學習，非監督式做法能在建立資料與探勘的初期大大降低繁瑣的人力工作，避免人為產生的誤差，並試圖從中找出潛在的規律。儘管有這些優勢，非監督式學習也容易加重計算上的負擔，甚至過度放大重要性低落的特徵，導致結果有偏誤或是得到無意義的集群（cluster）。

本章將介紹非監督式模型常見的種類，包括 5-1 節用來降低數據維度，可在有效地減少變數數量的同時，也盡量避免遺失原始數據內含的資訊；隨後的 5-2 到 5-5 節分別介紹常用來分群的策略，這是將多個樣本分類為數個類似族群的方法，同時也介紹如何量化分群的品質。

5-1 主成分分析降維

建立模型分析數據時，常常會面臨特徵數量過於龐大的問題，此時會說特徵維度太高或太大，而所謂的降維（dimension reduction）指的是降低特徵（或變數）數量的過程。例如：根據某系學生在學四年的修課成績與個人資料建立學生群體模型時，數據內除了生日、居住地、家庭狀況等基本資料外，還包括來自系上必選修、通識以及外系選修等科目的成績，使得數據有極大的特徵維度。若將大量數據特徵都用來擬合模型，除了會提高模型複雜度，增加計算負擔與誤差外，也會提升過擬合的風險，且不同數據特徵間還可能存在共線性。此時就需要對數據進行降維，在壓縮特徵數量的同時也盡可能保留重要資訊。

降維方法主要有特徵選擇（feature selection）與特徵抽取（feature extraction）兩種，前者是從原有特徵中挑選出最佳特徵，我們在 Chapter 1 的 1-5 節已經看過有過濾法、包裝法以及與模型相關的嵌入法；而後者則是將數據由高維度向低維度投影，並進行座標的線性轉換。非監督式學習的主成分分析（Principle Component Analysis、PCA）即為典型的特徵抽取方法，也是本節的焦點。此外，監督式學習的線性判別分析（Linear Discriminant Analysis、LDA）也是特徵抽取的常見做法，有興趣的讀者請參考相關文章。

5-1-1 提取主成分

PCA 是由英國數學家卡爾．皮爾森所發明，至今仍在統計學與機器學習領域中廣泛用來降低數據維度、去除關聯性與雜訊。以圖 5-1-1 的簡單範例來了解 PCA 原理，圖中可看到有 x_1 與 x_2 兩個原始特徵軸，且數據點的分佈樣貌為細長型，更確切的說是數據點在某個方向上的變異程度明顯比其他方向要大。PCA 將原始數據投影到變異度最大的方向上，當作第一主成分（Principle Component 1、PC1），而變異度次大的則為第二主成分（PC2），且主成分之間互相正交（orthogonal）。以圖 5-1-1 而言，若要將原始數據從二維進一步縮減成一維，則可以選擇將數據點投影到 PC1 的結果。儘管這樣會遺失掉少量資訊，但可能有助於後續的分析、解讀與視覺化工作。

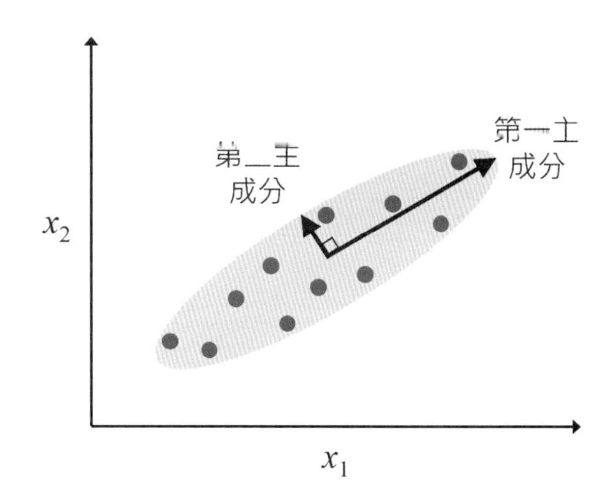

圖 5-1-1 x_1 與 x_2 是原始特徵軸，依數據分佈狀況得到兩個主成分

舉一個簡單且具體的實例，圖 5-1-2 的二維空間中有三個數據點，分別為 A(1, 1)、B(2, 2)及 C(3, 3)。由圖中不難發現 PC1 應該位於 $x_2 = x_1$ 的方向，因此若要縮減維度可將數據點投影到這條直線上。圖 5-1-2 右圖是三個點投影後的結果，A 由(1, 1)轉換成一維座標 $\sqrt{2}$，B 則是由(2, 2)變成 $2\sqrt{2}$。事實上，這裡的轉換是透過原始數據點的線性組合來達成，本例的轉換公式如下：

$$z_1 = \frac{1}{\sqrt{2}}x_1 + \frac{1}{\sqrt{2}}x_2$$

因此，整個 PCA 的降維過程是在尋找一個 $n \times d$ 維的投影矩陣 W 使得 $z = Wx$，其中 x 是 n 維的特徵向量且 z 是 d 維的新特徵向量（$d \leq n$）。轉換過程透過 d 個正交的主成分來進行，即使原始數據的特徵間有相關性，PCA 得到的主成分還是會互相正交（無相關性）。此外，要特別注意的是因為考慮特徵的變異程度，這讓 PCA 降維過程對數據尺度相當敏感，因此在進行 PCA 之前要先對特徵做標準化，將所有特徵縮放到相同尺度。因為特徵標準化動作沒有包含在 scikit-learn 提供的 PCA 函數內，所以實作時常常會忽略這道程序。底下簡單介紹 PCA 的流程：

1. 數據特徵（n 維）標準化。
2. 建立共變異數矩陣（covariance matrix），並分解為特徵值（eigenvalue）與特徵向量（eigenvector）。
3. 將特徵值由大到小排序，並選取前 d（$d \leq n$）個最大特徵值所對應的特徵向量，此即為 d 個主成分。
4. 用挑選出來的 d 個特徵向量建立投影矩陣 W，用來將原本的 n 維特徵轉換到 d 維新特徵。

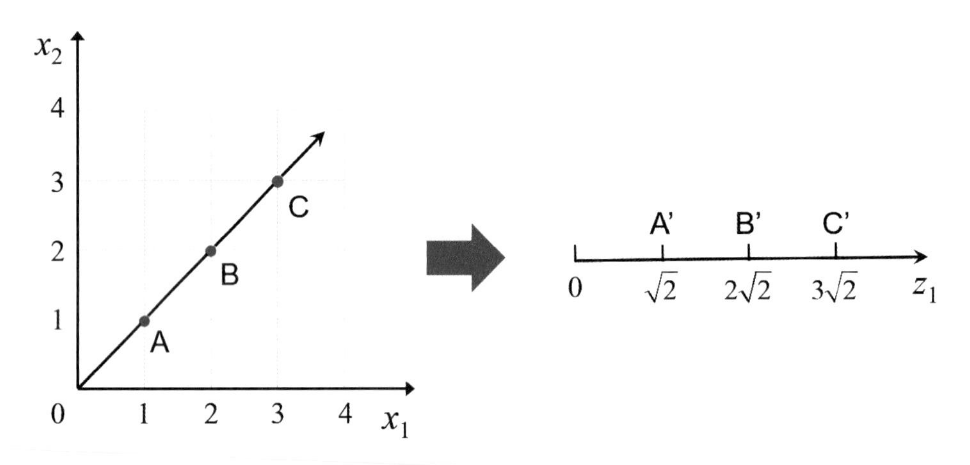

圖 5-1-2 將二維數據轉換成一維數據

底下的範例使用 PCA 將寶可夢數據集的六維數值特徵降到二維：

範例程式 **ex5-1.ipynb**

```
[1]:  1  import matplotlib.pyplot as plt
      2  plt.style.use('fivethirtyeight')
      3  import pandas as pd
      4
      5  df = pd.read_csv('Pokemon_894_12.csv')
      6  df.head(3)
```

[1]:

	Number	Name	Type1	Type2	HP	Attack	Defense	SpecialAtk	SpecialDef	Speed	Generation	Legendary
0	1	妙蛙種子	Grass	Poison	45	49	49	65	65	45	1	False
1	2	妙蛙草	Grass	Poison	60	62	63	80	80	60	1	False
2	3	妙蛙花	Grass	Poison	80	82	83	100	100	80	1	False

[2]:

```
1  # 標準化
2  from sklearn.preprocessing import StandardScaler
3
4  cols = ['HP', 'Attack', 'Defense', 'SpecialAtk',
5                                    'SpecialDef', 'Speed']
6  scaler = StandardScaler().fit(df[cols])
7  cols_std = scaler.transform(df[cols])
8  df_std = pd.DataFrame(cols_std, columns=cols)
9  df_std.describe()
```

[2]:

	HP	Attack	Defense	SpecialAtk	SpecialDef	Speed
count	8.940000e+02	8.940000e+02	8.940000e+02	8.940000e+02	8.940000e+02	8.940000e+02
mean	2.429079e-16	3.303348e-17	-1.065283e-16	2.583069e-17	-1.154930e-17	-4.570046e-17
std	1.000560e+00	1.000560e+00	1.000560e+00	1.000560e+00	1.000560e+00	1.000560e+00
min	-2.668698e+00	-2.290872e+00	-2.217458e+00	-1.916752e+00	-1.874986e+00	-2.160820e+00
25%	-7.588604e-01	-7.605427e-01	-7.800513e-01	-7.079864e-01	-8.015527e-01	-7.941122e-01
50%	-1.352399e-01	-1.484111e-01	-1.412039e-01	-2.546993e-01	-8.593067e-02	-1.107584e-01
75%	4.104281e-01	6.167534e-01	4.976436e-01	6.518748e-01	6.296913e-01	7.434340e-01
max	7.231278e+00	3.371345e+00	4.969576e+00	3.643570e+00	5.639045e+00	3.818526e+00

[3]:

```
1  # 進行 PCA
2  from sklearn.decomposition import PCA
3
4  num_pc = 2
5  pca = PCA(n_components=num_pc)
6  pca.fit(df_std)
7
8  loadings = pd.DataFrame(pca.components_, columns=cols)
9  loadings.index = ['PC'+str(i+1) for i in range(num_pc)]
10 loadings
```

[3]:

	HP	Attack	Defense	SpecialAtk	SpecialDef	Speed
PC1	0.393787	0.443033	0.369369	0.457304	0.445262	0.323783
PC2	0.039396	-0.034400	0.619764	-0.293366	0.275120	-0.671865

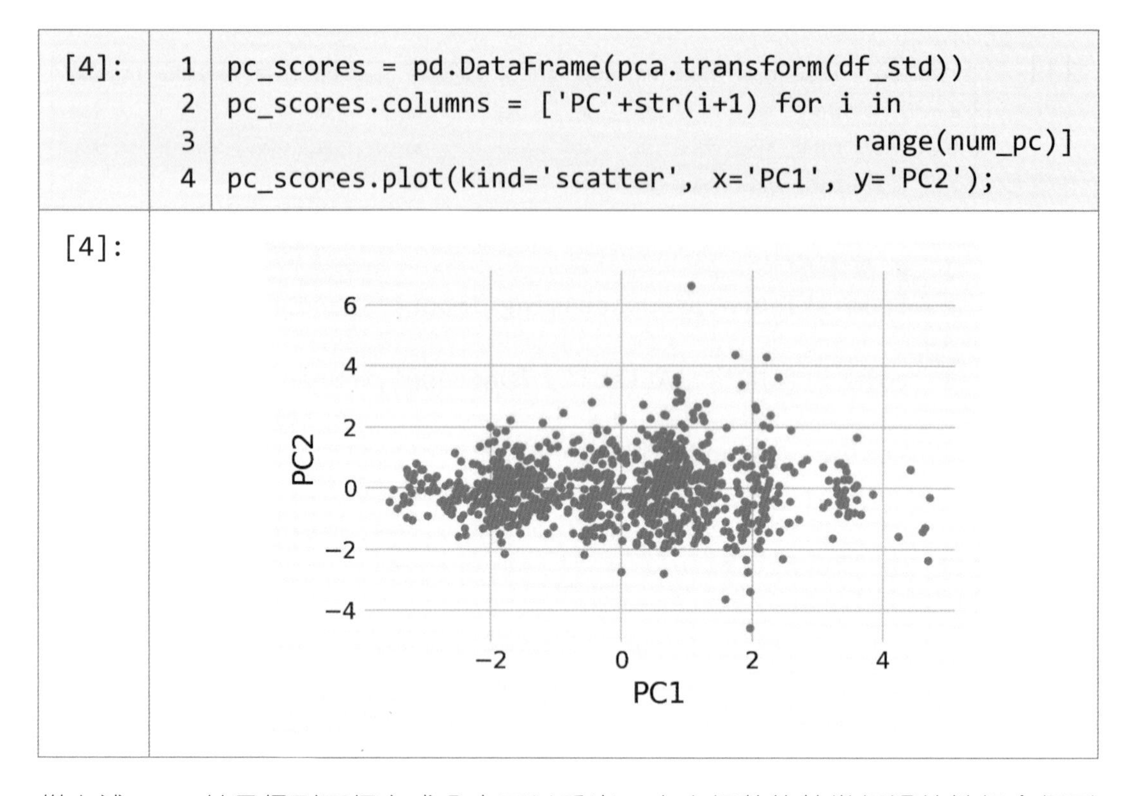

```
[4]:  1  pc_scores = pd.DataFrame(pca.transform(df_std))
      2  pc_scores.columns = ['PC'+str(i+1) for i in
      3                                      range(num_pc)]
      4  pc_scores.plot(kind='scatter', x='PC1', y='PC2');
```


從上述 PCA 結果得到兩個主成分中可以看出，由六個數值特徵經過線性組合得到的第一主成分（PC1），其係數相近且皆為正，某種程度上可視為寶可夢的強度指標，而在上圖中最右邊四個點代表的寶可夢分別為蓋歐卡、超夢（兩個點）以及列空坐，皆為神獸。第二主成分（PC2）在線性組合的係數中的防禦力特別高（0.62）且速度特別低（-0.67），換言之是以犧牲速度來強化防禦力，上圖中 PC2 最高的寶可夢即為壺壺。

5-1-2 解釋變異數

接著要面對的問題是究竟要多少主成分才是比較合適的選擇？這個要依需求而定。若是為了視覺化目的，則可挑選兩個（最多三個）主成分；如果是為了降維減少維度災難的風險，則可視計算資源來挑選主成分個數，以獲得最大效益；然而，若只是單純要移除共線性或雜訊，也能挑選和原來特徵數目一樣多的主成分個數。圖 5-1-3 即是將原本的三維數據經過 PCA 後再挑選三個主成分 P1、P2 與 P3 投影而成，先計算出原始數據的共變異矩陣並分解為特徵值與特徵向量，將特徵值依遞減排序後，其對應的特徵向量即為三個主成分。由圖中可看到 P1 對應的特徵值為 2.10、P2 為 0.63、P3 則是 0.27，依此可計算出 P1 解釋變異數的比率（explained variance ratio）為 70%（= 2.1 / (2.10 + 0.63 + 0.27)）、P2 是 21%、P3 則是 9%。

因此，我們也能根據解釋變異數的總比例來挑選主成分個數，以圖 5-1-3 為例，要能解釋 90%的數據變異只需要前兩個主成分，但若要更多就得挑選所有主成分。

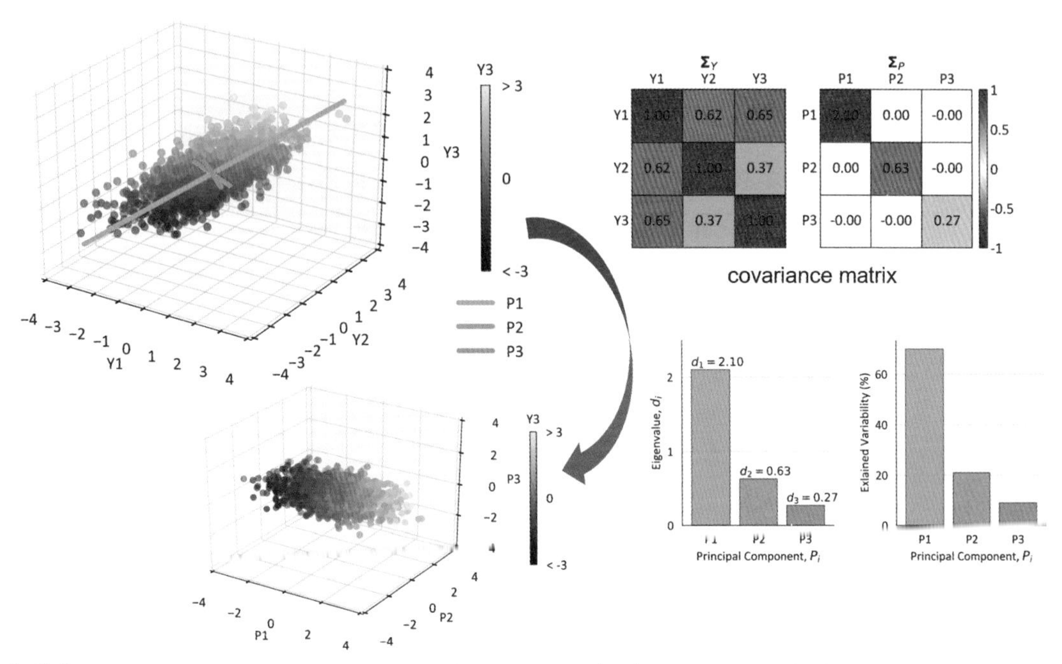

參考來源：http://geostatisticslessons.com/lessons/principalcomponentanalysis

圖 5-1-3 三維數據經過 PCA 轉換的結果

這裡三個主成分的變異加總起來是 3，這與原始三維數據經過標準化後的變異總和一致，代表變異數資訊在 PCA 後也被保留下來。底下範例程式展示更多寶可夢數據經過 PCA 的結果：

```
[5]:  1  num_pc = 6
      2  pca = PCA(n_components=num_pc)
      3  pca.fit(df_std)
      4  print(pca.explained_variance_)       # 特徵值
      5  print(pca.explained_variance_ratio_) # 解釋變異比例
```

```
[5]:  [2.70133767 1.12469922 0.78692388 0.71251463 0.42096102
      0.26028251]
      [0.44971934 0.18724019 0.13100727 0.11861961 0.07008169
      0.04333189]
```

```
[6]:  1  pca = PCA(n_components=0.8) # 解釋 80% 的變異
      2  pca.fit(df_std)
      3  print(pca.explained_variance_)
      4  print(pca.explained_variance_ratio_)
```

```
5
6  loadings = pd.DataFrame(pca.components_, columns=cols)
7  loadings.index = ['PC'+str(i+1) for i in
8  range(pca.n_components_)]
9  loadings
```

[6]:

```
[2.70133767 1.12469922 0.78692388 0.71251463]
[0.44971934 0.18724019 0.13100727 0.11861961]
```

	HP	Attack	Defense	SpecialAtk	SpecialDef	Speed
PC1	0.393787	0.443033	0.369369	0.457304	0.445262	0.323783
PC2	0.039396	-0.034400	0.619764	-0.293366	0.275120	-0.671865
PC3	-0.485325	-0.578250	0.033621	0.332590	0.552728	0.113274
PC4	0.710255	-0.415154	-0.406510	0.168762	0.176726	-0.313404

[7]:

```
1  import numpy as np
2
3  var = np.array(pca.explained_variance_ratio_)
4  cum_var = np.cumsum(var)
5  plt.bar(range(1, len(var)+1), var, alpha=0.7,
6   align='center', label='Individual explained variance')
7  plt.step(range(1, len(cum_var)+1), cum_var, where='mid',
8        color='k',label='Cumulative explained variance')
9  plt.ylabel('Explained variance ratio')
10 plt.xlabel('Principle components')
11 plt.legend();
```

[7]:

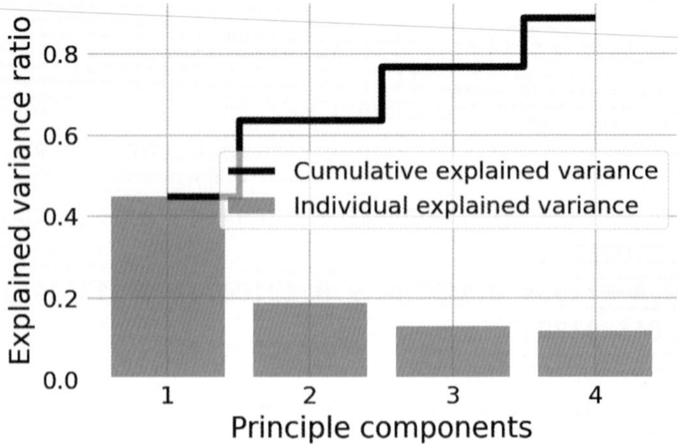

上面這個解釋變異圖與之前隨機森林繪製特徵重要性的圖表相仿，但記得 PCA 是一種非監督式方法，樣本不用有類別標籤；反觀隨機森林則是監督式方法，使用已知類別標籤來計算節點的不純度，進而重複切割數據集。此外，為了能更清楚顯示 PCA 的結果，可使用以下兩種視覺化方式。

[8]:
```
1 import seaborn as sns
2 ax = sns.heatmap(loadings.transpose(), center=0,
3                  linewidths=0.5, cmap="RdBu", vmin=-1, vmax=1,
4                  annot=True)
5 ax.set_xticklabels(ax.xaxis.get_majorticklabels(),
6                                                   fontsize=12)
7 ax.set_yticklabels(ax.yaxis.get_majorticklabels(),
8                                                  fontsize=12);
```

[8]:

	PC1	PC2	PC3	PC4
HP	0.39	0.039	-0.49	0.71
Attack	0.44	-0.034	-0.58	-0.42
Defense	0.37	0.62	0.034	-0.41
SpecialAtk	0.46	-0.29	0.33	0.17
SpecialDef	0.45	0.28	0.55	0.18
Speed	0.32	-0.67	0.11	-0.31

1.00 0.75 0.50 0.25 0.00 −0.25 −0.50 −0.75 −1.00

[9]:
```
1  # 設定箭頭參數
2  arrow_props = dict(arrowstyle='->', linewidth='2',
3                                          color='k')
4
5  def draw_arrow(v0, v1):
6      plt.gca().annotate('', v1, v0,
7                              arrowprops=arrow_props)
8
9  plt.scatter(df_std['Attack'], df_std['Defense'],
10                                          alpha=.5)
11
12 # 以箭頭顯示 PC1 與 PC2
13 for len_, vec in zip(pca.explained_variance_[:2],
14                                  pca.components_[:2]):
```

```
15        v = vec[1:3]*3*np.sqrt(len_)
16        draw_arrow(pca.mean_[1:3], pca.mean_[1:3] + v)
17
18    plt.xlabel('Attack')
19    plt.ylabel('Defense');
```

[9]:

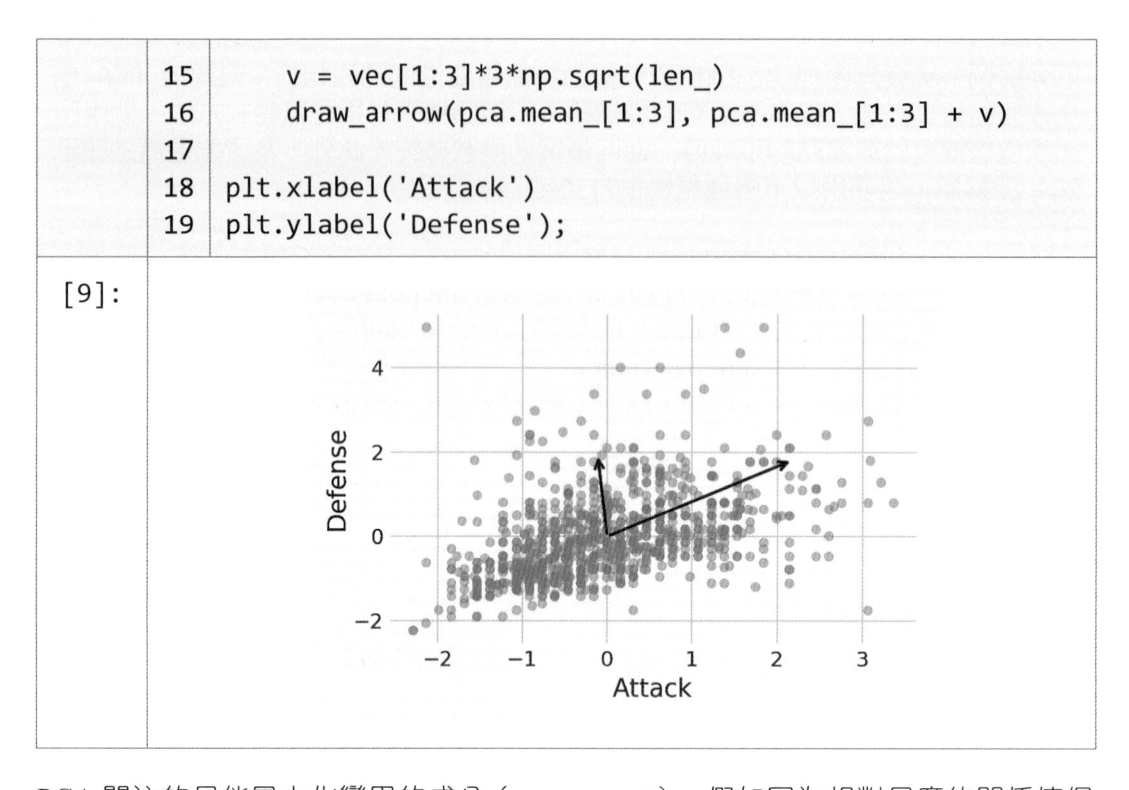

PCA 關注的是能最大化變異的成分（component），假如因為相對尺度的關係使得成分間的變異有差距，容易誤導 PCA 尋找投影向量，因為同樣一個單位的變化，在變異程度較小的特徵上會更加重要，這顯然有偏差。為了說明這個狀況，圖 5-1-4 以葡萄酒品質數據集為例，展示有無標準化對 PCA 結果的影響。數據中有三個類別的樣本共 178 筆，每筆有 13 個特徵，其中前 12 個特徵的平均值介於 0 到 100 之間，但第 13 個特徵脯氨酸（proline）的平均值高達 746，在數據變異的尺度上很明顯高於其他特徵。

經過 PCA 取出前兩個主成分並繪圖，圖 5-1-4 左圖是未經過數據標準化即進行 PCA。由圖中可以發現只取前兩個主成分無法較好地線性分離出三種品質的葡萄酒樣本，主要原因是第 13 個特徵主導了 PC1；而若是先經過標準化再做 PCA，得到的 PC1 比較偏向各個特徵都有貢獻，從圖 5-1-4 右圖來看能更好的分離樣本。以圖 5-1-4 的前兩個主成分做為訓練數據，對簡單貝氏分類器建模，測試結果顯示經過標準化再 PCA 的分類準確率也明顯優於未經過標準化程序的 PCA 結果。

先標準化再做 PCA，接著建立機器學習模型並調整參數，整個實作過程有些繁瑣，若再加上交叉驗證則更加複雜，無形中提升實作難度，一不小心也容易讓實作結果悖離正確的分析流程。這時可利用之前介紹過的管道化技巧簡化程式碼，將標準化、PCA 與邏輯斯迴歸建模打包成一條龍作業。圖 5-1-5 是官網的範例，針對手寫數據集以 PCA 結合網格搜尋挑選出最佳主成分的數量。數據集有 8×8 維，不難想見隨著主成分個數增加，解釋變異比例越來越低，但是分類的準確率卻越來越高，有趣的是僅用 45 個主成分即可達到最佳的分類準確率。

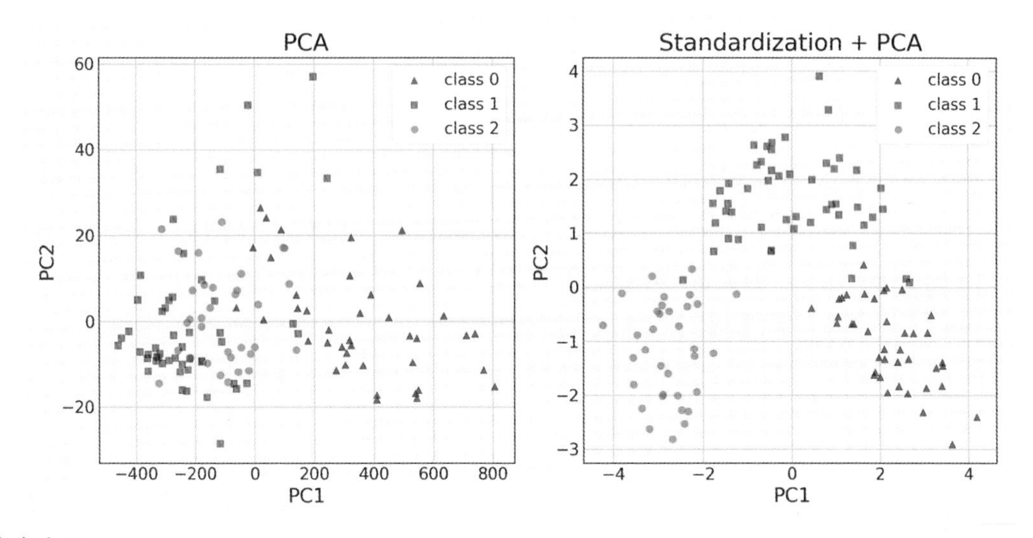

參考來源：
https://scikit-learn.org/stable/auto_examples/preprocessing/plot_scaling_importance.html

圖 5-1-4 有無標準化對主成分分析的影響

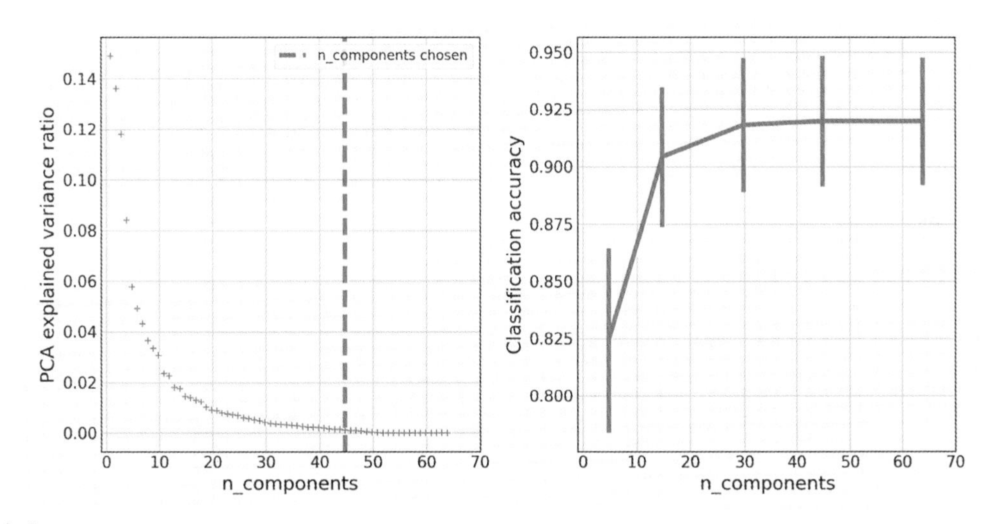

參考來源：https://scikit-learn.org/stable/auto_examples/compose/plot_digits_pipe.html

圖 5-1-5 主成分分析結合網格搜尋挑選最佳主成分個數

5-1-3 核主成分分析處理非線性對應

PCA 透過線性投影的方式來縮減數據特徵的維度，若數據是線性可分離，則 PCA 能工作的很好。可是在實務應用上往往遇到的是非線性可分離的問題，此時 PCA 就顯得左支右絀，難以有好的降維轉換效果。記得之前在看支援向量機（SVM）

時，面對非線性可分離的數據點採用核函數擴充 SVM 以產生非線性決策邊界，且加入核技巧降低運算量。這裡同樣把核函數運用到 PCA 形成核主成分分析（kernel PCA、KPCA），將非線性可分離的數據轉換到更高維度的特徵空間，接著再用標準 PCA 將數據投影回到較低維度的子空間，期待投影後的數據能線性可分離。同時，為了降低運算量，也使用核技巧來計算兩個轉換到高維度特徵向量間的相似度。

核函數的挑選大大影響到 KPCA 的效能，常見的有多項式核（polynomial kernel）、雙取正切核（hyperbolic tangent kernel，sigmoid）、徑向基核函數（Radial Basis Function、RBF）等，也有能產生與標準 PCA 相同結果的線性核（linear kernel）。圖 5-1-6 左上圖產生兩個類別的同心圓模擬數據，圖中的灰色實線與虛線是將原始數據經過 rbf 轉換到更高維空間後的投影。而原始數據經過標準 PCA 轉換後仍然是線性不可分離，但以使用 rbf 核的 KPCA（gamma 設定為 10）將原始數據投影到一個新的特徵空間，使得兩個類別為線性可分離。由圖 5-1-6 左下與右下圖可看到，即使是只用第一主成分也能線性分離原始數據的兩類別。

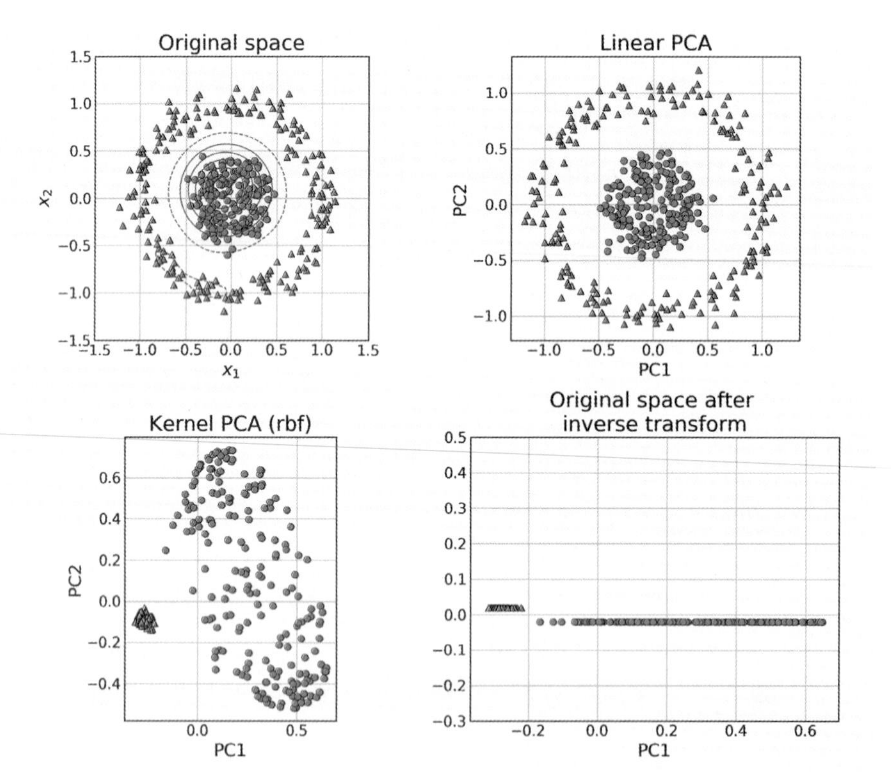

參考來源：https://scikit-learn.org/stable/auto_examples/decomposition/plot_kernel_pca.html

圖 5-1-6 將同心圓模擬數據經過 PCA 與 KPCA 轉換的結果

[10]:

```python
# 進行 KPCA (rbf)
from sklearn.decomposition import KernelPCA

num_pc = 2
kpca = KernelPCA(n_components=num_pc, kernel='rbf',
                                                  gamma=5)
X_kpca = kpca.fit_transform(df_std)

pc_scores = pd.DataFrame(X_kpca)
pc_scores.columns = ['PC'+str(i+1) for i in
                                        range(num_pc)]
pc_scores.plot(kind='scatter', x='PC1', y='PC2');
```

[10]:

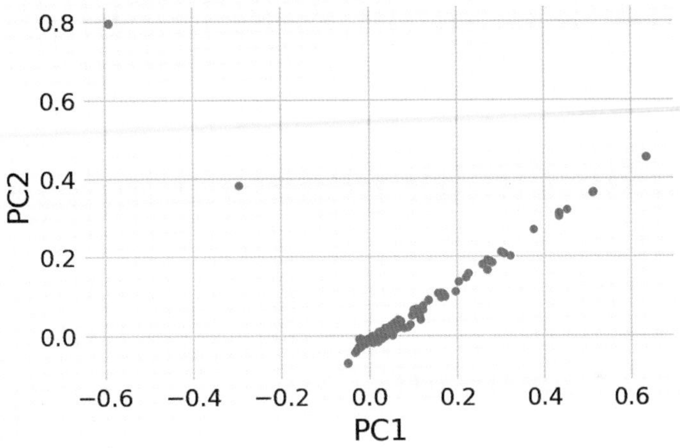

[11]:

```python
clt_1, clt_2 = [], []
for idx in pc_scores.index:
    if pc_scores.iloc[idx, 1] > 0.7:
        clt_1.append(df.iloc[idx, 1])
    elif (-0.4 < pc_scores.iloc[idx, 0] < -0.2):
        clt_2.append(df.iloc[idx, 1])

print(clt_1)
print(clt_2)
```

[11]:

```
['夢幻', '時拉比', '基拉祈', '瑪納霏', '謝米-Land','比克提尼']
['銀伴戰獸']
```

使用 scikit-learn 提供的 KernelPCA 方法有個需要特別注意的地方，就是在設定超參數 n_components 不能用之前的比例（例如 0.95 代表保留總變異 95%的成分數量），而必須給定一個數量，預設值則是所有非零的成分。

5-2 k-means 分群

監督式學習要求樣本數據要有特徵和標籤，可是並非所有問題皆能取得這兩項數據。例如學校推行一種新的學習方式，也積極收集參與學生的各種學習行為（如觀看線上影片方式、利用討論室時數、線上答題狀況等），針對學生的學習狀況想要分成積極、普通與消極三個集群（cluster）。這就不適合用監督式學習來處理，因為缺乏用以訓練集評估模型的樣本標籤。倘若這三種學習狀況的學生群體間有差異的話，則非監督式學習的分群方法就有機會找出觀察樣本的潛在分組，區隔出三個集群。此外，對文件、音樂、購買行為等的分群技術在商業應用相當廣泛，也是許多推薦引擎的基礎。

分群方法能幫助我們在不知道標籤的前提下發現數據中的隱藏結構，涉及的實務應用也相當多元。分群演算法有很多，本小節以最簡單與最常被使用的 k-means 分群入手，接下來的兩個小節分別介紹階層式分群、DBSCAN 與鄰近傳播分群法。

5-2-1 建立 k-means 分群

k-means 分群方法中的 k 是使用者設定的超參數，代表要試著將觀察樣本分成 k 組，且每組有差不多大小的變異。針對每一個集群，k-means 使用一個中心點來做代表。對於連續型特徵可以取平均值，類似數據樣本的質心（centroid）；而名目特徵則能考慮最常出現的點或代表點。k-means 演算法可以總結成以下四個步驟：

1. 隨機挑選 k 個數據點做為初始集群的中心。
2. 指定每個樣本到 k 個數據點中離它最近的點。
3. 根據樣本移動的結果重新計算集群中心。
4. 重複進行步驟 2 與 3，直到滿足下列三個收斂條件之一：
   (1) 各樣本所屬集群沒有變動
   (2) 達到使用者定義的可容許誤差
   (3) 達到使用者定義的最大迭代次數

從上述步驟中可發現需要一個判斷數據點間遠近的量測，常見使用歐式距離，此時可將 k-means 分群視為一個最佳化過程，目標是挑選出中心點以便於最小化集群內誤差平方和（Sum of Squared Error、SSE）或稱為集群惰性（cluster inertia），這也可以當作評估集群內部一致性的程度。此外，使用 k-means 有以下幾點要注意：

1. k-means 分群假設集群呈現凸形（convex）與等向性（isotropic），但實際狀況往往不是這樣，k-means 對細長形或不規則形集群的分群效果較差，如圖 5-2-1 所示。

2. 假設特徵調整為相同尺度，這點能簡單透過特徵標準化來達成。

3. 假設集群大小差不多相同，即每個集群的樣本數約略相等。

4. 在高維度空間的距離度量容易因為維度災難（curse of dimensionality）而膨脹，可透過降維技巧（如 PCA）來緩和這個問題。

5. 集群參數 k 的設定會大大影響分群結果的優劣（圖 5-2-1）。

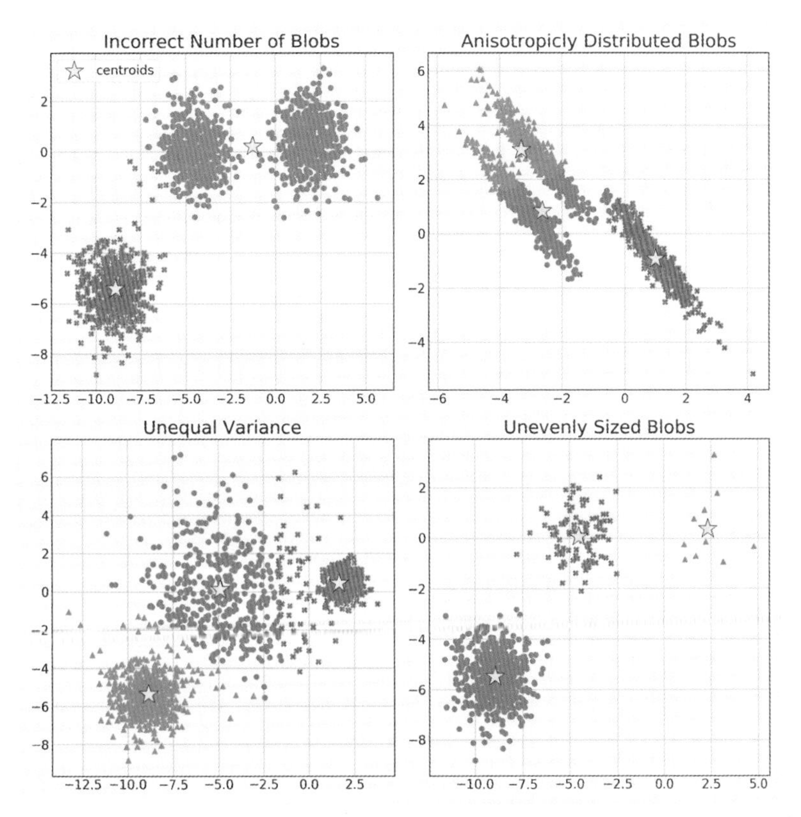

參考來源：https://scikit-learn.org/stable/auto_examples/cluster/plot_kmeans_assumptions.html

圖 5-2-1 k-means 容易產生非預期分群結果的範例

範例程式 **ex5-2.ipynb**

[1]:
```
1  import matplotlib.pyplot as plt
2  plt.style.use('fivethirtyeight')
3  import pandas as pd
4  from sklearn.preprocessing import StandardScaler
5
6  df = pd.read_csv('Pokemon_894_12.csv')
7
8  # 對寶可夢兩個屬性的 SpecialAtk, SpecialDef 進行分群
9  t1, t2 = 'Bug', 'Psychic'
10 df_clf = df[(df['Type1']==t1) | (df['Type1']==t2)]
11 df_clf = df_clf[['Type1','SpecialAtk', 'SpecialDef']]
12
13 # 過濾出兩個屬性
14 df_clf.reset_index(inplace=True)
15 idx_0 = [df_clf['Type1']==t1]
16 idx_1 = [df_clf['Type1']==t2]
17
18 # 標準化
19 X = df_clf[['SpecialAtk', 'SpecialDef']]
20 scaler = StandardScaler().fit(X)
21 X_std = scaler.transform(X)
22 print(X_std[:2, :])
```

[1]:
```
[[-1.39076263 -1.66670756]
 [-1.26781386 -1.51507461]]
```

[2]:
```
1  from sklearn.cluster import KMeans
2
3  km = KMeans(n_clusters=2, init='random')
4  y_pred = km.fit_predict(X_std)
5
6  def plt_scatter(X_std, y_pred, km):
7      # 設定顏色
8      c1, c2 = 'red', 'blue'
9
10     plt.scatter(X_std[y_pred==0, 0],
11                 X_std[y_pred==0, 1],
12                 color=c1, edgecolor='k', s=60)
13     plt.scatter(X_std[y_pred==1, 0],
14                 X_std[y_pred==1, 1],
15                 color=c2, edgecolor='k', s=60)
16
```

```
17      if len(X_std[y_pred==0]) < len(X_std[y_pred==1]):
18          c1, c2 = 'blue', 'red'
19
20      plt.scatter(X_std[idx_0[0], 0],
21                  X_std[idx_0[0], 1],
22                  color=c1, marker='^', alpha=.5,
23                  s=20, label=t1)
24      plt.scatter(X_std[idx_1[0], 0],
25                  X_std[idx_1[0], 1],
26                  color=c2, marker='X', alpha=.5,
27                  s=20, label=t2)
28      plt.scatter(km.cluster_centers_[:, 0],
29                  km.cluster_centers_[:, 1],
30                  s=500, marker='*', c='yellow',
31                  edgecolor='black', label='centroids')
32      plt.xlabel('SpecialAtk')
33      plt.ylabel('SpecialDef')
34      plt.legend()
35
36  plt_scatter(X_std, y_pred, km)
```

[2]:

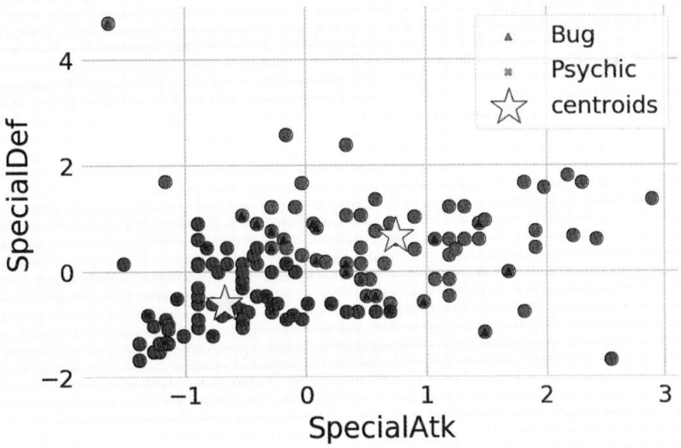

上圖針對寶可夢的兩個屬性進行 k-means 分群，並將結果繪製成散點圖。因為已經知道是兩個屬性的分群，所以設定 k=2 (n_clusters=2)。圖中藍色與紅色圈圈顯示兩個分群的結果，且進一步以藍色三角形、紅色叉叉分別標示 Bug、Psychic 屬性。換言之，只要圈圈的顏色有異常，即代表分群錯誤。

上面範例在使用 scikit-learn 的 KMeans 方法進行寶可夢的兩個屬性的 k-means 分群時，我們設定參數 init = 'random'，這意謂著隨機挑選初始質心。然而，這樣除了容易造成較差的分群結果外，也會使分群過程的收斂過於緩慢。常用來解決這個困擾的技巧是 k-means++，它以加權機率分配的方式盡量選擇彼此遠離的初始質心。相比於傳統 k-means，這個做法會產生更好更一致的分群結果。再者，想要藉由 scikit-learn 實現 k-means++也相當簡單，只要將設定參數 init = 'k-means++'即可，事實上這原本就是預設值。儘管對於上述簡單的分群範例來說，採用 k-means++的分群結果並沒有分別，但強烈建議在實作時使用它。

在進行龐大數據的 k-means 分群時，有可能耗費太長的執行時間。此時可選擇的做法除了調降最大迭代參數 max_iter 或者容忍度參數 tol 來降低運算資源外，也可以改用小型批次 k-means 方法（mini-batch k-means），其與傳統 k-means 方法最明顯的差異在於只挑選隨機樣本執行計算量最大的步驟，而不對所有樣本執行。這個做法能顯著地降低擬合數據（即收斂）所需的時間，同時也不會損失太多分群的品質。Scikit-learn 的 MiniBatchKMeans 使用方式與 KMeans 方法雷同，但前者需要設定超參數 batch_size 來控制每回批次處理時選取的樣本數量。不難想像這個數目越大，耗費的計算成本就越高，預設值是 100，但建議隨著樣本數量增加或減少。圖 5-2-2 是針對 10,000 筆模擬數據利用兩種分群方法的比較，而 MiniBatchKMeans 的參數 batch_size 採用預設值。由圖中可發現在擬合時間上 MiniBatchKMeans 較快，且兩者在分群後的集群內部一致性評估（即 inertia）並無太大差異，由最右圖也可透過視覺化觀察到分群結果有差異的地方（粉紅三角形），皆落在兩個集群的交接地帶。

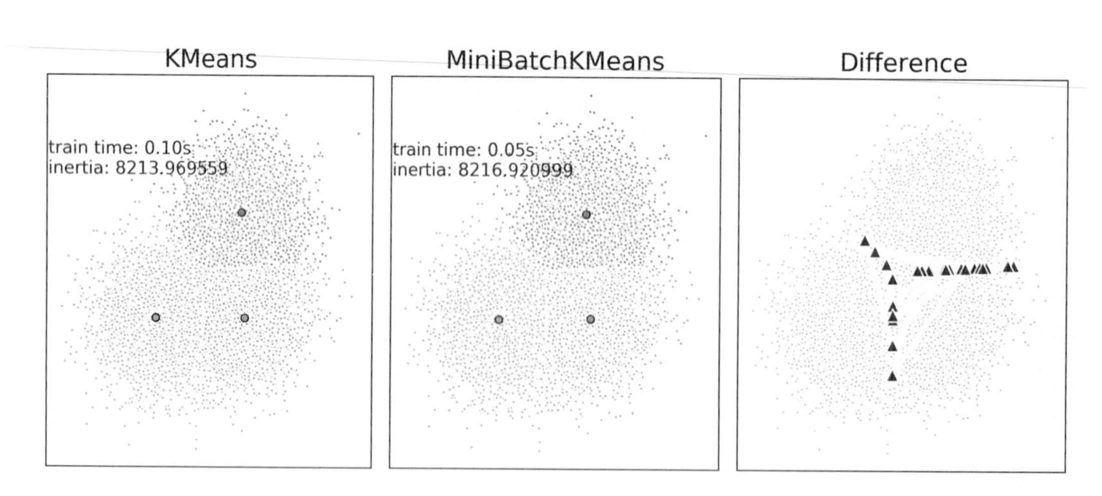

參考來源：https://scikit-learn.org/stable/auto_examples/cluster/plot_mini_batch_kmeans.html

圖 5-2-2 兩種分群方法在模擬數據的執行結果比較

5-2-2 評估分群結果

我們在之前的章節看過評估監督式學習模型與調校超參數的幾種方法，但在非監督式學習時，因為沒有數據樣本的真實標籤，所以無從利用之前的方式來評估模型的優劣，並作為調校超參數的依據。因此，這裡需要一個不同以往的量測方式來比較不同分群結果的好壞，此時很自然地會想到在建立 k-means 分群時用到的集群內誤差平方和（SSE，或稱為 inertia）。這個數值在使用 scikit-learn 執行 k-means 分群過程中會自動記錄，待模型擬合完成後即可透過 inertia_屬性擷取出來。

有了 SSE 這個分群的評估指標，我們可以嘗試幾種不同的分群數目 k，並從中挑出較佳的選擇。然而，可以想見的是隨著 k 越大，樣本就越接近它們被分配到的質心（試想若 k 為樣本數量，則每群裡只有一個樣本，將得到 SSE 為 0 的結果），這會大幅降低失真度（distortion），也不是我們想得到的分群結果。因此，透過轉折圖（elbow figure）的視覺化輔助來找出失真度下降的轉折處（轉折圖也稱為手肘圖，因為曲線轉折的地方類似手肘），透過底下的範例程式能更清楚這個作法。

[3]:
```
1  # 對寶可夢兩個屬性的 SpecialAtk, SpecialDef 進行分群
2  lst_type = ['Fairy', 'Fighting', 'Steel', 'Ice']
3  df_clf = df[df['Type1']==lst_type[0]]
4
5  for i in range(1, len(lst_type)):
6      df_clf =df_clf.append(df[df['Type1']==lst_type[i]])
7
8  X = df_clf[['SpecialAtk', 'SpecialDef']]
9  scaler = StandardScaler().fit(X)
10 X_std = scaler.transform(X)
11 X.shape
```

[3]:
```
(102, 2)
```

[4]:
```
1  lst_dst = []
2  # 嘗試 10 個 k 值並記錄分群結果的 SSE
3  for i in range(1, 11):
4      km = KMeans(n_clusters=i)
5      km.fit(X_std)
6      lst_dst.append(km.inertia_)
7
8  plt.plot(range(1, 11), lst_dst, marker='o')
9  plt.xlabel('Number of clusters')
10 plt.ylabel('Distortion');
```

[4]:

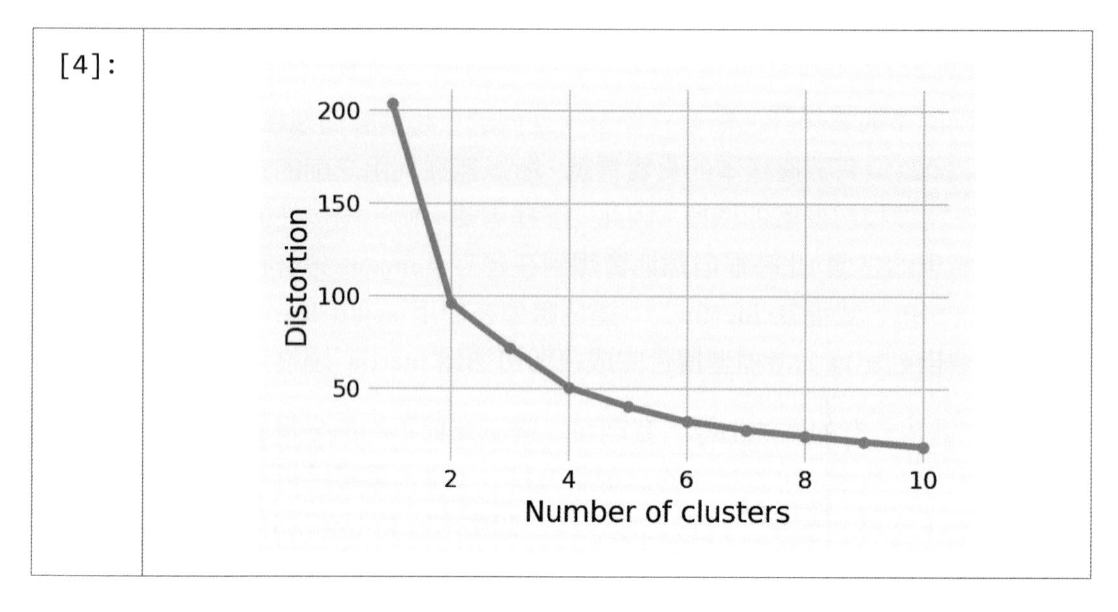

以上圖而言，相對明顯的轉折處是當集群數目為 2 或 4 時，至於該挑哪一個可以再參考其他輔助資訊。

接下來要介紹的分群品質評估方式是將輪廓係數（silhouette coefficient）視覺化的輪廓圖分析（silhouette analysis），用以了解集群間的分離程度，這個評估方式不僅能用在 k-means 方法，也能套用到量測其他分群演算法的結果。每個樣本都能計算一個輪廓係數，用來度量該樣本跟同集群與鄰近集群的關係，計算步驟如下：

1. 對樣本點 i，計算與同集群內其他樣本點的平均距離 a_i，是為集群內聚性（cohesion），a_i 越小代表該樣本越應該被歸於這個集群。一個集群內所有樣本點的 a_i 平均值也稱為該集群的群不相似度。

2. 計算樣本點 i 到集群 C 內所有樣本的平均距離，稱為該樣本與集群 C 的不相似度，而樣本 i 到最近集群內所有樣本的平均距離為 b_i，代表著集群分離性（separation），b_i 越大說明該樣本越不屬於其他集群。

3. 根據樣本點 i 的集群內與集群間不相似度，計算其輪廓係數 sc_i 如下：

$$sc_i = \frac{b_i - a_i}{\max\{a_i, b_i\}} \Rightarrow sc_i = \begin{cases} 1 - \frac{a_i}{b_i}, & \text{if } a_i < b_i \\ 0, & \text{if } a_i = b_i \\ \frac{b_i}{a_i} - 1, & \text{if } a_i > b_i \end{cases}$$

由公式可知輪廓係數的範圍介於[-1, 1]之間，越接近 1 代表該樣本歸屬的集群越合理，越接近-1 則說明該樣本更應該被分類到別的集群，而若輪廓係數接近 0 則意謂著該樣本位於兩個集群的邊界上。再者，所有樣本 i 的 sc_i 平均值為該分群結果的輪廓係數，用來量化分群品質，要注意當數據量龐大時需要相當高的計算成本。

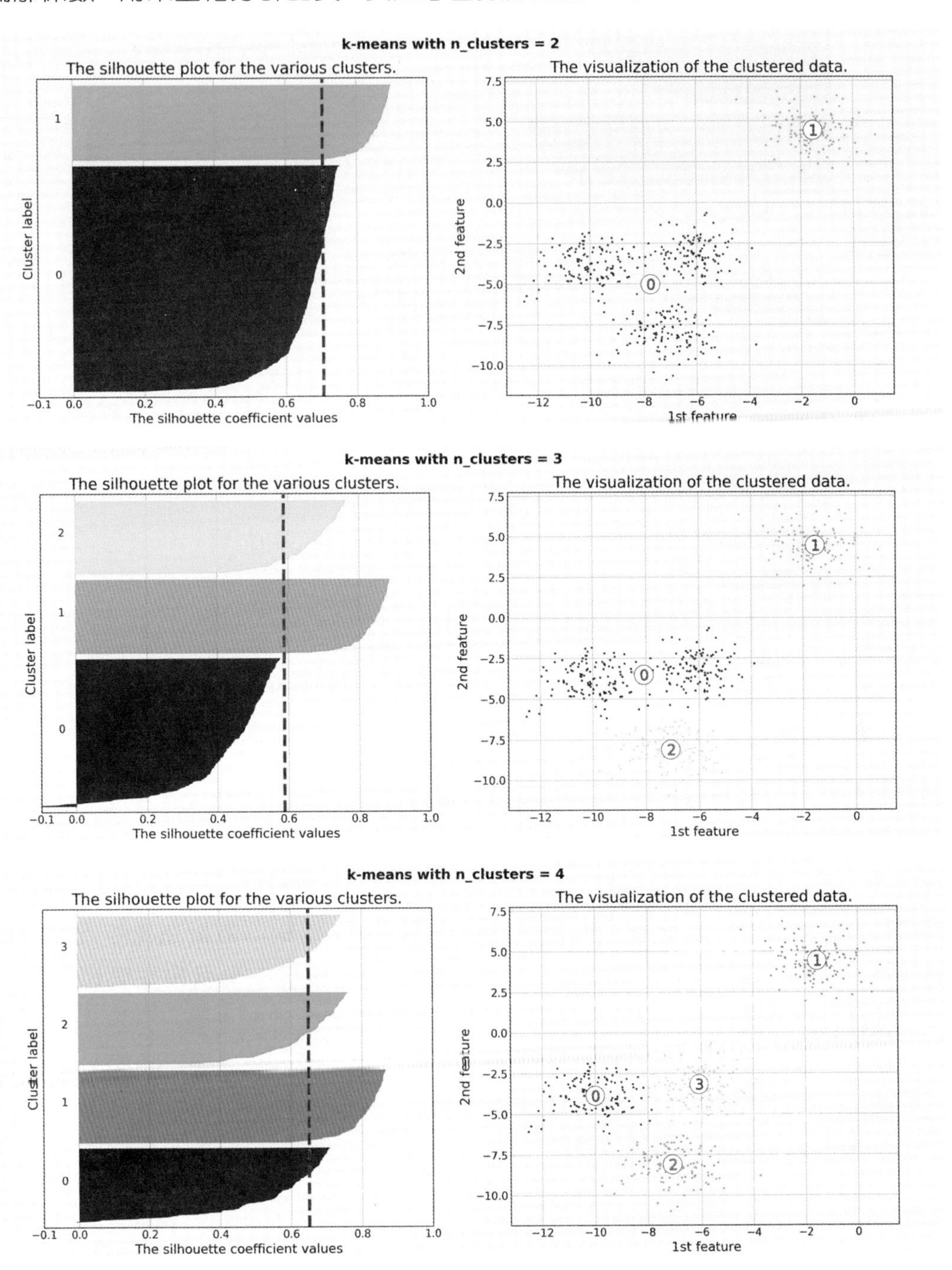

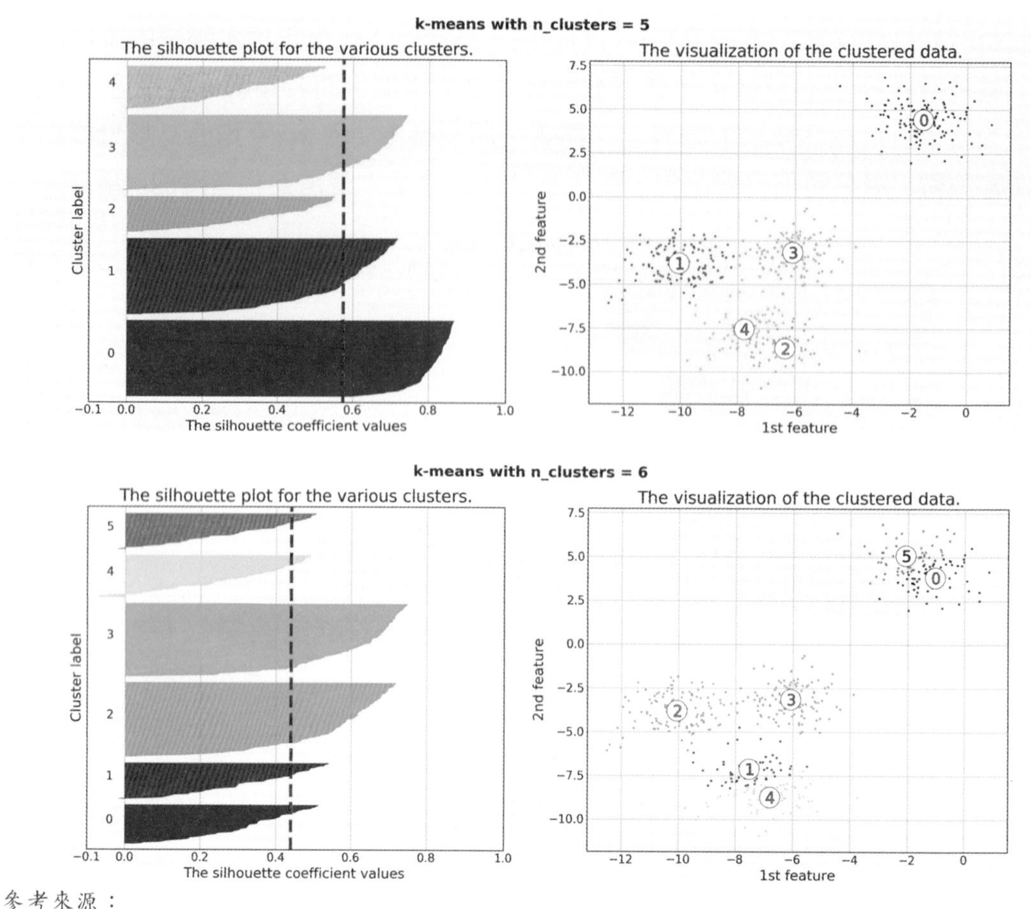

參考來源：
https://scikit-learn.org/stable/auto_examples/cluster/plot_kmeans_silhouette_analysis.html

圖 5-2-3 k-means 在模擬數據的不同分群結果與輪廓係數圖

圖 5-2-3 以模擬數據進行 k-means 分群，除了視覺化呈現不同 k 值的分群結果外，也繪製相對應的輪廓係數圖。在這些分群結果中，集群數目為 3、5 與 6 是比較差的選擇，因為集群的輪廓係數（圖中的紅色虛線）離 1 較遠，也有集群的輪廓係數皆位於平均線以下，且集群內的樣本數量也不平衡。以集群數量為 3 的分群結果來看，雖然有較高的集群輪廓係數，可是分類的兩個集群在長度與寬度皆有較大差異，並非一個理想的分群結果。因此，以上述的輪廓係數圖來看，分為 4 群是最合適的選擇。請注意圖 5-2-3 的模擬數據僅兩個維度，所以能視覺化呈現分群結果作為對照，但通常我們面對的會是更高維度數據，因此難以進行視覺化來對照，此時只能仰賴對輪廓圖的判讀來決定。

利用 scikit-learn 來計算輪廓係數有兩種方式，一是用 metrics.silhouette_samples 方法得到每個樣本的輪廓係數，另一個是直接透過 metrics.silhouette_score 計算所有樣本的平均輪廓係數。底下是範例程式：

```
[5]:  1  import numpy as np
      2  from matplotlib import cm
      3  from sklearn.metrics import silhouette_samples,
      4                                      silhouette_score
      5
      6  for n_clusters in [2, 4]:
      7      fig, ax = plt.subplots(1, 1, dpi=100)
      8      # 輪廓係數範圍是[-1, 1]，但這裡只顯示[-0.2, 0.8]之間
      9      ax.set_xlim([-.2, .8])
     10      ax.set_ylim([0, len(X_std)+(n_clusters+1)*10])
     11      # 建立 k-means 模型並擬合數據
     12      km = KMeans(n_clusters=n_clusters, random_state=0)
     13      y_pred = km.fit_predict(X_std)
     14      # 取出分群結果的標籤
     15      labels = np.unique(y_pred)
     16      # 計算所有樣本的輪廓係數平均值
     17      silhouette_avg = silhouette_score(X_std, y_pred)
     18      print("n_clusters =", n_clusters,
     19            "，所有樣本的輪廓係數平均 =", silhouette_avg)
     20      # 計算每個樣本的輪廓係數
     21      silhouette = silhouette_samples(X_std, y_pred,
     22                                      metric='euclidean')
     23      y_lower = 10
     24      for i, c in enumerate(labels):
     25          c_silhouette = silhouette[y_pred == c]
     26          c_silhouette.sort()
     27          size_cluster_i = c_silhouette.shape[0]
     28          y_upper = y_lower + size_cluster_i
     29          # 產生顏色編號，並填入區間內
     30          color = cm.nipy_spectral(float(i)/n_clusters)
     31          ax.fill_betweenx(np.arange(y_lower, y_upper),0,
     32                           c_silhouette, facecolor=color,
     33                           edgecolor=color, alpha=0.7)
     34          # 標示集群標籤
     35          ax.text(-0.05, y_lower+0.5*size_cluster_i,
     36                                                 str(i))
     37          y_lower = y_upper + 10
     38
     39      ax.set_xlabel("The silhouette coefficient values")
     40      ax.set_ylabel("Cluster label")
     41
     42      ax.axvline(x=silhouette_avg, color="red",
     43                                       linestyle="--")
```

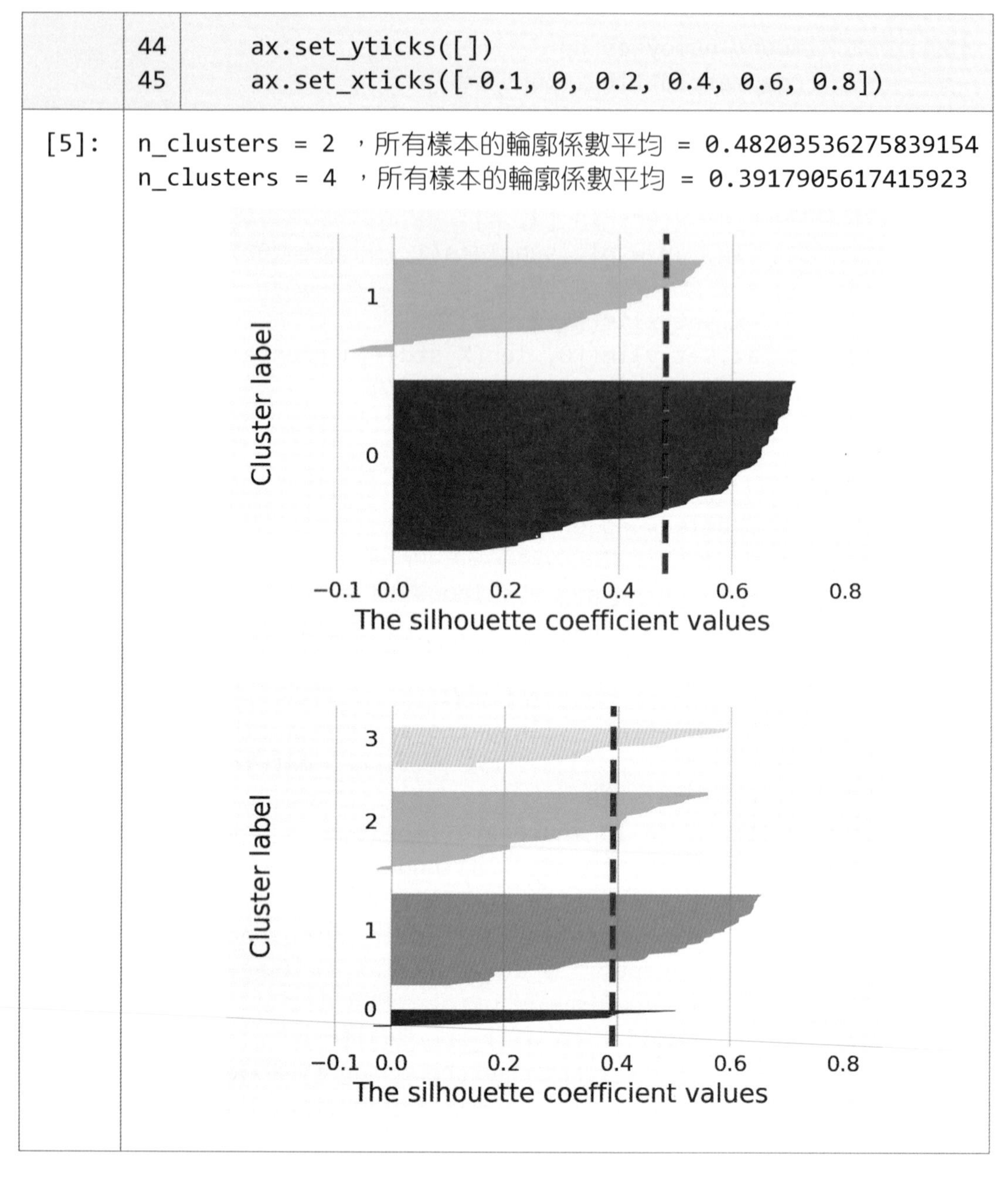

```
44        ax.set_yticks([])
45        ax.set_xticks([-0.1, 0, 0.2, 0.4, 0.6, 0.8])
```

```
[5]: n_clusters = 2 ，所有樣本的輪廓係數平均 = 0.48203536275839154
     n_clusters = 4 ，所有樣本的輪廓係數平均 = 0.3917905617415923
```


延續之前的寶可夢分群，上面範例僅列出集群數量為 2 與 4 的輪廓係數圖。由圖中可看出兩個分群結果的輪廓係數皆不大，且集群內的樣本數量也不平衡，甚至有部分樣本的輪廓係數小於 0，這些跡象都表明這是個不佳的分群結果，這個結果某種程度上也代表僅以兩個屬性來對寶可夢進行分群是相當困難。

儘管有轉折圖與輪廓係數圖做為決策輔助，要挑選合適的集群個數 k 值進行 k-means 分群也不是件容易的事，常常要綜合考量背景知識與經驗來做判斷，並多嘗試幾個可能性，需小心不合適的 k 值會導致不良的分群結果（圖 5-2-1 左上圖）。

5-3 階層式分群

階層式分群（hierarchical clustering）企圖先建立集群間的階層關係，再進行分群。這種做法有兩個優點，一是不需要事先設定集群個數，取而代之需給定階層的門檻值；另一個優點是能繪製樹狀圖（dendrogram），視覺化呈現樣本點的親疏遠近與集群狀況。此外，階層式分群有兩種主要作法：分離分群（divisive clustering）與凝聚分群（agglomerative clustering）。前者以由上到下的方式（top-down），先將所有樣本放在一個集群內，再反覆切割成更小的集群，直到每個集群只剩下一個樣本為止；後者則採用由下到上的做法（bottom-up），先將每個樣本視為一個集群，再不斷地合併相近的集群直到只剩下一個集群為止。本小節將焦點放在凝聚分群，因為當集群數量較大時，這個做法比分離分群和 k-means 都要有效率。

凝聚分群是一個迭代的過程，其運算步驟如下：

1. 將每個樣本點當作一個集群，計算所有集群間的距離矩陣（distance matrix）。
2. 合併距離最近（即最相似）的兩個集群成一個集群。
3. 更新距離矩陣。
4. 重複步驟 2 與 3，直到合併成一個集群。

由以上步驟可知計算集群間距離與合併用的連結準則（linkage criteria）是關鍵所在，而依據不同做法可形成不同的凝聚分群方式。常見有以下四種策略：

- 單一連結（single linkage）：以兩個集群中所有樣本的距離最短者作為這兩個集群的距離（圖 5-3-1）。
- 完整連結（complete linkage）：以兩個集群中所有樣本的距離最長者作為這兩個集群的距離（圖 5-3-1）。

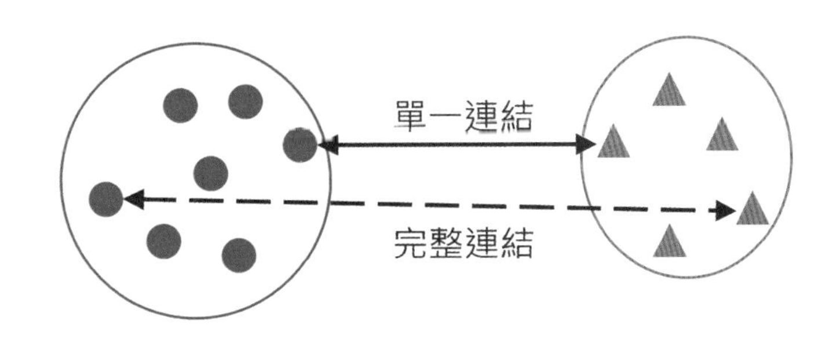

圖 5-3-1 凝聚分群的單一連結與完整連結的距離計算方式

- 平均連結（average linkage）：以兩個集群中所有樣本的平均距離作為這兩個集群的距離。
- 沃德連結（ward linkage）：以兩個集群中所有樣本距離差的平方和當作這兩個集群的距離，類似 k-means 將集群變異最小化的作法。

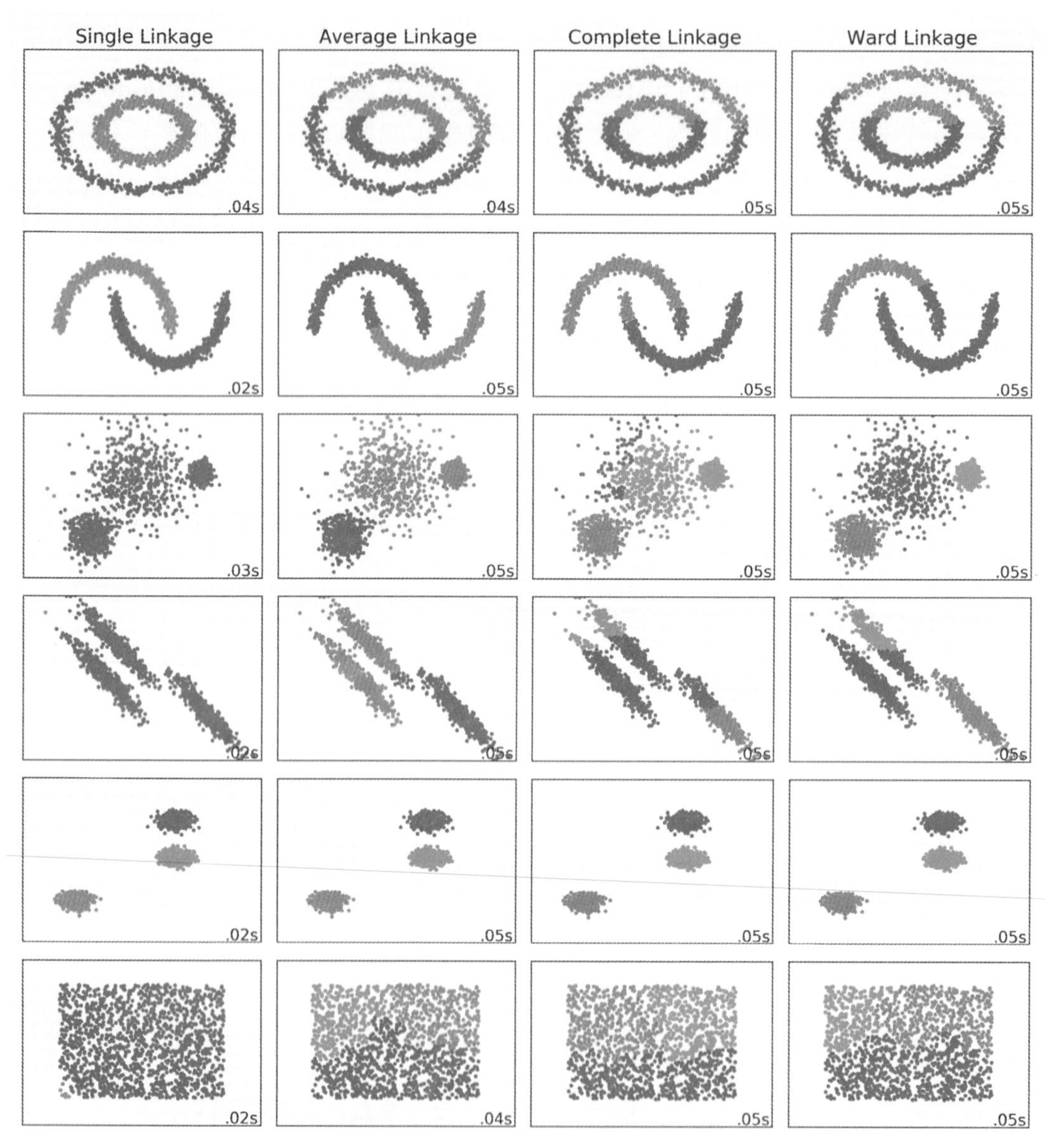

參考來源：https://scikit-learn.org/stable/auto_examples/cluster/plot_linkage_comparison.html

圖 5-3-2 四種凝聚分群策略在不同模擬數據下的表現

圖 5-3-2 是以數種不同的二維模擬數據 1,500 筆測試四種凝聚分群策略的分群結果，由測試結果可看到單一連結的執行速度最快，對非球狀數據點有較好的效果，可是對雜訊的耐受力明顯較差；完整與平均連結對明顯分離的球狀集群有較好的分

群效果，但還是混雜一些分類錯的數據點；相比之下，沃德連結對雜訊有較佳的耐受力。

凝聚分群得到的集群有大者恆大（rich get richer）的傾向，容易導致不平衡的集群大小。從這個觀點來看，單一連結策略的表現最糟（例如圖 5-3-2 的單一連結結果常出現僅一個集群），而沃德連結則能給出較正常的集群大小。雖然沃德連結是 scikit-learn 執行凝聚分群的預設選項，但僅能使用歐式距離（Euclidean distance）的距離量測，若要使用其他量測方式可改用平均連結，對集群大小差異較大的分群可能也有不錯的效果。要注意從圖 5-3-2 直觀獲得四種凝聚分群策略的訊息及差異，不一定能同樣套用到高維數據的分群表現。

每個樣本點在凝聚分群的過程中會反覆的與其他樣本點合併成一個集群，而這個合併的過程可透過樹狀圖（dendrogram）來呈現。圖 5-3-3 是對三個類別的鳶尾花數據進行凝聚分群並繪製成樹狀圖的結果，由於是設定超過 3 層（level）後才顯示，所以可看到橫軸括號內的數字即為該層目前的集群大小，而沒有括號的則為單一樣本的索引值，縱軸則代表集群間的距離。圖中將集群合併的分支有不同顏色，配色種類是從 matplotlib 顏色列表中自動決定，且會循環使用，可透過距離門檻值的參數來設定。樹狀圖除了能清楚總結在分群過程中集群的遠近關係與合併結果，在樹狀圖不同處橫切一刀會得到不同的分群數量，以圖 5-3-3 為例，在集群距離為 20 處橫切可得到兩個分群結果，而若在距離為 10 橫切一刀則可得到三個集群數量。

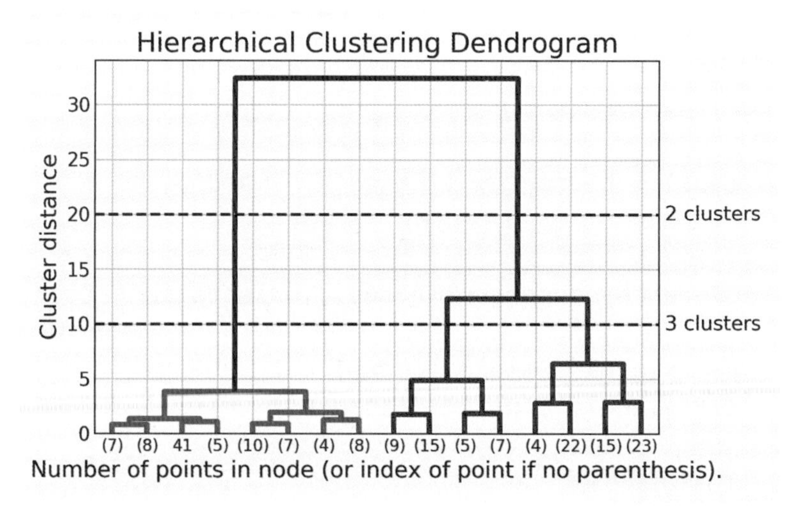

參考來源：
https://scikit-learn.org/stable/auto_examples/cluster/plot_agglomerative_dendrogram.html

圖 5-3-3　對鳶尾花數據集進行階層式凝聚分群的樹狀圖

可惜的是 scikit-learn 目前沒有繪製樹狀圖的功能，可透過 scipy 來產生，但需留意這兩個在分群演算法的使用上有一點差異。底下是範例程式：

範例程式 **ex5-3_4_5.ipynb**

[1]:
```
1  import matplotlib.pyplot as plt
2  plt.style.use('fivethirtyeight')
3  import pandas as pd
4
5  df = pd.read_csv('Pokemon_894_12.csv')
6
7  # 取出前 20 隻寶可夢進行凝聚分群
8  df_X = df[df.index < 20]
9  df_X.shape
```

[1]:
```
(20, 12)
```

[2]:
```
1  from sklearn.cluster import AgglomerativeClustering
2
3  cls = AgglomerativeClustering(n_clusters=4)
4  cls.fit(df_X.loc[:, 'HP':'Speed'])
5  cls.labels_
```

[2]:
```
array([1, 1, 0, 0, 1, 1, 0, 0, 0, 1, 1, 0, 0, 3, 3, 1, 3, 3,
1, 2], dtype=int64)
```

[3]:
```
1  from scipy.cluster import hierarchy
2
3  X = df_X.loc[:, 'HP':'Speed']
4  model = hierarchy.linkage(X, 'ward')
5
6  # 繪製樹狀圖
7  hierarchy.dendrogram(model, orientation="top",
8                                            labels=df_X.index)
9  plt.xlabel("Sample index")
10 plt.ylabel('Cluster distance')
11
12 # 標示橫切線
13 ax = plt.gca()
14 bounds = ax.get_xbound()
15 ax.plot(bounds, [250, 250], '--', c='k', lw=2)
16 ax.text(bounds[1], 250, ' 2 clusters', va='center',
17                                      fontdict={'size':15})
```

```
18  ax.plot(bounds, [150, 150], '--', c='k', lw=2)
19  ax.text(bounds[1], 150, ' 3 clusters', va='center',
20                              fontdict={'size':15});
```

[3]:

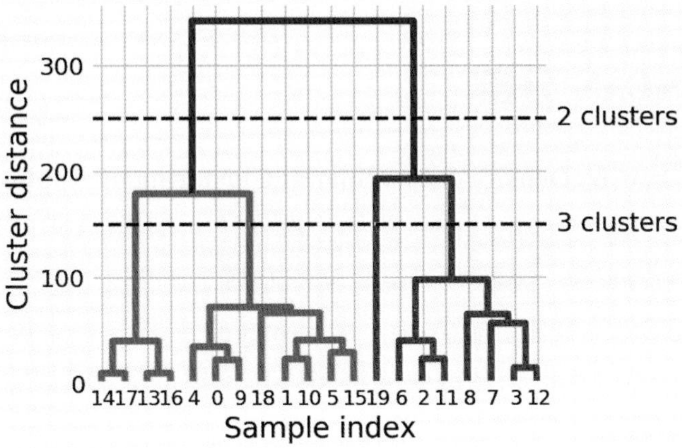

[4]:

```
1  import seaborn as sns
2
3  # 標示 Type1
4  lut = dict(zip(df_X['Type1'].unique(), "rbg"))
5  row_colors = df_X['Type1'].map(lut)
6  g = sns.clustermap(X, cmap='YlGnBu',
7                              row_colors=row_colors)
8  plt.setp(g.ax_heatmap.get_yticklabels(), rotation=0);
```

[4]:

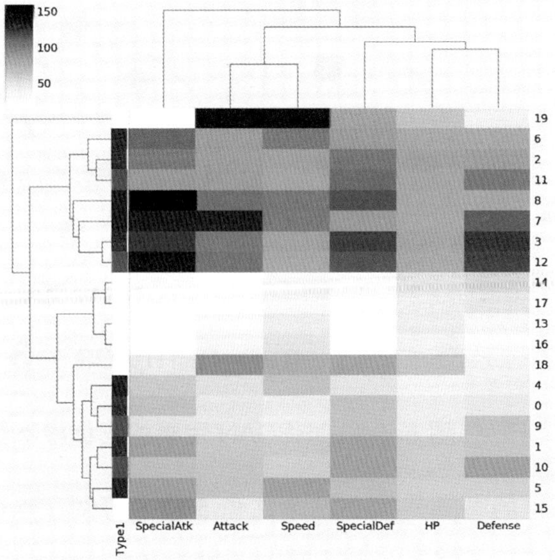

透過 seaborn 套件能輕易地結合樹狀圖與熱度圖，上例中其實只要 seaborn 裡的 clustermap 方法就能繪製精美的圖表，預設採用平均連結的凝聚分群策略，其餘程式碼是為了顯示寶可夢的 Type1 屬性。上圖中在 Type1 欄位同顏色的代表原本是同屬性的寶可夢，由此可發現使用這六個數值特徵的分群效果並不好。

5-4 DBSCAN 分群

DBSCAN 的全名是 Density-based Spatial Clustering of Application with Noise，顧名思義，就是基於樣本點分佈密度的分群作法。DBSCAN 的想法是將特徵空間中密集區域指派為集群，集群間以相對空的區域分隔開來，且未被指定集群的樣本則視為雜訊。DBSCAN 主要優點是不像 k-means 要預先給定集群數量，也不用假設集群為球狀，可以捕捉到更複雜的集群外形。要了解 DBSCAN 的運作方式之前，要先介紹以下概念：

- DBSCAN 有兩個重要參數，分別是最小樣本數 min_samples 與半徑 ε。
- 若一個樣本點在指定的半徑 ε 內包含至少 min_samples 個相鄰樣本，則該點稱為核心點（core point）。
- 若一個樣本點位於核心點的半徑內，但它的半徑內包含少於 min_samples 個相鄰樣本，則稱該點為邊界點（border point）。
- 非核心點也非邊界點的樣本稱為雜訊點（noise point）。

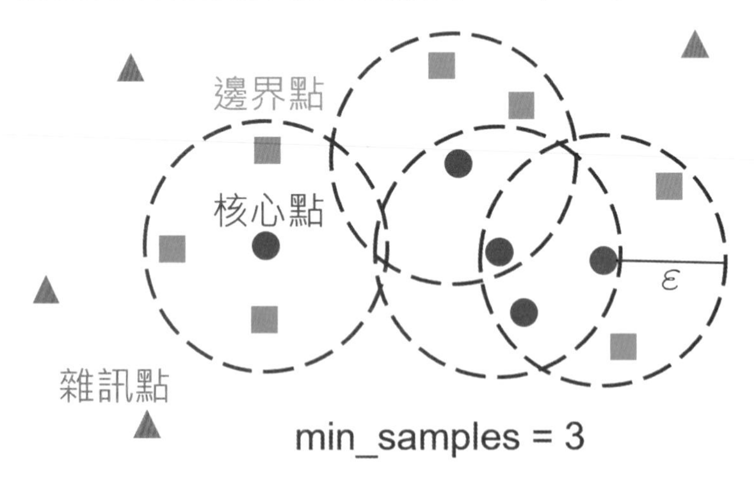

圖 5-4-1 DBSCAN 定義的三種樣本點

在圖 5-4-1 中的藍色圓圈是核心點，共有 5 個，每個在半徑 ε 內皆包含至少 3 個樣本點（不包含自己）；綠色方形代表的是邊界點，因為這些點位於某個核心點的半徑內，但自己又不是核心點；至於位於外緣的則有 4 個雜訊點。以下簡單地說明 DBSCAN 演算法的步驟：

1. 標記每個樣本點為核心點、邊界點或雜訊點。
2. 隨機挑選一個核心點 x，並將 x 與它的邊界點歸屬到同一個集群內，再對 x 半徑內的所有核心點遞迴進行之。這些會被視為集群的核心樣本點。
3. 再隨機挑選一個核心點執行步驟 2，直到所有核心點都有歸屬的集群。

圖 5-4-2 是利用模擬數據比較 k-means、凝聚分群以及 DBSCAN 的分群結果，不管是由輪廓係數還是視覺化呈現，皆可看到三個類似的分群結果。在 DBSCAN 的分群圖中可以發現核心點（圓圈）都群聚在一起，圍繞在集群周圍的是邊界點（實心方形），而在更外圍的則是雜訊點（空心方形），最終判定有 17 個雜訊點。

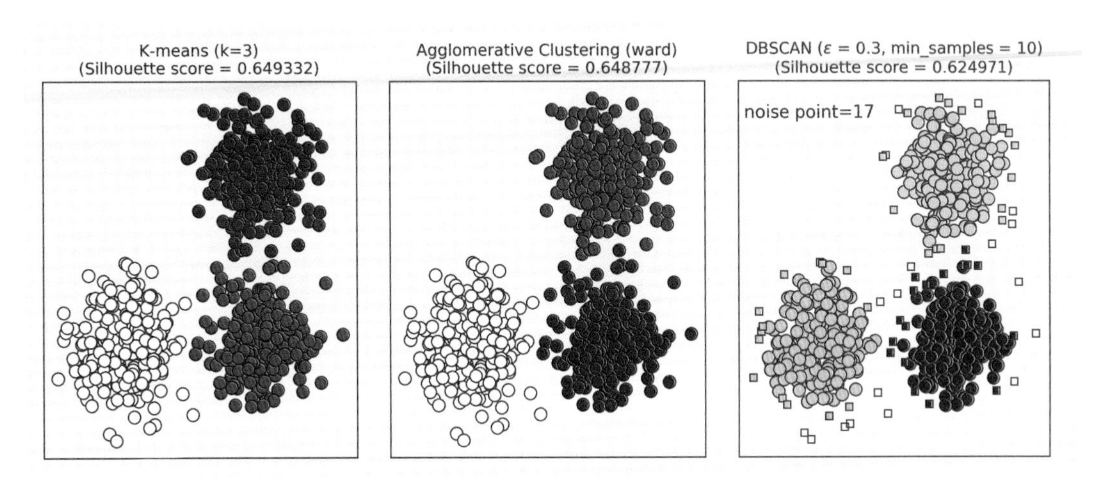

參考來源：https://scikit-learn.org/stable/auto_examples/cluster/plot_dbscan.html

圖 5-4-2 三個分群演算法對模擬數據的分群比較

儘管 DBSCAN 不用設定集群數量，也不用假設集群具有球形外觀，還能標記雜訊點，不受離群值的影響（因為離群值可自成一群），但有利就有弊，DBSCAN 常見的缺點有：

- 若集群的分佈有不同密度且差異較大，則難以找到一組適用所有集群的 min_samples 與 ε 組合，能讓 DBSCAN 產生較佳的分群結果。
- 挑選合適的 ε 需仰賴對數據分佈及比例有足夠認識。
- DBSCAN 最常使用的歐式距離量測，在高維度空間可能因為維度災難的影響而失真，需要相當大量的樣本才能有比較好的分群效果。

```
[5]:  1  from sklearn.cluster import DBSCAN
      2
      3  # 取出前 100 隻寶可夢進行分群
      4  X = df.loc[df.index < 100, 'HP':'Speed']
      5  clf = DBSCAN(eps=35, min_samples=3).fit(X)
      6  clf.labels_
```

```
[5]: array([ 0,  0,  0, -1,  0,  0,  0, -1, -1,  0,  0,  0, -1,  0,
     0,  0,  0, 0,  0, -1,  0,  0,  0,  0,  0,  0,  0,  0,  0,  0,
     0,  0,  1, -1, 0,  0,  0,  0,  0,  0,  0,  0,  0,  0, -1, -1,
     0,  0,  0,  0,  0, 0, -1,  0,  0,  0,  0,  0,  0,  0,  0,  0,
     0,  0,  0,  0,  0,  0, -1, -1, -1, -1,  2, -1, -1,  0,  0,  0,
     -1,  0,  1, -1, -1,  0,  0, 2, -1, -1, -1, -1,  0,  0,  0,  0,
     0,  2, -1,  1, -1, -1], dtype=int64)
```

```
[6]:  1  pd.Series(clf.labels_).value_counts()
```

```
[6]:  0    69
     -1    25
      1     3
      2     3
     dtype: int64
```

5-5 鄰近傳播分群

鄰近傳播分群（affinity propagation）是 Frey 和 Dueck 於 2007 年發表在 Science 期刊的分群演算法，與 k-means 一樣是基於樣本間距離的分群方式，但加入了樣本點間傳遞訊息（message-passing）的想法。此舉雖然會增加運算負擔，卻也能得到較好的平方誤差。

在鄰近傳播分群運作的過程中會依據樣本點間的相似度來傳遞訊息，進而計算出各點所屬的集群中心（exemplar）。這裡所指的訊息有吸引度（responsibility）與歸屬度（availability），且會不斷地更新這兩個訊息以找到較佳的集群中心。鄰近傳播分群法是個不斷更新迭代的過程，而透過矩陣的表達方式能更清楚整個運算步驟，以下透過一個簡單的範例來做說明其運算步驟：

1. 計算樣本的相似度矩陣（similarity matrix），對於兩個樣本 x_i 與 x_j，以歐式距離的方式定義其相似度為：

$$S(i,j) = -\left\| x_i - x_j \right\|^2$$

而對角線則填入所有相似度的最小值，此即為設定的參考度（preference）數值。距離越近代表相似度越高，也就越容易分在同一群。以妙蛙種子對傑尼龜為例，其相似度為-22.1，計算方式如下：

$$-\left\{(45-44)^2+(49-48)^2+(49-65)^2+(65-50)^2+(65-64)^2+(45-43)^2\right\}^{1/2}$$

寶可夢屬性值

	HP	Attack	Defense	SpecialAtk	SpecialDef	Speed
妙蛙種子	45	49	49	65	65	45
妙蛙花	80	82	83	100	100	80
小火龍	39	52	43	60	50	65
噴火龍	78	84	78	109	85	100
傑尼龜	44	48	65	50	64	43

相似度矩陣

	妙蛙種子	妙蛙花	小火龍	噴火龍	傑尼龜
妙蛙種子	-99.0	-84.5	-27.0	-92.3	-22.1
妙蛙花	-84.5	-99.0	-92.2	-27.2	-89.1
小火龍	-27.0	-92.2	-99.0	-92.8	-36.1
噴火龍	-92.3	-27.2	-92.8	-99.0	-99.0
傑尼龜	-22.1	-89.1	-36.1	-99.0	-99.0

圖 5-4-3 計算相似度矩陣

2. 初始化吸引度矩陣（responsibility matrix）R 以及歸屬度矩陣（availability matrix）A 為 0 矩陣。

3. 更新吸引度矩陣，對於兩個樣本 x_i 與 x_k，$R(i,k)$表示樣本 x_i 吸引 x_k 做為分群中心的程度，其計算公式為：

$$R(i,k) = S(i,k) - \max_{k' \neq k}\left\{A(i,k') + S(i,k')\right\}$$

妙蛙種子對傑尼龜的吸引度為 4.9，計算過程如下：

$$-22.1 - \max_{k' \neq 4}\left\{0-99,\ 0-84.5\ 0-27,\ 0-92.3\right\} - 4.9$$

吸引度矩陣

	妙蛙種子	妙蛙花	小火龍	噴火龍	傑尼龜
妙蛙種子	-76.9	-62.4	-4.9	-70.2	4.9
妙蛙花	-57.3	-71.8	-65.0	57.3	-61.9
小火龍	9.1	-65.2	-72.0	-65.8	-9.1
噴火龍	-65.1	65.1	-65.6	-71.8	-71.8
傑尼龜	14.0	-67.0	-14.0	-76.9	-76.9

相似度矩陣

	妙蛙種子	妙蛙花	小火龍	噴火龍	傑尼龜
妙蛙種子	-99.0	-84.5	-27.0	-92.3	-22.1
妙蛙花	-84.5	-99.0	-92.2	-27.2	-89.1
小火龍	-27.0	-92.2	-99.0	-92.8	-36.1
噴火龍	-92.3	-27.2	-92.8	-99.0	-99.0
傑尼龜	-22.1	-89.1	-36.1	-99.0	-99.0

圖 5-4-4 計算吸引度矩陣

4. 更新歸屬度矩陣，對於兩個樣本 x_i 與 x_k，歸屬度矩陣對角線與非對角線的計算公式分別為：

$$A(k,k)=\sum_{i'\neq k}\max\{0,\ R(i',k)\}$$

$$A(i,k)=\min\left\{0,\ R(k,k)+\sum_{i'\neq i,k}\max\{0,\ R(i',k)\}\right\},\ i\neq k$$

$A(i,k)$表示樣本 x_i 選擇 x_k 做為分群中心的適合程度。小火龍本身的歸屬度為 0，計算方式如下：

$$A(2,2)=\max\{0,\ -4.9\}+\max\{0,\ -65\}+\max\{0,\ -65.6\}+\max\{0,\ -14\}=0$$

吸引度矩陣

	妙蛙種子	妙蛙花	小火龍	噴火龍	傑尼龜
妙蛙種子	-76.9	-62.4	-4.9	-70.2	4.9
妙蛙花	-57.3	-71.8	-65.0	57.3	-61.9
小火龍	9.1	-65.2	-72.0	-65.8	-9.1
噴火龍	-65.1	65.1	-65.6	-71.8	-71.8
傑尼龜	14.0	-67.0	-14.0	-76.9	-76.9

歸屬度矩陣

	妙蛙種子	妙蛙花	小火龍	噴火龍	傑尼龜
妙蛙種子	23.1	-6.7	-72.0	-14.5	-76.9
妙蛙花	-53.8	65.1	-72.0	-71.8	-72.0
小火龍	-62.9	-6.7	0.0	-14.5	-72.0
噴火龍	-53.8	-71.8	-72.0	57.3	-72.0
傑尼龜	-67.8	-6.7	-72.0	-14.5	4.9

圖 5-4-5 計算歸屬度矩陣（對角線）

而妙蛙花對妙蛙種子的歸屬度為-53.8，計算方式為：

$$A(0,4)=\min\{0,\ -76.9+\max\{0,\ 9.1\}+\max\{0,\ -65.1\}+\max\{0,\ 14\}\}$$

吸引度矩陣

	妙蛙種子	妙蛙花	小火龍	噴火龍	傑尼龜
妙蛙種子	-76.9	-62.4	-4.9	-70.2	4.9
妙蛙花	~~57.3~~	-71.8	-65.0	57.3	-61.9
小火龍	9.1	-65.2	-72.0	-65.8	-9.1
噴火龍	-65.1	65.1	-65.6	-71.8	-71.8
傑尼龜	14.0	-67.0	-14.0	-76.9	-76.9

歸屬度矩陣

	妙蛙種子	妙蛙花	小火龍	噴火龍	傑尼龜
妙蛙種子	23.1	-6.7	-72.0	-14.5	-76.9
妙蛙花	-53.8	65.1	-72.0	-71.8	-72.0
小火龍	-62.9	-6.7	0.0	-14.5	-72.0
噴火龍	-53.8	-71.8	-72.0	57.3	-72.0
傑尼龜	-67.8	-6.7	-72.0	-14.5	4.9

圖 5-4-6 計算歸屬度矩陣（非對角線）

5. 計算準則矩陣（criterion matrix），它是吸引度矩陣加上歸屬度矩陣的結果，如圖 5-4-7 所示。

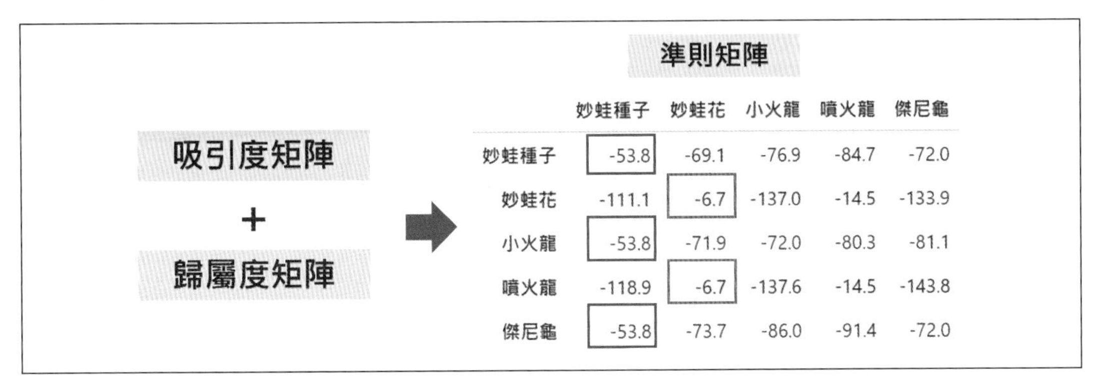

吸引度矩陣 + 歸屬度矩陣

準則矩陣

	妙蛙種子	妙蛙花	小火龍	噴火龍	傑尼龜
妙蛙種子	-53.8	-69.1	-76.9	-84.7	-72.0
妙蛙花	-111.1	-6.7	-137.0	-14.5	-133.9
小火龍	-53.8	-71.9	-72.0	-80.3	-81.1
噴火龍	-118.9	-6.7	-137.6	-14.5	-143.8
傑尼龜	-53.8	-73.7	-86.0	-91.4	-72.0

圖 5-4-7 計算準則矩陣並找出集群中心

6. 每列數值最高的是集群中心，而有相同集群中心的列屬於同一個集群。重複步驟 3~5，直到所有樣本點所屬的集群中心不再改變為止。

對上面這個簡單的範例來說，最後共分成兩群：一是妙蛙種子、小火龍與傑尼龜，另一個則是妙蛙花與噴火龍。這個分群方式看起來蠻合理的，因為一群是未進化前的寶可夢，另一群則是進化過的寶可夢。底下範例使用 scikit-learn 提供的鄰近傳播分群套件進行實作：

```
[7]:  1  from sklearn.preprocessing import StandardScaler
      2  from sklearn.cluster import AffinityPropagation
      3
      4  X = df.loc[df.index < 100, 'HP':'Speed']
      5  # 先標準化
      6  X_std = StandardScaler().fit_transform(X)
      7
      8  clf = AffinityPropagation()
```

```
 9  labels = clf.fit_predict(X_std)
10  labels
```

```
[7]: array([ 0,  1,  2,  3,  0,  1,  2,  3,  3,  0,  1,  2,  3,  5,
        5,  1,  5, 5,  7,  4,  5,  7,  6,  2,  5,  6,  5,  6,  5,  6,
        5,  6, 11,  8, 5,  7,  8,  5,  7,  8,  0,  2,  0,  2, 13, 13,
        5,  6,  0,  1,  2, 0,  1,  7,  1,  5,  6,  5,  6,  0,  2,  7,
        6,  7,  8,  5,  7,  8, 9,  9, 10, 10, 13, 13,  8,  7,  7,  2,
        0,  2, 11, 11,  8,  6,  6, 13,  8, 12,  0,  1,  7,  5,  6,  0,
        8, 13,  8, 11, 14,  9], dtype=int64)
```

圖 5-4-8 是模仿圖 5-4-2 但以較少的模擬數據點進行鄰近傳播分群的結果，由圖中可看到清楚的分成三群，且每個點都連結到集群中心。與 k-means 相比，鄰近傳播分群法的優點是：

- 不用指定分群數量：鄰近傳播分群法中的分群數量是由參考度參數與數據的結構共同決定，不需要預先給定，且最終的集群中心為原有的數據點。
- 有一致的分群結果：k-means 的初始點是隨機產生且經過不斷迭代更新而產生集群，可是鄰近傳播法在每一回合同時考慮所有數據點進行更新，所以每次執行的分群結果都一樣。
- 能使用非對稱相似性矩陣：k-means 方法僅能使用對稱的相似性矩陣，但鄰近傳播法沒有這個限制，甚至能使用不滿足三角關係的距離量測。

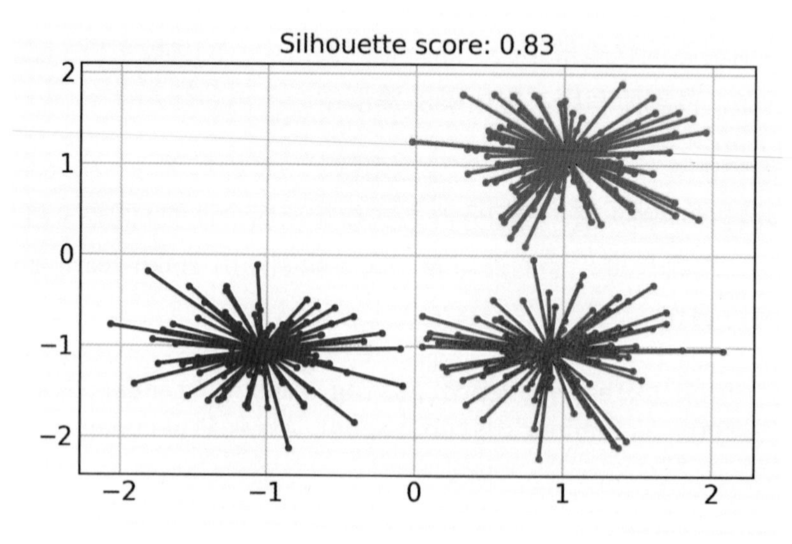

參考來源：https://scikit-learn.org/stable/auto_examples/cluster/plot_affinity_propagation.html

圖 5-4-8 鄰近傳播分群法對模擬數據的分群結果

儘管有上述優點，鄰近傳播分群也有不少缺點，使得它難以廣泛流傳開來：

- 難以決定參考度：鄰近傳播法不用事先設定分群數量，但是要給定參考度參數且其值與分群數量有關。Scikit-learn 的預設值為數據相似度的中位數。
- 計算成本高：每次迭代要計算吸引度、歸屬度與準則矩陣，其計算的時間複雜度為 O(N^2logN)，相對於 k-means 的 O(kN)來說過於龐大（N 為樣本數目）。
- 傾向產生較多集群：鄰近傳播法會看過每個數據點的狀況，再抽取出數據內部的結構，因此在處理真實數據時容易產生過多的分群數量。

5-5-1 調整蘭德指數

使用分群演算法的一大挑戰是難以正確地評估演算法運作結果的優劣，一個好的分群結果會期望群內（intra-cluster）的相似度越高越好，而群間（inter-cluster）相似度則盡可能要低。之前介紹 k-means 時提到可使用輪廓係數來衡量分群結果的好壞，輪廓係數計算集群的緊密度，範圍介於[-1, 1]之間，值越接近 1 代表分群結果越好。因為是看緊密度的狀況，所以對複雜集群外形的評估較不準確，造成在實務應用上表現較差。以圖 5-4-9 對半月形模擬數據進行分群為例，從分群結果的視覺化不難看出 DBSCAN 在四個分群結果中有最好的表現，可是它的輪廓係數卻是四個中最低的，反倒是 k-means 有最高的輪廓係數。

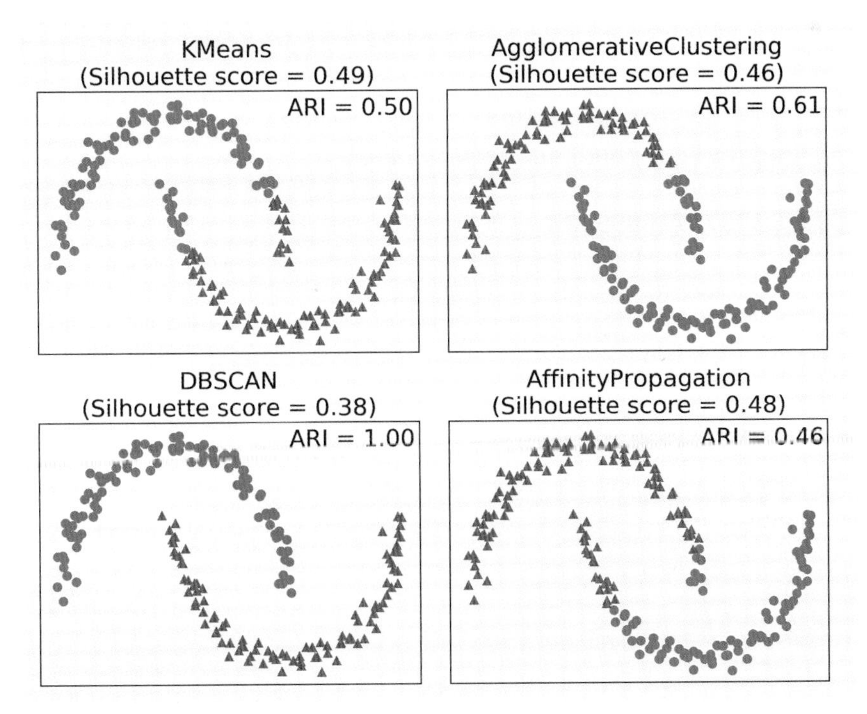

圖 5-4-9 四個分群演算法對半月形模擬數據的分群結果比較與評估

對於監督式的分類演算法，我們已經看過好幾個評估指標（如準確率、召回率、F1 分數等），而採用非監督式做法進行分群時，由於沒有樣本真正的類別標籤，難以建立真正客觀的評估指標。即使是有分群樣本的類別標籤，也不能直接套用分類方法的評估指標。例如以兩個分群結果(0, 1, 1, 0)、(1, 0, 0, 1)而言，準確率是零，因為沒有一致的標籤，但事實上這是兩個相同的分群結果。

若有樣本的真實標籤，可以使用調整蘭德指數（Adjusted Rand Index、ARI）來看分群效能。對於 N 個樣本，蘭德指數（Rand Index、RI）將樣本兩兩配對並看正確決策的比率。換言之，在 N(N-1)/2 個樣本配對組合中，正確決策是指將相似樣本歸於一群，或是將不相似的樣本歸於不同群，而正確決策的數量除以總組合總數即為 RI。再者，對於評估兩個隨機的分群結果，RI 值不會接近於 0，因此透過 ARI 來修正這個問題。ARI 的範圍是[-1, 1]，值越大代表分群結果與真實狀況越吻合。ARI < 0 代表標籤是獨立分佈，而正的 ARI 則表示標籤有相似分佈。以圖 5-4-9 而言，DBSCAN 分群結果的 ARI 為 1，與真實標籤的分佈完全一致，而凝聚分群的 ARI 也有 0.61，從視覺化能看出來有一群是完全分類正確（圖中的藍色圓圈）。

ARI 可透過 sklearn.metrics.adjusted_rand_score()來實作。一般來說，使用分群演算法往往沒有可拿來比較結果的真實答案，否則就能採用監督式學習模型來建立分類器。因此，ARI 扮演的角色是輔助開發演算法，而非用在分群的比較與評估。

[8]:
```
1  from sklearn.metrics.cluster import adjusted_rand_score
2  
3  y = df.loc[df.index < 100, 'Type1']
4  adjusted_rand_score(y, labels)
```

[8]:
```
0.05337575775995288
```

5-6 小結

本章著重在介紹非監督式學習，在降低數據維度部分，PCA 試圖找出能將變異性最大化的正交特徵軸，把數據投影到較低維度的特徵子空間。透過解釋變異數的比率，對挑選出來的主成分能衡量保留原始數據變異性的程度。而面對非線性分離的數據，也能用加入核函數的 KPCA 來進行降維。

接著，本章介紹四個分群演算法，能在缺乏樣本的真實標籤下用來幫忙發覺數據中隱藏的結構與資訊。首先登場的是最廣泛使用的分群方法 k-means，這個方法透過虛擬的集群質心將樣本分成指定個數的球形集群，它也能做為一種分解的方法，其中每個樣本點用集群質心來表示。此外，缺乏真實類別標籤大大提升模型效能評估的難度，這裡則使用轉折圖、輪廓係數與輪廓圖來量化分群結果的品質。

凝聚分群法企圖先建立集群間的階層關係再進行分群，不需要事先設定集群個數，且能繪製樹狀圖視覺化檢視集群過程。DBSCAN 是基於密度的分群法，除了不用給定集群個數外，也能捕捉複雜的集群外形，但不適用於集群密度差異過大的情況。最後介紹的鄰近傳播分群法是依據樣本間的相似度來傳遞訊息，進而計算出各點所屬的集群中心，雖然有不用指定集群數量、有一致的分群結果等優點，卻也是四個分群法中計算複雜度最高的。Scikit-learn 官網在介紹分類方法的頁面提供各種分群方法在不同模擬數據下的分群表現與比較，相當值得一看。

下一章將介紹集成學習法，允許我們整合多個模型的預測結果，利用互補效果進一步提升整個模型的預測效能。

綜合範例

寶可夢分群

請撰寫程式讀取寶可夢資料集 pokemon.json，並進行分群處理。資料集的欄位說明如下：

欄位名稱	說明	欄位名稱	說明
HP	血量	SpecialAtk	特殊攻擊
Attack	攻擊力	SpecialDef	特殊防禦
Defense	防禦力	Speed	速度

欲進行的分析程序如下：

1. 針對前五個數值欄位進行標準化（Standardization）。
2. 利用階層式集群（Hierarchical clustering）方法把寶可夢分成四群，參數設定：n_clusters=4, affinity='euclidean', linkage='ward'。
3. 計算分群結果的最小群與最大群的元素個數。
4. 以分群結果的群內 Speed 欄位平均值（取至整數）填入兩隻遺漏這個欄位值的寶可夢。
   (1) 請填入能力值為{"HP":60, "Attack":48, "Defense":45, "SpecialAtk":43, "SpecialDef":90}寶可夢的 Speed 欄位值（四捨五入取至整數）
   (2) 請填入能力值為{"HP":70, "Attack":75, "Defense":60, "SpecialAtk":105, "SpecialDef":60}寶可夢的 Speed 欄位值（四捨五入取至整數）

手寫數字分群

請撰寫程式讀取 sklearn.datasets 的手寫數字數據集，此數據集共有 1,797 筆樣本，且每筆樣本是大小為 8×8 的影像，共 64 個數值特徵欄位。

欲進行的分析程序如下：

1. 針對數值欄位進行標準化（Standardization）。
2. 分別依底下要求，建立 k-means 模型進行分群：
   (1) 利用 k-means++ 做初始化。
   (2) 利用 random 做初始化。
   (3) 以主成分分析（PCA）的結果做初始化。
   (4) 對資料集進行 PCA，取前 2 個主成分再進行 k-means（以 k-means++ 做初始化）。
3. 分別計算上述模型的輪廓係數（silhouette coefficient）。
4. 分別計算上述模型的分類準確率（accuracy）。

Chapter 5 習題

1. 利用 load_breast_cancer 方法讀取威斯康辛乳癌數據集，裡面包含 596 個「惡性腫瘤細胞」（maligant tumor cell）與「良性腫瘤細胞」（benign tumor cell）的樣本，每個樣本有 32 個特徵。目標項中 0 代表惡性，而 1 代表良性腫瘤。以下是要進行的分析程序：

(a). 利用 load_breast_cancer()讀取數據集。

(b). 分別對惡性、良性腫瘤的數值特徵繪製直方圖並進行觀察。

(c). 進行 PCA 降維，取前兩個主成分，並輸出解釋變異的比例。

(d). 視覺化 PCA 降維後的結果。

(e). 在降維後的數據上套用邏輯斯迴歸，並分析分類結果。

▶ 套件名稱

```
乳癌數據集：sklearn.datasets.load_breast_cancer()
標準化：sklearn.preprocessing.scale()
主成分分析：sklearn.decomposition.PCA()
邏輯斯迴歸：sklearn.linear_model.LogisticRegressionCV()
```

2. 載入鳶尾花（Iris）數據集，並進行下列分析程序：

(a). 利用 load_iris()讀取數據集。

(b). 將數據集分為訓練集與測試集，其中測試集占 20%。

(c). 產生包含標準化與 PCA 的預處理程序，並合併成管線。

(d). 產生邏輯斯迴歸的候選參數，進行模型的網格搜尋。

(e). 利用得到的最佳參數擬合訓練集，並輸出準確率。

(f). 擬合測試集並輸出準確率。

▶ 套件名稱

```
鳶尾花數據集：sklearn.datasets.load_iris()
切割數據集：sklearn.model_selection.train_test_split()
產生預處理：sklearn.pipeline.FeatureUnion()
管道化：sklearn.pipeline.Pipeline()
邏輯斯迴歸：sklearn.linear_model.LogisticRegression()
網格搜尋：sklearn.model_selection.GridSearchCV()
準確率：sklearn.metrics.accuracy_score()
```

▶ 數據集說明

標籤	意義與內容
data	共有 150 筆樣本（1988 年收集，數據無遺漏值），每筆樣本有 4 個數值特徵，分別是花萼長度與寬度、花瓣長度與寬度。
target	每筆樣本的類別，其中 0 → setosa（山鳶尾）、1 → versicolor（變色鳶尾）、2 → virginica（維吉尼亞鳶尾），每個類別各有 50 筆。
target_names	有三個類別：setosa、versicolor、virginica
DESCR	數據的詳細描述
feature_names	特徵的名稱

3. 請撰寫程式讀取金融市場行銷數據 bank_full.csv（欄位間以分號隔開），共有 17 個特徵與 45,211 筆樣本，欲以 k-means 進行分群，分析程序如下：

(a). 取出 age、balance、duration、campaign、previous 五個特徵，進行標準化。

(b). 使用 k-means 分群，並透過轉折圖、輪廓係數決定集群數量。

(c). 以步驟(c)決定的集群數量進行分群，統計每個集群的大小，並以表格、長條圖與熱度圖進行分群結果的說明。

套件名稱

```
標準化：sklearn.preprocessing.StandardScaler ()
k-means分群法：sklearn.cluster.KMeans()
計算輪廓係數（每個樣本）：sklearn.metrics.silhouette_samples()
計算輪廓係數（所有樣本）：sklearn.metrics.silhouette_score()
顏色地圖：matplotlib.cm()
熱度圖：seaborn.sns.heatmap()
```

數據集說明

欄位名稱	說明	欄位名稱	說明
age	年齡	contact	聯絡方式
job	職業	day	最後的聯絡日
martial	婚姻狀態	month	最後的聯絡月
education	教育	duration	最後聯絡的時長
default	是否有過債務不履行	campaign	在本次活動裡聯絡過幾次
balance	年間平均餘額（歐元）	pdays	距前次聯絡過了多久，包含本次活動
housing	是否有住宅貸款	previous	在本次活動前聯絡過幾次
load	是否有個人貸款	poutcome	前次活動的結果
		y	是否有定額存款

CHAPTER

6

集成學習

集成學習

我們在前面章節看過各種用來對付迴歸與分類問題的監督式學習模型,也了解如何進行模型的超參數調校及評估。本章將以不同觀點出發,試圖結合之前看過的數個監督式模型成一個新的學習模型,稱為集成學習(ensemble learning),有集其大成的意味。俗諺有云:「三個臭皮匠,勝過一個諸葛亮」,集成學習正是希望結合數個模型並發揮出比單一模型更好的預測性能。然而,單純找來數個監督式模型有可能是「三個和尚沒水喝」,不一定能發揮成效。一般期待要整合的模型除了有一定的預測能力外,還能兼顧多元化,同時要能透過合適方式結合在一起。如同在海賊王動漫裡的草帽海賊團,雖然各個成員都有不足之處,但透過適當方式聚集成團後即能乘風破浪,創造許多傳奇的冒險篇章(非海賊迷的讀者抱歉了)。

集成學習結合數個機器學習模型的方式,可分為以下三種:

1. 平行集成:這是將多個基礎學習模型以平行的方式進行結合(如隨機森林),其想法是整合基礎模型獨立產生的預測結果,藉以降低整體預測的變異性(variance),將於 6-1 節介紹。

2. 循序集成:將多個基礎學習模型以串接的方式結合在一起(如 AdaBoost),動機是利用基礎模型的相關性,串接在一起的下一個模型會針對上一個模型預測有誤的樣本進行學習,以降低預測偏差(bias),將於 6-2 節介紹。

3. 混合集成:將多個不同的基礎學習模型以平行與串接的方式結合,期待能改善預測效能,6-3 節會再詳細探討。

6-1 以袋裝法集思廣益

針對 N 筆訓練樣本,袋裝法(bagging)先以隨機且取出放回(with replacement)建構出數筆大小為 n 的訓練樣本(通常設定 N = n),這個方式也稱為 bootstrap 取樣。接著再以基礎學習器分別擬合數個訓練樣本,建構出數個學習模型,而這數個模型對於測試樣本的預測結果再根據問題性質集成出最終答案(圖 6-1-1)。迴歸問題的集成方式一般採用平均值,若是分類問題則常見為多數決。由於模型的訓練樣本與原始樣本有些差異,當基礎學習模型有過度擬合的傾向時,袋裝法能有效降低預測結果的變異,往往會比使用單一基礎學習模型來的穩定。常見的基礎學習模型是決策樹,而隨機森林則是以決策樹為基礎進行袋裝法的集成結果。

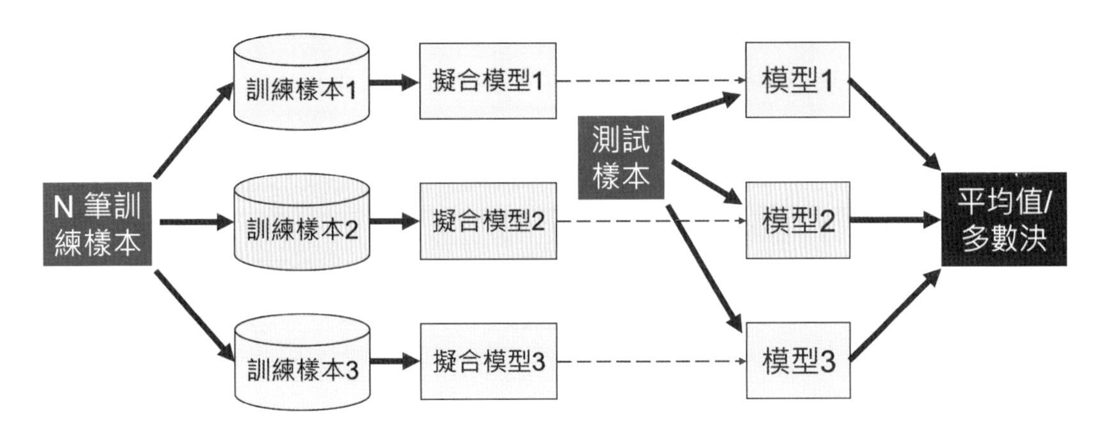

圖 6-1-1 袋裝法的運作過程

以鳶尾花數據集來測試袋裝法的分類效能，挑選決策樹（max_depth = 3）與 K-NN（n_neighbors = 3）為基礎學習器，並用原始數據的 80%分別以袋裝法建構學習模型來預測鳶尾花的類別。由圖 6-1-2 可看到不論是決策樹還是 K-NN，透過袋裝法集成後皆能提高分類的準確度，且預測的變異性也更低。事實上，K-NN 對訓練樣本的雜訊干擾較不敏感，屬於穩定的學習器，做為袋裝法的基礎學習器通常難以提升效能，這裡能改善效能的原因在於僅使用 80%的訓練樣本來擬合 K-NN 模型。

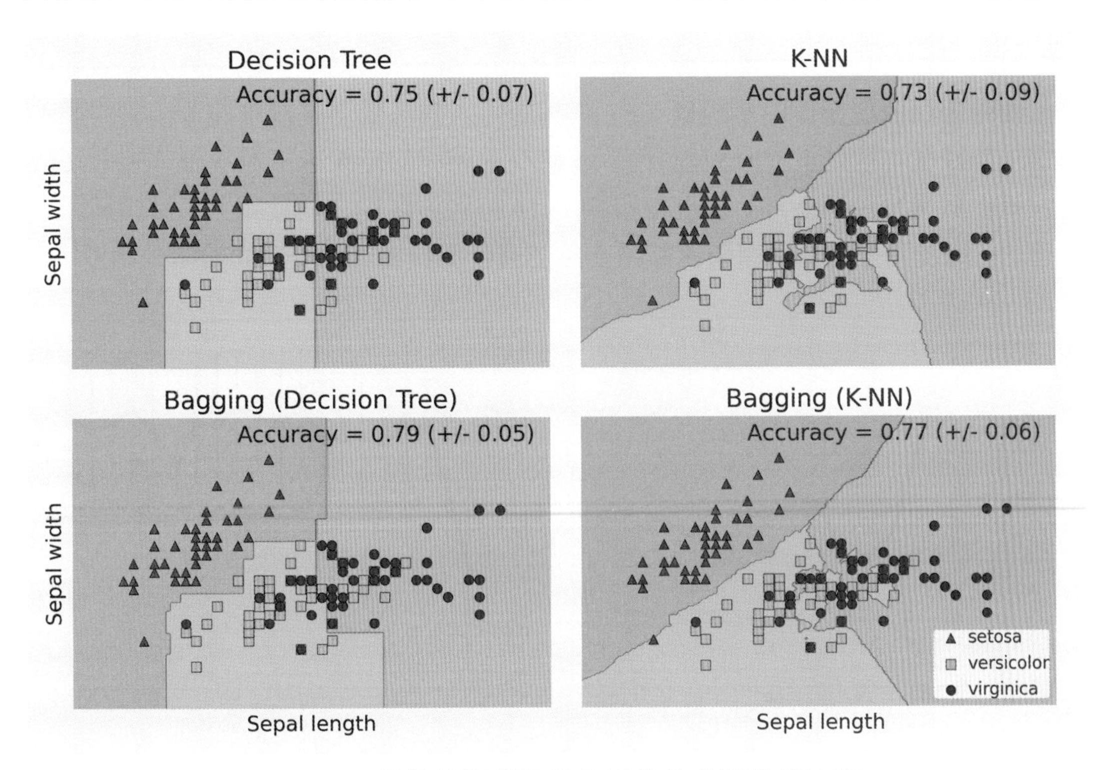

圖 6-1-2 袋裝法對鳶尾花數據集的分類效能比較

把原始數據分成訓練與測試樣本，利用訓練樣本建立模型後再對測試樣本繪製 ROC 曲線（圖 6-1-3），用來評估各分類結果的效能。決策樹的袋裝法集成模型明顯比單純用決策樹的效能更好，反觀以 K-NN 為基礎學習器的袋裝法集成效果就比單一模型要差（以 AUC 的大小來判斷）。由此可知，穩定的學習器透過袋裝法集成後不一定能有較好的效能表現。

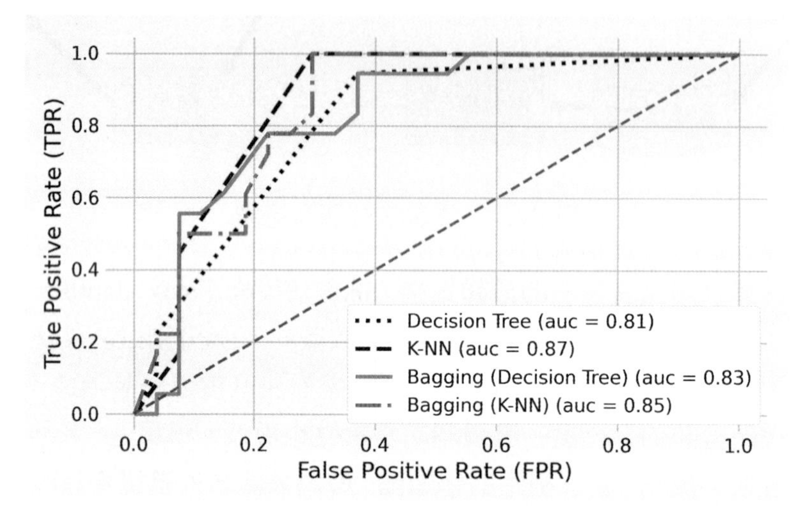

圖 6-1-3 袋裝法對鳶尾花數據集分類的 ROC 曲線

針對以決策樹為基礎學習器的袋裝法集成模型，圖 6-1-4 進一步觀察其分類效能表現。由圖中可發現僅使用訓練樣本的 40%即可大幅降低測試樣本的分類錯誤率，再增加訓練樣本無助於提升效能；而以 5 倍交叉驗證的結果也顯示準確率隨著集成的決策樹數量增加而上升，直到數量約為 16 時到達高點，隨後即上下微幅震盪，換言之，增加過多的基礎學習器數量必然加重計算負擔，但卻無助於提升準確率。

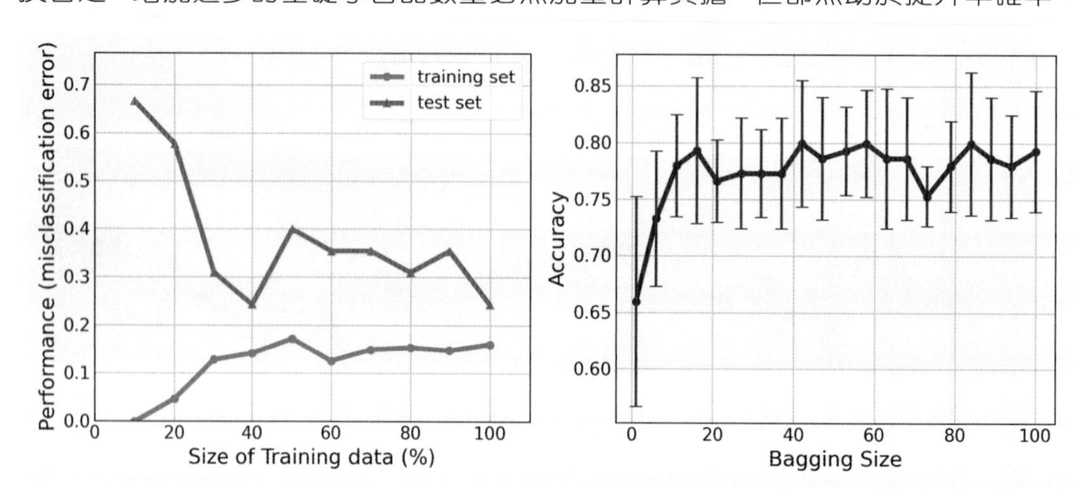

圖 6-1-4 決策樹的袋裝法集成模型對鳶尾花數據集分類的效能表現

使用 sklearn.ensemble.BaggingClassifier()可輕易地搭配一個基礎學習器來實作袋裝法集成模型，底下是範例程式：

範例程式 **ex6-1_2_3.ipynb**

[1]:
```
import pandas as pd

df = pd.read_csv('Pokemon_894_12.csv')
df['hasType2'] =[0 if x else 1 for x in df['Type2'].isna()]
df.head(5)
```

[1]:

	Number	Name	Type1	Type2	HP	Attack	Defense	SpecialAtk	SpecialDef	Speed	Generation	Legendary	hasType2
0	1	妙蛙種子	Grass	Poison	45	49	49	65	65	45	1	False	1
1	2	妙蛙草	Grass	Poison	60	62	63	80	80	60	1	False	1
2	3	妙蛙花	Grass	Poison	80	82	83	100	100	80	1	False	1
3	3	妙蛙花Mega	Grass	Poison	80	100	123	122	120	80	1	False	1
4	4	小火龍	Fire	NaN	39	52	43	60	50	65	1	False	0

[2]:
```
from sklearn.model_selection import train_test_split

X, y = df.loc[:, 'HP':'Speed'], df['hasType2']
X_train, X_test, y_train, y_test = train_test_split(X, y,
                    test_size=0.25, random_state=0)
X_train.shape
```

[2]: (670, 6)

[3]:
```
from sklearn.ensemble import BaggingClassifier
from sklearn.neighbors import KNeighborsClassifier

models = {'KNN': KNeighborsClassifier(n_neighbors=3),
 'bagging': BaggingClassifier(
          KNeighborsClassifier(n_neighbors=3),
          n_estimators=10, max_samples=.8,
          max_features=.8, n_jobs=-1, random_state=0)}

scores = {}
for name, clf in models.items():
    clf.fit(X_train, y_train)
    scores[(name, 'Train score')] = clf.score(X_train,
                                              y_train)
    scores[(name, 'Test score')] = clf.score(X_test,
                                             y_test)
```

```
17  pd.Series(scores).unstack()
```

[3]:

	Test score	Train score
KNN	0.562500	0.804478
bagging	0.580357	0.722388

上述範例以 10 個 K-NN 模型進行袋裝法集成（n_estimators = 10），雖然在訓練集的分數比單獨用 K-NN 來的低，但是在測試分數反而上升。其他重要參數有 max_samples 表示從原始樣本中取出多少比例（預設值為 1.0），max_features 則是取出的特徵比例（預設值為 1.0），n_jobs 代表採用多少 CPU 核心進行運算，而設定-1 是使用所有 CPU 核心。

袋裝法最典型的例子莫過於隨機森林，這個方法是以決策樹為基礎學習器，藉由樣本與特徵的 boostrap 抽樣產生不同的訓練樣本集，以此建構出不同的決策樹模型。單棵決策樹在樹的深度過大時容易產生過擬合現象，而隨機森林集成多棵決策樹的結果，儘管單顆決策樹傾向過擬合，若抽樣有足夠的隨機性，在大數法則下許多決策樹的結果會趨向一致，因此集成結果會更接近真實狀況，提升預測準確率。

雖然隨機森林能有效避免過擬合，但並非不會發生，可能原因與處理方式如下：

- 決策樹的數量不足：難以反應大數法則，可增加決策樹數目（n_estimators）。
- 對特徵抽樣的隨機性不夠：若特徵間的相關性過高，導致抽樣時可能會偏重某些特徵，這樣建構好的決策樹就缺乏多樣性，就算集成後也容易產生過擬合。此時可檢視各特徵之間的相關程度，或是減少抽樣的特徵數量（max_features）。
- 樣本的類別不平衡：除了能控制樣本的抽樣數量外（max_samples），若遇到樣本所屬類別較少時，就很不容易被抽中，此時也容易發生過擬合，可設定類別權重（class_weight）來處理。

6-2 以提升法互補有無

提升法（boosting）透過串接數個弱學習器來強化預測效能，這裡的「弱學習器」是指其錯誤率略低於瞎猜，例如單層的決策樹就是一個典型的代表，而「串接」是將前一個學習器誤判的樣本交給下一個學習器處理，如此一個接一個串在一起，藉由這個集成方式來提升整體效能。提升法與上一節的袋裝法最主要差異在於樣本有附帶權重，也就是誤判樣本會經過加權且判斷正確的樣本會減重後再形成新的訓練集，讓下一個學習器能針對之前誤判的樣本進行特訓。

著名的 AdaBoost（Adaptive Boosting）就是提升法的典型代表，圖 6-2-1 以一個簡單的二元分類範例來說明其運作過程。圖中有 10 個樣本分＋、－兩個類別，以樣本圖案的大小來對應該樣本權重，一開始樣本權重皆相同，所以圖案都一樣大。這個範例使用三個單層決策樹（$f_1(x)$、$f_2(x)$、$f_3(x)$）作為分類器，因此在圖上顯示為一刀切的分類結果。由第一個分類器 $f_1(x)$分類後的結果可知有 3 個分類錯誤（圖中以圓圈標示的樣本），故其錯誤率為 0.30，且這三個誤判樣本的權重上升，並減少其餘樣本的權重。對第二個分類器 $f_2(x)$而言，雖然仍有 3 個誤判樣本，但因為其權重較輕，所以錯誤率也比 $f_1(x)$稍微小一些。分類結果經過加權處理後再交給第三個分類器 $f_3(x)$，由圖中可發現還有 3 個錯誤分類，可是錯誤率又再降低。

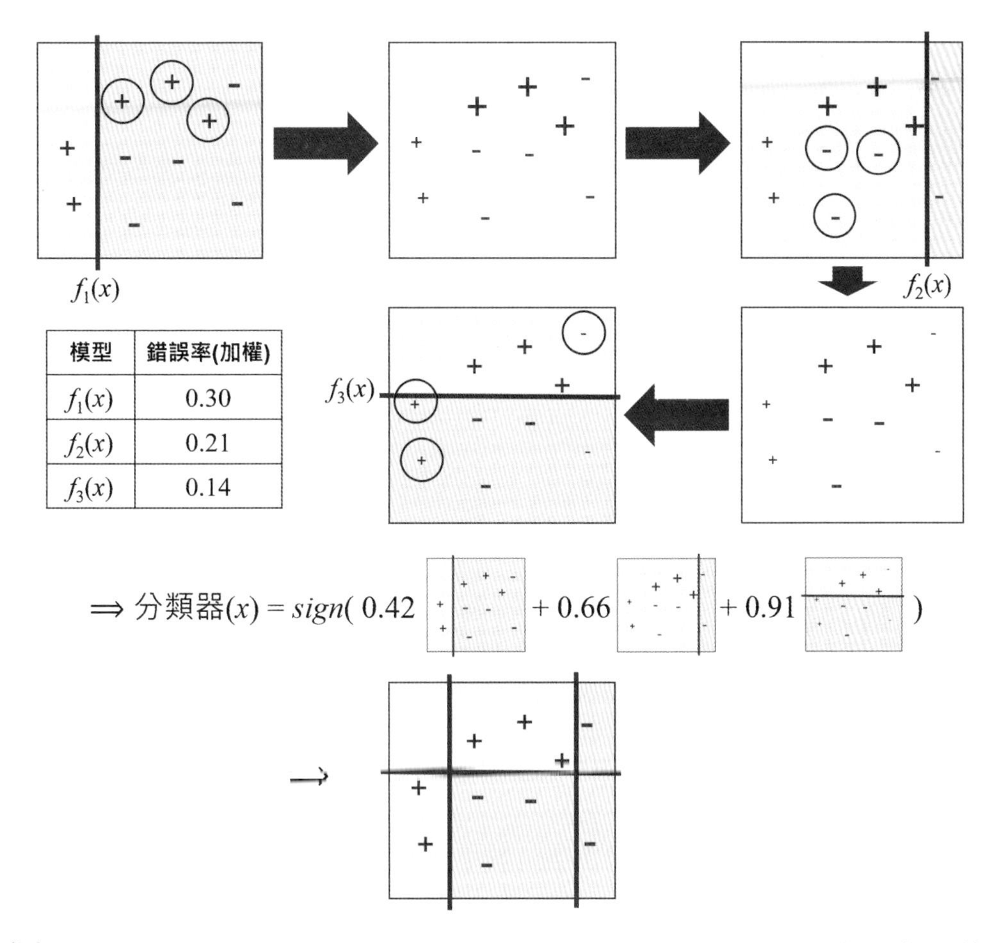

模型	錯誤率(加權)
$f_1(x)$	0.30
$f_2(x)$	0.21
$f_3(x)$	0.14

參考來源：https://www.ccs.neu.edu/home/vip/teach/MLcourse/4_boosting/slides/boosting.pdf

圖 6-2-1 AdaBoost 運作過程的簡單範例

圖 6-2-1 也總結三個分類器的錯誤率，要注意的是除了第一個分類器外，其餘分類器的訓練樣本均有不同權重。接著給予三個分類器不同權重並結合成最終分類模型，直覺上錯誤率越低的模型應該有更大的權重，而 AdaBoost 也反應這個想法整合三個分類器，並取正負號得到最終分類結果。儘管這三個單層決策樹的分類錯誤率皆不為零，也就是說每個都有誤判，但三個弱學習器組合起來後卻得到針對這 10 個樣本的完美分類器。

圖 6-2-2 比較決策樹（max_depth = 1）、袋裝法及提升法對鳶尾花數據集的分類效能，圖中可以看到單層決策樹的決策邊界為平行 y 軸的直線，而透過袋裝法集成後能稍微提升準確率。由 AdaBoost 集成 10 棵單層決策樹後得到的決策邊界比原本的單層決策樹要複雜許多，且準確率也上升但變異性較大。當組合 13 棵決策樹時，不管是準確率還是變異性都有明顯改善。

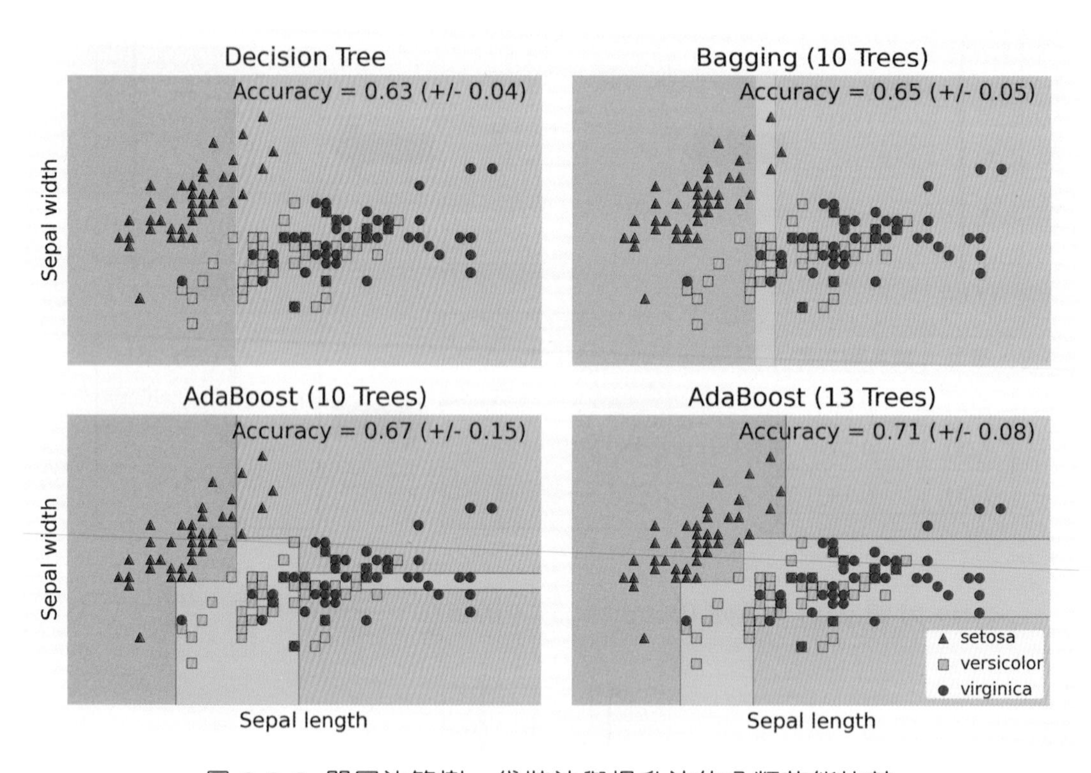

圖 6-2-2 單層決策樹、袋裝法與提升法的分類效能比較

同樣把原始數據分成訓練與測試（30%）樣本，利用訓練樣本建立模型後再對測試樣本繪製圖 6-2-3 的 ROC 曲線，並計算其 AUC，用來評估各分類結果的表現。袋裝法集成模型比使用單層決策樹的效能更好，而組合 10 棵決策樹的 AdaBoost 則有更優異的表現，可是當樹的數量增加到 13 時反而使得 AdaBoost 的效能有相當不穩定的表現，疑似為過擬合的狀況。

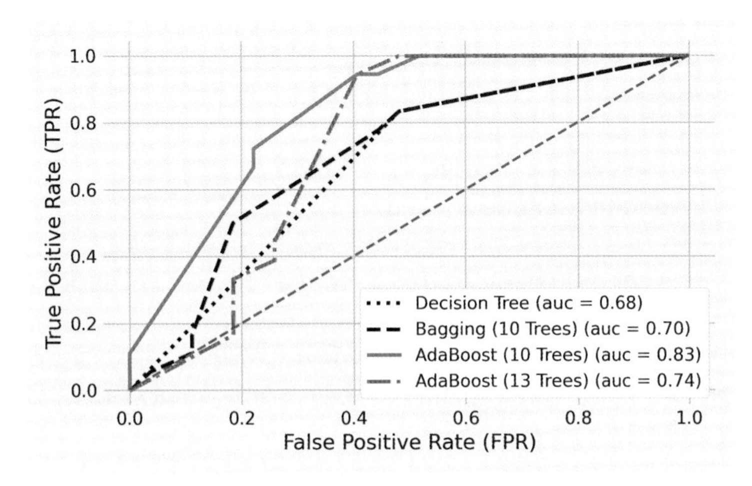

圖 6-2-3 單層決策樹、袋裝法與提升法進行分類的 ROC 曲線

圖 6-2-4 進一步觀察 AdaBoost 集成模型在分類上的表現，對於組合 10 棵決策樹的 AdaBoost 來說，圖中顯示需使用 50%訓練樣本才能有效降低測試集的分類錯誤率，之後再增加訓練樣本也無助於提升測試效能；以 5 倍交叉驗證的結果呈現隨著樹的數目增加，AdaBoost 的效能表現相當不穩定，準確率在 0.6 到 0.7 之間震盪，且變異性也很大，無形中增加超參數調校的困難度。

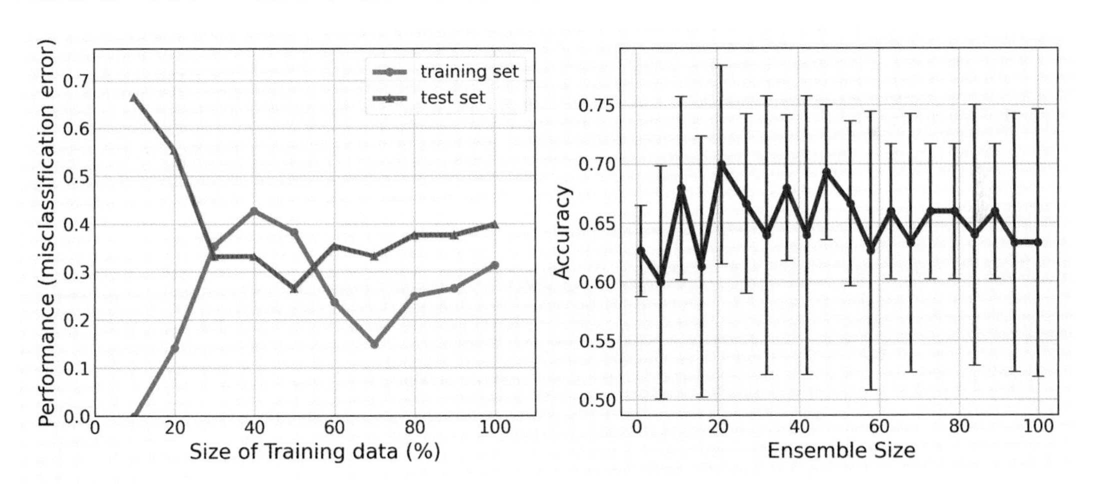

圖 6-2-4 AdaBoost 模型對鳶尾花數據集分類的效能表現

```
[4]:  1  from sklearn.tree import DecisionTreeClassifier
      2  from sklearn.ensemble import AdaBoostClassifier
      3
      4  models = {'Decision Tree':
      5                     DecisionTreeClassifier(max_depth=1),
      6            'AdaBoost':AdaBoostClassifier(n_estimators=3,
      7                                          random_state=0)}
```

```
8   scores = {}
9   for name, clf in sorted(models.items(), key=lambda x:x[0],
10                                                 reverse=True):
11      clf.fit(X_train, y_train)
12      scores[(name, 'Train score')] = clf.score(X_train,
13                                                     y_train)
14      scores[(name, 'Test score')] = clf.score(X_test,
15                                                     y_test)
16
17  pd.Series(scores).unstack().sort_index(ascending=False)
```

[4]:

	Test score	Train score
Decision Tree	0.616071	0.607463
AdaBoost	0.633929	0.607463

[5]:

```
1   X_r, y_r = df.loc[:, 'Attack':'Speed'], df['HP']
2   X_r_train, X_r_test, y_r_train, y_r_test = \
3       train_test_split(X_r, y_r, test_size=0.25,
4                                          random_state=0)
5   X_r_train.shape
```

[5]: (670, 5)

[6]:

```
1   from sklearn.tree import DecisionTreeRegressor
2   from sklearn.ensemble import AdaBoostRegressor
3
4   reg = DecisionTreeRegressor(max_depth=3)
5   models = {'Decision Tree': reg,
6             'AdaBoost': AdaBoostRegressor(reg,
7                                    learning_rate=.01,
8                                    random_state=0)}
9   scores = {}
10  for name, clf in sorted(models.items(), key=lambda x:x[0],
11                                                 reverse=True):
12      clf.fit(X_r_train, y_r_train)
13      scores[(name, 'Train score')] = clf.score(X_r_train,
14                                                   y_r_train)
15      scores[(name, 'Test score')] = clf.score(X_r_test,
16                                                   y_r_test)
17  pd.Series(scores).unstack().sort_index(ascending=False)
```

[6]:

	Test score	Train score
Decision Tree	0.226408	0.413383
AdaBoost	0.339387	0.446392

上述範例以 AdaBoost 集成 3 棵單層決策樹為模型，雖然在訓練集的分類準確率與單純用決策樹一樣，但是測試分數有明顯提升。AdaBoost 也能處理迴歸問題，上述範例中以寶可夢屬性值來預測其血量，要小心調校決策樹的深度（預設為 3）與學習率（learning_rate）兩個超參數。此外，提升法除了 AdaBoost，還有許多模型，包括 Gradient Boosting、L2Boosting、LogitBoost、BrownBoost 等，著名的 XGBoost（eXtreme Gradient Boosting）也屬於提升法家族。

6-3 以堆疊法兼容並蓄

之前提到的袋裝法與提升法在集成學習中屬於同源集成（homogenous ensembles）方法，也就是採用同一個基礎學習模型，但以不同訓練樣本、特徵等來進行擬合；這裡要介紹的堆疊法（stacking）則是異源集成（heterogenous ensembles）的典型代表，亦即整合多個不同的學習模型進行預測。

基本上，堆疊法在第一層會建構各種不同的模型，接著在第二層模型要能綜合前面模型的觀點以得到最終結果，如圖 6-3-1 所示。最直覺的第二層模型可採用與袋裝法類似的平均值 / 多數決，而要注意的是要將訓練集分成兩份，一份用來訓練第一層模型，另一份則是訓練第二層模型，避免第二層模型“已看過”訓練集的標籤。

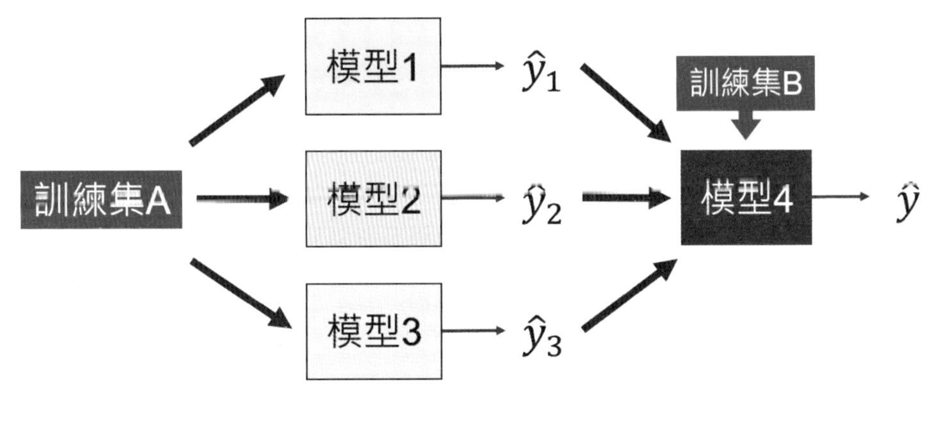

圖 6-3-1 堆疊法示意圖

堆疊法與袋裝法的差別在於後者採用同一個模型去擬合不同訓練樣本，而前者用不同模型擬合同一組訓練樣本。透過第一層、第二層，甚至是更多層的各種配置方式，搭配不同數據與特徵的使用，可延伸出許多堆疊式的集成方法。實作部分可透過 VotingClassifier()來達成，在底下的範例中使用邏輯斯迴歸、單純貝氏以及隨機森林等三個分類器：

[7]:
```
1  from sklearn.linear_model import LogisticRegression
2  from sklearn.naive_bayes import GaussianNB
3  from sklearn.ensemble import RandomForestClassifier,
4                                          VotingClassifier
5
6  clf1 = LogisticRegression()
7  clf2 = RandomForestClassifier()
8  clf3 = GaussianNB()
9
10 en_clf1 = VotingClassifier(estimators=[
11     ('lr', clf1), ('rf', clf2), ('nb', clf3)],
12                               voting='hard')
13
14 en_clf1.fit(X_train, y_train)
15 en_clf1.predict(X_test)[:10]
```

[7]:
```
array([1, 1, 1, 0, 1, 1, 0, 0, 1, 1], dtype=int64)
```

[8]:
```
1  # 記錄準確率
2  scores = {}
3  name = 'Voting (hard)'
4  scores[(name, 'Train score')] = en_clf1.score(X_train,
5
6  y_train)
7  scores[(name, 'Test score')] = en_clf1.score(X_test,
8
9  y_test)
10 # 取出每個模型的分類結果
11 print('真實類別：', y_test[:10].values)
12 print('邏輯斯迴歸分類結果：',
13       en_clf1.named_estimators_['lr'].predict(X)[:10])
14 print('隨機森林分類結果：',
15       en_clf1.named_estimators_['rf'].predict(X)[:10])
```

[8]:
```
真實類別： [1 1 0 0 1 1 1 0 0 1]
```

```
邏輯斯迴歸分類結果： [0 0 1 1 0 0 1 1 1 0]
隨機森林分類結果： [1 0 1 1 0 0 1 1 1 0]
```

```
[9]:
1  en_clf2 = VotingClassifier(estimators=[
2      ('lr', clf1), ('rf', clf2), ('gnb', clf3)],
3                                      voting='soft')
4  en_clf2.fit(X_train, y_train)
5  en_clf2.predict(X_test)[:10]
```

```
[9]: array([1, 1, 1, 0, 1, 1, 0, 1, 1, 1], dtype=int64)
```

```
[10]:
1  name = 'Voting (soft)'
2  scores[(name, 'Train score')] = en_clf2.score(X_train,
3                                                 y_train)
4  scores[(name, 'Test score')] = en_clf2.score(X_test,
5                                                y_test)
6
7  # 取出每個模型的預測機率
8  prob = en_clf2.transform(X_test)
9  print('真實類別：', y_test.iloc[0])
10 print('邏輯斯迴歸分類機率：', prob[0][:2])
11 print('隨機森林分類機率：', prob[0][2:4])
12 print('單純貝氏分類機率：', prob[0][4:])
```

```
[10]:
真實類別： 1
邏輯斯迴歸分類機率： [0.35726441 0.64273559]
隨機森林分類機率： [0.40640476 0.59359524]
單純貝氏分類機率： [0.43394856 0.56605144]
```

```
[11]:
1  en_clf3 = VotingClassifier(estimators=[
2      ('lr', clf1), ('rf', clf2), ('gnb', clf3)],
3                                voting='soft', weights=[2,1,1])
4  en_clf3.fit(X_train, y_train)
5  en_clf3.predict(X_test)[:10]
```

```
[11]: array([1, 1, 1, 0, 1, 1, 0, 1, 1, 0], dtype=int64)
```

```
[12]:
1  name = 'Voting (soft + weight)'
2  scores[(name, 'Train score')] = en_clf3.score(X_train,
3                                                 y_train)
4  scores[(name, 'Test score')] = en_clf3.score(X_test,
5                                                y_test)
6
```

```
7  pd.Series(scores).unstack().sort_index(ascending=True)
```

[12]:

	Test score	Train score
Voting (hard)	0.584821	0.661194
Voting (soft + weight)	0.616071	0.792537
Voting (soft)	0.598214	0.847761

Scikit-learn 提供的多數決 VotingClassifier()方法相當有彈性，可搭配投票機制與權種組合出不同多數決模型。當超參數 voting 設定為 hard 時，預測的分類結果採用多數決，若同票則輸出排序較前面模型的結果；若 voting = 'soft'，則將各模型對同一類別的預測機率相加後，輸出結果最大的類別；而如果有個人偏好或表現較佳的模型，也可以給予不同權重。在上述範例中觀察到邏輯斯迴歸的分類表現似乎比其它兩個好，嘗試提高其權重後，雖然在訓練集的準確率降低，但是卻能顯著提升測試的準確率。

Scikit-learn 也有另一個堆疊法的實作 StackingClassifier()，這個作法是把第一層各個模型的預測結果當成下一層模型的特徵，比起獨立運作的模型能找出更複雜的非線性關係，相較之下也能同時改善預測偏差與變異性。

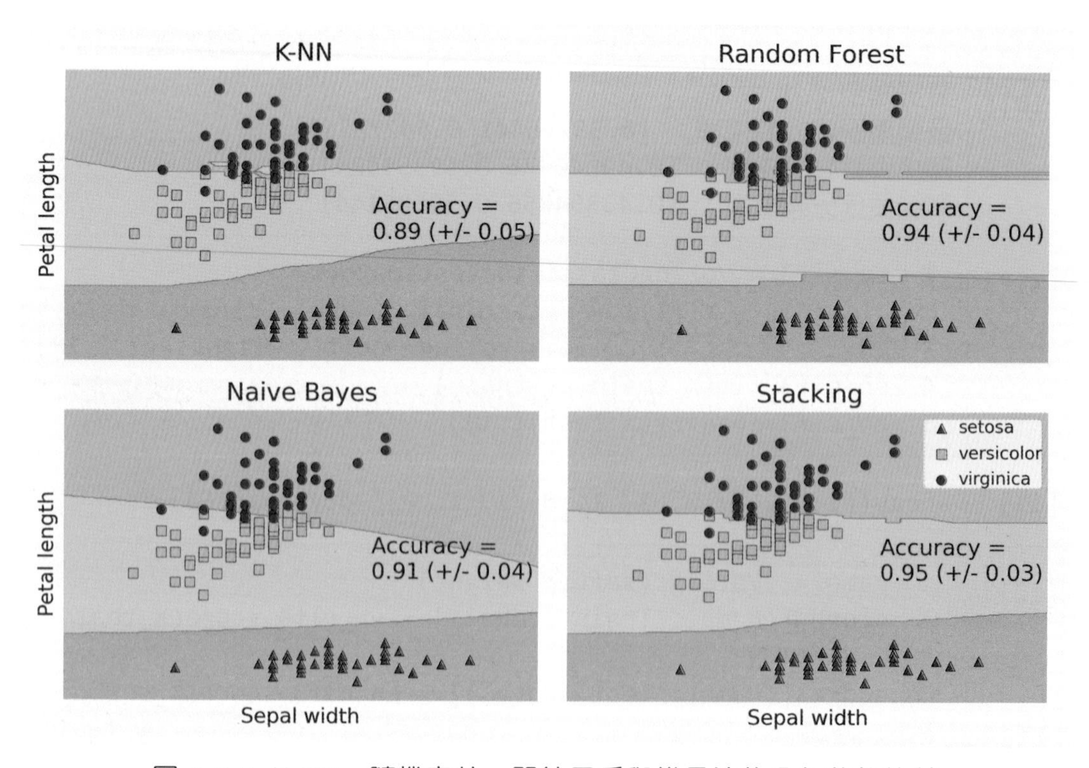

圖 6-3-2 K-NN、隨機森林、單純貝氏與堆疊法的分類效能比較

例如在第二層的投票機制可改用 K-NN，有加權的投票可用邏輯斯迴歸，若是取平均也可用線性迴歸模型來取代。底下同樣以鳶尾花數據集的花萼寬度及花瓣長度來測試堆疊法的分類效能，第一層挑選的三個分類器是 K-NN、隨機森林以及單純貝氏，第二層則採用邏輯斯迴歸作為元分類器（meta-classifier）。由圖 6-3-2 可看到用堆疊法集成三個模型後，不僅是分類的準確率比單一模型都高，預測結果也有較高的穩定度，且圖中堆疊法的決策邊界是由三個模型混合而成。

接著以圖 6-3-3 進一步觀察堆疊法的學習曲線與各分類器的準確度，由學習曲線可看到隨著訓練樣本數增加，訓練集的分類錯誤率跟著逐漸下降，且對測試集也有漸入佳境的表現，到使用 80%訓練樣本時有最佳的結果，意謂著較無過擬合的傾向。此外，以 5 倍交叉驗證的結果呈現四個分類器的表現，由圖中可看到隨機森林與堆疊模型的準確率明顯較高。

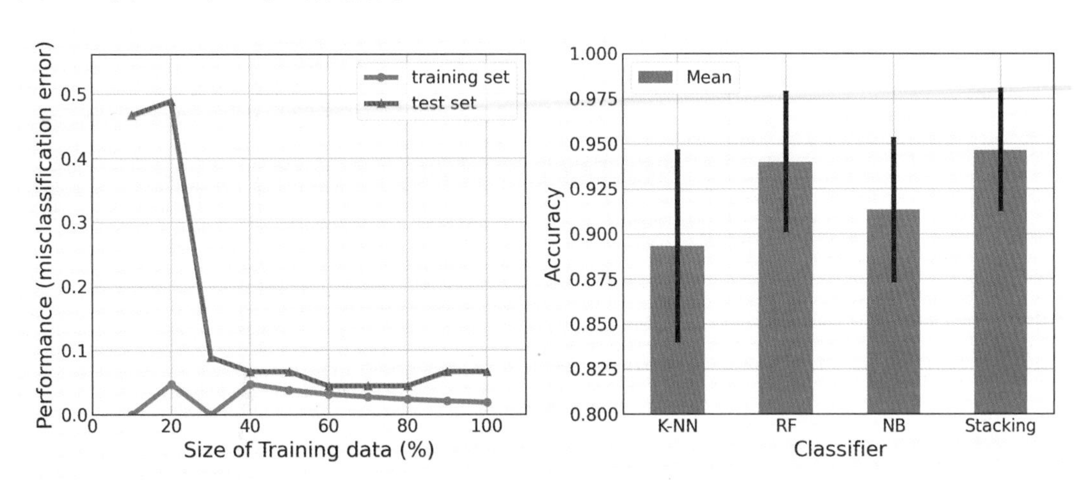

圖 6-3-3 堆疊法對鳶尾花數據集分類的學習曲線與效能

```
[13]:  1  from sklearn.neighbors import KNeighborsClassifier
       2  from sklearn.ensemble import StackingClassifier
       3
       4  clf1 = KNeighborsClassifier(n_neighbors=1)
       5  clf2 = RandomForestClassifier(max_depth=7,
       6                                 random_state=0)
       7  clf3 = GaussianNB()
       8
       9  # 建立堆疊集成模型
      10  lr = LogisticRegression()
      11  estimators = [('K-NN', clf1), ('rf', clf2), ('nb', clf3)]
      12  sclf = StackingClassifier(estimators=estimators,
      13                            final_estimator=lr, n_jobs=-1)
```

```
14 titles = ('K-NN', 'Random Forest', 'Naive Bayes',
15           'Stacking')
16
17 models = (clf1, clf2, clf3, sclf)
18 models = [clf.fit(X_train, y_train) for clf in models]
19
20 scores = {}
21 for clf, title in zip(models, titles):
22     scores[(title, 'Train score')] = clf.score(X_train,
23                                               y_train)
24     scores[(title, 'Test score')] = clf.score(X_test,
25                                              y_test)
26
27 pd.Series(scores).unstack().sort_index(ascending=True)
```

[13]:

	Test score	Train score
K-NN	0.575893	0.995522
Naive Bayes	0.611607	0.576119
Random Forest	0.562500	0.888060
Stacking	0.620536	0.907463

[14]:

```
1 for i, est in enumerate(estimators):
2     print(est[0], '的權重 =',
3                 sclf.final_estimator_.coef_[0][i])
```

[14]:

```
K-NN 的權重 = 0.4070787575559543
rf 的權重 = 0.8704445947940478
nb 的權重 = 0.9177966370470659
```

[15]:

```
1  # 繪製學習曲線
2  import numpy as np
3  from sklearn.model_selection import learning_curve
4
5  train_sizes, train_scores, test_scores = \
6      learning_curve(estimator=sclf, X=X_train,
7        y=y_train, train_sizes=np.linspace(0.1, 1.0, 10),
8                    cv=10, n_jobs=-1)
9
10 train_mean = np.mean(train_scores, axis=1)
11 train_std = np.std(train_scores, axis=1)
12 test_mean = np.mean(test_scores, axis=1)
```

```
13  test_std = np.std(test_scores, axis=1)
14  test_mean
```

[15]:
```
array([0.49104478, 0.50149254, 0.52985075, 0.51791045,
0.57014925, 0.57761194, 0.58208955, 0.59850746, 0.60149254,
0.60298507])
```

[16]:
```
1   import matplotlib.pyplot as plt
2   
3   plt.plot(train_sizes, train_mean, color='blue',
4       marker='o', markersize=5, label='Training accuracy')
5   plt.fill_between(train_sizes,
6                    train_mean + train_std,
7                    train_mean - train_std,
8                    alpha=.1, color='blue')
9   plt.plot(train_sizes, test_mean, color='green', ls='--',
10      marker='s', markersize=5, label='Validation accuracy')
11  plt.fill_between(train_sizes,
12                   test_mean + test_std,
13                   test_mean - test_std,
14                   alpha=.1, color='green')
15  plt.grid()
16  plt.xlabel('Number of Training Size')
17  plt.ylabel('Accuracy')
18  plt.legend();
```

[16]:

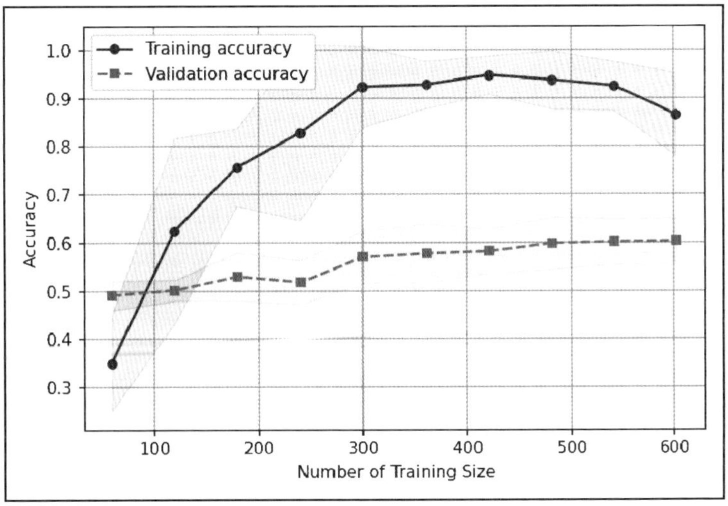

前述範例可以看到四個分類器對寶可夢單／雙屬性的預測表現，其中 K-NN 在訓練集有接近完美的效能，可是在測試集就差強人意，疑似有過擬合的可能，且隨機森林也有類似的狀況；單純貝氏在訓練集的表現最差，可是卻有最好的測試效能。透過堆疊法集成三個分類器，不論是對訓練集或測試集均比單一模型有更優異的表現。在分類結果的加權部分，以單純貝氏的權重最高，直觀上來看是蠻合理的結果，畢竟單純貝氏在測試集的表現是三個分類器裡最好的。權重其次是隨機森林，最小的是 K-NN，且 K-NN 的權重遠比另兩個要小很多，感覺上這有些不可思議，因為 K-NN 在訓練集表現得近乎完美，在測試集的表現也比隨機森林好，可是最終經過邏輯斯迴歸加權後，得到的權重卻小得多。由此也可了解邏輯斯迴歸是堆疊法第二層模型的良好選擇，且這也是 StackingClassifier()的預設選項。

再者，由學習曲線的走向可看到在訓練與測試的準確率皆隨著訓練樣本的增加而上升，但在訓練集超過 500 之後，測試準確率就難以再提升，反倒是訓練準確率開始下降，疑似有過多雜訊的干擾。

6-4 小結

集成學習結合數個不同模型，除了弱化各自的短處外，也透過群體智慧得到更穩定、預測效能更好的結果。這些作法在機器學習的相關競賽中相當受青睞，在實務應用中也很有吸引力。本章介紹在集成學習中最典型且廣泛使用的三種策略，分別是袋裝法、提升法以及堆疊法。

袋裝法以相同學習器擬合不同訓練樣本，得到不同基礎學習模型，再將這些學習器的預測結果集思廣益得到最終預測結果；提升法是將相同的弱學習器一個個串在一起，並將上一個學習器沒處理好的樣本加權形成一個新的訓練集，再讓下一個學習器來擬合，學習器間以互補有無的方式運作；而堆疊法則是想採各家之長，將多個不同學習器的預測結果作為新特徵，再以另一個學習器來兼容並蓄。此外，本章也以鳶尾花分類數據集來觀察三種集成策略的表現與優勢。

下一章將介紹一些機器學習的相關應用，主要聚焦在自然語言與序列資料處理兩塊，藉此可了解原來機器學習早已在我們的日常生活中扮演著相當重要的角色。

綜合範例

寶可夢分類應用

請撰寫程式讀取寶可夢數據集 pokemon.csv，並利用集成學習（ensemble learning）進行分類及預測。數據集的欄位說明如下：

欄位名稱	說明	欄位名稱	說明
Number*	編號	Attack	攻擊力
Name*	名稱	Defense	防禦力
Type1*	第一屬性	SpecialAtk	特殊攻擊
Type2*	第二屬性	SpecialDef	特殊防禦
Total	能力值加總	Speed	速度
HP	血量	Generation*	世代編號
備註：欄位有標示星號(*)者為類別變數，其餘為數值變數。			

欲進行的分析程序如下：

1. 取出兩個特徵欄位 Defense, SpecialAtk 以及預測欄位 Type1 為數據集，將數據集分為訓練集與測試集，其中測試集占 20%。
2. 針對訓練集的特徵欄位進行標準化（Standardization）。
3. 建立四個分類器：隨機森林（Random Forest）、K-近鄰（K-NN）、線性支援向量分類器（SVC）、投票（Voting）分類器。
4. 利用 k 折交叉驗證（k-fold cross validation）對這特徵欄位進行 Type1 分類，計算上述四個分類器對訓練集的準確度（accuracy）平均值，並分別對測試集進行分類預測以及計算準確度。
5. 輸入一個未知寶可夢的欄位值（Defense=100, SpecialAtk=70），利用投票分類器預測其分類。

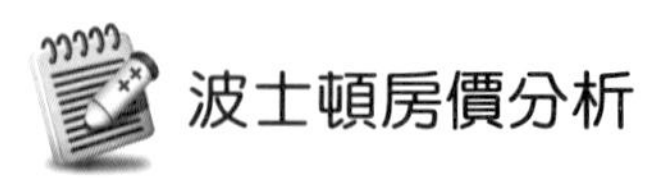

波士頓房價分析

請撰寫一程式，讀取 sklearn.datasets 中的波士頓房價（Boston）數據集，此資料集有 504 筆資料，每筆資料有 14 個欄位，欄位的簡要說明如下，欲建立多個迴歸模型以預測房價。

欄位名稱	說明	欄位名稱	說明
CRIM	人均犯罪率	DIS	到就業中心的加權距離
ZN	住宅用地的比例	RAD	使用高速公路的便利指數
INDUS	零售商用土地的比例	TAX	全額資產稅率
CHAS	靠近河流為 1；否則為 0	PTRATIO	城鎮的師生比例
NOX	一氧化氮濃度	B	黑人比例
RM	住宅的平均房間數	LSTAT	中低收入戶的比例
AGE	屋主自用的比例	MEDV	自有住宅的中位數價格

進行的分析程序為：

1. 以 load_boston()載入房價數據集。
2. 將數據集分為訓練集與測試集，其中測試集占 20%。
3. 建立四個迴歸模型：決策樹（Decision Tree）、隨機森林（Random Forest）、AdaBoost、以及梯度提升（GradientBoost）。
4. 撰寫函式計算調整後 R 平方。
5. 分別計算並顯示上述模型的調整後 R 平方，再比較其效能。
6. 分別透過隨機森林、梯度提升模型顯示特徵的重要性並比較之。

Chapter 6 習題

1. 請撰寫程式讀取紅葡萄酒數據集 winequality-red.csv，這是來自葡萄牙北部的紅色葡萄酒開放數據集樣本，目標是根據物理與化學測試預測葡萄酒品質。數據集的欄位說明如下：

欄位名稱	說明	欄位名稱	說明
fixed acidity	非揮發性酸含量	total sulfur dioxide	總二氧化硫
volatile acidity	揮發性酸含量	density	密度
citric acid	檸檬酸	pH	酸鹼度
residual sugar	糖含量	sulphates	硫酸鹽
chlorides	氯化物	alcohol	酒精濃度
free sulfur dioxide	游離二氧化硫	quality	品質

以下是要進行的分析程序：

(a). 撰寫程式讀取 winequality-red.csv。

(b). 將數據集分為訓練集與測試集，其中測試集占 20%。

(c). 以決策樹與袋裝法集成（以決策樹為基礎學習器）模型擬合訓練集。

(d). 以上述兩個模型分類測試集，並比較準確率。

套件名稱

```
切割數據集：sklearn.model_selection.train_test_split()
袋裝法：sklearn.ensemble.BaggingClassifier()
決策樹分類器：sklearn.tree.DecisionTreeClassifier()
```

2. 載入鳶尾花（Iris）數據集，並進行下列分析：

(a). 利用 load_iris()讀取數據集，並取出花萼長度與寬度作為分類的特徵。

(b). 將數據集分為訓練集與測試集，其中測試集占 30%。

(c). 建立 k-NN、隨機森林與單純貝氏模型。

(d). 以堆疊法集成上述三個模型，並觀察各自在訓練與測試集的準確率。

(e). 繪製堆疊法模型的學習曲線。

▶▶ 套件名稱

```
鳶尾花數據集：sklearn.datasets.load_iris()
切割數據集：sklearn.model_selection.train_test_split()
隨機森林分類器：sklearn.ensembl.RandomForestClassifier()
K-NN：sklearn.neighbors.KNeighborsClassifier()
單純貝氏：sklearn.naive_bayes.GaussianNB()
邏輯斯迴歸：sklearn.linear_model.LogisticRegression()
堆疊分類器：sklearn.ensembl.StackingClassifier()
學習曲線：sklearn.model_selection.learning_curve()
```

▶▶ 數據集說明

標籤	意義與內容
data	共有 150 筆樣本（1988 年收集，數據無遺漏值），每筆樣本有 4 個數值特徵，分別是花萼長度與寬度、花瓣長度與寬度。
target	每筆樣本的類別，其中 0 → setosa（山鳶尾）、1 → versicolor（變色鳶尾）、2 → virginica（維吉尼亞鳶尾），每個類別各有 50 筆。
target_names	有三個類別：setosa、versicolor、virginica
DESCR	數據的詳細描述

3. 載入岩石與水雷數據集 sonar.all-data，這是聲納從各種不同角度探測到的回聲訊號，每個樣本有 60 個從不同地點接收到的儀器測量值（每個模式是一組 60 個數字，範圍為 0.0 到 1.0），最後一個特徵標記是岩石（R）或水雷（M）。分析任務是根據聲納返回的測量資訊進行分類，從而發現未爆炸的水雷。欲進行的分析程序下列：

   (a). 讀取並探索數據集 sonar.all-data。

   (b). 對標記岩石或水雷的欄位進行編碼。

   (c). 將數據集分為訓練集與測試集，其中測試集占 20%。

   (d). 建立 k-NN、隨機森林與單純貝氏模型，並分別用交叉驗證結果挑選合適的超參數。

   (e). 將上述三個模型以多數決方式集成在一起，設定 voting = 'soft'並觀察訓練與測試集的準確率。

   (f). 根據上述結果，設定合適的模型權重分配以提高準確率。

套件名稱

類別編碼：sklearn.preprocessing.LabelEncoder()
切割數據集：sklearn.model_selection.train_test_split()
K-NN：sklearn.neighbors.KNeighborsClassifier()
交叉驗證：sklearn.model_selection.cross_val_score()
隨機森林分類器：sklearn.ensembl.RandomForestClassifier()
單純貝氏：sklearn.naive_bayes.GaussianNB()
多數決分類器：sklearn.ensemble.VotingClassifier()

CHAPTER

7

機器學習應用

機器學習應用

最近幾年的人工智慧（AI）已經成為最潮的字眼，而機器學習是 AI 領域中最重要且成果豐碩的分支項目，它的相關應用如雨後春筍般湧現在各種業務部門，也不斷產生更強大與更簡便的工具、應用框架以及大量研究論文。推波助瀾下，更讓機器學習深化結合到各應用場景，形成一波波自動化與智慧化的浪潮。

機器學習的「學習」是透過外界刺激來建立與改善數學模型，從中抽取出隱藏的規律或模式，以推論未來並輔助決策。在之前的章節已經看過許多監督與非監督式學習方法，也了解如何調校超參數及評估學習模型的效能。本章將綜合這些策略與技巧，應用到探討 7-1 節的自然語言處理（Natural Language Processing、NLP）以及 7-2 節的序列資料處理。

7-1 自然語言處理

自然語言顧名思義是我們日常生活中使用到的各種語言形式，包括文字、語音等，而文字再細分下去諸如新聞、部落格文章、聊天訊息、論壇留言、FB 或 Twitter 短貼文、甚至是古代中國使用的文言文與詩詞等也都屬於自然語言的範疇。根據維基百科的解釋，自然語言處理（NLP）是計算機科學以及人工智慧的子領域，專注在如何讓計算機處理並分析大量（人類的）自然語言數據。NLP 常見的應用與挑戰有語音辨識、自然語言理解、機器翻譯以及自然語言的生成等。

7-1-1 基本操作

文字敘述屬於非結構化資料，處理過程相當繁瑣且各式各樣的處理手法也與之後的分析效能息息相關。儘管如此，在前處理階段還是有些基本且常用的操作，熟悉這些操作技巧能讓自然語言處理的流程更加順暢。

從檔案或是透過解析網頁取得非結構化的文件資料，再進行基本的清理工作（如去掉句子頭尾的空白字元、字元或字串的替換等）後，接著就開始針對自然語言的處理程序。因為英文文句中的詞彙間有空白隔開，很容易就能進行斷字，因此接下來會考慮移除標點符號。除了在一些情況下的標點符號可能帶有資訊，能產生有用的特徵外（例如：問號表示為疑問句、句號用在結構完整的句子結束後、驚嘆號用於驚訝與感嘆的語句以加強句子的情緒等），大部分時候可直接移除。

移除標點符號的直觀做法是透過字串處理的 replace()直接以空白取代標點符號，此舉雖然簡單且可挑選想要移除的標點符號，缺點除了難以詳列所有標點符號外，執行速度也比較慢。在底下範例中先產生一個內含三個字串的串列，接著建構一個字典用所有標點符號的 Unicode 為鍵（key），且以 None 為值（value），再透過 translate()依照字典內容快速進行轉換。

範例程式 **ex7-1-1_2.ipynb**

[1]:
```
1 texts = ['Pikachu is a short, Electric-type Pokémon
2 introduced in Generation I!!!',
3         'It is covered in yellow fur with two horizontal
4 brown stripes on its back. It has a small mouth, long,
5 pointed ears with black tips, and brown eyes.',
6         'It evolves from Pichu when leveled up with high
7 friendship and evolves into Raichu.']
8 len(texts)
```

[1]:
```
3
```

[2]:
```
1 import unicodedata
2 import sys
3
4 punctuation = dict.fromkeys(i for i in
5         range(sys.maxunicode) if
6         unicodedata.category(chr(i)).startswith('P'))
7 texts_no_punct = [s.translate(punctuation) for s in
8                                                  texts]
9 texts_no_punct
```

[2]:
```
['Pikachu is a short Electrictype Pokémon introduced in
Generation I',
 'It is covered in yellow fur with two horizontal brown stripes
on its back It has a small mouth long pointed ears with black
tips and brown eyes',
 'It evolves from Pichu when leveled up with high friendship
and evolves into Raichu']
```

再來是進行記號化（tokenization），尤其是詞或句子的記號化，經常用來將文句轉化以建構有用特徵的起手式。由於我們已經移除所有標點符號，再加上英文文句以空白分隔的特性，所以詞的記號化可簡單利用 split()切割空白字元來達成。這裡介紹一個常見方法是透過自然語言處理工具包 NLTK（Natural Language Toolkit for Python），有許多強大的文句操作功能。在底下範例程式中第一次匯入 nltk 時，需要耗費一點時間下載一些文件資料，而匯入使用 nltk 前也要先安裝。

```
[3]:  1  import nltk
      2
      3  # 第一次載入 nltk時，要先下載一些文件(需要等一會)
      4  nltk.download('punkt')
      5  nltk.download('averaged_perceptron_tagger')
      6
      7  # 下載一組停止詞
      8  nltk.download('stopwords')
```

```
[3]:  True
```

```
[4]:  1  from nltk.tokenize import word_tokenize
      2
      3  words_lst = [word_tokenize(t) for t in texts_no_punct]
      4  print(words_lst[0])
```

```
[4]:  ['Pikachu', 'is', 'a', 'short', 'Electrictype', 'Pokémon',
      'introduced', 'in', 'Generation', 'I']
```

```
[5]:  1  from nltk.tokenize import sent_tokenize
      2  sent_tokenize(texts[1])
```

```
[5]:  ['It is covered in yellow fur with two horizontal brown stripes
      on its back.',
       'It has a small mouth, long, pointed ears with black tips,
      and brown eyes.']
```

隨手瀏覽幾個短句或文章，不難發現其中有經常出現的字或詞，比如英文的 i、a、the、and 等，中文裡也有「我」、「和」、「的」等。這些資訊含量少但出現頻率高的詞稱為停止詞（stop word）。NLTK 中有一張常用停止詞的列表，可用來比對並移除停止詞，要注意的是這個列表只針對小寫字母。

```
[6]:  1  from nltk.corpus import stopwords
      2
      3  stop_words = stopwords.words('english')
      4  print('停止詞：', stop_words[:5])
      5  print('停止詞數量 =', len(stop_words))
      6
      7  for i in range(len(words_lst)):
```

```
 8       words_lst[i] = [w for w in words_lst[i] if w not in
 9                                                 stop_words]
10
11   print(texts_no_punct[0])
12   print(words_lst[0])
```

```
[6]: 停止詞： ['i', 'me', 'my', 'myself', 'we']
     停止詞數量 = 179
     Pikachu is a short Electrictype Pokémon introduced in
     Generation I
     ['Pikachu','short', 'Electrictype', 'Pokémon', 'introduced',
     'Generation', 'I']
```

若要進行文句或文章間的詞彙比對，則能藉由辨識與移除詞綴（affixes）的方式提取出詞幹（word stemming），這是一個將字詞轉變為字根形式的過程，以保留詞彙的原意。比方說在上述範例裡的 introduced 與 introduce 都有詞幹 introduc，代表這兩個詞雖然不同，但表示的概念卻相通。透過詞幹提取可將詞轉換成可讀性稍差一點的形式，但比較適合用來在各文章間進行比對。NLTK 提供被廣泛使用的波特詞幹提取演算法（Porter stemming algorithm），可移除或取代字詞內常見的前後綴以得到詞幹。

```
[7]:  1   from nltk.stem.porter import PorterStemmer
      2
      3   porter = PorterStemmer()
      4   stem_lst = []
      5
      6   for words in words_lst:
      7       stem_lst.append([porter.stem(w) for w in words])
      8
      9   print(words_lst[0])
     10   print(stem_lst[0])
```

```
[7]: ['Pikachu', 'short', 'Electrictype', 'Pokémon',
     'introduced', 'Generation', 'I']
     ['pikachu', 'short', 'electrictyp', 'pokémon', 'introduc',
     'gener', 'I']
```

在自然語言處理的前期階段還有一個相當繁瑣且重要的工作，就是為每一個字詞加上詞性標籤（Part-of-Speech tag、POS tag），可透過 NLTK 已訓練好的詞性標記器 pos_tag()來對單詞的詞性進行標記，而標記後的結果是陣列格式，陣列裡的每個元素是一個元組，包含有詞與其詞性。此外，NLTK 使用的是 PennTreebank 詞性標籤，例如在底下的範例中，NNP 代表專有名詞，JJ 是形容詞，而 VBD 則是動詞的過去式。

```
[8]:  1  from nltk import pos_tag
      2
      3  words_tag_lst = [pos_tag(w) for w in words_lst]
      4  print(words_tag_lst[0])
```

```
[8]:  [('Pikachu', 'NNP'), ('short', 'JJ'), ('Electrictype', 'NNP'), ('Pokémon', 'NNP'), ('introduced', 'VBD'), ('Generation', 'NNP'), ('I', 'PRP')]
```

```
[9]:  1  # 搜尋特定詞類
      2  [w for w, tag in words_tag_lst[0] if tag in ['NNP']]
```

```
[9]:  ['Pikachu', 'Electrictype', 'Pokémon', 'Generation']
```

通常 NLTK 提供的詞性標記器對於英文文章已能有不錯的標記效果，但如果是特定的專門領域的標註效果可能大打折扣，此時 NLTK 也提供能訓練自己使用的標籤器。然而，在訓練前要先準備一個很大的語料庫（corpus），並提供每一個詞的詞性，建構過程需要投入大量心力。

接著能以詞性的特徵向量來表達一個字句、一份推文或是一篇文章，也就是若文句內有該詞性則特徵值為 1，否則特徵值為 0。這個功能可透過 scikit-learn 提供的 MultiLabelBinarizer()來達成，底下是範例程式：

```
[10]:  1  from sklearn.preprocessing import MultiLabelBinarizer
       2
       3  tag_lst= []
       4  for words_tag in words_tag_lst:
       5      tag_lst.append([tag for word, tag in words_tag])
       6
       7  mlb = MultiLabelBinarizer()
       8  mlb.fit_transform(tag_lst)
```

```
[10]:  array([[0, 0, 1, 0, 1, 0, 1, 0, 1, 0, 0],
              [1, 1, 1, 1, 0, 1, 1, 1, 1, 1, 0],
              [0, 0, 1, 1, 1, 1, 1, 0, 1, 0, 1]])
```

[11]:	1 2	# 顯示特徵名稱 mlb.classes_
[11]:	array(['CD', 'IN', 'JJ', 'NN', 'NNP', 'NNS', 'PRP', 'RB', 'VBD', 'VBP', 'VBZ'], dtype=object)	
[12]:	1 2 3 4	data = mlb.fit_transform([{'皮卡丘', '雷丘'}, {'小火龍', '噴火龍'}, {'傑尼龜'}]) print(data) list(mlb.classes_)
[13]:	[[0 0 0 1 1] [0 1 1 0 0] [1 0 0 0 0]] ['傑尼龜', '噴火龍', '小火龍', '皮卡丘', '雷丘']	

7-1-2 詞袋模型

在經過前一節的斷詞、移除標點符號、提取詞幹以及標註詞性之後，經常會進行向量化的動作，而在介紹向量化之前先來了解詞袋模型（Bag-of-Words、BoW）。這是將文章轉成特徵常見的方法之一，模型忽略文章內詞與詞間的上下文關係，只考慮每個詞的權重，而權重最簡單的設定即是該詞的出現次數。換言之，BoW 在斷詞之後以每個詞作為特徵，再以該詞在每篇文章樣本中的出現次數為該樣本的特徵值，而將某篇文章的所有詞與對應詞頻放在一起即為文章的向量化。要特別注意的是 BoW 在使用上有其局限性，因為它只考慮詞頻而漠視上下文中詞與詞的關係，因此會遺失一部分文章的語義。Scikit-learn 實作的 CountVectorizer()能方便地將文章內的詞轉換為詞頻矩陣，底下用參考範例具體說明：

[14]:

```
1   from sklearn.feature_extraction.text import
2   CountVectorizer
3
4   corpus = ['This is a small document.',
5             'Pokémon document is the second document.',
6             'Pikachu is a short and Electric-type Pokémon.
7                                      It has a small mouth.',
8             'Is this the first document?']
9
10  vectorizer = CountVectorizer(stop_words='english')
11  X = vectorizer.fit_transform(corpus)
12  print(vectorizer.get_feature_names())
```

[14]:
```
['document', 'electric', 'pikachu', 'pokémon', 'second',
'small', 'type']
```

[15]:
```
import pandas as pd

df_vec = pd.DataFrame(X.toarray(),
                columns=vectorizer.get_feature_names())
df_vec
```

[15]:

	document	electric	pikachu	pokémon	second	small	type
0	1	0	0	0	0	1	0
1	2	0	0	1	1	0	0
2	0	1	1	1	0	1	1
3	1	0	0	0	0	0	0

[16]:
```
vectorizer2 = CountVectorizer(stop_words='english',
                              ngram_range=(2, 3))
X2 = vectorizer2.fit_transform(corpus)
print(vectorizer2.get_feature_names())
```

[16]:
```
['document second', 'document second document', 'electric
type', 'electric type pokémon', 'pikachu small', 'pikachu
small electric', 'pokémon document', 'pokémon document
second', 'second document', 'small document', 'small
electric', 'small electric type', 'type pokémon']
```

使用 CountVectorizer()時可透過設定一些參數讓整個轉換過程更順暢，例如：

- 除了以字串或字串串列，透過參數 input 設定也能直接輸入檔案。
- 參數 lowercase 設定是否要轉換為小寫字母，預設值為是。
- 設定參數 stop_words 可搭配內建或自訂的列表來移除停止詞，由於內建的停止詞包含許多來源（可參考 https://github.com/igorbrigadir/stopwords）且 nltk 僅是其中之一，因此在前例中可發現 first 被當成停止詞移除，但是 first 並沒有在 nltk 的停止詞庫裡。此外，也可依照詞在文章間出現的次數定義停止詞，比方說設定 max_df = 0.8 代表在超過八成文章中出現的詞為停止詞，而如果設定 max_features = 5 則只挑選詞頻最大的前五個。

- 不僅是單詞，也可考慮雙詞（稱為二元，2-gram）或甚至多詞（多元，multi-gram）的組合。前例中設定 ngram_range = (2, 3)即是回傳所有二元與三元的特徵。
- 運用參數 vocabulary 可將要處理的詞彙侷限在自訂的列表中。

除此之外，實際分析時的文章長度遠超過前述範例，即使有移除停止詞，BoW 為每個詞產生的特徵數量仍然相當驚人，若是直接儲存將會占據相當多記憶體空間。然而，每篇文章僅包含少部分詞彙，使得詞頻矩陣中大多數的值皆為 0，稱之為稀疏矩陣（sparse matrix），此時只記錄非零值並搭配特殊存取方式可大幅降低儲存空間，而 CountVectorizer()預設即是輸出稀疏矩陣。

在前述的 BoW 中簡單以詞頻來代表詞的權重，但這似乎不太客觀，畢竟一個詞出現在許多文章中，則該詞對個別文章的重要性就會降低；反觀，一個詞在文章內的出現頻率越多，通常意謂著該詞對該文章的重要性越高。比方說，若 pokemon 很常出現，則該篇文章描述寶可夢相關內容的機會就高，而非僅僅舉例說明。因此，「詞頻-逆文件頻率」（Term Frequency-Inverse Document Frequency、TF-IDF）即綜合這兩個統計量，用以描述詞的權重。具體而言，TF-IDF 由以下兩個部分組成：

- 詞頻（Term Frequency、TF）：指的是某個詞 w 在特定文章 doc 中出現的頻率，以底下的公式 $tf(w, doc)$呈現，其中 $count(w, doc)$是 w 在 doc 中出現的次數，而 $size(doc)$則是文章的總詞數。這個比值的作法是對詞的出現次數進行正規化，以避免偏向較長的文章，畢竟同一個詞彙在長文章裡可能會比短文章有更高的出現次數，但不一定與該詞的重要性有關。

$$tf(w, doc) = \frac{count(w, doc)}{size(doc)}$$

- 逆文件頻率（Inverse Document Frequency、IDF）：用以量測一個詞語在各文件的重要性，計算公式 $idf(w)$如下，其中 n_{doc}是文件數量，$df(w)$則是有包含 w 的文件數量。IDF 公式有幾個大同小異的定義，而這裡所列的是 scikit-learn 實作的方式。公式中，在分母加上 1 是考量訓練集詞語的 $df(w)$為 0 的情況，取對數則為了避免頻率過低的詞語被賦予太大的權重，而整個式子加 1 則是為了不讓 $idf(w)$變成 0。

$$idf(w) = \ln\frac{1+n_{doc}}{1+df(w)} + 1$$

將上述兩個統計量組合成詞頻-逆文件頻率 $tf\text{-}idf(w, doc) = tf(w, doc) \times idf(w)$，用以評估一個詞對一份文件的重要性。由公式可看出 TF-IDF 主要的想法是某個詞在某文件有較大詞頻（即 TF 較大），且該詞也很少出現在其他文章中（即 IDF 較大），則認為這個詞具有很好的文件代表性，其重要性也就越高。因此，TF-IDF 傾向於過濾在文件中不常出現或者經常在各文件中看到的詞語。

不論是資訊檢索、文字探勘（text mining）或自然語言處理，TF-IDF 都是一種常見的加權策略，且延伸的各種加權形式也常應用於搜尋引擎，作為評估用戶與查詢文件之間的相關程度。透過 TF-IDF 計算得到的詞語重要性，隨著在某文件的詞頻成正比，而與在各文件出現的頻率成對數反比。Scikit-learn 提供兩種計算 TF-IDF 方法，第一種是在使用 CountVectorizer()進行向量化後，再套用 TfidfTransformer()計算；另一種則是直接用 TfidfVectorizer()進行處理。底下是參考範例：

[17]:
```
1  from sklearn.feature_extraction.text import
2                                        TfidfVectorizer
3
4  tf_idf = TfidfVectorizer(stop_words='english')
5  X = tf_idf.fit_transform(corpus)
6  print(tf_idf.get_feature_names())
7
8  # 輸出每個詞的 IDF 值
9  tf_idf.idf_
```

[17]:
```
['document', 'electric', 'pikachu', 'pokémon', 'second',
'small', 'type']
array([1.22314355, 1.91629073, 1.91629073, 1.51082562,
1.91629073, 1.51082562, 1.91629073])
```

[18]:
```
1  df_tf_idf = pd.DataFrame(X.toarray(),
2                   columns=tf_idf.get_feature_names())
3  df_tf_idf
```

[18]:

	document	electric	pikachu	pokémon	second	small	type
0	0.629228	0.000000	0.000000	0.000000	0.000000	0.777221	0.000000
1	0.707981	0.000000	0.000000	0.437249	0.554595	0.000000	0.000000
2	0.000000	0.485461	0.485461	0.382743	0.000000	0.382743	0.485461
3	1.000000	0.000000	0.000000	0.000000	0.000000	0.000000	0.000000

[19]:
```
import numpy as np
from sklearn.preprocessing import normalize

index = ['document', 'pokémon', 'second']
tf =np.array(df_vec.loc[1,index])/df_vec.loc[1,:].sum()
idf = np.array([tf_idf.idf_[
  tf_idf.get_feature_names().index(w)] for w in index])
tf_idf_doc1 = tf*idf
normalized = normalize(tf_idf_doc1.reshape(1,-1),
                                        norm='l2').ravel()
dct = {'TF': tf,
       'IDF': idf,
       'TF-IDF': tf_idf_doc1,
       '正規化': normalized}
df_doc1 = pd.DataFrame(dct, index=index)
df_doc1
```

[19]:

	TF	IDF	TF-IDF	正規化
document	0.50	1.223144	0.611572	0.707981
pokémon	0.25	1.510826	0.377706	0.437249
second	0.25	1.916291	0.479073	0.554595

接著以上述範例的文句 1 的 document 這個字，逐步檢驗它在文句 1 裡的 TF-IDF 是如何被計算出來。首先，從下列計算式可知這個字的 TF = 0.5 且 IDF = 1.223，相乘之後得到 TF-IDF 為 0.612；其次，分別對文句 1 的三個詞語進行計算，得到 TF-IDF 向量[0.612, 0.378, 0.479]；最後，套用 L2 正規化將向量長度變成 1。

$$tf('document', doc_1) = \frac{2}{4} = 0.5,\ \ idf('document') = \ln\frac{1+4}{1+3} + 1 = 1.223$$

由上述範例可發現只出現在一個字句的詞語 IDF 值（如 pikachu）比出現在多個字句的詞語（如 documnet）要高，而前者對於第 2 字句的重要性（TF-IDF）卻低於後者對於其他字句的重要性，主要原因在於第 2 字句的詞語較多，使得詞頻相對較小的緣故。事實上，比較不同字句或文章內詞的 TF-IDF 值並無太大意義，因為上述是經過正規化的結果，預設以歐幾里德範數（Euclidean norm、L2 norm）作正規化，所以一個字句所有特徵值的平方和為 1，而若要計算兩個字句或文章的餘弦相似度（cosine similarity）可直接拿兩者的特徵向量進行內積。

7-1-3 情感分析

在眾多 NLP 的應用領域中，情感分析（sentiment analysis）相當實用且受歡迎，主要被用來分析短文句或文章的極性（polarity），即正面或負面評價。在社交媒體盛行的全球村時代，每天皆湧入大量的群眾意見與評論，而這些無疑是了解群眾想法與需求的最佳素材，情感分析正是用來分析這些素材的方法之一，因此廣泛地應用到商品行銷、評論挖掘、電影推薦、投票傾向等。

這裡將運用前兩個小節學到的 NLP 基本操作進行「電影評論數據集」的情感分析，這份評論數據來自網路電影資料庫（Internet Movie Database、IMDb），可由網址（http://ai.stanford.edu/~amaas/data/sentiment/）取得原始評論檔案。該數據集包含有 50,000 筆電影評論與其極性，其中有一半評論的極性標記為正（positive），另一半則為負（negative）。在評價最高為 10 分的前提下，正極性的評論代表其分數超過（含）7 分，而若低於（含）4 分則為負極性，其餘介於中間極性的評論不包含在數據集內，且每個電影的評論不會超過 30 筆，這是因為對同一部電影會傾向有相關的評論與評價。

底下的範例在讀取 IMDb 數據集後，只隨機取出 5,000 筆評論進行分析，目的是為了節省運算時間。從範例中可發現評論裡可能有除了英文字母與數字外的其他字元，必須先清理過後才能進入 NLP 的分析程序。

範例程式 **ex7-1-3.ipynb**

```
[1]:
 1  import numpy as np
 2  import pandas as pd
 3
 4  size = 5000  # 只取部分樣本，節省運算時間
 5
 6  df = pd.read_csv('IMDb_dataset.csv')
 7  df = df.sample(n=size, random_state=0)
 8  df.reset_index(inplace=True, drop=True)
 9  print(df['sentiment'].value_counts())
10  df.head(3)
```

```
[1]:
negative    2553
positive    2447
Name: sentiment, dtype: int64
```

	review	sentiment
0	John Cassavetes is on the run from the law. He...	positive
1	It's not just that the movie is lame. It's mor...	negative
2	Well, if it weren't for Ethel Waters and a 7-y...	negative

[2]:

```
1  from sklearn.preprocessing import LabelEncoder
2
3  le = LabelEncoder().fit(df['sentiment'])
4  df['sentiment'] = le.transform(df['sentiment'])
5  df.head(3)
```

[2]:

	review	sentiment
0	John Cassavetes is on the run from the law. He...	1
1	It's not just that the movie is lame. It's mor...	0
2	Well, if it weren't for Ethel Waters and a 7-y...	0

[3]:

```
1  # 評論包含 HTML 標籤、標點符號以及其他非字母字元(e.g., (, [)
2  df.loc[0, 'review'][-150:-100]
```

[3]:

```
'ch needed.<br /><br />All the three principle char'
```

為了將評論資料清理乾淨，首先利用 BeautifulSoup 套件移除不帶有用語意資訊的 HTML 標籤。為了簡單起見，接著將移除中括號與在其內的敘述、標點符號以及其他特殊字元，而由於要移除的目標有點多，所以底下使用正規表示式（regular expression）來處理。在底下的程式碼中，第 10 行的正規表示式「\[[^]]*\]」目的在於表示所有中括號及在括號內的敘述；而第 16 行的「r'[^a-zA-Z0-9\s]'」代表的是除了大小寫英文字母、數字與空格外的所有字元，最前面加上 r 是因為字串裡有反斜線（跳脫字元）的緣故。關於 Python 的 re 套件運用，除了可以參考官網資訊外，pythex 網站（https://pythex.org/）也能測試正規表示式的結果是否正確。

[4]:

```
1  from bs4 import BeautifulSoup
2  import re
3
4  def remove_noise(text):
5      # 移除 HTML 標籤
6      bs = BeautifulSoup(text, "html.parser")
7      text = bs.get_text()
```

```
 8
 9        # 移除中括號內的文字
10        text = re.sub('\[[^]]*\]', '', text)
11
12        # 將句點取代為空格
13        text = text.replace('.', ' ')
14
15        # 移除特殊字元、標點符號
16        pattern = r'[^a-zA-Z0-9\s]'
17        text = re.sub(pattern, '', text)
18
19        return text
20
21    df['review'] = df['review'].apply(remove_noise)
22    df.loc[0, 'review'][-150:-100]
```

```
[4]: ' the time was much needed All the three principle '
```

接下來就能進行在前面小節的基本操作裡提到的提取詞幹、移除停止詞，其實移除停止詞的程序也可以到計算 TF-IDF 時透過 TfidfVectorizer()的參數 stop_words 設定停止詞列表即可，而提前進行能稍微加速後續建模的動作。再來則是建立機器學習模型前常用的切割數據集成訓練與測試集，由於一開始已經是從原始評論數據及裡隨機挑選 5,000 筆評論，所以這裡就簡單取前面 80%為訓練集，其餘為測試集。底下範例也分別列出切割後的正、負評論筆數。

```
[5]:  1  from nltk.stem.porter import PorterStemmer
      2
      3  porter = PorterStemmer()
      4
      5  # 提取詞幹
      6  def get_stemming(text):
      7      text = ' '.join([porter.stem(w) for w in
      8                                          text.split()])
      9      return text
     10
     11  df['review'] = df['review'].apply(get_stemming)
     12  df.loc[0, 'review'][:50]
```

```
[5]: 'john cassavet is on the run from the law He is at '
```

[6]:
```
1  from nltk.corpus import stopwords
2  from nltk.tokenize import word_tokenize
3
4  stopword_lst = stopwords.words('english')
5
6  # 移除停止詞
7  def remove_stopwords(text):
8      tokens = word_tokenize(text)
9      tokens = [token.strip() for token in tokens]
10     filtered_tokens = [token for token in tokens if
11                        token.lower() not in stopword_lst]
12     filtered_text = ' '.join(filtered_tokens)
13
14     return filtered_text
15
16 df['review'] = df['review'].apply(remove_stopwords)
17 df.loc[0, 'review'][:50]
```

[6]:
```
'john cassavet run law bottom heap see negro sidney'
```

[7]:
```
1  # 切割訓練集、測試集
2  train_size = 0.8
3
4  X_train = df.loc[:size*train_size-1, 'review'].values
5  y_train = df.loc[:size*train_size-1, 'sentiment'].values
6  X_test = df.loc[size*train_size:, 'review'].values
7  y_test = df.loc[size*train_size:, 'sentiment'].values
8
9  dct = {'總筆數': [X_train.shape[0], X_test.shape[0]],
10        '正評論筆數': [y_train.sum(), y_test.sum()],
11        '負評論筆數': [(y_train==0).sum(),
12                      (y_test==0).sum()]}
13 pd.DataFrame(dct, index=['訓練集', '測試集'])
```

[7]:

	總筆數	正評論筆數	負評論筆數
訓練集	4000	1954	2046
測試集	1000	493	507

我們打算以邏輯斯迴歸模型進行正、負評論的分類任務，而在套用模型之前要先透過計算 TF-IDF 進行向量化，再加上也要藉由網格搜尋找出合適的超參數組合，所以利用管道化打包這些程序，底下是範例程式。

[8]:
```
from sklearn.feature_extraction.text import
                                        TfidfVectorizer
from sklearn.pipeline import Pipeline
from sklearn.linear_model import LogisticRegression
from sklearn.model_selection import GridSearchCV

tf_idf = TfidfVectorizer()

pipe = Pipeline([('tfidf', tf_idf),
                ('clf', LogisticRegression())])

param_grid = [{'tfidf__ngram_range': [(1, 1)],
               'tfidf__stop_words': ['english', None],
               'tfidf__use_idf':[True],
               'tfidf__norm':['l1', 'l2'],
               'clf__penalty': ['l1', 'l2'],
               'clf__C': np.logspace(-2, 2, 10)},
              {'tfidf__ngram_range': [(1, 1)],
               'tfidf__stop_words': ['english', None],
               'tfidf__use_idf':[False],
               'tfidf__norm': ['l1', 'l2'],
               'clf__penalty': ['l1', 'l2'],
               'clf__C': np.logspace(-2, 2, 10)},
              ]

gs = GridSearchCV(pipe, param_grid, n_jobs=-1
                  scoring='accuracy', cv=5, verbose=1)
gs.fit(X_train, y_train)
```

[8]:
```
Fitting 5 folds for each of 160 candidates, totalling 800 fits
[Parallel(n_jobs=-1)]: Using backend LokyBackend with 8
                                        concurrent workers.
[Parallel(n_jobs=-1)]: Done  34 tasks      | elapsed:    4.8s
[Parallel(n_jobs=-1)]: Done 184 tasks      | elapsed:   19.4s
[Parallel(n_jobs=-1)]: Done 434 tasks      | elapsed:   49.0s
[Parallel(n_jobs=-1)]: Done 784 tasks      | elapsed:  1.5min
[Parallel(n_jobs=-1)]: Done 800 out of 800 | elapsed:  1.5min
                                                    finished
```

```
[9]:  1  print('Best parameters:', gs.best_params_)
```

```
[9]:  Best parameters: {'clf__C': 4.6415888336127775,
      'clf__penalty': 'l2', 'tfidf__ngram_range': (1, 1),
      'tfidf__norm': 'l2', 'tfidf__stop_words': None,
      'tfidf__use_idf': True}
```

```
[10]:  1  print('Train accuracy:', gs.best_score_)
       2  clf = gs.best_estimator_
       3  print('Test accuracy:', clf.score(X_test, y_test))
```

```
[10]:  Train accuracy: 0.8512500000000001
       Test accuracy: 0.866
```

從上述結果可知最佳參數的組合是使用 NLTK 的停止詞列表，TF-IDF 向量化時要用 IDF 進行加權且用 L2 做正規化，再搭配邏輯斯迴歸對懲罰項的設定，進行建模後對測試集可得到 0.866 的分類準確率。

接著以類似程序嘗試進行中文文句的情感分析，中文短文句與停止詞是從網路上下載的開放資料（https://github.com/UDICatNCHU/UdicOpenData），而對中文 NLP 相當繁瑣的斷字分詞動作則交給知名的 Jieba 工具來進行。原始短文共有 34,880 筆，這裡也只挑選部分短文進行分析以節省運算時間。「範例程式 ex7-1-3.ipynb」使用邏輯斯迴歸針對測試集的分類準確率可超過八成。

此外，Python 也有許多方便的工具包能讓整個文句情感分析的過程更加簡便，例如底下範例使用 TextBlob（官網 https://textblob.readthedocs.io/）對英文字句進行情感分析會得到兩個數字，第一個為情感性，變化範圍是[-1, 1]，且-1 為完全負面，1 則是完全正面；第二個數字代表主觀性程度，介於[0, 1]之間，越接近 1 表示主觀性越強。在範例中的第二句因為有單字 terrible，使得情感極性達到-1，也讓兩段文句的情感偏向負面。

```
[18]:  1  from textblob import TextBlob
       2
       3  text = 'Pokémon is a great game. Gigantamax Pikachu is
       4                                                terrible.'
       5
       6  blob = TextBlob(text)
       7  print(blob.sentences[0].sentiment)
       8  print(blob.sentences[1].sentiment)
```

```
[18]: Sentiment(polarity=0.2, subjectivity=0.575)
      Sentiment(polarity=-1.0, subjectivity=1.0)
```

```
[19]:  1  blob.sentiment
```

```
[19]: Sentiment(polarity=-0.2, subjectivity=0.71)
```

至於中文文章分析，中研院 CKIP LAB（https://ckip.iis.sinica.edu.tw/demo/）的線上展示網站提供許多中文 NLP 應用，像是詞性標注、中文斷詞、情感分析等。此外，SnowNLP（官網 https://github.com/isnowfy/snownlp）工具包也對中文文章分析實作各種功能，以下是中文情感分析的範例。

```
[20]:  1  from snownlp import SnowNLP
       2
       3  text = u"訓練家小智屢敗屢戰，總算獲得聯盟冠軍。"
       4  s = SnowNLP(text)
       5  for sen in s.sentences:
       6      print(sen, '-> 表達正面情感的機率：',
       7                                   SnowNLP(sen).sentiments)
```

```
[20]: 訓練家小智屢敗屢戰 -> 表達正面情感的機率： 0.010584349812285954
      總算獲得聯盟冠軍 -> 表達正面情感的機率： 0.2698977405428781
```

7-2 序列資料處理

序列資料指的是數據點按照發生先後順序進行排列，也就是樣本間並非獨立，而是有先後次序的關係。若是在序列資料上添加時間刻度，就成了大家耳熟能詳的時間序列（time series）。這裡著重在序列資料處理常見的兩個模型，首先是隱藏式馬可夫模型（Hidden Markov Model、HMM），這是機器學習領域中常用到的理論模型，從語音辨識、手勢辨識、自然語言處理，到生物資訊學（Bioinformatics）的各種應用都可以見到這個工具的身影。另一個則是常常與 HMM 一起被提到的條件隨機場（Conditional Random Fields、CRF），在自然語言處理、生物資訊學、機器視覺、行為分析等領域都有相關應用。

下表簡單比較之前的類別分類與本小節的序列處理，其中生成式（generative）機率模型使用輸入與標籤的聯合機率（joint probability），而判別式（discriminant）機率模型則透過條件機率來模型化類別間的決策邊界。

	生成模型	判別模型
單一類別	樸素貝氏	最大熵（ME）、邏輯斯迴歸
序列	HMM	最大熵馬可夫模型（MEMM）、CRF

樸素貝氏、邏輯斯迴歸與 ME 是針對非序列數據進行預測，也就是假設每個樣本的特徵、標籤與其他樣本獨立。若不是獨立的關係，則採用本節的序列資料處理模型（如 HMM、MEMM、CRF 等）會比較適合來做預測。

7-2-1 隱藏式馬可夫模型

在機率論與統計領域，所謂馬可夫性質（Markov property）是指一個不具備記憶特性（memoryless）的隨機過程，而馬可夫過程（Markov process）則是指滿足馬可夫性質的隨機過程。針對離散的系統狀態空間（state space）而言，若整個狀態都能被觀察到的馬可夫模型稱為馬可夫鏈（Markov chain），但是若有部分狀態隱藏起來則稱為 HMM。馬可夫鏈的原始模型由俄國數學家安德雷· 馬可夫（Andrey Markov）於 1906 年提出，隨後由多位學者延伸到涵蓋離散與連續時間的可數以及連續狀態空間，並實際應用到許多領域。

本小節主題在於 HMM，因此這裡先從馬可夫鏈談起。簡單考慮兩種天氣狀態：下雨及晴天（如圖 7-2-1），由過往的氣象數據知道兩種天氣變化的固定（invariant）機率，亦即圖上的數字。假設台北第一天會出現下雨或晴天的機率分別為 0.6 及 0.4，那麼三天後台北天氣是晴天的機率為何？

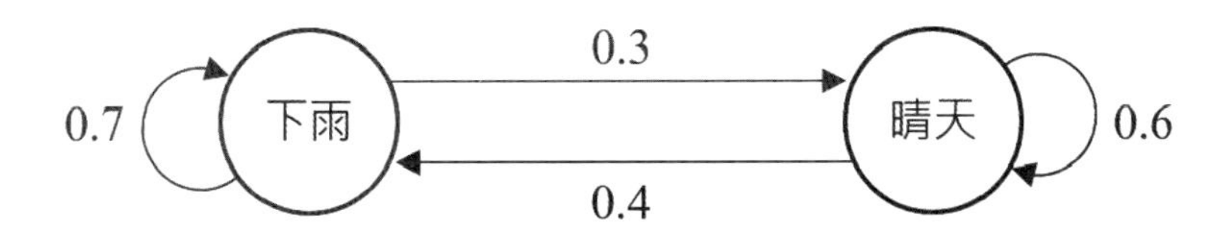

圖 7-2-1 馬可夫鏈的實例

要處理這個問題，可以先構建一個遞移矩陣（transition matrix）A 以及初始狀態 x 如下，其中遞移矩陣的每一列是前一個狀態到下一個狀態的機率，且每列的機率總和為 1。方便起見，也可以想像 x 是有一個起始點連接到下雨及晴天兩個狀態，且機率分別為給定的值。

遞移矩陣 $A=$

	下雨	晴天
下雨	0.7	0.3
晴天	0.4	0.6

$= \begin{bmatrix} 0.7 & 0.3 \\ 0.4 & 0.6 \end{bmatrix}, \quad x = [0.6 \;\; 0.4]$

因此，台北第一天兩種天氣的出現機率為 x，第二天的天氣機率為 $xA = [0.58\ 0.42]$，第三天的天氣機率等於 $xA^2 = [0.574\ \ 0.426]$。由這個例子可知當前的狀態只跟上一個狀態有關，也就是說馬可夫鏈非常健忘。底下透過數學符號描述馬可夫鏈：

- 狀態空間包含 $s_1, s_2, \ldots, s_N$ 共 N 個狀態。
- 遞移矩陣 $A = [a_{ij}]$，$i, j = 1, 2, \ldots, N$，其中 a_{ij} 為目前狀態 s_i 變成 s_j 的機率。
- 觀察到的狀態序列總長度為 T，且第 t 步抵達狀態 i 標記為 $q_t = i$。
- 起始點連結到某個狀態 s_i 的機率為 $\pi_i = P(q_0 = i)$。

一開始由起始點出發，每經過一個單位時間就遞移到下一個狀態，如此經過 T 次遞移後會得到一條有 T 個邊與 $T+1$ 個狀態的有序路徑 $Q = (q_0, q_1, \ldots, q_T)$，也稱為狀態序列（state sequence），且形成這個序列的機率如下：

$$P(Q) = \begin{cases} P(s_{q_0}) = \pi_i & \text{if } T = 0 \\ P(s_{q_0})P(s_{q_1} \mid s_{q_0})\cdots P(s_{q_T} \mid s_{q_{T-1}}) = \pi_i a_{q_0 q_1} \cdots a_{q_{T-1} q_T} & \text{if } T > 0 \end{cases}$$

在僅考慮前一個狀態且固定機率前提下，上述過程與計算結果相當單純。底下添加一些變動因素讓模型更複雜一點，首先是修改固定機率為與時間相關的非固定（variant）方式。例如在極端氣候的影響下，每天的天氣變化機率可能不相同，如圖 7-2-2 所示。

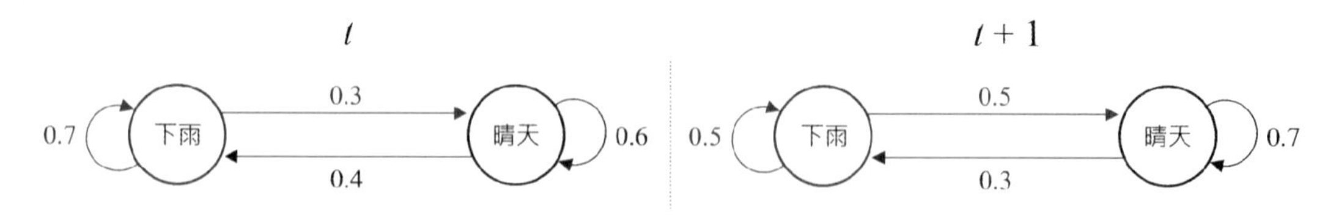

圖 7-2-2 非固定狀態的馬可夫鏈

再者，前面是每日天氣僅與前一天有關，即 $a_{ij} = P(s_j \mid q_t = i)$，稱為一階（first-order）馬可夫鏈。若每日天氣會受到前兩天的影響，那麼 $a_{ijk} = P(s_k \mid q_t = j, q_{t-1} = i)$，是為二階（second-order）馬可夫鏈，依此類推。

接下來是隱藏式馬可夫模型（HMM），顧名思義，就是在原本的馬可夫模型中有東西被隱藏起來，而這個被隱藏的東西就是狀態。舉例來說，假設你有一個住在遠方的朋友，他每天透過通訊軟體告訴你他當天做了什麼活動，且這個朋友每天的活動只有三種：運動、購物、追劇，而他當天的活動只依賴天氣來決定。雖然你對朋友居住地的天氣情況不了解，但知道大致的天氣趨勢與種類。憑藉著朋友告訴你他每天的活動，你想要猜測他所在地的天氣情況。

你打算將天氣的變化當成一個馬可夫鏈，兩個狀態分別為「下雨」及「晴天」，但你無法直接觀察它們，也就是它們對你而言是隱藏的。每天你的朋友有一定機率進行三種活動，而因為朋友會告訴你他的活動，所以這些資訊就是你的觀察資料，這個系統就是所謂的 HMM（圖 7-2-3）。

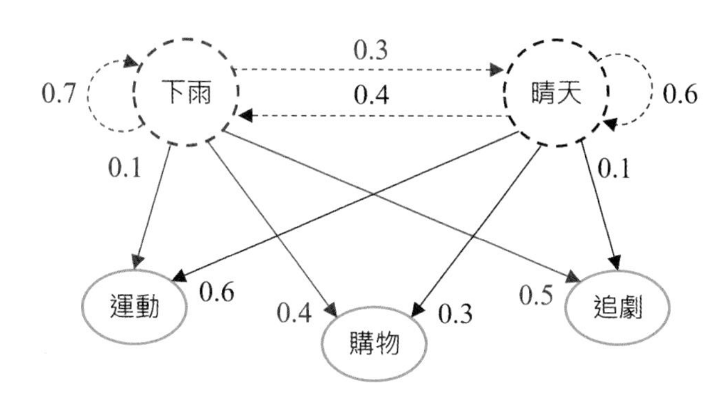

圖 7-2-3 HMM 的實例

與之前一樣，假設連接到兩種天氣狀態的機率仍舊是 0.6 及 0.4，在狀態遞移機率皆已知的情況下，考慮連著兩天的天氣狀態為 Q = (下雨, 晴天)，且兩天的活動順序為 O = (追劇, 運動)，則發生 Q 與 O 的聯合機率可依遞移矩陣 A 與觀察機率矩陣 B 求得，方式如下：

觀察機率矩陣 B =

	運動	購物	追劇
下雨	0.1	0.4	0.5
晴天	0.6	0.3	0.1

$$= \begin{bmatrix} 0.1 & 0.4 & 0.5 \\ 0.6 & 0.3 & 0.1 \end{bmatrix}$$

- 第一天下雨且追劇的機率 $= P(q_0 = \text{下雨}, o_0 = \text{追劇})$

$$= P(q_0 = \text{下雨})P(o_0 = \text{追劇} \mid q_0 = \text{下雨})$$

$$= 0.6 \times 0.5 = 0.3$$

- 接著，第二天的機率 $= P(q_0 = \text{下雨}, q_1 = \text{晴天}, o_0 = \text{追劇}, o_1 = \text{運動})$
  $= 0.3 \times P(q_1 = \text{晴天} \mid q_0 = \text{下雨})P(o_1 = \text{運動} \mid q_1 = \text{晴天})$
  $= 0.3 \times 0.3 \times 0.6 = 0.054$

再來換個思考方式，如果觀察到連續兩天的活動依序為 O = (追劇, 運動)，可以想見有許多可能的路徑，且每個過程的發生機率也都不盡相同，而我們感興趣的則是最大發生機率的路徑為何。在實際問題中，遞移矩陣 A 與觀察機率矩陣 B 皆未知，我們手邊僅有的是歷史數據，以此作為模型的訓練數據，而隱藏狀態數目通常是模型的超參數。此外，透過窮舉所有可能的路徑並一一計算其發生機率，再取最大機率即為所求，可是這樣做需要龐大的計算量，時間複雜度高達 $O(N^T T)$。因此，常見使用前進倒退法（Forward-backward algorithm）或維特比演算法（Viterbi algorithm）來求解，透過動態規劃（dynamic programming）的技巧可將時間複雜度降到 $O(N^2 T)$。

可惜的是，scikit-learn 為了 API 的一致性，在 0.17 版本已經移除 HMM。因此，可自行安裝 hmmlearn 或 seqlearn 來實作 HMM，其中前者包含許多非監督式方法並能用以推論 HMM，而後者則屬於監督式作法。「範例程式 ex7-2.ipynb」以 hmmlearn 實作本小節用以說明的簡單範例。

7-2-2 條件隨機場

HMM 讓我們能透過數學模型，利用「看得到的」的連續現象去探討另一個「看不到的」連續現象，但是 HMM 假設當前狀態只與前一個或數個狀態有關，難以滿足實際狀況。以詞性標註為例，一個詞彙的詞性取決於上下文，甚至與斷詞結果、標點符號都有關，這就超過 HMM 能表達的範圍；其次，HMM 是一種生成模型（generative model），在學習階段的目標函數是聯合機率 $P(Q, O)$，可是在預測階段的卻是條件機率 $P(Q \mid O)$，兩個階段的目標脫節。因此，考量觀察序列 O 可以與任一個狀態 q_i 有關係（即條件機率關係），且要直接建模在 $P(Q \mid O)$上，最早由 Lafferty 等人於 2001 年引入線性鏈條件隨機場（linear-chain CRF）應用於序列資料的標註問題。

條件隨機場中的「條件」指的是條件機率，而「隨機場」在物理與數學中是指在任意定義域（通常是 n 維實數空間）的一個隨機函數。對於離散數據點而言，隨機場是一個隨機亂數序列，且亂數的索引值是由一個空間中（如 n 維歐基里德空間）的離散點集合來識別。常見的隨機場有馬可夫隨機場（Markov Random Field、MRF）、吉布斯隨機場（Gibbs Random Field、GRF）、CRF 等。

CRF 可用無向圖（undirected graph）來表示，圖上的點代表隨機變數，點與點連線的邊則是隨機變數的相依關係，如圖 7-2-4 中右下角的一般 CRF，其中灰色圓圈是觀察變數，空心圓圈是輸出變數，而黑色小方塊則是連結有關聯的隨機變數。雖然 CRF 的機率圖可以是任意給定，但一般常用的是線性結構，這是因為已經具備有效率的演算法可以實作。

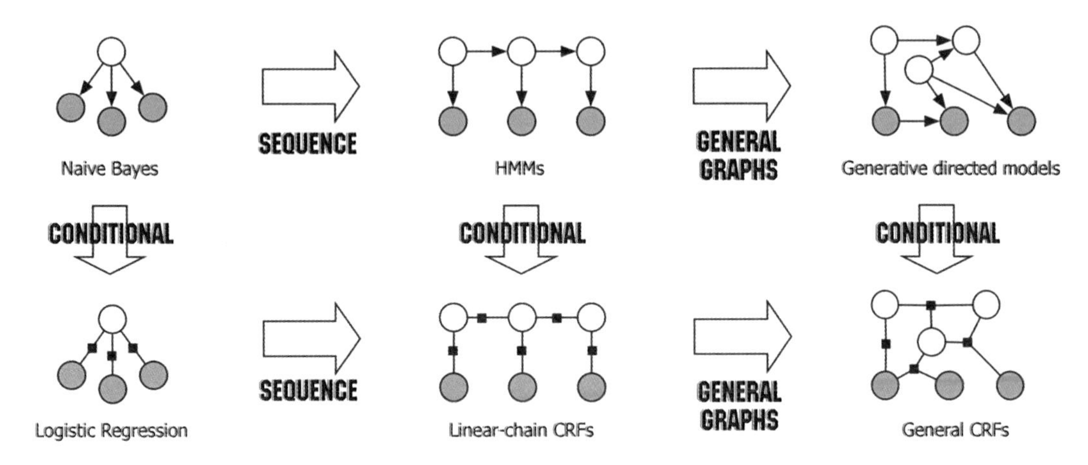

參考來源：C. Sutton & A. McCallum, "An Introduction to Conditional Random Fields for Relational Learning," 2001.

圖 7-2-4 六種模型的機率圖與相關性

網路上能搜尋到許多 CRF 模型的實作，其中 CRF++與 sklearn-crfsuite 是較常見的工具包。CRF++（https://taku910.github.io/crfpp/）在 2005 年釋出時僅有 C++版本，目前已有 Python、Java、Ruby 等版本的實作；sklearn-crfsuite 則是 CRFsuite（以 C++實作 CRF）的 Python 版本（https://sklearn-crfsuite.readthedocs.io/）。「範例程式 ex7-2.ipynb」利用 sklearn-crfsuite 工具包進行英文字彙的 BIO 標註及詞性分析。

7-3 小結

本章介紹兩個機器學習的應用主題，在自然語言處理領域中，我們先學習操作文句的基本知識與技巧，接著以詞袋模型將文件轉換為特徵向量，再透過詞頻-逆文件頻率描述詞的權重，以挑選出最具代表性的詞語。結合這些技巧來分析短文句或文章的極性，這是情感分析的基本任務。

另一個主題是序列資料處理，主要介紹兩個模型。隱藏式馬可夫模型（HMM）提供數學的理論以及工具，讓我們可以利用觀察到的現象序列去探究、預測另一個在某個特定的條件之下被隱藏的狀態序列。接下來是常常與 HMM 一起被提到的條件隨機場（CRF），CRF 對於輸入與輸出的機率分布沒有如 HMM 般的強烈假設，也因此更能符合實際狀況。

綜合範例

電影評論數據分析

請撰寫程式讀取電影評論數據集 IMDb_dataset.csv，該數據由 Mass 等人收集並在 2011 年公開，原始檔案可由網址（http://ai.stanford.edu/~amaas/data/sentiment/）取得。數據集有兩個欄位，說明如下：

欄位名稱	說明
review	電影評論，內容有 HTML 標籤與一些非英文字母、數字等特殊字元。
sentiment	正極性（positive）、負極性（negative）

欲進行的分析程序如下：

1. 讀取 IMDb_dataset.csv，並取出部分評論樣本。
2. 針對 sentiment 欄位進行編碼。
3. 移除或取代 HTML 標籤與一些非英文字母、數字等特殊字元。
4. 提取詞幹（可不進行這個程序，看是否能提升效能）。
5. 將數據集分為訓練集與測試集，其中測試集占 20%。
6. 分別透過詞袋模型（BoW）與 TF-IDF 進行向量化。
7. 將上述向量化結果結合邏輯斯迴歸與單純貝氏模型，並利用網格搜尋嘗試數個超參數組合。
8. 利用搜尋到的最佳參數組合建模，並輸出對訓練集、測試集的分類準確率。
9. 分別輸出分類報告與混淆矩陣。
10. 利用 wordcloud（需先透過 pip 安裝）針對一個評論產生文字雲。

Chapter 7 習題

1. 請撰寫程式讀取推特（tweet）短文數據 Tweets1.csv，這是在 2015 年 2 月由搭乘六家美國航空旅客的推特所取得。參與者除了有推特短文外，也要分類情感為正向（positive）、負向（negative）與中立（neutral）。數據集由 Kaggle 取得（https://www.kaggle.com/crowdflower/twitter-airline-sentiment），並移除特殊字元、單一字元以及一些特殊用語而成。數據集共有 14,639 筆樣本，欄位說明如下：

欄位名稱	說明
airline_sentiment	共有三種情感
airline_sentiment_confidence	對情感的信心程度
airline	共有六家航空公司
text	推特短文

以下是要進行的分析程序：

(a). 撰寫程式讀取 Tweets1.csv，並進行探索式分析以了解數據概況。

(b). 將數據集分為訓練集與測試集，其中測試集占 20%。

(c). 透過詞袋模型與 TF-IDF 將短文向量化。

(d). 建立隨機森林分類器並擬合訓練集。

(e). 對測試集評估效能。

▶▶ 套件名稱

```
切割數據集：sklearn.model_selection.train_test_split()
停止詞：nltk.corpus.stopwords.words()
TF-IDF：sklearn.feature_extraction.text.TfidfVectorizer()
隨機森林分類器：sklearn.tree.DecisionTreeClassifier()
分類報告：sklearn.metrics.classification_report()
```

CHAPTER

TQC+人工智慧：機器學習 Python 3 認證簡章

TQC+專業設計人才認證是針對職場專業領域職務需求所開發之證照考試。應考人請於報名前詳閱簡章各項說明內容，並遵守所列之各項規範，如有任何疑問，請洽各區推廣中心詢問。簡章內容如有修正部分，將於網站首頁明顯處公告，不另行個別通知。

壹、認證介紹 — 人工智慧：機器學習 Python 3 認證說明

學習機器學習，可以讓您初窺現代人工智慧技術由資料中學習建立模型，進行分類、預測以解決問題，逐步邁向人工智慧實用學習技術，提高洞察力、反應力。

本會籌劃「人工智慧：機器學習 Python 3」技能認證，可以作為建立您運用機器學習解決問題的基本概念，讓機器能更精準、更有效率且更有智慧地替人們工作，帶領您更接近實現人工智慧實際表現最好的方法。

一、認證舉辦單位

認證主辦單位：財團法人中華民國電腦技能基金會

二、測驗對象

- 從事軟體設計相關工作 1 至 2 年社會人士
- 受過軟體設計領域之專業訓練，欲進入該領域就職之人員
- 專業級適合：大專校院資訊相關科系

三、認證方式

- 本認證為操作題，總分為 100 分。
- 操作題為第一至三類各考一題共三大題十二小題，第一大題至第二大題每題 30 分，第三大題 40 分，總計 100 分。
- 於認證時間 60 分鐘內作答完畢，成績加總達 70 分（含）以上者該科合格。

四、人員別介紹

本會根據各專業職務之工作職務（Task），以及核心職能（Core Competency）、專業職能（Functional Competency），規劃出每一專業人員應考內容，分為「知識體系（學科）」，以及「專業技能（術科）」二大部分。其中第一部分「知識體系（學科）」每一專業人員均須選考。第二部分「專業技能（術科）」則依專業人員之不同，規劃各相關考科，請參閱下表「TQC+ 專業設計人才認證 Python 機器學習專業人員認證架構」：

知識體系 認證科目	專業技能 認證科目	專業設計人才 證書名稱
軟體開發知識 (PSK3)	人工智慧：機器學習(PML3) 程式語言(PPY3) 網頁資料擷取與分析(PWA3)	TQC+ Python 機器學習專業人員

貳、報名及認證方式

一、本年度報名與認證日期

各場次認證日三週前截止報名，詳細認證日期請至 TQC+ 認證網站查 詢（http://www.tqcplus.org.tw），或洽各考場承辦人員。

二、認證報名

1. 報名方式分為「個人線上報名」及「團體報名」二種。

(1) 個人線上報名

A. 登錄資料

a. 請連線至 TQC+ 認證網，網址為 http://www.TQCPLUS.org.tw

b. 選擇網頁上「考生服務」選項，開始進行線上報名。如尚未完成註冊者，請選擇『註冊帳號』選項，填入個人資料。如已完成註冊者，直接選擇『登入系統』，並以身分證統一編號及密碼登入。

c. 依網頁說明填寫詳細報名資料。姓名如有罕用字無法輸入者，請按 CMEX 圖示下載 Big5-E 字集。並於設定個人密碼後送出。

d. 應考人完成註冊手續後，請重新登入即可繼續報名。

B. 執行線上報名

a. 登入後請查詢最新認證資訊。

b. 選擇欲報考之科目。

C. 選擇繳款方式

系統顯示乙組銀行虛擬帳號，同時並顯示應繳金額，請列印該畫面資料，並依下列任何一種方式一次繳交認證費用。

a. 持各金融機構之金融卡至各金融機構 ATM（金融提款機）轉帳。

b. 至各金融機構臨櫃繳款。

c. 電話銀行語音轉帳。

d. 網路銀行繳款

繳費時可能需支付手續費，費用依照各銀行標準收取，不包含於報名費中。應考人依上述任一方式繳款後，系統查核後將發送電子郵件確認報名及繳費手續完成，應考人收取電子郵件確認資料無誤後，即完成報名手續。

D. 列印資料

上述流程中，應考人如於各項流程中，未收到電子郵件時，皆可自行上網至原報名網址以個人帳號密碼登入系統查詢列印，匯款及各項相關資料請自行保存，以利未來報名查詢。

(2) 團體報名

20 人以上得團體報名，請洽各區推廣中心，有專人提供服務。

2. 各科目報名費用，請參閱 TQC+ 認證網站。

3. 各項科目凡完成報名程序後，除因本身之傷殘、自身及一等親以內之婚喪、重病或天災等不可抗力因素，造成無法於報名日期應考時，得依相關憑證辦理延期手續（以一次為限且不予退費），請報名應考人確認認證考試時間及考場後再行報名，其他相關規定請參閱「四、注意事項」。

4. 凡領有身心障礙證明報考 TQC+ 各項測驗者，每人每年得申請全額補助報名費四次，科目不限，同時報名二科即算二次，餘此類推，報名卻未到考者，仍計為已申請補助。符合補助資格者，應於報名時填寫「身心障礙者報考 TQC+ 認證報名費補助申請表」後，黏貼相關證明文件影本郵寄至本會各區推廣中心申請補助。

三、認證方式

1. 本項認證採電腦化認證，應考人須依題目要求，以滑鼠及鍵盤操作填答應試。
2. 試題文字以中文呈現，專有名詞視需要加註英文原文。
3. 題目類型

   (1) 測驗題型：

   A. 區分單選題及複選題，作答時以滑鼠左鍵點選。學科認證結束前均可改變選項或不作答。

   B. 該題有附圖者可點選查看。

   (2) 操作題型：

   A. 請依照試題指示，使用各報名科目特定軟體進行操作或填答。

   B. 考場提供 Microsoft Windows 內建輸入法供應考人使用。若應考人需使用其他輸入法，請於報名時註明，並於認證當日自行攜帶合法版權之輸入法軟體應考。但如與系統不相容，致影響認證時，責任由應考人自負。

四、注意事項

1. 本認證之各項試場規則，參照考試院公布之『國家考試試場規則』辦理。
2. 於填寫報名表之個人資料時，請務必於傳送前再次確認檢查，如有輸入錯誤部分，得於報名截止日前進行修正。報名截止後若有因資料輸入錯誤以致影響應考人權益時，由應考人自行負責。
3. 凡完成報名程序後，除因本身之傷殘、自身及一等親以內之婚喪、重病或天災等不可抗力因素，造成無法於報名日期應考時，得依相關憑證辦理延期手續（以一次為限且不予退費），請報名應考人確認後再行報名。
4. 應考人需具備基礎電腦操作能力，若有身心障礙之特殊情況應考人，需使用特殊電腦設備作答者，請於認證舉辦 7 日前與主辦單位聯繫，以便事先安排考場服務，若逕自報名而未告知主辦單位者，將與一般應考人使用相同之考場電腦設備。
5. 參加本項認證報名不需繳交照片，但請於應試時攜帶具照片之身分證件正本備驗（國民身分證、駕照等）。未攜帶證件者，得於簽立切結書後先行應試，但基於公平性原則，應考人須於當天認證考試完畢前，請他人協助送達查驗，如未能及時送達，該應考人成績皆以零分計算。

6. 非應試用品包括書籍、紙張、尺、皮包、收錄音機、行動電話、呼叫器、鬧鐘、翻譯機、電子通訊設備及其他無關物品不得攜帶入場應試，違者扣分，並得視其使用情節加重扣分或扣減該項全部成績。（請勿攜帶貴重物品應試，考場恕不負保管之責。）

7. 認證時除在規定處作答外，不得在文具、桌面、肢體上或其他物品上書寫與認證有關之任何文字、符號等，違者作答不予計分；亦不得左顧右盼，意圖窺視、相互交談、抄襲他人答案、便利他人窺視答案、自誦答案、以暗號告訴他人答案等，如經勸阻無效，該科目將不予計分。

8. 若遇考場設備損壞，應考人無法於原訂場次完成認證時，將遞延至下一場次重新應考；若無法遞延者，將擇期另行舉辦認證或退費。

9. 認證前發現應考人有下列各款情事之一者，取消其應考資格。證書核發後發現者，將撤銷其認證及格資格並吊銷證書。其涉及刑事責任者，移送檢察機關辦理：

   (1) 冒名頂替者。

   (2) 偽造或變造應考證件者。

   (3) 自始不具備應考資格者。

   (4) 以詐術或其他不正當方法，使認證發生不正確之結果者。

10. 請人代考者，連同代考者，三年內不得報名參加本認證。請人代考者及代考者若已取得 TQC+ 證書，將吊銷其證書資格。其涉及刑事責任者，移送檢察機關辦理。

11. 意圖或已將試題或作答檔案攜出試場或於認證中意圖或已傳送試題者將被視為違反試場規則，該科目不予計分並不得繼續應考當日其餘科目。

12. 本項認證試題採亂序處理，考畢不提供試題紙本，亦不公布標準答案。

13. 應考時不得攜帶無線電通訊器材（如呼叫器、行動電話等）入場應試。認證中通訊器材鈴響，將依監場規則視其情節輕重，扣除該科目成績五分至二十分，通聯者將不予計分。

14. 應考人已交卷出場後，不得在試場附近逗留或高聲喧嘩、宣讀答案或以其他方式指示場內應考人作答，違者經勸阻無效，將不予計分。

15. 應考人入場、出場及認證中如有違反規定或不服監試人員之指示者，監試人員得取消其認證資格並請其離場。違者不予計分，並不得繼續應考當日其餘科目。
16. 應考人對試題如有疑義，得於當科認證結束後，向監場人員依試題疑義處理辦法申請。

參、成績與證書

一、合格標準

1. 各項認證成績滿分均為 100 分，應考人該科成績達 70（含）分以上為合格。
2. 成績計算以四捨五入方式取至小數點第一位。

二、成績公布與複查

1. 各科目認證成績將於認證結束次工作日起算兩週後，公布於 TQC+ 認證網站，應考人可使用個人帳號登入查詢。
2. 認證成績如有疑義，可申請成績複查。請於認證成績公告日後兩週內（郵戳為憑）以書面方式提出複查申請，逾期不予受理（以一次為限）。
3. 請於 TQC+ 認證網站下載成績複查申請表，填妥後寄至本會各區推廣中心辦理。
4. 成績複查結果將於十五日內通知應考人；遇有特殊原因不能如期複查完成，將酌予延長並先行通知應考人。
5. 應考人申請複查時，不得有下列行為：
   (1) 申請閱覽試卷。
   (2) 申請為任何複製行為。
   (3) 要求提供申論式試題參考答案。
   (4) 要求告知命題委員、閱卷委員之姓名及有關資料。

三、證書核發

1. 單科證書：

   單科證書於各科目合格後，於一個月後主動寄發至應考人通訊地址，無須另行申請。

2. 人員別證書：

   應考人之通過科目，符合各人員別發證標準時，可申請頒發證書，每張證書申請及郵寄費用以官網公告為主。請至 TQC+ 認證網站進行線上申請，步驟如下：

   (1) 填寫線上證書申請表，並確認各項基本資料。

   (2) 列印填寫完成之申請表。

   (3) 黏貼身分證正反面影本。

   (4) 繳交換證費用

   申請表上包含乙組銀行虛擬帳號及應繳金額，請以轉帳或臨櫃繳款方式繳交換證費用。該組帳號僅限當次申請使用，請勿代繳他人之相關費用。

   繳費時可能需支付銀行手續費，費用依照各銀行標準收取，不包含於申請費用中。

   (5)以掛號郵寄申請表至以下地址：

   台北市 105 松山區八德路三段 32 號 8 樓

   『TQC+ 專業設計人才認證服務中心』收

3. 各項繳驗之資料，如查證為不實者，將取消其頒證資格。相關資料於審查後即予存查，不另附還。

4. 若應考人通過科目數，尚未符合發證標準者，可保留通過科目成績，待符合發證標準後申請。

5. 為契合證照與實務工作環境，認證成績有效期限為 5 年（自認證日起算），逾時將無法換發證書，需重新應考。

6. 人員別證書申請每月 1 日截止收件（郵戳為憑），當月月底以掛號寄發。

7. 單科證書如有毀損或遺失時，請依人員別證書發證方式至 TQC+ 認證網站申請補發。

肆、本辦法未盡事宜者，主辦單位得視需要另行修訂

本會保有修改報名及測驗等相關資料之權利，若有修改恕不另行通知。最新資料歡迎查閱本會網站！

（TQC+ 各項測驗最新的簡章內容及出版品服務，以網站公告為主）

本會網站：http://www.CSF.org.tw

考生服務網：http://www.TQCPLUS.org.tw

伍、聯絡資訊

應考人若需取得最新訊息，可依下列方式與我們連繫：

TQC+ 專業設計人才認證網：http://www.TQCPLUS.org.tw

電腦技能基金會網站：http://www.csf.org.tw

TQC+ 專業設計人才認證推廣中心聯絡方式及服務範圍：

北區推廣中心

新竹縣市（含）以北，包括宜蘭縣、花蓮縣及金馬地區

地　　址：台北市 105 松山區八德路三段 32 號 8 樓

服務電話：(02) 2577-8806

中區推廣中心

苗栗縣至嘉義縣市，包括南投地區

地　　址：台中市 406 北屯區文心路 4 段 698 號 24 樓

服務電話：(04) 2238-6572

南區推廣中心

台南縣市（含）以南，包括台東縣及澎湖地區

地　　址：高雄市 807 三民區博愛一路 366 號 7 樓之 4

服務電話：(07) 311-9568

TQC+ 問題反應表

親愛的讀者：

感謝您購買「「Python 3.x 機器學習基礎與應用特訓教材」，雖然我們經過縝密的測試及校核，但總有百密一疏、未盡完善之處。如果您對本書有任何建言或發現錯誤之處，請您以最方便簡潔的方式告訴我們，作為本書再版時更正之參考。謝謝您！

讀　者　資　料			
公司行號		姓　名	
聯絡住址			
E-mail Address			
聯絡電話	(O)	(H)	
應用軟體使用版本			
使用的PC		記憶體	
對本書的建言			

勘　誤　表		
頁碼及行數	不當或可疑的詞句	建議的詞句
第　頁		
第　行		
第　頁		
第　行		

覆函請以傳真或逕寄：

地址：台北市105八德路三段32號8樓
中華民國電腦技能基金會 教學資源中心 收
TEL：(02)25778806 轉 760
FAX：(02)25778135
E-MAIL：master@mail.csf.org.tw

國家圖書館出版品預行編目資料

TQC+ Python3.x 機器學習基礎與應用特訓教材 / 林英志編著. -- 初版. -- 新北市 : 全華圖書股份有限公司, 2021.03

面 ; 公分

ISBN 978-986-503-592-1(平裝)

1.Python(電腦程式語言)

312.32P97 110002732

TQC+ Python3.x 機器學習基礎與應用特訓教材

作者 / 林英志
總策劃 / 財團法人中華民國電腦技能基金會
發行人 / 陳本源
執行編輯 / 王詩蕙
封面設計 / 楊昭琅
出版者 / 全華圖書股份有限公司
郵政帳號 / 0100836-1 號
印刷者 / 宏懋打字印刷股份有限公司
圖書編號 / 19410
初版一刷 / 2021 年 03 月
定價 / 新台幣 590 元
ISBN / 978-986-503-592-1(平裝)
全華圖書 / www.chwa.com.tw
全華網路書店 Open Tech / www.opentech.com.tw
若您對本書有任何問題，歡迎來信指導 book@chwa.com.tw

臺北總公司(北區營業處)
地址：23671 新北市土城區忠義路 21 號
電話：(02) 2262-5666
傳真：(02) 6637-3695、6637-3696

中區營業處
地址：40256 臺中市南區樹義一巷 26 號
電話：(04) 2261-8485
傳真：(04) 3600-9806(高中職)
(04) 3601-8600(大專)

南區營業處
地址：80769 高雄市三民區應安街 12 號
電話：(07) 381-1377
傳真：(07) 862-5562

000905